Um Curso de Geometria Hiperbólica Plana

Textuniversitários 22

COMISSÃO EDITORIAL:
Thiago Augusto Silva Dourado
Francisco César Polcino Milies
Carlos Gustavo T. de A. Moreira
Ana Luiza da Conceição Tenório
Gerardo Barrera Vargas

Antônio de Andrade e Silva
Orlando Stanley Juriaans

Um Curso de Geometria
Hiperbólica Plana

Editora Livraria da Física
São Paulo — 2023

Copyright © 2023 Editora Livraria da Física

1a. Edição

Editor: José Roberto Marinho
Projeto gráfico e diagramação: Thiago Augusto Silva Dourado
Capa: Fabrício Ribeiro

Texto em conformidade com as novas regras ortográficas do Acordo da Língua Portuguesa.

Dados Internacionais de Catalogação na Publicação (CIP)
(Câmara Brasileira do Livro, SP, Brasil)

Silva, Antônio de Andrade e
    Um curso de geometria hiperbólica plana / Antônio de Andrade e Silva, Orlando Stanley Juriaans. –
São Paulo : Livraria da Física, 2023. – (Textuniversitários ; 22)

    Bibliografia.
    ISBN 978-65-5563-333-7

    1. Geometria - Estudo e ensino 2. Geometria hiperbólica plana I. Juriaans, Orlando Stanley. II. Título III. Série.

23-155013   CDD-516.007

Índices para catálogo sistemático:

1. Geometria : Estudo e ensino   516.007

Eliane de Freitas Leite - Bibliotecária - CRB 8/8415

ISBN 978-65-5563-333-7

Todos os direitos reservados. Nenhuma parte desta obra poderá ser reproduzida sejam quais forem os meios empregados sem a permissão da Editora. Aos infratores aplicam-se as sanções previstas nos artigos 102, 104, 106 e 107 da Lei n. 9.610, de 19 de fevereiro de 1998.

Impresso no Brasil
Printed in Brazil

www.lfeditorial.com.br
Visite nossa livraria no Instituto de Física da USP
www.livrariadafisica.com.br
Telefones:
(11) 39363413 - Editora
(11) 38158688 - Livraria

In memoriam,
Severino Cirino de Lima Neto

Prefácio

*"Pensar sobre um tema é mais
importante do que decorar."*
William Klemm

A ideia de escrever este texto surgiu quando os autores ministraram um minicurso sobre geometria hiperbólica no 2º Colóquio de Matemática da Região Nordeste.

Ao lado da geometria euclidiana plana, a geometria esférica e hiperbólica são geometrias bidimensionais com as seguintes propriedades: distância, retas e ângulos são definidos e invariantes isométricos; as isometrias agem transitivamente em pontos e direções em um ponto etc.

Historicamente falando, o plano hiperbólico foi o resultado da busca por um plano não euclidiano — uma superfície com linhas retas ilimitadas e, para cada linha L e ponto $p \notin L$, mais de uma linha através de P que não interceptava L. Tal superfície afasta-se do plano euclidiano no sentido oposto ao da esfera, e o plano hiperbólico, de fato, emergiu do estudo de superfícies que "curvam" no sentido oposto à esfera.

A geometria dos planos hiperbólicos leva tempo para ser dominada. Nós apenas daremos algumas dicas. Em contraste com os planos euclidianos, os planos hiperbólicos não são todas isométricas entre si; eles dependem de um parâmetro K, a curvatura. Isso deve ser comparado com o fato de que planos euclidiana admitem auto-mapeamentos homotéticos (escalonamentos). Não obstante, os planos hiperbólicos não. Posto de outra forma, planos euclidianos podem ser caracterizados pelos quatro primeiros axiomas de Euclides e a presença dessas autossemelhanças. É nossa expectativa que este texto assuma o caráter de espinha dorsal de uma experiência permanentemente renovável, sendo, portanto, bem vindas as críticas e/ou sugestões apresentadas por todos — professores ou alunos quantos dele fizerem uso.

Para desenvolver a capacidade do estudante de pensar por si mesmo em termos das novas definições, incluímos no final de cada seção uma extensa lista de exercícios, onde a maioria dos exercícios dessas listas foram selecionados dos livros citados no final do texto. Devemos, porém, alertar aos leitores que os exercícios variam muito em grau de dificuldade, sendo assim, não é necessário resolver todos numa primeira leitura.

No capítulo 1 faremos uma revisão necessária para o desenvolvimento do texto sobre o plano complexo, projeção esterográfica e análise complexas.

No capítulo 2 apresentaremos a caracterização dos elementos de $PGL_2(\mathbb{C})$ via pontos fixos e traço, esta classificação é muito útil, por exemplo, por nos permite detectar que tipo é uma transformação de Möbius. Além disso, definições e resultados sobre a generalização da transformação de Möbius para $\mathbb{R}^n$.

No capítulo 3 apresentaremos as principais definições e resultados sobre o estudo das ações do grupo que é uma parte significativa da teoria do grupo conjuntamente com a teoria de grupos topológicos.

No capítulo 4 apresentamos a geometria hiperbólica plana. Usando a álgebra dos capítulos anteriores, identificaremos suas isometrias e retas geodésicas conjuntamente com os três "modelos não lineares": o modelo de Poincaré do semiespaço, o modelo do disco de Poincaré e o modelo de disco de Klein. Todas estas geometrias carregam a estrutura de um espaço métrica. Neste contexto a noção de curvas geodésicas e a discussão do comprimento nos permite apresentar os modelos do plano hiperbólico, onde $\text{PGL}_2(\mathbb{R})$ e/ou $\text{PGL}_2(\mathbb{C})$ age como um grupo de isometrias.

Nos capítulos 5 e 6 faremos um estudo detalhado dos grupos discretos, em particular, os grupos fuchsianos, e seus domínios fundamentais direto e/ou via superfícies riemannianas. Além disso, propomos um algoritmo para obter domínios fundamentais de grupos discretos de covolume finito.

Agradecemos a todos que direta ou indiretamente contribuíram para a realização deste trabalho.

Antônio de Andrade e Silva,
Orlando Stanley Juriaans,
Fevereiro de 2023.

Sumário

Prefácio   VII

1 O Plano Complexo   1
    1.1   O Plano Complexo   1
    1.2   Funções Holomorfas   13
    Exercícios   21

2 Transformações de Möbius   23
    2.1   Transformações de Möbius   23
    Exercícios   37
    2.2   Transformação de Möbius em $\mathbb{R}^n$ 40
    Exercícios   55

3 Grupos Topológicos   57
    3.1   Ação de Grupos   57
    Exercícios   62
    3.2   Grupos Topológicos   63
    Exercícios   67
    3.3   Geradores   68
    Exercícios   85

4 Geometria Hiperbólica Plana   87
    4.1   O Plano Hiperbólico   87

	Exercícios	103
4.2	O Disco de Poincaré	104
	Exercícios	138

5 Grupos Fuchsianos   143
5.1	Grupos Descontínuos	143
	Exercícios	164
5.2	Superfícies riemannianas	165
	Exercícios	181
5.3	Grupos Fuchsianos	182
	Exercícios	205

6 Regiões Fundamentais   207
6.1	Domínios de Dirichlet e de Ford	207
	Exercícios	244
6.2	DD-domínio e DF-domínio	245
	Exercícios	261
6.3	Algoritmo DAFC	262

Soluções e Sugestões   269

Bibliografia   317

Índice Remissivo   324

1
O Plano Complexo

Neste capítulo relembramos alguns conceitos básicos sobre o plano complexos e sua topologia, com o principal objetivo de fixarmos as notações e terminologias. Somente ideias e resultados necessários para a nossa discussão de funções holomorfas. O leitor interessado em mais detalhes pode consultar as referências no final do texto.

1.1 O Plano Complexo

O corpo $\mathbb{C}$ de *números complexos* é o espaço vetorial sobre o corpo $\mathbb{R}$ de *números reais* gerado pela base canônica $\beta = \{1, i\}$, em que $i^2 = -1$, munido com a multiplicação usual. Neste caso, $\mathbb{C}$ é uma extensão de grau de 2 sobre $\mathbb{R}$, ou seja, $\mathbb{C}$ chama-se uma *álgebra* "linear" e denotamos por $\mathbb{C} = \mathbb{R}[i] = \mathbb{R} \oplus i\mathbb{R}$, de modo que $z = x + iy \in \mathbb{C}$, com (x, y) as coordenadas de z na base β. Assim, a função $f : \mathbb{C} \to \mathbb{R}^2$ definida como $f(z) = (x, y)$ é claramente um isomorfismo de álgebras, ou seja, f é bijetora, $f(w + az) = f(w) + af(z)$ e $f(wz) = f(w)f(z)$, para todos $w, z \in \mathbb{C}$ e $a \in \mathbb{R}$. Portanto, é conveniente identificar $\mathbb{C}$ com o plano euclidiano $\mathbb{R}^2$. As partes real e imaginária de $z = x + iy \in \mathbb{C}$ são definidas como $\text{Re}(z) = x$ e $\text{Im}(z) = y$. Um número $z = x + iy \in \mathbb{C}$ chama-se *real* quando $\text{Im}(z) = 0$ e *imaginário puro* se $\text{Re}(z) = 0$, ou seja, $z \in i\mathbb{R}$. É muito importante observar que as funções $\text{Re}, \text{Im} : \mathbb{C} \to \mathbb{R}$ são funcionais lineares sobre $\mathbb{C}$, os quais são linearmente independentes sobre $\mathbb{R}$. O número $\bar{z} = x - iy$ chama-se *conjugado* de z. Portanto, $2\operatorname{Re}(z) = z + \bar{z}$ e $2\operatorname{Im}(z)i = z - \bar{z}$ formam uma base de $\mathbb{C}$. Existe um maneira bastante elegante de introduzir $\mathbb{C}$. Cada $c = a + ib \in \mathbb{C}$ fixado induz uma transformação linear sobre $\mathbb{C}$, $M_c : \mathbb{C} \to \mathbb{C}$ definida como

$$M_c(z) = cz = (ax - by) + i(bx + ay).$$

Assim, se identificamos $\mathbb{R}^2$ com $\mathbb{R}^{2 \times 1}$, então

$$M_c \begin{pmatrix} x \\ y \end{pmatrix} = \begin{pmatrix} ax - by \\ bx + ay \end{pmatrix} = \begin{pmatrix} a & -b \\ b & a \end{pmatrix} \begin{pmatrix} x \\ y \end{pmatrix}.$$

Seja $M_2(\mathbb{R})$ o conjunto de todas as matrizes 2×2 sobre $\mathbb{R}$. Então é fácil verificar que a função $T : \mathbb{C} \to M_2(\mathbb{R})$ definida como

$$T(c) = T(a + ib) = \begin{pmatrix} a & -b \\ b & a \end{pmatrix} \tag{1.1.1}$$

é uma transformação de álgebras injetora, com $T(1) = \mathbf{I}$ e $T(i) = \mathbf{J}$. Portanto, podemos identificar $\mathbb{C}$ com o conjunto de matrizes $C_{a,b} = \{a\mathbf{I} + b\mathbf{J} : a, b \in \mathbb{R}\}$. Em vista dessas considerações é natural definir a topologia euclidiana sobre $\mathbb{C}$, mais explicitamente, o *produto escalar* e a *norma* sobre $\mathbb{C}$ são definidos como:

$$\langle w, z \rangle = \operatorname{Re}(w\bar{z}) = 2^{-1}(w\bar{z} + \bar{w}z) = ux + vy = \langle f(w), f(z) \rangle$$

e

$$|z| = \sqrt{x^2 + y^2},$$

para todos $w = u + iv, z = x + iy \in \mathbb{C}$. Neste caso, z e w são ortogonais se, e somente se $w\bar{z} \in i\mathbb{R}$ se, e somente se, $w\bar{z} + z\bar{w} = 0$. Note que $\langle \mathbf{A}, \mathbf{B} \rangle = \frac{1}{2}\operatorname{tr}(\mathbf{A}\mathbf{B}^t)$ é o produto escalar sobre $C_{a,b}$. Observe que qualquer $z \in \mathbb{C}$ satisfaz a equação $z^2 - 2\operatorname{tr}(z)z + n(z) = 0$, com $\operatorname{tr}(z) = \operatorname{Re}(z)$ e $n(z) = |z|^2$. Por isto, $\mathbb{C}$ também chama-se *álgebra quadrática* sobre $\mathbb{R}$. Finalmente, a métrica euclidiana

$$d(w, z) = \sqrt{\operatorname{Re}((z - w)(\bar{z} - \bar{w}))} = |z - w| \quad \text{para todo} \quad z, w \in \mathbb{C}.$$

Portanto, podemos usar em $\mathbb{C}$ naturalmente os conceitos de conjuntos aberto e fechado, compacidade, conexidade, limite, convergência, continuidade, diferenciabilidade etc. Por exemplo, a sequência $(z_n)_{n \in \mathbb{N}}$ em $\mathbb{C}$ converge para $c \in \mathbb{C}$ se $\lim_{n \to \infty} |z_n - c| = 0$. Até agora temos usado as informações do plano $\mathbb{R}^2$ para ilustrar $\mathbb{C}$. Para muitos propósitos teórico e/ou didático é mais vantajoso empregar a *esfera de Riemann*[1] $\mathbb{C}_\infty = \mathbb{C} \cup \{\infty\} = \mathsf{PC}_1(\mathbb{C})$ para estes fins. É bem conhecido que as regras de cálculo para o *ponto no infinito* ∞ são as seguintes: $\infty \pm z = \pm z + \infty = \infty$ e $z \cdot \infty = \infty \cdot z = \infty$, para todo $z \in \mathbb{C}^\times$ e convencionamos $\frac{z}{\infty} = 0$ e $\frac{z}{0} = \infty$, quando $z \neq 0$. Veremos a seguir, um modo elegante, de unificar os conceitos de limite usual e infinito de sequência e funções estendendo a topologia euclidiana de $\mathbb{C}$ para $\mathbb{C}_\infty$. Por exemplo, a sequência $(z_n)_{n \in \mathbb{N}}$ em $\mathbb{C}$ converge para ∞ se, e somente se, $\lim_{n \to \infty} |z_n| = \infty$ no sentido usual ($|z_n| > \varepsilon^{-1}$, para todo $\varepsilon > 0$ e $n > n_0(\varepsilon)$). Uma das maneiras de compreender o ponto no infinito ∞ é introduzindo um modelo geométrico de $\mathbb{C}_\infty$, no qual todos os pontos tenham uma representação concreta. Para isto, vamos identificar $\mathbb{C}$ com o subconjunto $\mathbb{R}^2 \times \{0\}$ de $\mathbb{R}^3$ (a função $\lambda : \mathbb{C} \to \mathbb{R}^2 \times \{0\}$ definida como $\lambda(x + iy) = (x, y, 0)$ é bijetora e preserva as operações) e considerar a esfera unitário em $\mathbb{R}^3$:

$$S^2 = \left\{ (x, y, u) \in \mathbb{R}^3 : x^2 + y^2 + u^2 = 1 \right\}.$$

Seja $N = (0, 0, 1)$ o *polo norte* de S^2, centro da projeção. Para cada $z = x + iy \in \mathbb{C}$, consideremos a reta que passa pelos pontos $z = (x, y, 0)$ e N. Então esta reta intercepta S^2 em exatamente um ponto P, com $P \neq N$, isto é, P é a projeção linear de z sobre S^2, confira figura 1.1. Se $|z| < 1$, então P está na semiesfera inferior

$$S^2_- = \left\{ (x, y, u) \in \mathbb{R}^3 : x^2 + y^2 + u^3 = 1 \text{ e } u < 0 \right\},$$

se $|z| > 1$, então P está na semiesfera superior

$$S^2_+ = \left\{ (x, y, u) \in \mathbb{R}^3 : x^2 + y^2 + u^3 = 1 \text{ e } u > 0 \right\}$$

e se $|z| = 1$, então $P = z$ (z pertence ao *equador* de S^2). O que ocorre com P quando $|z| \to \infty$? É claro que P se aproxima de N. Neste caso, podemos identificar N com ∞ e $\mathbb{C}_\infty$ pode ser representado como S^2.

---

[1] Georg Friedrich Bernhard Riemann, 1826–1866, matemático alemão.

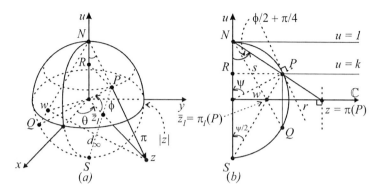

Figura 1.1: Projeção estereográfica.

É muito importante observar que a *latitude* de um ponto $P \in S^2$ é o número real $\phi(P) = \pi/2 - \angle(ON, OP)$, ou seja, o ângulo entre a reta OP e o plano xy sobre S^2 e o plano $\Pi_k : u + k = 0$, com $-1 < k < 1$, contendo P representa o *paralelo* de latitude $\phi(P)$. Neste caso, sua projeção Γ_k representa um círculo de centro O e raio $s > 0$ em $\mathbb{C}$ e $\Gamma_k \cup \{N\} = \{PN : P \in \Gamma_k\}$ representa um cone. Enquanto, a *longitude* de um ponto $P \in S^2$ é uma medida em $[-\pi, \pi]$ do ângulo orientado $\theta = \angle(\mathbf{e}_1, OQ)$, com Q a projeção de P sobre o plano xy, ou seja, o ângulo diedro que forma o plano xu com o plano contento o ponto P e o eixo Ou sobre S^2. Além disso, a reta com origem 0 em $\mathbb{C}$ representa o *meridiano* de longitude θ. Observe que $N = (0, 0, 1)$ e $S = (0, 0, -1)$ correspondem a $\phi = 2^{-1}\pi, \phi = -2^{-1}\pi$ e todo θ. Vamos explorar isto analiticamente. Sejam $z = x + iy \in \mathbb{C}$ e $P = (x_1, y_1, u_1) \in S^2$. Então a reta L em $\mathbb{R}^3$ que passa por z e N é

$$L = \{N + t(z - N) : t \in \mathbb{R}\} = \{(tx, ty, 1 - t) : t \in \mathbb{R}\}$$

ou $Nz \times NP = O$ em $\mathbb{R}^3$. Assim, para obter as coordenadas de P devemos determinar o valor de t no qual esta reta intercepta S^2. Se t_0 for tal valor, então

$$1 = t_0^2 x^2 + t_0^2 y^2 + (1 - t_0)^2 = t_0^2 |z|^2 + (1 - t_0)^2 \Leftrightarrow 2t_0 = t_0^2(|z|^2 + 1),$$

de modo que $t_0 = 0, 1$ correspondem a N, z e $t_0 > 0$ corresponde a

$$x_1 = \frac{2x}{|z|^2 + 1}, \quad y_1 = \frac{2y}{|z|^2 + 1}, \quad u_1 = \frac{|z|^2 - 1}{|z|^2 + 1}.$$

Como $2x = z + \overline{z}$ e $2y = -i(z - \overline{z})$ temos que

$$x_1 = \frac{z+\overline{z}}{|z|^2+1}, \quad y_1 = -i\frac{z-\overline{z}}{|z|^2+1}, \quad u_1 = \frac{|z|^2-1}{|z|^2+1}. \qquad (1.1.2)$$

Se $P \neq N$, então $t_0 = 1 - u_1$, de modo que

$$\begin{aligned} x &= \frac{x_1}{1-u_1}, \quad y = \frac{y_1}{1-u_1}, \quad z = \frac{x_1+iy_1}{1-u_1}, \\ \overline{z} &= \frac{x_1-iy_1}{1-u_1}, \quad z\overline{z} = \frac{1+u_1}{1-u_1}. \end{aligned} \qquad (1.1.3)$$

Portanto, a função $\mathbf{x} : \mathbb{C}_\infty \to S^2$ definida como

$$\mathbf{x}(z) = \begin{cases} \left(\frac{2x}{|z|^2+1}, \frac{2y}{|z|^2+1}, \frac{|z|^2-1}{|z|^2+1}\right) & \text{se } z = x+iy \in \mathbb{C}, \\ (0,0,1) & \text{se } z = \infty, \end{cases}$$

chama-se um *sistema de coordenadas*. ou uma *parametrização* "local" de S^2. Note que se $|z| = 1$, então $\mathbf{x}(z) = z$ e $\mathbf{x}$ é bijetora, com inversa $\pi : S^2 \to \mathbb{C}_\infty$ definida como

$$\pi(x,y,u) = \begin{cases} \frac{x+iy}{1-u} & \text{se } (x,y,u) \in S^2 - \{(0,0,1)\}, \\ \infty & \text{se } (x,y,u) = (0,0,1), \end{cases}$$

chama-se *projeção estereográfica*; $P = \mathbf{x}(z)$ chama-se *imagem esférica* de z e o par $(S^2 - \{N\}, \pi)$ chama-se uma *carta* de S^2. É muito importante ressaltar que a imagem esférica $\mathbf{x}(\{(x,y,0) \in \mathbb{R}^3 : x^2 + y^2 < 1\}) = S^2_-$ e que $\mathbb{C}$ não é um conjunto compacto. Então a identificação de $\mathbb{C}_\infty$ com S^2 chama-se *compactificação a um parâmetro* de $\mathbb{C}$, pois S^2 é compacto, $\mathbf{x}(\mathbb{C})$ é denso em S^2 e $\mathbf{x}$ é um homeomorfismo de $\mathbb{C}$ sobre $\mathbf{x}(\mathbb{C})$. Não obstante, as operações elementares são mais acessíveis em $\mathbb{C}_\infty$ do que em S^2. Note que se $S^2 = \{(z,u) \in \mathbb{C} \times \mathbb{R} : |z|^2 + u^2 = 1\}$, então

$$\mathbf{x}(z) = \left(\frac{2z}{|z|^2+1}, \frac{|z|^2-1}{|z|^2+1}\right) \quad \text{e} \quad \pi(z,u) = \frac{z}{1-u}.$$

Neste caso, $\lim_{|z|\to\infty} \mathbf{x}(z) = (0,1)$ e $\lim_{(z,u)\to(0,1)} \pi(z,u) = \infty$, pois

$$\lim_{(z,u)\to(0,1)} |(1-u)^{-1}z|^2 = \lim_{u\to 1^-} (1-u)^{-1}(1+u) = \infty,$$

ou seja, pontos $P \in S^2$ próximos de N correspondem via π a números complexos $z \in \mathbb{C}$ para $|z|$ suficientemente grande, de modo que em algum sentido está próximo de ∞. Portanto, $\mathcal{T}_\pi = \{V : \pi^{-1}(V) \text{ é aberto em } S^2\}$ é uma topologia em $\mathbb{C}_\infty$ e a função π é um homeomorfismo de S^2 sobre $\mathbb{C}_\infty$. É importante observar que se $\pi^{-1}(z) = (z,u)$ e $\pi^{-1}(w) = (w,-u)$, então $z\bar{z} = (1-u)(1+u)$ implica que $w = \bar{z}^{-1}$, de modo que a longitude $\theta = \arg(z) = \arg(w)$, $z = re^{i\theta}$ e $|z||w| = 1$. Logo, pontos em $\mathbb{C}_\infty$ que são simétricos em torno do equador $|z| = 1$ são simétricos em torno do plano $u = 0$. Note que a latitude é determinada pela equação $\tan(4^{-1}\pi + 2^{-1}\phi) = r$, confira figura 1.1. Neste caso, $P = (\cos\theta\cos\phi, \operatorname{sen}\theta\cos\phi, \operatorname{sen}\phi)$ e $z = e^{i\theta}\tan(4^{-1}\pi + 2^{-1}\phi)$ em coordenadas esféricas. Além disso, a função $d_\infty : \mathbb{C}_\infty \times \mathbb{C}_\infty \to \mathbb{R}$ definida como $d_\infty(w,z) = d(\pi^{-1}(w), \pi^{-1}(z)) = d(Q,P)$ é uma métrica sobre $\mathbb{C}_\infty$ e chama-se *métrica cordal*, confira figura 1.1, de modo que o par $(\mathbb{C}_\infty, d_\infty)$ é um espaço métrico, ou seja, uma superfície compacta de Riemann, o qual é homeomorfa a (S^2, d). É fácil verificar que

$$d_\infty(w,z) = |P - Q|$$
$$= \begin{cases} \frac{2|z-w|}{\sqrt{|w|^2+1}\sqrt{|z|^2+1}} & \text{se } w, z \in \mathbb{C}, \\ \frac{2}{\sqrt{|w|^2+1}} & \text{se } w \in \mathbb{C} \text{ e } z = \infty. \end{cases} \quad (1.1.4)$$

Note que $d_\infty(w, \infty) = \lim_{|z|\to\infty} d_\infty(w, z)$ e $d_\infty(\infty, \infty) = 0$. Como $|\langle P, Q \rangle| \leq 1$, para todos $P, Q \in S^2$, existe uma métrica alternativa d sobre $\mathbb{C}_\infty$ e chama-se *métrica esférica* que é equivalente a d_∞. A métrica $d(w,z)$ é definida como o comprimento do arco de um grande círculo Γ contido no plano Π que passa por O, $P = \pi^{-1}(w)$ e $Q = \pi^{-1}(z)$. Pondo $\angle(OP, OQ) = \varphi$, confira figura 1.1, $\mathbf{p} = OP$ e $\mathbf{q} = OQ$, obtemos $\cos d(w,z) = \langle \mathbf{p}, \mathbf{q} \rangle$ e $d_\infty(w,z) = \|P - Q\| = 2\operatorname{sen}(\frac{\varphi}{2})$. Como $d_\infty(P,Q) = \|P - Q\| = \sqrt{2 - 2\cos d(P,Q)}$ temos, para cada

$\varphi \in [0, 2^{-1}\pi]$, que $\pi^{-1}2\varphi \leq \operatorname{sen}\varphi \leq \varphi$ e $2^{-1}\pi d(w,z) \leq d_\infty(w,z) \leq d(w,z)$.

Vamos lembrar que a equação de um círculo e de uma reta pode ser escrita sob a forma: $S_r(z_0) : |z - z_0| = r$ e $L_r(z_0) : -\operatorname{Re}(\bar{z}_0 z) + r = 0$ que é normal ao vetor z_0 e passa por $rz_0/|z_0|^2$. Assim, podemos escrever isto em uma única equação geral do "círculo" Γ:

$$a|z|^2 - 2\operatorname{Re}(\bar{z}_0 z) + d = 0 \text{ ou } a(x^2 + y^2) - 2(x_0 x + y_0 y) + d = 0, \quad (1.1.5)$$

onde $a, d \in \mathbb{R}$ e $z_0 = x_0 + iy_0 \in \mathbb{C}$. O *vetor coeficiente* $\mathbf{b} = (a, x_0, y_0, d)$ de Γ não é unicamente determinado, pois qualquer $t\mathbf{b}$, com $t \neq 0$, satisfaz. Mas, em qualquer caso, $\operatorname{Re}(z_0 \bar{z}) \leq |z||z_0|$ implica que $|z_0|^2 > ad$ ($\Gamma \cap \mathbb{R} = \emptyset$ se, e somente se, $|z_0|^2 < ad$). Finalmente, um *vetor tangente* a S^2 em P significa um vetor $\mathbf{v} \in \mathbb{R}^3$ tal que $\langle \mathbf{p}, \mathbf{v} \rangle = 0$, com $\mathbf{p} = OP$, e um plano Π em $\mathbb{R}^3$ determinado pelo *vetor normal* "unitário" $\mathbf{n} = (a, b, c) \in \mathbb{R}^3$ é representado pela equação "normal":

$$ax + by + cu + d = 0 \quad \text{ou} \quad \langle \mathbf{x}, \mathbf{n} \rangle + d = 0, \quad (1.1.6)$$

com $\mathbf{x} = (x, y, u)$ e $|d| = d(O, \Pi) \geq 0$. Neste caso, $a = \cos\theta_1$, $\theta_1 = \langle \mathbf{e}_1, \mathbf{n} \rangle$, b e c são os *cossenos diretores* de $\mathbf{n}$ e $|\Pi \cap S^2| > 1$ se, e somente se, $|d| < 1$.

Sejam Γ_1 e Γ_2 círculos em $\mathbb{C}$, com (a_1, x_1, y_1, d_1) e (a_2, x_2, y_2, d_2) os vetores coeficientes. Definimos o *produto inverso* (inversive product) de Γ_1 e Γ_2 como

$$(\Gamma_1, \Gamma_2) = \frac{|2\operatorname{Re}(z_1 \bar{z}_2) - (a_1 d_2 + a_2 d_1)|}{2\sqrt{|z_1|^2 - a_1 d_1}\sqrt{|z_2|^2 - a_2 d_2}}. \quad (1.1.7)$$

É fácil escrever analiticamente a fórmula (1.1.7):

1. Se $\Gamma_1 = S_{r_1}(z_1)$ e $\Gamma_2 = S_{r_2}(z_2)$, então

$$2r_1 r_2 (\Gamma_1, \Gamma_2) = \left| r_1^2 + r_2^2 - |z_1 - z_2|^2 \right|.$$

2. Se $\Gamma_1 = S_{r_1}(z_1)$ e $\Gamma_2 = L_{r_2}(z_2)$, então

$$r_1 |z_2| (\Gamma_1, \Gamma_2) = |\operatorname{Re}(z_1 \bar{z}_2) - r_2| \quad \text{ou} \quad r_1 (\Gamma_1, \Gamma_2) = d(z_1, \Gamma_2).$$

3. Se $\Gamma_1 = L_{r_1}(z_1)$ e $\Gamma_2 = L_{r_2}(z_2)$, então
$$|z_1|\,|z_2|\,(\Gamma_1, \Gamma_2) = |\mathsf{Re}(z_1\bar{z}_2)|.$$

Observe, em qualquer caso, que se $\Gamma_1 \cap \Gamma_2 \neq \emptyset$, então $(\Gamma_1, \Gamma_2) = \cos\theta$, com θ um dos ângulos de interseção. Em particular, Γ_1 e Γ_2 são ortogonais se, e somente se, $(\Gamma_1, \Gamma_2) = 0$. Note, pelo item (2), que $(\Gamma_1, \Gamma_2) = 0$ se, e somente se, $z_1 \in \Gamma_2$.

Lema 1.1.1 *Seja Γ um círculo sobre S^2. Então $\pi(\Gamma)$ representa uma reta ou um círculo sobre $\mathbb{C}_\infty$ quando $N \in \Gamma$ ou $N \notin \Gamma$ e, reciprocamente.*

Demonstração: Observe que $\Gamma = \Pi \cap S^2$, para um único plano Π em $\mathbb{R}^3$, digamos
$$x_1^2 + y_1^2 + u_1^2 = 1 \quad \text{e} \quad ax_1 + by_1 + cu_1 + d = 0, \qquad (1.1.8)$$
com $|(\sqrt{a^2 + b^2 + c^2})^{-1} d| \leq 1$ e $\pi^{-1}(z) = (x_1, y_1, u_1) \in S^2$. Assim, pela equação (1.1.2), obtemos
$$(c+d)|z|^2 + 2\,\mathsf{Re}(\bar{z}_0 z) + d - c = 0, z_0 = a + ib, \qquad (1.1.9)$$
que representa uma reta ou um círculo sobre $\mathbb{C}_\infty$ se $c + d = 0$ ou $c + d \neq 0$. Note que $d = 0$ é um grande círculo e se $c + d = 0$, então a equação do plano Π torna-se
$$ax_1 + by_1 + c(u_1 - 1) = 0$$
e $N \in \Pi$. A recíproca usa as equações (1.1.5) e (1.1.3). □

O lema 1.1.1 nos garante que o conjunto de todas as retas e círculos sobre $\mathbb{C}_\infty$ pode ser chamado simplesmente de *círculos euclidianos* de $\mathbb{C}_\infty$ e denotamos por $\mathcal{C}$. Portanto, $\pi^{-1}(\mathcal{C}) \subseteq \mathcal{C}$, ou seja, π^{-1} induz uma permutação de $\mathcal{C}$.

É muito importante ressaltar que: quando $c + d = 0$ o polo norte N pertence ao plano $ax_1 + by_1 + c(u_1 - 1) = 0$, ou seja, os círculos sobre S^2 que passam por N são retas sobre $\mathbb{C}_\infty$ que contêm ∞, ou seja, ($\Gamma = L \cup \{\infty\}$ é um círculo com centro em ∞). Neste caso, quaisquer duas retas sobre $\mathbb{C}_\infty$ interceptam-se no ponto ∞ e os grandes círculos sobre S^2 ocorrem quando $d = 0$.

Lema 1.1.2 *Sejam L_1 e L_2 retas sobre $\mathbb{C}_\infty$. Então elas interceptam-se no mesmo ângulo como seus círculos imagens $\Gamma_1 = \pi^{-1}(L_1)$ e $\Gamma_2 = \pi^{-1}(L_2)$ sobre S^2.*

DEMONSTRAÇÃO: Sejam $L_1 : a_1 x + b_1 y + d_1 = 0$, $L_2 : a_2 x + b_2 y + d_2 = 0$ e $L_1 \cap L_2 = \{z_0\}$. Então, pela prova do lema 1.1.1, suas imagens $\Gamma_j = \pi^{-1}(L_j)$ estão sobre os planos

$$\Pi_j : a_j x_1 + b_j y_1 + d_j (1 - u_1) = 0, \quad j = 1, 2.$$

Como $N \in \Pi_j$ e $L_j \subset \Pi_j$ temos que $\Gamma_1 \cap \Gamma_2 = \{N, P_0\}$, com $P_0 = \pi^{-1}(z_0)$. Assim, esses planos possuem o mesmo ângulo em N e P_0. Por outro lado, as retas tangentes a Γ_j em N são as interseções de Π_j com o plano $u - 1 = 0$, mais explicitamente,

$$L'_j : a_j x_1 + b_j y_1 = 0, \quad j = 1, 2,$$

e $u - 1 = 0$. É claro que o ângulo θ entre L'_1 e L'_2 é o mesmo de L_1 e L_2, pois $u - 1 = 0 \parallel xy$. Portanto, os círculos Γ_1 e Γ_2 possuem o ângulo θ no ponto P_0. $\square$

O lema 1.1.2 nos permite, sem o uso de cálculo, termos uma visão mais geral: o ângulo ω entre duas curvas sobre S^2 interceptando-se em P é definido como o ângulo entre os planos dos grandes círculos (ângulo diedro) que interceptam-se em P, cujas tangentes em P coincide com as das curvas em P. Analiticamente, sejam $a_j x + b_j y + c_j u = 0$ os planos Π_j, para $j = 1, 2$. Então $\mathbf{n}_j = (a_j, b_j, c_j)$ são seus vetores normais, de modo que

$$\cos \omega = \frac{\langle \mathbf{n}_1, \mathbf{n}_2 \rangle}{\|\mathbf{n}_1\| \|\mathbf{n}_2\|} = \cos \theta,$$

com θ o ângulo entre as imagens $\pi(\Pi_j \cap S^2)$ sobre $\mathbb{C}_\infty$. Observe que ω é o ângulo entre as retas com direções $\mathbf{n}_1$ e $\mathbf{n}_2$.

EXERCÍCIOS

1. Mostre que $T : \mathbb{C} \to \mathbb{C}$ é linear sobre $\mathbb{R}$ se, e somente se, existem $\alpha, \beta \in \mathbb{C}$ tais que $T(z) = \alpha z + \beta \bar{z}$, para todo $z \in \mathbb{C}$. Conclua que T é injetora se, e

somente se, $|\alpha| \neq |\beta|$. Além disso, mostre que T é também linear sobre $\mathbb{C}$ se, e somente se, $T(i) = iT(1)$ ($T = T_\alpha$, para algum $\alpha \in \mathbb{C}$).

2. Seja $\mathbf{P} \in M_2(\mathbb{R})$ não singular.

    (a) Mostre que a função $T_\mathbf{P} : \mathbb{C} \to M_2(\mathbb{R})$ definida como
    $$T_\mathbf{P}(a+ib) = \mathbf{P} \begin{pmatrix} a & -b \\ b & a \end{pmatrix} \mathbf{P}^{-1}$$
    é um monomorfismo de álgebras.

    (b) Mostre que qualquer transformação de álgebras $T : \mathbb{C} \to M_2(\mathbb{R})$, com $T \neq O$, é da forma $T_\mathbf{P}$.

3. Mostre que se $T : \mathbb{C} \to \mathbb{C}$ é um automorfismo de álgebras tal que $T(\mathbb{R}) \subseteq \mathbb{R}$, então $T(z) = z$ ou $T(z) = \overline{z}$, para todo $z \in \mathbb{C}$.

4. Mostre que $|1 - \overline{w}z|^2 - |w-z|^2 = (1-|w|^2)(1-|z|^2)$, para todos $w, z \in \mathbb{C}$. Conclua que $|w-z| \leq |1-\overline{w}z|$ se $|w| < 1$ e $|z| \leq 1$. Quando a igualdade ocorre?

5. Mostre que $|z| \leq |x| + |y| \leq \sqrt{2}|z|$, para todo $z = x + iy \in \mathbb{C}$. Conclua que a métrica $d_1(w,z) = |\operatorname{Re}(z-w)| + |\operatorname{Im}(z-w)|$ é equivalente a métrica euclidiana sobre $\mathbb{C}$.

6. Mostre que $|\operatorname{Re}(w\overline{z})|^2 + |\operatorname{Re}(iw\overline{z})|^2 = |w|^2|z|^2$, para todos $w, z \in \mathbb{C}$.

7. Mostre que $|\operatorname{Re}(w\overline{z})| \leq |w||z|$, para todos $w, z \in \mathbb{C}$. Conclua que a igualdade ocorre se, e somente se, $\operatorname{Im}(w\overline{z}) = 0$ se, e somente se, w e z são linearmente dependentes sobre $\mathbb{R}$.

8. Mostre que $|w+z| \leq |w| + |z|$, para todos $w, z \in \mathbb{C}$. Conclua que a igualdade ocorre se, e somente se, $w\overline{z} \geq 0$.

9. Dados $c, z \in \mathbb{C}^\times$. Mostre que z e cz são ortogonais ($\operatorname{Re}(cz\overline{z}) = 0$) se, e somente se, $c \in i\mathbb{R}$.

10. Dados $w, z \in \mathbb{C}^\times$. Mostre que
    $$\frac{1}{2}(|w| + |z|) \left| \frac{w}{|w|} + \frac{z}{|z|} \right| \leq |w+z|.$$

11. Seja T um triângulo com vértices em O, w e z, onde $w, z \in \mathbb{C}^\times$, e $\theta \in [0, \pi]$ é o ângulo entre os vetores w e z.

(a) Mostre que $w\bar{z} = |w||z|\cos\theta + |w||z|\operatorname{sen}\theta i$. Conclua que o produto escalar é $\langle w, z\rangle = \operatorname{Re}(w\bar{z}) = |w||z|\cos\theta$.

(b) (Lei dos cossenos) Mostre que
$$|z - w|^2 = |w|^2 + |z|^2 - 2|w||z|\cos\theta.$$

(c) Mostre que $[w, z] = |w \times z| = |\operatorname{Im}(w\bar{z})| = |w||z|\operatorname{sen}\theta$ define um *produto cruzado* entre w e z. Note que $\langle w, -iz\rangle = |w||z|\operatorname{sen}\theta$.

(d) Mostre que a área de T é igual a $2^{-1}|w \times z|$.

12. Determine condições sobre as quais a equação $\alpha z + \beta\bar{z} + \gamma = 0$ possua uma única solução $z_0 \in \mathbb{C}$.

13. Seja $|z + z^{-1}| = a$ dada. Qual o maior e menor valor possível de $|z|$ em $\mathbb{C}$?

14. Cada elemento de $\mathcal{C} = \{z \in \mathbb{C} : a|z|^2 + \bar{z}_0 z + z_0\bar{z} + d = 0\}$, onde $a, d \in \mathbb{R}$ e $z_0 \in \mathbb{C}$, pode ser escrita sob a forma matricial:
$$\begin{pmatrix}\bar{z} & 1\end{pmatrix}\begin{pmatrix}a & z_0 \\ \bar{z}_0 & d\end{pmatrix}\begin{pmatrix}z \\ 1\end{pmatrix} = \mathbf{Z}^*\mathbf{A}\mathbf{Z} = 0, \quad \text{com} \quad \mathbf{Z}^* = \bar{\mathbf{Z}}^t.$$

Mostre que $\mathbf{A}^* = \mathbf{A}$. Conclua que a equação representa uma reta ou um círculo quando o *discriminante* $\Delta = \det \mathbf{A} < 0$ e $a = 0$ ou $a \neq 0$. Reciprocamente, mostre que qualquer matriz que goze destas propriedades representa um elemento de $\mathcal{C}$.

15. Seja $b \in \mathbb{C}$, com $b \neq 0$. Mostre que a equação $\bar{b}z + b\bar{z} - 2|b|^2 = 0$ representa uma reta que passa por b na direção perpendicular a b.

16. Dado $d \in \mathbb{R}$. Classifique a família de círculos $|z|^2 + 2t\operatorname{Re}(z) - d = 0$, para todo $t \in \mathbb{R}$.

17. Sejam $k \in \mathbb{R}_+^\times$ e $z_1, z_2 \in \mathbb{C}$, com $z_1 \neq z_2$. Determine o lugar geométrico (curva) dos pontos $z \in \mathbb{C}$ tais que $|z - z_1| = k|z - z_2|$.

18. Sejam $\Gamma_j = \{z \in \mathbb{C} : |z - z_j| = r_j\}$ círculos em $\mathbb{C}$ e $p \in \mathbb{C}$.

    (a) Mostre que se $p \in \Gamma_1 \cap \Gamma_2$, então o *ângulo interno* $\theta = \measuredangle(pz_1, pz_2)$ entre eles em p é definido pela relação $2r_1 r_2 \cos\theta = |z_2 - z_1|^2 - (r_1^2 + r_2^2)$.

(b) Sejam $u, v \in \Gamma_j$ e L a reta que passa por p, u, v. A *potência* de p em relação a Γ_j é definida como $f_j(p) = |p - u||p - v|$. Mostre que $f_j(p) = |p - z_j|^2 - r_j^2$. Conclua que se $u = v$ e p é exterior a Γ_j, então L é tangente a Γ_j em u e $f_j(p) = |p - u|^2$.

(c) A equação $f_1(z) = f_2(z)$ representa uma reta, a qual chama-se *eixo radical*. Mostre que ela é ortogonal a reta que passa por z_1 e z_2.

19. Dados $a, b, c \in \mathbb{C}$ distintos sobre o círculo S^1. Mostre que $\arg(b^{-1}a) = 2\arg((c-b)^{-1}(c-a))$. Neste caso. o terno ordenado (a, b, c) determina uma *orientação* de S^1.

20. Seja $p : \mathbb{R}^3 = \mathbb{C} \oplus \mathbb{R} \to \mathbb{R}^2 \oplus \{0\}$ definida como $p(z, u) = (z, 0)$. Mostre que $p|_{S^2_-}$ é bijetora exibindo sua inversa g. Conclua que $h = \pi \circ g$ de $D_1(0)$ sobre $D_1(0)$ é bijetora.

21. Dado $\pi^{-1}(z) \in S^2$. Determine a posição relativa de $\pi^{-1}(\overline{z}), \pi^{-1}(-z)$ e $\pi^{-1}(\overline{z}^{-1})$.

22. Mostre que $\pi^{-1}(w) = P$ e $\pi^{-1}(z) = -P$ em S^2 se, e somente se, $\overline{w}z = -1$.

23. Dados $\pi^{-1}(w) = P$ e $\pi^{-1}(z) = Q$ em S^2. Determine as coordenadas de $\pi^{-1}(w + z)$ em termos das de P e Q.

24. Determine $\pi(\Gamma)$ em $\mathbb{C}_\infty$, com $\Gamma : x_1^2 + y_1^2 + u_1^2 = 1, x_1 = k$ e $0 < k < 1$.

25. Determine $\pi^{-1}(\Gamma)$ em S^2, com $\Gamma : x^2 + y^2 + 2x - 3 = 0$ e $\Gamma : x + y - 1 = 0$.

26. Determine $\pi^{-1}(\Gamma)$ em S^2, $\Gamma : ax + by + c = 0$ e $\Gamma : (x-a)^2 + (y-b)^2 = r^2$.

27. Sejam $P = \pi^{-1}(w)$ e $Q = \pi^{-1}(z)$. Mostre que os triângulos NPQ e Nzw são semelhantes. Use isto para deduzir (1.1.4) e mostre que ela é uma métrica.

28. Sejam $z_1, z_2 \in \mathbb{C}_\infty$, com $z_1 \neq z_2$. Determine o lugar geométrico (curva) dos pontos $z \in \mathbb{C}$ tais que $\|\pi^{-1}(z) - \pi^{-1}(z_1)\| = \|\pi^{-1}(z) - \pi^{-1}(z_2)\|$.

29. Seja $\Gamma_k = \{(u, v, w) \in \mathbb{R}^3 : w = k\}$. Mostre que a projeção estereográfica $\pi : S^2 \to \Gamma_k$ ($\pi(x, y, z) = (u, v, k)$) é definida pelas relações

$$x = \frac{2(k+1)u}{u^2 + v^2 + (k+1)^2}, \quad y = \frac{2(k+1)v}{u^2 + v^2 + (k+1)^2}, \quad z = \frac{u^2 + v^2 - (k+1)^2}{u^2 + v^2 + (k+1)^2}.$$

30. Mostre que a função $\mathbf{x}_1 : \mathbb{C}_\infty \to S^2$ definida como

$$\mathbf{x}_1(z) = \begin{cases} \left(\frac{2x}{|z|^2+1}, -\frac{2y}{|z|^2+1}, \frac{1-|z|^2}{|z|^2+1}\right) & \text{se } z = x+iy \in \mathbb{C}, \\ (0,0,-1) & \text{se } z = \infty, \end{cases}$$

é um sistema de coordenadas de S^2 em relação ao polo sul $S = (0,0,-1)$ e a função $\pi_1 : S^2 \to \mathbb{C}_\infty$ definida como

$$\pi_1(x,y,u) = \begin{cases} \frac{x-iy}{1+u} & \text{se } (x,y,u) \in S^2 - \{(0,0,-1)\}, \\ \infty & \text{se } (x,y,u) = (0,0,-1), \end{cases}$$

é uma projeção estereográfica. Calcule $\pi_1 \circ \pi^{-1}$.

31. Sejam $\Gamma = \pi(\Gamma_1)$ e $C = \{S\} \cup \Gamma_1$ o cone. Mostre que o centro de Γ está sobre o segmento SN.

1.2 Funções Holomorfas

Na seção 1.1, já vimos que π^{-1} era uma bijeção de $\mathbb{C}_\infty$ sobre S^2, de modo que qualquer função $f : \mathbb{C}_\infty \to \mathbb{C}_\infty$ induz uma função $f^* : S^2 \to S^2$ definida como $f^* = \pi^{-1} \circ f \circ \pi$ e vice-versa. O principal objetivo desta seção é unificar os conceitos básicos de espaços topológicos e de funções holomorfas sobre $\mathbb{C}$ e $\mathbb{C}_\infty$ necessários para a compreensão dos próximos capítulos, uma vez, que os pares $(\mathbb{C}.d)$ e $(\mathbb{C}_\infty, d_\infty)$ são espaços métricos.

Dados $r \in \mathbb{R}_+^\times$ e $z_0 \in \mathbb{C}$. O conjunto

$$D_r(z_0) = \{z \in \mathbb{C} : |z - z_0| < r\} \tag{1.2.1}$$

chama-se um *disco aberto* de centro z_0 e raio r ou uma r-*vizinhança* de z_0 em $\mathbb{C}$. Enquanto, $\overline{D}_r(z_0) = \{z \in \mathbb{C} : |z - z_0| \leq r\}$ chama-se um *disco fechado* de centro z_0 e raio r, $S_r(z_0) = \{z \in \mathbb{C} : |z - z_0| = r\}$ chama-se a *fronteira* de $D_r(z_0)$. Note que $\overline{D}_r(z_0) = D_r(z_0) \cup S_r(z_0)$. De modo análogo, um r-vizinhança de $z_0 \in \mathbb{C}_\infty$ é o conjunto

$$D_r(z_0) = \{z \in \mathbb{C}_\infty : d_\infty(z, z_0) < r\}. \tag{1.2.2}$$

Observe que

$$d_\infty(z,\infty) < r \iff 1 + |z|^2 > \left(\frac{2}{r}\right)^2$$
$$\iff |z| > R = \sqrt{\frac{4}{r^2} - 1}.$$

Logo, para cada $0 < r < 2$, uma r-vizinhança de ∞ é o conjunto

$$D_R(\infty) = \{z \in \mathbb{C} : R < |z| \leq \infty\} = (\mathbb{C} - \overline{D_R(0)}) \cup \{\infty\}$$

e $D_r(\infty) = \mathbb{C}_\infty$ quando $r \geq 2$. Finalmente, diremos que $\Omega \subseteq \mathbb{C}_\infty$ é um *aberto* se:

(1) $\Omega \cap \mathbb{C}$ for um aberto em $\mathbb{C}$ ou,

(2) $\Omega = (\mathbb{C} - K) \cup \{\infty\}$, para algum subconjunto compacto K em $\mathbb{C}$.

Portanto, é fácil verificar que esta noção de conjunto aberto transforma $\mathbb{C}$ e $\mathbb{C}_\infty$ em espaços topológicos.

Note, intuitivamente, que π^{-1} leva o plano $\mathbb{C}_\infty$ sobre S^2 implica que rotacionando S^2 de $180°$ em torno do eixo $0x_1$ e em seguida via π voltamos a $\mathbb{C}_\infty$. Mais explicitamente, $z \mapsto (z, u)$ implica que $(z, u) \mapsto (\overline{z}, -u)$ e $(\overline{z}, -u) \mapsto w$, ou seja, $w = z^{-1}$. De modo análogo, $\sigma_0(z) = \overline{z}$ induz uma reflexão de S^2 no plano yu. Neste caso, $a|z|^2 + 2\operatorname{Re}(z_0\overline{z}) + d = 0$ se, e somente se, $a + 2\operatorname{Re}(z_0 w) + d|w|^2 = 0$, com $|z_0|^2 > ad$. Isto motiva o seguinte resultado:

Lema 1.2.1 *Seja a função* $J : \mathbb{C}_\infty \to \mathbb{C}_\infty$ *definida como*

$$J(z) = z^{-1} = |z|^{-2}\overline{z} \text{ para todo } z \in \mathbb{C}^\times,$$
$$J(0) = \infty \quad e \quad J(\infty) = 0.$$

Então J é um homeomorfismo. Em particular, $J(\mathcal{C}) \subseteq \mathcal{C}$.

Demonstração: Primeiro observe que $\lim_{|z| \to \infty} J(z) = 0$ se dado $\varepsilon > 0$, existir um compacto K em $\mathbb{C}$ tal que $|J(z)| < \varepsilon$, para todo $z \in \mathbb{C} - K$. É claro que $\lim_{z \to 0} J(z) = \infty$, pois $\lim_{z \to 0} J(z)^{-1} = $

0 e $\lim_{z\to\infty} J(z) = 0$, pois $\lim_{z\to 0} J(z^{-1}) = \infty$, de modo que $\lim_{z\to c} J(z) = J(c)$, para todo $c \in \mathbb{C}_\infty$, e $J^2 = I$ implica que J é bijetora. Outro modo, para cada $D_r(0)$ em $\mathbb{C}$,

$$\begin{aligned} J(D_r(0)) &= \{J(z) \in \mathbb{C} : z \in D_r(0)\} \\ &= \{w \in \mathbb{C} : |w| > r^{-1}\} \\ &= \mathbb{C} - \overline{D_{\frac{1}{r}}(0)} \end{aligned}$$

é aberto em $\mathbb{C}$ e $J(\mathbb{C} - \overline{D_{\frac{1}{r}}(0)}) = D_r(0)$. Portanto, J é um homeomorfismo. $\square$

O lema 1.2.1 nos permite formalmente unificar os conceitos topológicos. Para isto, note que a função J induz uma função bijetora $\sigma = \pi^{-1} \circ J \circ \pi : S^2 \to S^2$ tal que $\sigma(z, u) = (\overline{z}, -u)$, confira o diagrama comutativo a seguir. Portanto, não faremos distinção entre $\mathbb{C}_\infty$ e S^2. A função J chama-se *inversão* sobre o círculo $S^1 = S_1(0)$ (equador) e σ chama-se *rotação* de $180°$ sobre S^2. Neste caso, sejam $\Omega = D_r(\infty)$ uma r-vizinhança de ∞ em $\mathbb{C}_\infty$ e $f : \Omega \to \mathbb{C}_\infty$ uma função. Diremos que f é *contínua* em ∞ se

$$\lim_{z\to\infty} f(z) = f(\infty) = \lim_{z\to 0} f(z^{-1}) = \lim_{z\to 0}(f \circ J)(z)),$$

de modo que o comportamento de f em ∞ é equivalente ao comportamento de $f \circ J$ em 0.

$$\begin{array}{ccc} \mathbb{C}_\infty & \xrightarrow{J} & \mathbb{C}_\infty \\ {\scriptstyle \pi^{-1}}\Big\downarrow & & \Big\downarrow{\scriptstyle \pi^{-1}} \\ S^2 & \xrightarrow{\sigma} & S^2 \end{array}$$

Sejam $\Omega \subseteq \mathbb{R}^2$ um aberto e $f : \Omega \to \mathbb{R}^2$ uma função. Diremos que f é *diferenciaável real* em $\mathbf{c} \in \Omega$ se existir uma transformação linear $T_\mathbf{c} : \mathbb{R}^2 \to \mathbb{R}^2$ ou uma matriz $\mathbf{A} \in M_2(\mathbb{R})$ tal que

$$\lim_{\mathbf{h}\to 0} \frac{f(\mathbf{c} + \mathbf{h}) - f(\mathbf{c}) - T_\mathbf{c} \cdot \mathbf{h}}{\|\mathbf{h}\|} = 0. \qquad (1.2.3)$$

Pode ser provado que $T_\mathbf{c}$ ou $\mathbf{A}$ é única e chama-se *diferencial* de f em $\mathbf{c}$ e denotamos por $T_\mathbf{c} = df_\mathbf{c} = Df(\mathbf{c}) = f'(\mathbf{c})$. Portanto, $f'(\mathbf{c}) : \mathbb{R}^2 \to \mathbb{R}^2$ é representada, em relação à base canônica, pela *matriz jacobiana*[2] $J_f(\mathbf{c})$ de f, $f'(\mathbf{c})$ chama-se *derivada* de f em $\mathbf{c}$ e $\det J_f(\mathbf{c})$ chama-se *Jacobiano* de f em $\mathbf{c}$. Neste caso, a *derivada direcional* de f em $\mathbf{c}$ com relação ao vetor $\mathbf{h} \neq \mathbf{0}$ sempre existe:

$$f_\mathbf{h}(\mathbf{c}) = \frac{\partial f}{\partial \mathbf{h}}(\mathbf{c}) = \lim_{t \to 0} \frac{f(\mathbf{c} + t\mathbf{h}) - f(\mathbf{c})}{t} = df_\mathbf{c} \cdot \mathbf{h} = f'(\mathbf{c}) \cdot \mathbf{h}.$$

Mais explicitamente, fixado $\mathbf{x} = (x_1, x_2) \in \Omega$, existem únicos $f_1(\mathbf{x}), f_2(\mathbf{x}) \in \mathbb{R}$ tais que $f(\mathbf{x}) = (f_1(\mathbf{x}), f_2(\mathbf{x}))$. Assim, a matriz de $f'(\mathbf{c})$ em relação a base canônica é

$$J_f(\mathbf{c}) = (d_j f_i(\mathbf{c}))$$

e a linha $(d_1 f_i(\mathbf{c}) d_2 f_i(\mathbf{c}))$ representa a matriz do funcional linear $df_i(\mathbf{c}) : \mathbb{R}^2 \to \mathbb{R}$, o qual é igual a *diferencial* de f_i em $\mathbf{c}$.

Sejam $\Omega \subseteq \mathbb{C}$ um aberto e $f : \Omega \to \mathbb{C}$ uma função. Então já vimos que ela pode ser vista como $f : \Omega \subseteq \mathbb{R}^2 \to \mathbb{R}^2$. Diremos que f é *diferenciaável complexa* em $c \in \Omega$ quando o limite

$$\lim_{h \to 0} \frac{f(c+h) - f(c)}{h}$$

existir e denotamos por $f'(c)$. Se $f'(c)$ existir, então isto significa que: dado $\varepsilon > 0$, existe um $\delta > 0$ tal que

$$\left| \frac{f(c+h) - f(\mathbf{c})}{h} - f'(c) \right| < \varepsilon, \forall h \in D_\delta(c) - \{c\},$$

de modo que $f'(c)$ é um número complexo. Assim, pela equação (1.2.3), f é diferenciável real e $f'(c) : \mathbb{C} \to \mathbb{C}$ é linear sobre $\mathbb{C}$. Portanto, pelo exercício 1 da seção 1.1, $f'(c) \cdot h = \alpha h$, para todo $h \in \mathbb{C}$. Por outro lado, para cada $z = (x, y) \in \Omega$ fixado, existem únicos $u(x, y), v(x, y) \in \mathbb{R}$ tais que $w = f(z) = (u(x,y), v(x,y))$. Logo, a matriz de $f'(c)$ em relação a base canônica é:

$$J_f(c) = \begin{pmatrix} u_x(c) & u_y(c) \\ v_x(c) & v_y(c) \end{pmatrix}.$$

---

[2] Carl Gustav Jakob Jacobi, 1804-1851, matemático alemão.

Portanto, pela equação (1.1.1), $f'(c)$ é linear sobre $\mathbb{R}$ se, e somente se, $u_x(\mathbf{c}) = v_y(\mathbf{c})$ e $v_x(\mathbf{c}) = -u_y(\mathbf{c})$. Neste caso, o vetor $f'(c) \cdot e_2 = (u_y(c), v_y(c))$ é obtido de $f'(c) \cdot e_1 = (u_x(c), v_x(c))$ por uma rotação de $90°$ no sentido anti-horário. Diremos que f é *diferenciável* em Ω se o for em todos os pontos de Ω. Em geral, usa-se a expressão *holomorfa* em vez de diferenciável complexa. Finalmente, f é holomorfa em ∞ se $f \circ J$ o for em 0. Por exemplo, $f(z) = (1+z^2)^{-1}$ é holomorfa em ∞, pois $(f \circ J)(z) = (1+z^2)^{-1} z^2$ implica que $(f \circ J)'(0) = 0$.

LEMA 1.2.2 *Sejam $\Omega \subseteq \mathbb{C}$ um aberto, $c \in \Omega$ e $f : \Omega \to \mathbb{C}$ uma função, com $f(z) = u(z) + iv(z)$. Então f é diferenciável real em c se, e somente se, u e v são diferenciáveis reais em c.*

DEMONSTRAÇÃO: Notação $\overline{f}(z) = \overline{f(z)} = u(z) - iv(z)$ e f diferenciável real em c implica que $f'(c)$ é linear sobre $\mathbb{R}$. Assim, pelo exercício 1 da seção 1.1, $f'(c) \cdot h = \alpha h + \beta \overline{h}$, para alguns $\alpha, \beta \in \mathbb{C}$, de modo que $\overline{f}'(c) \cdot h = \overline{\alpha} \overline{h} + \overline{\beta} h$ é linear sobre $\mathbb{R}$. Como $u(z) = 2^{-1}(f(z) + \overline{f}(z))$ e $v(z) = (2i)^{-1}(f(z) - \overline{f}(z))$ temos que $u, v : \Omega \to \mathbb{R}$ são diferenciáveis reais em c se, e somente se, f for diferenciável real em c. $\square$

TEOREMA 1.2.3 *Sejam $\Omega \subseteq \mathbb{C}$ um aberto, $c \in \Omega$ e $f : \Omega \to \mathbb{C}$ uma função, com $f(z) = u(z) + iv(z)$. Então f é holomorfa em c se, e somente se, f é diferenciável real em c, $u_x(\mathbf{c}) = v_y(\mathbf{c})$ e $v_x(\mathbf{c}) = -u_y(\mathbf{c})$. Neste caso, $f'(c) = u_x(\mathbf{c}) + iv_x(\mathbf{c})$.*

DEMONSTRAÇÃO: Fica como um exercício. $\square$

Observe que se $f : \Omega \to \mathbb{C}$, com $w = f(z) = u(z) + iv(z)$, é holomorfa em $c \in \Omega$, então $|f'(c)|^2 = \det J_f(c) \geq 0$. Portanto, $\det J_f(c) \neq 0$ se, e somente se, $f'(c) \neq 0$. É muito importante notar que: se $f : \Omega \to \mathbb{C}$ for diferenciável real em c, $h = (h_1, h_2)$ e $f(z) = (u(z), v(z))$, então

$$f'(c) \cdot h = \begin{pmatrix} u_x(\mathbf{c}) & u_y(\mathbf{c}) \\ v_x(\mathbf{c}) & v_y(\mathbf{c}) \end{pmatrix} \begin{pmatrix} h_1 \\ h_2 \end{pmatrix}.$$

Como $f'(c) \cdot h = \alpha h + \beta \overline{h}$, para alguns $\alpha, \beta \in \mathbb{C}$, temos que

$$f'(c) \cdot e_1 = u_x(\mathbf{c}) + iv_x(\mathbf{c}) \quad \text{e} \quad f'(c) \cdot e_2 = u_y(\mathbf{c}) + iv_y(\mathbf{c});$$
$$\alpha = \frac{1}{2}(f'(c) \cdot e_1 - if'(c) \cdot e_2) \quad \text{e} \quad \beta = \frac{1}{2}(if'c) \cdot e_1 + iif'(c) \cdot e_2).$$

Neste caso, definimos as *derivadas parciais* de f em c como:

$$f_x(c) = \frac{\partial f}{\partial x}(c) = f'(c) \cdot e_1 \quad \text{e} \quad f_y(c) = \frac{\partial f}{\partial y}(c) = f'(c) \cdot e_2;$$
$$f_z(c) = \frac{\partial f}{\partial z}(c) = \alpha \quad \text{e} \quad f_{\overline{z}}(c) = \frac{\partial f}{\partial \overline{z}}(c) = \beta.$$

Portanto,

$$f'(c) \cdot h = f_z(c)h + f_{\overline{z}}(c)\overline{h},$$
$$f_x(c)dx + f_y(c)y = df = f_z(c)dz + f_{\overline{z}}(c)d\overline{z}$$

e

$$\det J_f(c) = |f_z|^2 - |f_{\overline{z}}|^2.$$

Vamos ver isto via um dispositivo de memorização: como $x = 2^{-1}(z + \overline{z})$ e $y = (i2)^{-1}(z - \overline{z})$, podemos pensar $f = f(x,y)$ como uma função de z e $\overline{z}$, de modo que

$$f_z = \frac{\partial f}{\partial x}\frac{\partial x}{\partial z} + \frac{\partial f}{\partial y}\frac{\partial y}{\partial z} = \frac{1}{2}(f_x - if_y),$$
$$f_{\overline{z}} = \frac{\partial f}{\partial x}\frac{\partial x}{\partial \overline{z}} + \frac{\partial f}{\partial y}\frac{\partial y}{\partial \overline{z}} = \frac{1}{2}(f_x + if_y).$$

TEOREMA 1.2.4 *Sejam $\Omega \subseteq \mathbb{C}$ aberto e $f : \Omega \to \mathbb{C}$ diferenciável. Então f é holomorfa se, e somente se, $\det J_f(c) > 0$ e $f_{\overline{z}} = 0$. Conclua que $f'(c) = f_z(c)$.*

DEMONSTRAÇÃO: Se f é holomorfa em $c \in \Omega$, então $u_x(\mathbf{c}) = v_y(\mathbf{c})$ e $v_x(\mathbf{c}) = -u_y(\mathbf{c})$. Assim,

$$f_x(c) = u_x(\mathbf{c}) + iv_x(\mathbf{c}) = -i(u_y(\mathbf{c}) + iv_y(\mathbf{c})) = -if_y(c),$$

de modo que $f_{\bar{z}}(c) = 2^{-1}(f_x(c) + if_y(c)) = 0$. Reciprocamente, se $f_{\bar{z}}(c) = 0$, então $f_x(c) = -if_y(c)$. Logo,

$$u_x(\mathbf{c}) = v_y(\mathbf{c}) \quad \text{e} \quad v_x(\mathbf{c}) = -u_y(\mathbf{c}).$$

Portanto, f é holomorfa em $c \in \Omega$. □

Sejam Ω um aberto em $\mathbb{C}$ e $f : \Omega \to \mathbb{C}$ diferenciável real. Diremos que f *preserva orientação* em $c \in \Omega$ se $\det J_f(c) > 0$ em c. Portanto, uma função holomorfa preserva orientação em qualquer $c \in \Omega$, com $f'(c) \neq 0$.

Sejam Ω um aberto em $\mathbb{C}$ e $\gamma : [a,b] \to \Omega$ uma *curva* ou um *arco*. Então $\gamma(t) = x(t) + iy(t) = u + iv$. Se $x'(t) \neq 0$, para todo $t \in [a,b]$, então $\gamma(t)$ é diferenciável, com $\gamma'(t) = x'(t) + iy'(t)$, e $v = y(u^{-1}(x))$ implica que $\frac{dv}{du} = \frac{v'(t)}{u'(t)}$ é a inclinação da reta tangente a γ em t. Se $f : \Omega \to \mathbb{C}$ é holomorfa em $c \in \Omega$ e γ é uma curva que passa por c, digamos $\gamma(t_0) = c$, então $\eta(t) = (f \circ \gamma)(t)$ é uma curva que passa por $f(c)$. Assim, pela Regra da Cadeia, $\eta'(t_0) = f'(c) \cdot \gamma'(t_0)$, de modo que $\gamma'(t_0)$ pode ser visto como um vetor na direção de um vetor tangente no ponto c, ou seja, $\gamma'(t_0) \neq 0$ define a direção para a curva no ponto c. Neste caso, $L = L(t) : c + \gamma'(t_0)t$ é a reta tangente em c, $\psi = \arg(\gamma'(t_0))$ e $M = M(t) : f(c) + \eta'(t_0)t$ é a reta tangente em $f(c)$, $\phi = \arg(\eta'(t_0)) = \arg(f'(c)) + \psi$. Sejam γ e η duas curvas tais que $c = \gamma(t_1) = \eta(t_2)$. Então o *ângulo* θ entre γ e η em c é definido como

$$\theta = \arccos \frac{\langle \gamma'(t_1), \eta'(t_2) \rangle}{|\gamma'(t_1)||\eta'(t_2)|}.$$

Aplicando f, vemos que as curvas $f \circ \gamma$ e $f \circ \eta$ passam por $f(c)$.

Teorema 1.2.5 *Sejam $f : \Omega \to \mathbb{C}$ holomorfa e $c \in \Omega$. Se $f'(c) \neq 0$, então o ângulo entre as curvas γ, η em c é o mesmo entre as curvas $f \circ \gamma, f \circ \eta$ em $f(c)$.*

Demonstração: Sejam $\theta = \measuredangle(\gamma'(t_1), \eta'(t_2))$, com $c = \gamma(t_1) = \eta(t_2)$, e $f'(c) = \alpha$. Então

$$\langle \alpha\gamma'(t_1), \alpha\eta'(t_2) \rangle = |\alpha|^2 \langle \gamma'(t_1), \eta'(t_2) \rangle,$$

de modo que $\measuredangle(\alpha\gamma'(t_1),\alpha\eta'(t_2)) = \measuredangle(\gamma'(t_1),\eta'(t_2)) = \theta$. $\square$

Qualquer função holomorfa $f : \Omega \to \mathbb{C}$ que preserva ângulo ou $f'(c) \neq 0$, para todo $c \in \Omega$, chama-se *conforme*, com $\theta = \arg(f'(c))$ e $r = |f'(c)|$, ou seja, $f'(c) = re^{i\theta}$, pois $c = z_2 - z_1 = te^{i\alpha}$ implica que $dc = ds_1 e^{i\beta}$, de modo que

$$dw = f'(c)dc \quad \text{e} \quad f'(c) = \frac{ds_2}{ds_1}e^{i(\gamma-\beta)}.$$

Mais geralmente, se $\eta(t) = (f \circ \gamma)(t)$, então

$$|\gamma'(t_0)|\,dt = \sqrt{x'(t_0)^2 + y'(t_0)^2}\,dt = ds_1$$

é o comprimento de arco de γ em t_0 e, de modo similar, $|\eta'(t_0)|dt = ds_2$, de modo que $c = \gamma(t_0), \eta'(t_0) = f'(c)\gamma'(t_0)$ e

$$\lim_{z\to c}\frac{|f(z)-f(c)|}{|z-c|} = |f'(c)| = \frac{ds_2}{ds_1}.$$

Portanto, o módulo de $f'(c)$ é igual ao coeficiente de dilatação em c sob f e não depende da curva γ. Mais explicitamente, como $\eta'(t_0) = f_x(c)x'(t_0) + f_y(c)y'(t_0)$, $x'(t_0) = 2^{-1}(\gamma'(t_0) + \overline{\gamma'(t_0)})$ e $y'(t_0) = (2i)^{-1}(\gamma'(t_0) - \overline{\gamma'(t_0)})$ temos que

$$\frac{\eta'(t_0)}{\gamma'(t_0)} = \frac{1}{2}(f_x(c) - if_y(c)) + \frac{1}{2}(f_x(c) + if_y(c))\frac{\overline{\gamma'(t_0)}}{\gamma'(t_0)}$$

e lembre-se que $\arg(\eta'(t_0)) = \arg(f'(c)) + \arg(\gamma'(t_0))$ significa que que f rotaciona todas as direções em c em torno do mesmo ângulo $\arg(f'(c))$. Portanto, $|f'(c)|$ é independete de γ se, e somente se, $f_x(c) + if_y(c) = 0$. Por exemplo, se $z = z(t)$ e $w = f(z) = (cz+d)^{-1}(az+b)$, com $ad - bc \neq 0$, então $w'(t) = f'(z)z'(t)$ e

$$\arg(w'(t)) = \arg(z'(t)) + \arg((cz+d)^{-2}(ad-bc))$$

depende do ponto, mas não das direções $\arg(z'(t))$ e $\arg(w'(t))$ das curvas.

Exercícios

1. Mostre que a métrica euclidiana e cordal são equivalentes sobre conjuntos limitados $\Omega \subset \mathbb{C}$, isto é, existe um $r > 0$ tal que $\Omega \subseteq \overline{D}_r(0)$.

2. Seja $\Omega \subset \mathbb{C}$ um conjunto aberto. Mostre que $\partial \Omega$ é fechado.

3. Mostre que $\mathbb{Z}$ é um conjunto fechado em $\mathbb{C}$, mas não em $\mathbb{C}_\infty$.

4. Mostre que $(\mathbb{C}_\infty, d_\infty)$ é compacto e $(\mathbb{C}, d)$ é homeomorfo a $(\mathbb{C}_\infty, d_\infty)$.

5. Mostre que $(\mathbb{C}_\infty, d_\infty)$ é conexo, completo e $\mathbb{C}$ é denso em $(\mathbb{C}_\infty, d_\infty)$.

6. Sejam $k \in (0,1)$ e $V = \{(x_1, y_1, u) \in S^2 : k \leq u\}$. Mostre que $\pi(V)$ é fechado, ou seja, $\pi(V) = \mathbb{C} - D_r(0)$, para algum $r > 0$.

7. Para cada $\alpha, \beta \in \mathbb{C}$, com $\alpha \neq 0$, definimos $T : \mathbb{C} \to \mathbb{C}$ como $T(z) = \alpha z + \beta$.

    (a) Mostre que $T(S_r(c)) = S_{r|\alpha|}(T(c))$.

    (b) Quais escolhas de α e β, $T(S_1(0)) = S_2(1+i)$?

    (c) No item (b) é possível escolher α e β, de modo que $T(1) = -1 + 3i$?

8. Sejam $S_r(c)$ e $J : \mathbb{C}^\times \to \mathbb{C}^\times$ definida como $J(z) = z^{-1}$.

    (a) Mostre que $J(S_r(0)) = S_{\frac{1}{r}}(0)$.

    (b) Mostre que se $c \neq 0$ e $r \neq |c|$, então $J(S_r(c)) = S_R(d)$, em que $d = (|c|^2 - r^2)^{-1}\overline{c}$ e $R = ||c|^2 - r^2|^{-1}r$.

    (c) Mostre que se $c \neq 0$ e $r = |c|$, então $J(S_r(c) - \{0\})$ é uma reta.

    (d) Mostre que se $a \in \mathbb{C}^\times$ e $L = \{z \in \mathbb{C} : \text{Re}(az) = 0\}$, então a reta $J(L - \{0\}) = \{z \in \mathbb{C} : \text{Re}(a^{-1}z) = 0\}$.

9. Seja $T : \mathbb{C} \to \mathbb{C}$ linear sobre $\mathbb{R}$. Diremos que T *preserva ângulo* ou é *conforme* se T é injetora e $\measuredangle(T(w), T(z)) = \measuredangle(w, z)$, para todos $w, z \in \mathbb{C}^\times$. Mostre que as seguintes condições são equivalentes:

    (a) T preserva ângulo;

    (b) Existe um $\alpha \in \mathbb{C}^\times$ tal que $T(z) = \alpha z$ ou $T(z) = \alpha \overline{z}$, para todo $z \in \mathbb{C}$;

    (c) Existe um $k \in \mathbb{R}_+^\times$ tal que $\langle T(w), T(z) \rangle = k\langle w, z\rangle$, para todos $w, z \in \mathbb{C}$.

10. Sejam $\Omega \subseteq \mathbb{R}^2$ um aberto e $f : \Omega \to \mathbb{R}^2$ uma função. Mostre que se a diferencial de f existir ela é única.

11. Mostre que qualquer função holomorfa $f : \Omega \to \mathbb{C}$ é contínua. Mostre, com um exemplo, que a recíproca é falsa.

12. Seja $p(z)$ uma função polinomial. Mostre que a função $f : \mathbb{C}_\infty \to \mathbb{C}_\infty$ definida como $f(z) = p(z)$, para todo $z \in \mathbb{C}$, e $f(\infty) = \infty$ é contínua.

13. Seja $p(z)$ uma função polinomial. Mostre que a função $f : \mathbb{C}_\infty \to \mathbb{C}_\infty$ definida como $f(z) = p(z)$, para todo $z \in \mathbb{C}$, e $f(\infty) = \infty$ é um homeomorfismo se, e somente se, grau de $p(z)$ for igual a 1.

14. Sejam Ω uma região, ou seja, um aberto conexo, e $f : \Omega \to \mathbb{C}$ holomorfa. Mostre que se $f'(c) = 0$, para todo $c \in \Omega$, então f é constante.

15. Seja $f : \Omega \to \mathbb{C}$ holomorfa, com $w = f(x,y) = u(x,y) + iv(x,y)$. Mostre que as *curvas de níveis* $u(x,y) = c_1$ e $v(x,y) = c_2$ formam uma família ortogonal nos pontos c, em que $f'(c) \neq 0$. Aplique isto a função $f : \mathbb{C}^\times \to \mathbb{C}$ definida como $f(z) = z + z^{-1}$.

16. Seja $d\sigma$ o comprimento de arco de uma curva sobre S^2 e ds o comprimento de arco de sua projeção estereográfica sobre o plano $u = 0$. Mostre que $ds = (1-u)^{-1} d\sigma$. Conclua que π é conforme.

17. Seja $\pi(z_0) = P_1$ e $\pi(-\overline{z}_0^{-1}) = P_2$ em S^2. Mostre que se $Q = R_\theta(P)$ é a rotação em torno do diâmetro $P_1 P_2$, com $\pi(z) = P$ e $\pi(w) = Q$, então

$$\frac{w - z_0}{1 + \overline{z}_0 w} = e^{i\theta} \frac{z - z_0}{1 + \overline{z}_0 z}.$$

2

Transformações de Möbius

O principal objetivo deste capítulo é o desenvolvimento das transformações de Möbius sobre $\mathbb{C}$ ($\mathbb{R}^n$) e suas classificações, que serão necessários para os capítulos subsequentes.

2.1 Transformações de Möbius

Veremos nesta seção que o estudo clássico das transformações fracionárias lineares sobre $\mathbb{C}$ se reduz ao estudo das transformações:

1. $T_\beta(z) = z + \beta$ (translação);
2. $M_\alpha(z) = |\alpha|z$ (contração ou expansão);
3. $R_\theta(z) = e^{i\theta}z$, $\theta = \arg(z) \in \mathbb{R}$ (rotação);
4. $J(z) = z^{-1}$ (inversão).

Dados $\alpha, \delta \in \mathbb{R}$ e $\beta, \gamma \in \mathbb{C}$, a equação do círculo

$$\alpha z\overline{z} + \beta z + \gamma\overline{z} + \delta = 0$$

é claramente bilinear em z e $\overline{z}$, com $\beta\gamma - \alpha\delta > 0$. Assim, pondo $a = -\beta, b = -\delta, c = \alpha$ e $d = \gamma$, obtemos

$$\overline{z} = \frac{az+b}{cz+d}, \quad \text{com} \quad ad - bc \neq 0.$$

Isto motiva a seguinte generalização. Seja $M_2(\mathbb{C})$ a álgebra das matrizes. Então cada $\mathbf{A} = a\mathbf{E}_{11} + b\mathbf{E}_{12} + c\mathbf{E}_{21} + d\mathbf{E}_{22} \in M_2(\mathbb{C})$ induz uma função $h_\mathbf{A} : \mathbb{C} \to \mathbb{C}$ definida como

$$w = h_\mathbf{A}(z) = \frac{az+b}{cz+d}. \qquad (2.1.1)$$

Então c e d não devem ser ambos nulos. Se $c = 0$ e $d \neq 0$, então $w = d^{-1}(az+b)$ e se $c \neq 0$ e $d = 0$, então

$$w = \frac{a}{c} - \frac{ad-bc}{c} \cdot \frac{1}{cz+d} \quad \left(h_\mathbf{A}(z_2) - h_\mathbf{A}(z_1) = \frac{(ad-bc)(z_2-z_1)}{(cz_1+d)(cz_2+d)} \right)$$

implicam que $h_\mathbf{A}$ é constante (degenerada) se, e somente se, $\det \mathbf{A} = ad - bc = 0$. Portanto, não há perda de generalidade, em supor que

$$\mathbf{A} \in \mathsf{GL}_2(\mathbb{C}) = \{\mathbf{A} \in M_2(\mathbb{C}) : \det \mathbf{A} \neq 0\}$$

o *grupo linear geral*. É fácil verificar as duas regras fundamentais de cálculos:

1. $h_\mathbf{A} = I$ se, e somente se, $\mathbf{A} = k\mathbf{I}$, para algum $k \in \mathbb{C}^\times$.
2. $h_{\mathbf{AB}} = h_\mathbf{A} \circ h_\mathbf{B}$, para todos $\mathbf{A}, \mathbf{B} \in \mathsf{GL}_2(\mathbb{C})$.

Além disso, se $D = \det \mathbf{A} \neq 0$, então $h_\mathbf{A}$ possui uma função inversa:

$$h_\mathbf{A}^{-1}(z) = \frac{dz-b}{-cz+a} = h_{\mathbf{A}^{-1}}(z), \quad \text{com} \quad \mathbf{A}^{-1} = \frac{1}{D}\begin{pmatrix} d & -b \\ -c & a \end{pmatrix}.$$

Portanto, o conjunto de todas as tais transformações, $\mathsf{GM}_2(\mathbb{C})$ ou $\mathrm{Aut}(\mathbb{C})$, é um grupo sob a composição usual e chama-se o *grupo de Möbius*. Note que a equação (2.1.1) é equivalente a equação:

$$\alpha wz + \beta w + \gamma z + \delta = 0, \quad \text{com} \quad \alpha\delta - \beta\gamma \neq 0, \qquad (2.1.2)$$

a qual é *bilinear* em w e z. Observe que para unificar os conceitos devemos estender $h_\mathbf{A}$ para $\mathbb{C}_\infty$ do seguinte modo:

$$h_\mathbf{A}(z) = \begin{cases} \frac{az+b}{cz+d} & \text{se } c \neq 0 \text{ e } z \neq -\frac{d}{c}, \\ \infty & \text{se } c \neq 0 \text{ e } z = -\frac{d}{c}, \\ \frac{a}{c} & \text{se } c \neq 0 \text{ e } z = \infty, \\ \infty & \text{se } c = 0 \text{ e } z = \infty. \end{cases}$$

Neste caso, $h_\mathbf{A}$ induz uma função $h^* : S^2 \to S^2$ definida como $h^* = \pi^{-1} \circ h_\mathbf{A} \circ \pi$, de modo que h^* é definida em todo S^2, exceto em $N = (0,0,1)$ e $\pi^{-1}(-c^{-1}d)$. Como $h_\mathbf{A}(-c^{-1}d) = \infty$ e $h_\mathbf{A}(\infty) = c^{-1}a$ temos que h^* é contínua na métrica cordal sobre S^2. A função $h_\mathbf{A}$ chama-se *transformação de Möbius*[1] ou simplesmente *transformação fracionária linear*. Para cada $h_\mathbf{A}$, existem constantes $\alpha, \beta, \gamma \in \mathbb{C}$ tais que

$$h_\mathbf{A} = T_\beta \circ M_\alpha \quad \text{ou} \quad h_\mathbf{A} = T_\gamma \circ M_\alpha \circ J \circ T_\beta.$$

De fato, se $c = 0$, então $h_\mathbf{A}(z) = \alpha z + \beta$, com $\alpha = d^{-1}a$ e $\beta = d^{-1}b$, ou seja, $h_\mathbf{A} = T_\beta \circ M_\alpha$, em que $M_\alpha(z) = \alpha z$ e $T_\beta(z) = z + \beta$. Se $c \neq 0$, então

$$h_\mathbf{A}(z) = \frac{a}{c} - \frac{ad-bc}{c^2} \cdot \frac{1}{z + c^{-1}d} \left((w - \frac{a}{c})(z + \frac{d}{c}) = -\frac{ad-bc}{c^2} \right).$$

Pondo $\alpha = -c^{-2}(ad-bc), \beta = c^{-1}d$ e $\gamma = c^{-1}a$, obtemos o resultado. Em forma matricial

$$\begin{pmatrix} a & b \\ c & d \end{pmatrix} = \begin{pmatrix} 1 & \gamma \\ 0 & 1 \end{pmatrix} \begin{pmatrix} \alpha & 0 \\ 0 & 1 \end{pmatrix} \begin{pmatrix} 0 & 1 \\ 1 & 0 \end{pmatrix} \begin{pmatrix} 1 & \beta \\ 0 & 1 \end{pmatrix}.$$

É muito importância, de um ponto de vista teórico e didático, fazer algumas observações sobre as funções que compõem $h_\mathbf{A}$. A transformação $T_\beta(z) = z + \beta$ chama-se *translação paralela*: isto significa geometricamente que o ponto final do vetor β nos fornece a imagem $T_\beta(z)$ ($0\beta = zT_\beta(z)$), ou seja, cada ponto z é deslocado paralelamente a reta que passa por 0 e β a uma distância igual a $|\beta|$. É bem conhecido que qualquer $\alpha \in \mathbb{C}$, com $\alpha \neq 0$, pode ser escrito sob a forma polar

$$\alpha = |\alpha|\frac{\alpha}{|\alpha|} = re^{i\theta} = r(\cos\theta + i\,\text{sen}\,\theta),$$

para algum $\theta = \arg(\alpha) \in [0, 2\pi)$ e $r = |\alpha| \in \mathbb{R}_+^\times$. Portanto, a *transformação de dilatação* $M_\alpha(z) = \alpha z = re^{i\theta}z$ é a composição

---

[1] August Ferdinand Möbius, 1790-1868, matemático e astrônomo alemã.

de uma *transformação homotética* ($M_r(z) = rz$, com $M_r(0) = 0$ e $M_r(\infty) = \infty$) seguida de uma *rotação* por um ângulo θ ($R_\theta(z) = e^{i\theta}z$). Enquanto, $J(z) = z^{-1}$ é uma rotação por um ângulo de $180°$ sobre o eixo através de -1 e 1. Mais explicitamente, $J = R \circ \sigma_0$, com $R(z) = |z|^{-2}z = \overline{z}^{-1}$ uma inversão em torno de $|z| = 1$ e $\sigma_0(z) = \overline{z}$ uma reflexão em torno do eixo dos x.

Um *ponto fixo* de $h_\mathbf{A}$ é um ponto $z_0 \in \mathbb{C}_\infty$ tal que $h_\mathbf{A}(z_0) = z_0$, ou seja,
$$p(z_0) = cz_0^2 + (d-a)z_0 - b = 0. \tag{2.1.3}$$
Se $c = 0$, então $h_\mathbf{A}(\infty) = \infty$. Em adição ao ponto fixo ∞, se $a \neq d$, então $z_0 = (d-a)^{-1}b$ é o único ponto fixo em $\mathbb{C}$, de modo que, $w - z_0 = d^{-1}a(z - z_0)$ (é uma rotação em torno de z_0) ou $w = (T_{z_0} \circ M_{d^{-1}a} \circ T_{-z_0})(z)$. Enquanto, se $a = d$, então $b = 0$ e $h_\mathbf{A} = I$. Se $c \neq 0$, então a equação quadrática possui duas raízes
$$\frac{a - d \pm \sqrt{\Delta}}{2c}, \quad \text{com} \quad \Delta = (a-d)^2 + 4bc = \text{tr}(\mathbf{A})^2 - 4\det\mathbf{A}.$$
Como $h_\mathbf{A}(\infty) = c^{-1}a \neq \infty$ temos que $h_\mathbf{A}$ possui no máximo dois pontos fixos. Portanto, em qualquer caso, $h_\mathbf{A} \neq I$ possui no máximo dois pontos fixos. Mais explicitamente,

1. ∞ é o único ponto fixo de $h_\mathbf{A}$ se, e somente se, $c = 0, a = d$ e $b \neq 0$ se, e somente se, $\alpha = 1$ e $\beta \neq 0$ ($c = 0$).

2. ∞ e $(1-\alpha)^{-1}\beta$ são os pontos fixos de $h_\mathbf{A}$ se, e somente se, $\alpha \neq 1$ ($c = 0$).

3. Se $c \neq 0$, então os pontos fixos de $h_\mathbf{A}$ são as raízes da equação (2.1.3).

Lema 2.1.1 *Se $h_\mathbf{A}$ possui três pontos fixos em $\mathbb{C}_\infty$, então $h_\mathbf{A} = I$.*

Demonstração: Confira o exposto acima. □

Já vimos que qualquer transformação de Möbius era completamente determinada por três constantes, pois a relação $ad - bc \neq 0$ nos fornece a quarta. Reciprocamente, sejam $z_1, z_2, z_3 \in \mathbb{C}_\infty$ distintos. Então a função $z \mapsto z - z_1$ leva z_1 em 0. Enquanto, $z \mapsto (z - z_2)^{-1}(z - z_1)$ leva z_1 em 0 e z_2 em ∞. Finalmente,

$$z \mapsto \frac{z - z_1}{z - z_2} \div \frac{z_3 - z_1}{z_3 - z_2} = \frac{(z - z_1)(z_3 - z_2)(\overline{z} - \overline{z}_2)(\overline{z}_3 - \overline{z}_1)}{|z - z_2|^2 |z_3 - z_1|^2}$$

é a única transformação de Möbius $h : \mathbb{C}_\infty \to \mathbb{C}_\infty$ tal que $h(z_1) = 0, h(z_2) = \infty$ e $h(z_3) = 1$, pois se g é outra tal transformação, então $(g^{-1} \circ h)(z_j) = z_j$. Assim, pelo lema 2.1.1, $g^{-1} \circ h = I$, de modo que $g = h$. Neste caso, a *razão cruzada* $(z, z_1; z_2, z_3)$ é o valor da imagem $h(z)$. Em geral, sejam $z_1, z_2, z_3, w_1, w_2, w_3 \in \mathbb{C}_\infty$ distintos. Então existe uma única transformação de Möbius $g : \mathbb{C}_\infty \to \mathbb{C}_\infty$ tal que $w_j = g(z_j)$, com $j = 1, 2, 3$. De fato, seja $w = g(z) = h_{\mathbf{A}}(z)$ tal transformação de Möbius. Então

$$w - w_j = \frac{ad - bc}{cz + d} \cdot \frac{z - z_j}{cz_j + d}, j = 1, 2, 3,$$

Assim, substituindo w por w_3, z por z_3 e dividindo, obtemos a relação:

$$h(w) = \frac{w - w_1}{w - w_2} \cdot \frac{w_3 - w_2}{w_3 - w_1} = \frac{z - z_1}{z - z_2} \cdot \frac{z_3 - z_2}{z_3 - z_1} = h(z). \quad (2.1.4)$$

Neste caso, teremos uma forma implícita de g e

$$ad - bc = \prod_{1 \leq i < j \leq 3} (z_i - z_j).$$

Portanto, a razão cruzada é invariante sob g, pois $f = h \circ g^{-1}$ é tal que $f(w_1) = 0$, $f(w_2) = \infty$ e $f(w_3) = 1$, de modo que $f(w) = h(z)$ e

$$h(w) = (g(z), g(z_1); g(z_2), g(z_3)) = f(g(z)) = h(z) = (z, z_1; z_2, z_3).$$

É importante ressaltar que se um dos $z_j = \infty$, com $j = 1, 2, 3$, então (pondo z_j em evidência e tomando o limite $|z_j| \to \infty$), a transformação de Möbius h reduz-se a:

$$\frac{z_3 - z_2}{z - z_2}, \frac{z - z_1}{z_3 - z_1} \quad \text{ou} \quad \frac{z - z_1}{z - z_2}.$$

Note que se $\Omega_4(\mathbb{C}_\infty)$ for o subconjunto de $\mathbb{C}_\infty^4$ consistindo de quadruplas de pontos distintos em $\mathbb{C}_\infty$, então a razão cruzada é a função $F : \Omega_4(\mathbb{C}_\infty) \to \mathbb{C}_\infty$ definida como $F(z_1, z_2, z_3, z_4) = (z_1, z_2; z_3, z_4)$ que é invariante sob $\text{Aut}(\mathbb{C})$. Além disso, o grupo S_4 "age" sobre $\Omega_4(\mathbb{C}_\infty)$ como $\sigma(z_1, z_2, z_3, z_4) = (z_{\sigma(1)}, z_{\sigma(2)}, z_{\sigma(3)}, z_{\sigma(4)})$.

Proposição 2.1.2 *Sejam $z, z_1, z_2, z_3 \in \mathbb{C}_\infty$ distintos. Então $(z, z_1; z_2, z_3) \in \mathbb{R}$ se, e somente se, z, z_1, z_2, z_3 estão sobre um círculo ou uma reta.*

Demonstração: Se $h(z) = (z, z_1; z_2, z_3) \in \mathbb{R}$, então $h^{-1}(\mathbb{R}) = \{z \in \mathbb{C}_\infty : h(z) \in \mathbb{R}\}$. Assim, basta provar que $h_\mathbf{A}(\mathbb{R}_\infty)$ é um círculo ou uma reta, para cada $h_\mathbf{A}$. Se $z = k \in \mathbb{R}$ e $w = h_\mathbf{A}^{-1}(k)$, então $h_\mathbf{A}(w) = k = \overline{h_\mathbf{A}(w)}$, de modo que

$$\frac{aw+b}{cw+d} = \frac{\overline{aw}+\overline{b}}{\overline{cw}+\overline{d}} \Leftrightarrow (a\overline{c}-\overline{a}c)|w|^2 + (a\overline{d}-\overline{b}c)w + (b\overline{c}-\overline{a}d)\overline{w} + b\overline{d} - \overline{b}d = 0.$$

Portanto, a equação representa um círculo se $a\overline{c} \notin \mathbb{R}$ ou uma reta se $a\overline{c} \in \mathbb{R}$. □

Teorema 2.1.3 *Seja $\mathcal{C}$ o conjunto de todas as retas e círculos euclidianos de $\mathbb{C}_\infty$. Então $h_\mathbf{A}(\mathcal{C}) \subseteq \mathcal{C}$, ou seja, $h_\mathbf{A}$ induz uma permutação de $\mathcal{C}$.*

Demonstração: Sejam $\Gamma \in \mathcal{C}$ e $h_\mathbf{A}$ qualquer. Se $z_1, z_2, z_3 \in \Gamma$ são distintos, então $w_j = h_\mathbf{A}(z_j)$, com $j = 1, 2, 3$, determinam um $\Gamma_1 \in \mathcal{C}$. Assim, basta provar que $h_\mathbf{A}(\Gamma) = \Gamma_1$. Já vimos que a razão cruzada $h(z) = h(h_\mathbf{A}(z))$, para todo $z \in \mathbb{C}_\infty$. Em particular, se $z \in \Gamma$, então, pela proposição 2.1.2, $h_\mathbf{A}(z) \in \Gamma_1$. □

Seja Γ um círculo determinado pelos pontos distintos $z_1, z_2, z_3 \in \mathbb{C}_\infty$, o qual sempre existe. Diremos que $w, z \in \mathbb{C}_\infty$ são *pontos simétricos* em relação a Γ se a razão cruzada $h(w) = \overline{h(z)}$. A função $R : \mathbb{C}_\infty \to \mathbb{C}_\infty$ tal que $w = R(z)$ chama-se a *reflexão* e/ou *inversão* em torno do "eixo" Γ ou w e z são *pontos inversos* em relação a Γ: eles estão sobre a mesma semirreta com origem no centro c e $|w-c||z-c| = r^2$. Em particular, Γ é um círculo invariante sob R, pois $R(\Gamma) = \Gamma$. Vamos investigar o significado geométrico de simetria. Se Γ é um círculo de centro c e raio r, digamos $\Gamma = \{z \in \mathbb{C} : |z - c| = r\}$, então, depois de algumas manipulações,

$$\overline{h(z)} = \overline{h(T_{-c}(z))} = \left(\overline{z} - \overline{c}, \frac{r^2}{z_1 - c}; \frac{r^2}{z_2 - c}, \frac{r^2}{z_3 - c}\right)$$
$$= \left(\frac{r^2}{\overline{z} - \overline{c}} + c, z_1; z_2, z_3\right).$$

Portanto,

$$w = R(z) = c + \frac{r^2}{\overline{z} - \overline{c}} = \frac{c\overline{z} + \left(r^2 - |c|^2\right)}{\overline{z} - \overline{c}}.$$

Note que $(z-c)^{-1}(w-c) = |z-c|^{-2}r^2 > 0$ implica que w e z estão sobre a mesma semirreta com origem em c e $|w-c||z-c| = r^2$. Além disso, $R(c) = \infty, R^2 = I$ e

$$R = T_c \circ M_{r^2} \circ J \circ T_{-\overline{c}} \circ \sigma_0 = f_{\mathbf{A}} \circ \sigma_0,$$

com $\sigma_0(z) = \overline{z}$ a *transformação de conjugação*, a qual é uma reflexão em torno do eixo dos x e $J = R \circ \sigma_0$. Se Γ for uma reta, então escolhendo $z_2 = \infty$ e $z_1 \in \mathbb{C}$ qualquer, obtemos $|w - z_1| = |z - z_1|$, de modo que w e z são equidistantes de qualquer $z \in \mathbb{C}$, ou seja, Γ é o bissetor ortogonal do segmento

$$L_{wz}(t) = \{tz + (1-t)w : t \in [0,1]\} \left(\frac{1}{2}(w+z) \in \Gamma\right).$$

Mais explicitamente,

$$w = R(z) = z - 2\operatorname{Re}((z-z_1)(\overline{z}_3 - \overline{z}_1))|z_3 - z_1|^{-1}(z_3 - z_1).$$

Neste caso, $R(\infty) = \infty, R(z_1) = z_1$ e $R^2 = I$. Observe que se M é uma reta, com vetor normal n, então $R(M)$ possui o vetor normal $R(n)$.

Teorema 2.1.4 *Qualquer transformação de Möbius pode ser escrita como a composição de um número par de inversões.*

DEMONSTRAÇÃO: (a) Se $T(z) = z+\beta, \Gamma_1 : \text{Re}(z\overline{n}) = 0$ e $\Gamma_2 : \text{Re}(z\overline{n}) = 2^{-1}r$ retas paralelas e perpendiculares a $L: y = mx$, com vetor direção $\beta = 1 + im$, $n = -i\beta$ e $2^{-1}r|n|^{-2}n \in \Gamma_2$. Seja a reflexão em torno de Γ_j: $R_j(z) = z - 2(\text{Re}(z\overline{n}) - r_j)|n|^{-2}n$. Então $R_2 \circ R_1 = T$.

(b) Se $M_\alpha(z) = \alpha z$, $\alpha > 0$, $R_1(z) = \overline{z}^{-1}$ e $R_2(z) = \overline{z}^{-1}\alpha$ as reflexões em torno de S^1 e $S_{\sqrt{\alpha}}(0)$, então $R_2 \circ R_1 = M_\alpha$.

(c) Se $R_\theta(z) = e^{i\theta}z$, então $z_1 = (R_\theta - I)(1)$ existe. Sejam $\Gamma_1 = \{tz_1 : t \in \mathbb{R}\}$ e R_1 a reflexão em torno de Γ_1. Então $S_1 = R \circ R_1$ é tal que $S_1(0) = 0$ e $S_1(1) = 1$. Da mesma forma com $z_2 = (S_1 - I)(i)$ e $\Gamma_2 = \{tz_2 : t \in \mathbb{R}\}$. Portanto, $R_2 \circ R_1 = R_\theta$. É importante fazer um esboço em $\mathbb{R}^2$. $\square$

Seja $\mathbf{A} = a\mathbf{E}_{11} + b\mathbf{E}_{12} + c\mathbf{E}_{21} + d\mathbf{E}_{22} \in M_2(\mathbb{C})$. Então

$$\mathbf{A}^2 = \begin{pmatrix} a^2 + bc & b(a+d) \\ c(a+d) & d^2 + bc \end{pmatrix} = (a+d)\begin{pmatrix} a & b \\ c & d \end{pmatrix} + (bc - ad)\begin{pmatrix} 1 & 0 \\ 0 & 1 \end{pmatrix}.$$

Portanto, $\mathbf{A}$ é uma raiz do polinômio

$$p(x) = \det(x\mathbf{I} - \mathbf{A}) = x^2 - \text{tr}(\mathbf{A})x + \det \mathbf{A} \in \mathbb{C}[x], \quad (2.1.5)$$

o qual chama-se *polinômio característico* de $\mathbf{A}$, e as raízes $\lambda_1, \lambda_2 \in \mathbb{C}$ de $p(x)$ chamam-se *autovalores* de $\mathbf{A}$, de modo que

$$\mathbf{A}^2 - (\lambda_1 + \lambda_2)\mathbf{A} + \lambda_1\lambda_2\mathbf{I} = \mathbf{O} \Leftrightarrow (\mathbf{A} - \lambda_1\mathbf{I})(\mathbf{A} - \lambda_2\mathbf{I}) = \mathbf{O}. \quad (2.1.6)$$

Neste caso, o sistema homogêneo $(\lambda_j\mathbf{I} - \mathbf{A})\mathbf{X} = \mathbf{O}$ possui uma solução não nula em $\mathbb{C}^2$, digamos $\mathbf{X}_j = (z_{j1}, z_{j2})^t \neq \mathbf{O}$, correspondendo a λ_j, as quais chamam-se *autovetores* de $\mathbf{A}$ associados com λ_1 e λ_2. Um método alternativo de resolver o sistema é escalonando a matriz: $((\lambda\mathbf{I} - \mathbf{A})^t \mid \mathbf{I})$.

Lema 2.1.5 *Sejam $\mathbf{A} \in M_2(\mathbb{C})$ e $\lambda_1, \lambda_2 \in \mathbb{C}$ os autovalores de $\mathbf{A}$. Então $\text{tr}(\mathbf{A}^n) = \lambda_1^n + \lambda_2^n$, para todo $n \in \mathbb{N}$. Conclua que λ_1^n e λ_2^n são os autovalores de $\mathbf{A}^n$.*

DEMONSTRAÇÃO: Vamos usar indução sobre n. Se $n = 1$, então $\text{tr}(\mathbf{A}) = \lambda_1 + \lambda_2$. Suponhamos que o resultado seja válido para todo k, com $1 < k \leq n$. Então, pondo $z_n = \text{tr}(\mathbf{A}^n)$ e multiplicando a equação (2.1.6) por $\mathbf{A}^{n-1}$, obtemos

$$z_{n+1} - (\lambda_1 + \lambda_2)z_n + \lambda_1\lambda_2 z_{n-1} = 0 \Rightarrow z_{n+1} = \text{tr}(\mathbf{A}^{n+1}).$$

Se $\mu_1, \mu_2 \in \mathbb{C}$ são os autovalores de $\mathbf{A}^n$, então $\mu_1 + \mu_2 = \text{tr}(\mathbf{A}^n) = \lambda_1^n + \lambda_2^n$ e $\mu_1\mu_2 = \det(\mathbf{A}^n) = (\det \mathbf{A})^n = \lambda_1^n \lambda_2^n$. $\square$

TEOREMA 2.1.6 *Seja* $\mathbf{A} \in M_2(\mathbb{C})$, *com* $\det \mathbf{A} = 1$.

1. *Se* $|\text{tr}(\mathbf{A})| > 2$, *então* $\mathbf{A}$ *é conjugada a* $\text{diag}(\lambda, \lambda^{-1})$, *onde* $\lambda \notin \{-1, 0, 1\}$.

2. *Se* $|\text{tr}(\mathbf{A})| < 2$, *então* $\mathbf{A}$ *é conjugada a* $\text{diag}(\lambda, \lambda^{-1})$, *com* $\lambda = e^{i\theta}$ *e* $\theta \in \mathbb{R}$.

3. *Se* $|\text{tr}(\mathbf{A})| = 2$, *então* $\mathbf{A} \in \mathbb{R}^{2 \times 2}$.

4. *Se* $|\text{tr}(\mathbf{A})| \neq 2$, *então, para algum* $z \in \mathbb{C}$, $\mathbf{A}$ *é conjugada a*

$$2^{-1}\text{tr}(\mathbf{A})\mathbf{E}_{11} + z\mathbf{E}_{12} + z\mathbf{E}_{21} + 2^{-1}\text{tr}(\mathbf{A})\mathbf{E}_{22}.$$

DEMONSTRAÇÃO: Note, pela equação $p(x) = 0$, que $x + x^{-1} = \text{tr}(\mathbf{A})$ e se $c \neq 0$, então

$$\mathbf{A} = \begin{pmatrix} a & b \\ c & d \end{pmatrix} = \begin{pmatrix} 1 & c^{-1}a \\ 0 & 1 \end{pmatrix} \begin{pmatrix} 0 & 1 \\ 1 & 0 \end{pmatrix} \begin{pmatrix} c & d \\ 0 & -c^{-1} \end{pmatrix}.$$

(1) Sejam $\lambda, \mu \in \mathbb{C}$ os autovalores de $\mathbf{A}$. Então $\lambda\mu = 1$, de modo que $\mu = \lambda^{-1}$. Observe que $\lambda \neq \mu$. Caso contrário, $|\lambda| = |\mu| = 1$ e $2 \geq |\lambda + \mu| = |\text{tr}(\mathbf{A})| > 2$. o que é impossível. Portanto, $\mathbf{A}$ é conjugada a $\text{diag}(\lambda, \lambda^{-1})$, onde $\lambda \notin \{-1, 0, 1\}$.

(2) Se $|\text{tr}(\mathbf{A})| < 2$, então $|\lambda + \lambda^{-1}| = |\lambda + \mu| = |\text{tr}(\mathbf{A})| < 2$. de modo que $\lambda \notin \mathbb{R}$ ou $\lambda \notin i\mathbb{R}$.

(3) Se $|\operatorname{tr}(\mathbf{A})| = 2$, então $\lambda^2 + 1 = 2\lambda$ e os possíveis autovalores reais de $\mathbf{A}$ são 1 ou -1. Portanto, as possíveis matrizes conjugadas a $\mathbf{A}$ são: $\pm \mathbf{I}$ e $\pm \mathbf{I} + \mathbf{E}_{12}$.

(4) Se $|\operatorname{tr}(\mathbf{A})| \neq 2$, então $\mathbf{A}$ possui dois autovalores distintos $\lambda, \mu \in \mathbb{C}$, os quais também o são da matriz

$$\mathbf{B} = \frac{1}{2} \begin{pmatrix} \lambda + \mu & \lambda - \mu \\ \lambda - \mu & \lambda + \mu \end{pmatrix}.$$

Se $|\operatorname{tr}(\mathbf{A})| = 2$, então este item é falso, por exemplo, $\mathbf{A} = \mathbf{I} + \mathbf{E}_{12}$. $\square$

Sejam $\mathbf{A} \in M_2(\mathbb{C})$, $D = \det \mathbf{A} \neq 0$ e $\mathbf{B} = \frac{1}{\sqrt{D}}\mathbf{A}$. Então $h_{\mathbf{B}} = h_{\mathbf{A}}$ e $\det \mathbf{B} = 1$. Portanto, podemos identificar o grupo de Möbius $\mathsf{GM}_2(\mathbb{C})$ com o conjunto das *transformações de Möbius normalizadas*, $\mathsf{GM}_2^1(\mathbb{C}) = \{h_{\mathbf{A}} : \det \mathbf{A} = 1\}$. Dado $f \in \mathsf{GM}_2^1(\mathbb{C})$, definimos o *traço de f* como $\operatorname{tr}(f) = \operatorname{tr}(\mathbf{A})$. No caso geral, a definição é: $\operatorname{tr}^2(f) = (\det \mathbf{A})^{-1} \operatorname{tr}^2(\mathbf{A})$. Dados $f, g \in \mathsf{GM}_2(\mathbb{C})$, diremos que f é *conjugada* a g se existir um $h \in \mathsf{GM}_2(\mathbb{C})$ tal que $g = h \circ f \circ h^{-1}$.

LEMA 2.1.7 *Seja $f \in \mathsf{GM}_2^1(\mathbb{C})$, com $f \neq I$.*

1. *Os pontos fixos de f são iguais aos autovalores de $\mathbf{A}$.*

2. *Se f possui um ponto fixo, então, a menos de conjugação, $f(z) = z + 1$.*

3. *Se f possui dois pontos fixos, então, a menos de conjugação, $f(z) = \alpha z$.*

4. *Se f possui dois pontos fixos e $\operatorname{tr}(f) \in \mathbb{R}$, então os autovalores de $\mathbf{A}$ possuem módulo 1 se, e somente se, $|\operatorname{tr}(f)| < 2$.*

5. *Dado $g \in \mathsf{GM}_2(\mathbb{C})$, com $g \neq I$, f e g são conjugadas se, e somente se, $\operatorname{tr}^2(f) = \operatorname{tr}^2(g)$.*

DEMONSTRAÇÃO: (1) Basta observar que o discriminante da equação (2.1.3) é o mesmo da equação (2.1.5).

(2) Suponhamos que f tenha um único ponto fixo z_0. Então para cada $z_1 \in \mathbb{C}_\infty$, com $z_1 \neq z_0$, existe um $h(z) = (z - z_0)^{-1}(z - z_1)$ em $\mathsf{GM}_2(\mathbb{C})$ tal que $h(z_1) = 0, h(z_0) = \infty$ e $h(f(z_1)) = 1$. Assim, $g = h \circ f \circ h^{-1}$ é tal que $g(\infty) = \infty$, ou seja, ∞ é o único ponto fixo de g, de modo que $g(z) = z + \beta$, com $\beta \neq 0$. Como $g(0) = 1$ temos que $\beta = 1$. Portanto, a menos de conjugação, $f(z) = z + 1$.

(3) Suponhamos que f tenha dois pontos fixos z_1 e z_2. Então existe um $h(z) = (z - z_2)^{-1}(z - z_1)$ em $\mathsf{GM}_2(\mathbb{C})$ tal que $h(z_1) = 0$ e $h(z_2) = \infty$. Logo, $g = h \circ f \circ h^{-1}$ é tal que $g(0) = 0$ e $g(\infty) = \infty$, de modo que $g(z) = \alpha z$, onde $\alpha \in \mathbb{C} - \{-1, 0, 1\}$. Portanto, a menos de conjugação, $f(z) = \alpha z$.

(4) Segue do item (2) do teorema 2.1.4.

(5) Note que cada $f \in \mathsf{GM}_2(\mathbb{C})$ é representada por $\mathbf{A}$ ou $-\mathbf{A}$. Como $\mathsf{tr}(-\mathbf{A}) = -\mathsf{tr}(\mathbf{A})$ temos que $\mathsf{tr}^2(f) = (\mathsf{tr}(\mathbf{A}))^2 = (a+d)^2$. Assim, podemos supor, sem perda de generalidade, que $\mathsf{tr}(f) = \mathsf{tr}(g)$. Logo, as matrizes representantes de f e g possuem o mesmo polinômio característico. Portanto, f e g são conjugadas. $\square$

Dado $\lambda \in \mathbb{C}^\times$, definimos $f_\lambda(z) = \lambda z$, se $\lambda \neq 1$, e $f_1(z) = z + 1$. Então, pelo lema 2.1.7, qualquer $f \in \mathsf{GM}_2^1(\mathbb{C})$, com $f \neq I$, é conjugada a f_λ. Além disso, f_μ é conjugada a f_λ se, e somente se, $\mu \in \{\lambda, \lambda^{-1}\}$. Neste caso, $\mathsf{tr}^2(f) = \lambda + 2 + \lambda^{-1}$ ou $\lambda^2 + (2 - \mathsf{tr}^2(f))\lambda + 1 = 0$. Seja $f \in \mathsf{GM}_2^1(\mathbb{C})$, com $f \neq I$. Diremos que:

(a) f é parabólica se, somente se, f possui um único autovalor.

(b) f é elíptica se, e somente se, os autovalores de f possuem módulo unitário.

(c) f é hiperbólica se, e somente se, os autovalores de f são reais e não possuem módulo unitário.

(d) f é loxodrômica (estrito) se os autovalores de f são complexos e não possuem módulo unitário.

Teorema 2.1.8 *Seja* $f \in \mathsf{GM}_2^1(\mathbb{C})$, *com* $f \neq I$.

1. f é parabólica se, e somente se, $\text{tr}(f)^2 = 4$.
2. f é elíptica se, e somente se, $\text{tr}(f) \in \mathbb{R}$ e $\text{tr}(f)^2 \in [0, 4)$.
3. f é hiperbólica se, e somente se, $\text{tr}(f) \in \mathbb{R}$ e $\text{tr}(f)^2 \in (4, +\infty)$.
4. f é loxodrômica se, e somente se, $\text{tr}(f) \notin \mathbb{R}$ ou $\text{Im}(\text{tr}(f)) \neq 0$.

DEMONSTRAÇÃO: Confira o exposto acima. □

É muito importante, de um ponto de vista teórico e didático, discutir um modo algébrico de introduzir o ponto no infinito ∞. Para isto, definimos uma *reta complexa* como um subespaço de dimensão 1 de $\mathbb{C}^2 = \mathbb{C}^{2\times 1}$ e denotamos por $\text{PC}_1(\mathbb{C})$ o conjunto de todas as retas complexas. Assim, se $L \in \text{PC}_1(\mathbb{C})$, então existe um $\mathbf{X} \in \mathbb{C}^2 - \{(0,0)\}$ tal que $L = \{\lambda \mathbf{X} : \lambda \in \mathbb{C}\}$. Observe que se $\mathbf{X} = (z_1, z_2)^t \in L$, com $z_2 \neq 0$, então podemos formar o quociente $z_2^{-1} z_1 = (\lambda z_2)^{-1}(\lambda z_1)$ que é independente de $\mathbf{X}$, e o valor comum deste quociente chama-se a *inclinação* de L ou a "direção". Neste contexto, a única reta complexa cuja inclinação não está definida é: $L(\infty) = \{\lambda(1,0)^t : \lambda \in \mathbb{C}^\times\}$ e convencionamos que $L(\infty)$ possua inclinação ∞. Portanto, a função $L : \mathbb{C}_\infty \to \text{PC}_1(\mathbb{C})$ definida como $z \mapsto (z, 1)$ e $\infty \mapsto (1, 0)$ é a imersão gaussiana.[2] Outro modo é via a função $\rho : \mathbb{C}^2 - \{(0,0)\} \to \mathbb{C}_\infty$ definida como $\rho(z_1, z_2) = z_2^{-1} z_1$, se $z_2 \neq 0$; $\rho(z_1, 0) = \infty$. Por outro lado, é bem conhecido que cada $\mathbf{A} \in \text{GL}_2(\mathbb{C})$ induz uma transformação linear bijetora $T_\mathbf{A} : \mathbb{C}^2 \to \mathbb{C}^2$ definida como $T_\mathbf{A}(\mathbf{X}) = \mathbf{A}\mathbf{X}$ e, reciprocamente. Portanto, $T_\mathbf{A}(\text{PC}_1(\mathbb{C}) \subseteq \text{PC}_1(\mathbb{C})$, isto induz uma bijeção "ação" $f_\mathbf{A} : \text{PC}_1(\mathbb{C}) \to \text{PC}_1(\mathbb{C})$ definida como

$$f_\mathbf{A}\begin{pmatrix} z \\ 1 \end{pmatrix} = \mathbf{A}\begin{pmatrix} z \\ 1 \end{pmatrix} = \begin{pmatrix} az+b \\ cz+d \end{pmatrix} \quad \text{e} \quad f_\mathbf{A}\begin{pmatrix} z \\ 0 \end{pmatrix} = \begin{pmatrix} az \\ cz \end{pmatrix}.$$

Se $c = 0$, então $ad \neq 0$ implica que

$$f_\mathbf{A}(L(z)) = L(d^{-1}(az+b)) \quad \text{e} \quad f_\mathbf{A}(L(\infty)) = L(\infty).$$

Se $c \neq 0$ e $z \neq -c^{-1}d$, então

$$f_\mathbf{A}(L(z)) = L((cz+d)^{-1}(az+b)).$$

---
[2] Johann Carl Friedrich Gauss, 1777–1855, matemático, astrônomo e físico alemão.

Se $c \neq 0$ e $z = -c^{-1}d$, então
$$f_{\mathbf{A}}(L(z)) = L(\infty).$$
Finalmente, se $c \neq 0$, então
$$f_{\mathbf{A}}(L(\infty)) = L(c^{-1}a).$$
Portanto, $f_{\mathbf{A}}(L(z)) = L(h_{\mathbf{A}}(z))$, para todo $z \in \mathbb{C}_\infty$. Vamos resumir isto no seguinte diagrama comutativo *(a)*:

$$\begin{array}{ccc} \mathbb{C}_\infty \xdashrightarrow{h_{\mathbf{A}}} \mathbb{C}_\infty & \quad & \mathbb{R}^3 \xrightarrow{R_\theta} \mathbb{R}^3 \\ L\downarrow \qquad \downarrow L & & S\downarrow \qquad \downarrow S \\ \mathrm{PC}_1(\mathbb{C}) \xrightarrow{f_{\mathbf{A}}} \mathrm{PC}_1(\mathbb{C}) & & \mathbb{R}^3 \xrightarrow{\overline{T_\theta}} \mathbb{R}^3 \\ (a) & & (b) \end{array}$$

Este resultado justifica a discussão das transformações de Möbius, eliminando a necessidade de considerar como casos especiais, quaisquer argumentos envolvendo ∞ ou a "divisão" por zero. Note que o ponto fixo $z \in \mathbb{C}_\infty$ de $h_{\mathbf{A}}$ corresponde a reta complexa $L(z)$ de autovetores de $\mathbf{A}$. De fato, se $\mathbf{X}_1 = (w_1, w_2)^t$ e $\mathbf{X}_2 = (z_1, z_2)^t$ são os autovetores de $\mathbf{A}$ associados $\lambda_1, \lambda_2 \in \mathbb{C}$, então

$$\frac{aw_1 + bw_2}{cw_1 + dw_2} = \frac{w_1}{w_2} \Leftrightarrow h_{\mathbf{A}}\left(\frac{w_1}{w_2}\right) = \frac{w_1}{w_2} \text{ e } \frac{az_1 + bz_2}{cz_1 + dz_2} = \frac{z_1}{z_2}$$
$$\Leftrightarrow h_{\mathbf{A}}\left(\frac{z_1}{z_2}\right) = \frac{z_1}{z_2},$$

de modo que $m = z_2^{-1}z_1 = c^{-1}(\lambda_1 - d)$ e $n = w_2^{-1}w_1 = c^{-1}(\lambda_2 - d)$ são os pontos fixos de $h_{\mathbf{A}}$. Logo, $\mathbf{P}^{-1}\mathbf{A}\mathbf{P} = \mathrm{diag}(\lambda_1, \lambda_2)$, com $\mathbf{P}$ a matriz não singular cujas colunas são $(m, 1)^t$ e $(n, 1)^t$; e $\mathbf{P}^{-1}\mathbf{A}\mathbf{P}$ possui os autovetores $\mathbf{E}_1 = (1, 0)^t$ e $\mathbf{E}_2 = (0, 1)^t$, de modo que se $\mathbf{P}$ representa a transformação Möbius g, então 0 e ∞ são os pontos fixos de $g^{-1} \circ h_{\mathbf{A}} \circ g$, ou seja, $(g^{-1} \circ h_{\mathbf{A}} \circ g)(z) = \lambda_2^{-1}\lambda_1 z$, para todo $z \in \mathbb{C}_\infty$. Portanto, a diagonalização de $\mathbf{A}$ é equivalente a conjugação de $h_{\mathbf{A}}$ em $g^{-1} \circ h_{\mathbf{A}} \circ g$. Neste caso, obtemos a *fórmula de recorrência* ou de *iteração* $h_{\mathbf{A}}^n = g^n((\lambda_2^{-1}\lambda_1)^n g^{-n})$, para todo $n \in \mathbb{N}$.

Lema 2.1.9 *Dados $w, z \in \mathbb{C}_\infty$. Então as imagens estereográficas $\pi^{-1}(z)$ e $\pi^{-1}(w)$ é um diâmetro em S^2 ou w e z são* pontos antípodas *se, e somente se, $w\overline{z} = -1$ se, e somente se, $L(w) \perp L(z)$ em $\mathbb{C}^2$ se, e somente se, $d_\infty(w, z) = 2$.*

Demonstração: Basta notar que $P = \pi^{-1}(z) = (x_1, y_1, u_1) \in S^2$ e $\pi^{-1}(w) = -P$. □

Observe, pelo lema 2.1.9, que se $|z| \neq 1$ e $z \neq \infty$, então $\overline{z}^{-1}$ é o simétrico de z em relação ao equador, S^1, de modo que w é a inversão de $\overline{z}^{-1}$ em torno da origem.

Vamos finalizar esta seção com um resultado de álgebra linear muito útil para os nossos propósitos. Seja $T : \mathbb{R}^3 \to \mathbb{R}^3$ uma transformação linear. Diremos que T é *ortogonal* se $\langle T(\mathbf{x}), T(\mathbf{y}) \rangle = \langle \mathbf{x}, \mathbf{y} \rangle$, para todos $\mathbf{x}, \mathbf{y} \in \mathbb{R}^3$. Neste caso, se $\mathbf{A} \in M_3(\mathbb{R})$ é a representação matricial de T em alguma base ortonormal de $\mathbb{R}^3$, então $\mathbf{A}\mathbf{A}^t = \mathbf{I}$, de modo que $\det \mathbf{A} = \pm 1$. Quando $\det \mathbf{A} = 1$, diremos que T_θ é uma *rotação*, por um ângulo $\theta \in [0, \pi]$, sobre um eixo em torno da origem. Escolhendo um vetor $\mathbf{u}_1$ ao longo do eixo, com $\|\mathbf{u}_1\| = 1$, e um vetor unitário $\mathbf{u}_2$ ortogonal $\mathbf{u}_1$, $\langle \mathbf{u}_1, \mathbf{u}_2 \rangle = 0$, de modo que $\{\mathbf{u}_1, \mathbf{u}_2, \mathbf{u}_3\}$, $\mathbf{u}_3 = \mathbf{u}_1 \times \mathbf{u}_2$, seja uma base ortonormal de $\mathbb{R}^3$. Assim, existe um isomorfismo $S : \mathbb{R}^3 \to \mathbb{R}^3$ tal que $S(\mathbf{e}_j) = \mathbf{u}_j$, de modo que existe uma rotação, por um ângulo $\theta \in [0, \pi]$, sobre o eixo dos x tal que o diagrama acima *(b)* é comutativo. Portanto, não há perda de generalidade, em considerar R_θ. Neste caso, a transformação $R = \pi \circ R_\theta \circ \pi^{-1}$ chama-se *rotação*, confira exercício 17 da seção 1.2: se $w = R(z)$, então

$$(w - z_2)^{-1}(w - z_1) = e^{i\theta}(z - z_2)^{-1}(z - z_1),$$

com z_1 e z_2 os pontos fixos, os quais estão relacionados pelo lema 2.1.9. Além disso, veremos que ela é necessariamente elíptica. Observe que se $\det \mathbf{A} = -1$, então $\mathbf{A} = (-\mathbf{A})(-\mathbf{I}) = (-\mathbf{I})(-\mathbf{A})$, com $-\mathbf{A}$ uma rotação sobre um eixo e $-\mathbf{I}$ uma inversão em torno da origem. É muito importante observar que se z_1, z_2, z_3, z_4 estão sobre um círculo em $\mathbb{C}_\infty$ e distintos aos pares, nesta ordem, então

$$\arg\left(\frac{z_1 - z_2}{z_1 - z_3}\right) = -\theta = \arg\left(\frac{z_4 - z_2}{z_4 - z_3}\right) \Rightarrow (z_1, z_2; z_3, z_4) > 0.$$

O que ocorre na ordem z_1, z_3, z_4, z_2, vértices de um retângulo.

Exercícios

1. Seja $\mathbf{A} \in \mathsf{GL}_2(\mathbb{C})$. Mostre que $h_{k\mathbf{A}} = h_{\mathbf{A}}$, para todo $k \in \mathbb{C}^\times$, ou seja, $h_{\mathbf{A}}$ não determina unicamente os a, b, c e d.

2. Sejam $\mathbf{A}_1, \mathbf{A}_2 \in \mathsf{GL}_2(\mathbb{C})$. Mostre que se $c_1 z + d_1 \neq 0, c_2 z + d_2 \neq 0$ e $h_{\mathbf{A}_1}(z) = h_{\mathbf{A}_2}(z)$ para pelo menos três $z \in \mathbb{C}$, então $\mathbf{A}_2 = k\mathbf{A}_1$, para algum $k \in \mathbb{C}^\times$. Conclua que o determinante de uma transformação de Möbius não é uma quantidade bem definida.

3. Seja $h_{\mathbf{A}}$ qualquer transformação de Möbius. Mostre que $h_{\mathbf{A}}^2 = I$ se, e somente se, $h_{\mathbf{A}} = I$ ou $d + a = 0$. É verdade que se $\mathbf{A} \in M_2(\mathbb{C})$, então $\mathbf{A}^2 = \mathbf{I}$ se, e somente se, $\mathbf{A} = \mathbf{I}$ ou $\mathrm{tr}(\mathbf{A}) = 0$?

4. Seja $f \in \mathsf{GM}_2(\mathbb{C})$. Mostre que 0 é um ponto fixo de f se, e somente se, $f(z) = (cz + d)^{-1} z$, com $d \neq 0$.

5. Seja $f \in \mathsf{GM}_2(\mathbb{C})$. Mostre que 0 e ∞ são pontos fixos de f se, e somente se, $f(z) = \alpha z$, com $\alpha \neq 0$.

6. (Forma normal) Sejam $z_1, z_2 \in \mathbb{C}_\infty$ pontos fixos de $f \in \mathsf{GM}_2(\mathbb{C})$.

   (a) Mostre que se $z_1 \neq z_2$, então f pode ser escrita sob a forma
   $$(w - z_2)^{-1}(w - z_1) = \kappa (z - z_2)^{-1}(z - z_1), \text{ para algum } \kappa \in \mathbb{C} - \{0, 1\}.$$

   (b) Mostre que se $z_1 = z_2$, então f pode ser escrita sob a forma
   $$(w - z_1)^{-1} = (z - z_1)^{-1} + \kappa, \text{ para algum } \kappa \in \mathbb{C} - \{0\}.$$

7. Sejam Γ_1 e Γ_2 círculos em $\mathbb{C}_\infty$. Mostre que $(f(\Gamma_1), f(\Gamma_2)) = (\Gamma_1, \Gamma_2)$, para todo $f \in \mathsf{GM}_2(\mathbb{C})$.

8. Sejam $\mathbf{A} \in M_2(\mathbb{C})$ e $\lambda_1, \lambda_2 \in \mathbb{C}$ seus autovalores.

   (a) Mostre que se $\lambda_1 \neq \lambda_2$, então $\mathbf{A}^n = \lambda_1^n \mathbf{B} + \lambda_2^n \mathbf{C}$, para todo $n \in \mathbb{N}$, em que $\mathbf{B} = (\lambda_1 - \lambda_2)^{-1}(\mathbf{A} - \lambda_2 \mathbf{I})$ e $\mathbf{C} = (\lambda_2 - \lambda_1)^{-1}(\mathbf{A} - \lambda_1 \mathbf{I})$.

   (b) Mostre que se $\lambda_1 = \lambda_2$, então $\mathbf{A}^n = \lambda_1^n \mathbf{B} + n \lambda_1^n \mathbf{C}$, para todo $n \in \mathbb{N}$, em que $\mathbf{B} = \mathbf{I}$ e $\mathbf{C} = \mathbf{A} - \lambda_1 \mathbf{I}$.

Conclua que existem $(x_n)_{n\in\mathbb{N}}$ e $(y_n)_{n\in\mathbb{N}}$ em $\mathbb{C}$ tais que $\mathbf{A}^n = x_n\mathbf{A} + y_n\mathbf{I}$.

9. Seja $h_\mathbf{A} \in \mathsf{GM}_2(\mathbb{C})$. Diremos que $h_\mathbf{A}$ é *periódica* se $\mathbf{A}^n = \mathbf{I}$, para algum n em $\mathbb{N}$. Mostre que: $f(z) = z^{-1}, g(z) = -(z+1)^{-1}z$ e $h_\mathbf{A}$ quando $\operatorname{tr}(\mathbf{A})^2 = 3\det(\mathbf{A})$, são periódicas. Conclua que $h_\mathbf{A}$ é elíptica

10. Mostre que qualquer transformação de Möbius $f : \mathbb{C}_\infty \to \mathbb{C}_\infty$ é holomorfa.

11. Dados $a, b, c, d \in \mathbb{C}$, com $ad - bc \neq 0$. Mostre que a equação

$$z = (ct+d)^{-1}(at+b), \forall t \in \mathbb{R},$$

representa uma reta se $c = 0$ ou $c^{-1}d \in \mathbb{R}$. Caso contrário, um círculo. Conclua que $\Gamma = f(\mathbb{R})$, para alguma transformação de Möbius f.

12. Dar uma prova direta de que $f \in \mathsf{GM}_2(\mathbb{C})$ leva o conjunto de círculos e retas no conjunto de círculos e retas.

13. (PRINCÍPIO DA SIMETRIA) Sejam $f \in \mathsf{GM}_2(\mathbb{C})$, Γ_1 e Γ_2 círculos em $\mathbb{C}_\infty$ tais que $f(\Gamma_1) = \Gamma_2$. Mostre que se $w, z \in \mathbb{C}_\infty$ são pontos inversos em relação a Γ_1, então $f(w), f(z) \in \mathbb{C}_\infty$ são pontos inversos em relação a Γ_2.

14. Sejam $z_1, z_2 \in \mathbb{C}$ distintos. Mostre que $\arg((z-z_2)^{-1}(z-z_1)) = \theta > 0$ representa uma família de círculos que passam por z_1 e z_2 e são ortogonais a família $|z - z_1| = k|z - z_2|$.

15. Sejam $z_1, z_2 \in \mathbb{C}_\infty$. Mostre que z_1 e z_2 são pontos inversos em relação a $L : \overline{z_0}z + z_0\overline{z} = r$ se $\overline{z_0}z_2 + z_0\overline{z_1} = r$. Faça o mesmo para o círculo.

16. Seja $f(z) = \alpha(z - z_2)^{-1}(z - z_1)$, com $\alpha \neq 0$, uma transformação de Möbius.

    (a) Mostre que se Γ é o círculo que passa por z_1 e z_2, então $f(\Gamma) = L_b$, com $L_b = \{z \in \mathbb{C} : \operatorname{Im}(z\overline{b}) = 0\}$ uma reta que passa por 0.

    (b) Mostre que se $r > 0$ e $\Gamma_r = \{z \in \mathbb{C} : |z - z_1| = |\alpha|^{-1}r|z - z_2|\}$, então $f(\Gamma_r) = S$, com $S = S_r(0) = \{z \in \mathbb{C} : |z| = r\}$.

    (c) Mostre que Γ e Γ_r são ortogonais. Conclua que L_b e S também o são.

17. Sejam Γ um círculo em $\mathbb{C}$ e $z_1, z_2 \in \mathbb{C}_\infty$, com $z_1 \neq z_2$.

    (a) Mostre que z_1, z_2 são inversos em relação a Γ se, e somente se, existir um $f \in \mathsf{GM}_2(\mathbb{C})$ tal que $f(\Gamma) = \mathbb{R}_\infty$ e $f(z_2) = \overline{f(z_1)}$, ou seja, $z_2 = (f^{-1} \circ \sigma_0 \circ f)(z_1)$, com $\sigma_0(z) = \overline{z}$. Conclua que $f(D_r(z_0)) = \mathcal{H}$.

(b) Mostre que z_1, z_2 são inversos em relação a Γ se, e somente se, Γ é ortogonal a qualquer círculo Γ_1 que passa por z_1 e z_2.

(c) Mostre que z_1, z_2 são pontos inversos em relação a Γ se, e somente se, existir um $k \in \mathbb{R}_+^\times$ tal que $|z - z_1| = k|z - z_2|$, para todo $z \in \Gamma$.

18. Seja $f \in \mathsf{GM}_2(\mathbb{C})$. Mostre que $f(\mathbb{R}_\infty) = \mathbb{R}_\infty$ se, e somente se, f pode ser representada por $\mathbf{A} \in \mathsf{GL}_2(\mathbb{R})$.

19. Sejam $\mathcal{H} = \{x + iy \in \mathbb{C} : y > 0\} = \mathbb{C}^+$ e $f \in \mathsf{GM}_2(\mathbb{C})$. Mostre que $f(\mathcal{H}) = \mathcal{H}$ e $f(\partial \mathcal{H}) = \partial \mathcal{H}$ se, e somente se, f pode ser representada por $\mathbf{A} \in \mathsf{GL}_2(\mathbb{R})$, com $\det \mathbf{A} > 0$. Conclua que existe uma h tal que $h(\mathcal{H}) = \mathcal{H}_\theta = \{z \in \mathbb{C} : \mathsf{Im}(e^{-i\theta} z) > 0\}$, onde $\theta \in \mathbb{R}$.

20. Seja $\mathcal{D} = \{z \in \mathbb{C} : |z| < 1\}$. Mostre que existe uma transformação de Möbius f tal que $f(\mathcal{D}) = \mathcal{D}$ e $f(\partial \mathcal{D}) = \partial \mathcal{D}$.

21. Mostre que existe um $f \in \mathsf{GM}_2(\mathbb{C})$ tal que $f(\mathcal{H}) = \mathcal{D}$ e $f(\mathbb{R}_\infty) = S^1$.

22. Para cada $f \in \mathsf{GM}_2(\mathbb{C})$ tal que $f(\infty) \neq \infty$. Mostre que o conjunto $\Gamma_f = \{z \in \mathbb{C} : |f'(z)| = 1\}$ é um círculo, o qual chama-se *círculo isométrico* de f. Determine este círculo com f dos exercícios 19 e 20.

23. Mostre que qualquer rotação em S^2 pode ser estendida para uma única rotação em $\mathbb{R}^3$ sobre um eixo em torno da origem e, reciprocamente.

24. (Lema de Schwarz[3]) Seja $f : \mathcal{D} \to \mathbb{C}$ holomorfa tal que $f(0) = 0$ e $|f(z)| \leq 1$, para todo $z \in \mathcal{D}$. Mostre que $|f(z)| \leq |z|$, para todo $z \in \mathcal{D}$, e $|f'(0)| \leq 1$. Conclua que a igualdade ocorre quando $f'(0) = 1$ ou $|f(z_0)| = |z_0|$, em algum $z_0 \neq 0$, se, e somente se, $f(z) = \alpha z$, com $|\alpha| = 1$.

25. Seja $f \in \mathsf{GM}_2(\mathbb{C})$. Se $d_\infty(f(w), f(z)) = d_\infty(w, z)$, para todos $w, z \in \mathbb{C}_\infty$, diremos que f é uma *isometria* "esférica". Mostre que se f for uma isometria, então sua matriz representante $\mathbf{A}$ satisfaz $\mathbf{A}\mathbf{A}^* = \mathbf{I}$. Quais os pontos fixos?

26. Dados $a, c \in \mathbb{C}$, com $|a|^2 + |c|^2 = 1$, e $f(z) = (cz + \bar{a})^{-1}(az - \bar{c})$ uma rotação, ou seja, $\mathbf{A}\mathbf{A}^* = \mathbf{I}$.

    (a) Mostre que f é uma isometria.

    (b) Dado $z_0 \in \mathbb{C}_\infty$. Mostre que existe uma rotação f tal que $f(z_0) = 0$.

---
[3] Karl Hermann Amandus Schwarz, 1843–1921, matemático alemão.

(c) Mostre que se g for holomorfa e preserva distância cordal, então g é uma isometria.

(d) Mostre que f é elíptica.

2.2 Transformação de Möbius em $\mathbb{R}^n$

Iniciaremos esta seção imitando a construção do espaço métrico $\mathbb{C}_\infty$, para introduzir uma métrica sobre o espaço compactificado $\mathbb{R}^n_\infty = \mathbb{R}^n \cup \{\infty\}$, com ênfase no caso $n \geq 3$. Para isto, vamos identificar $\mathbb{R}^n$ com o subconjunto $\mathbb{R}^n \times \{0\}$ de $\mathbb{R}^{n+1}$ (pois a função $\lambda : \mathbb{R}^n \to \mathbb{R}^n \times \{0\}$ definida como $\lambda(\mathbf{x}) = (\mathbf{x}, 0) = \tilde{\mathbf{x}}$, com $\mathbf{x} = (x_1, \ldots, x_n)$, é bijetora e preserva as operações) e considerar a esfera unitário em $\mathbb{R}^{n+1}$:

$$S^n = \left\{ (\mathbf{x}, x_{n+1}) \in \mathbb{R}^n \times \mathbb{R} : \|\mathbf{x}\|^2 + x_{n+1}^2 = 1 \right\}.$$

Seja $N = (\mathbf{0}, 1) = \mathbf{e}_{n+1}$ o "polo norte" de S^n, centro da projeção. Para cada $\mathbf{x} \in \mathbb{R}^n$, consideremos a reta que passa pelos pontos $\tilde{\mathbf{x}} = (\mathbf{x}, 0)$ e N. Então esta reta intercepta S^n em exatamente um ponto P, com $P \neq N$, isto é, P é a projeção linear de $\mathbf{x}$ sobre S^n, confira figura 2.1. O que ocorre com P quando $\|\tilde{\mathbf{x}}\| \to \infty$? É claro que P se aproxima de N. Neste caso, podemos identificar N com ∞ e $\mathbb{R}^n_\infty$ pode ser representado como S^n.

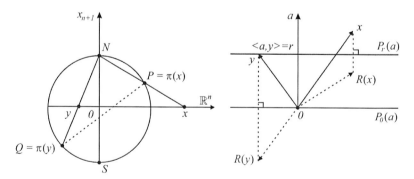

Figura 2.1: Projeção estereográfica e Hiperplano.

Seja $\mathbf{x} \in \mathbb{R}^n$. Então a reta em $\mathbb{R}^{n+1}$ que passa pelos pontos $\mathbf{x}$ e $\mathbf{e}_{n+1}$ é definida como $L(t) = \{\mathbf{x} + t(\mathbf{e}_{n+1} - \mathbf{x}) : t \in \mathbb{R}\}$. Vamos definir

$\pi : \mathbb{R}_\infty^n \to S^n$ como $\pi(\mathbf{x}) = \mathbf{x} + t(\mathbf{e}_{n+1} - \mathbf{x})$, em que o escalar t é escolhido de modo que $\|\pi(\mathbf{x})\| = 1$. Mais explicitamente,

$$\pi(\mathbf{x}) = \begin{cases} \left(\frac{2\mathbf{x}}{\|\mathbf{x}\|^2+1}, \frac{\|\mathbf{x}\|^2-1}{\|\mathbf{x}\|^2+1}\right) & \text{se } \mathbf{x} \in \mathbb{R}^n, \\ \mathbf{e}_{n+1} & \text{se } \mathbf{x} = \infty, \end{cases}$$

é um *sistema de coordenadas* ou uma *parametrização* "local" de S^n. Note que se $\|\mathbf{x}\| = 1$, então $\pi(\mathbf{x}) = \mathbf{x}$ e π é bijetora, com inversa $\pi^{-1} : S^n \to \mathbb{R}_\infty^n$ definida como

$$\pi^{-1}(\mathbf{x}, x_{n+1}) = \begin{cases} \frac{\mathbf{x}}{1-x_{n+1}} & \text{se } (\mathbf{x}, x_{n+1}) \in S^n - \{\mathbf{e}_{n+1}\}, \\ \infty & \text{se } (\mathbf{x}, x_{n+1}) = \mathbf{e}_{n+1}, \end{cases}$$

que chama-se a *projeção estereográfica* de S^n. Observe que a projeção estereográfica π transfere a métrica sobre S^n herdada $\mathbb{R}^{n+1}$ para $\mathbb{R}_\infty^n$ do seguinte modo:

$$d_\infty(\mathbf{x}, \mathbf{y}) = \|\pi(\mathbf{y}) - \pi(\mathbf{x})\| = \begin{cases} \frac{2\|\mathbf{y}-\mathbf{x}\|}{\sqrt{\|\mathbf{x}\|^2+1}\sqrt{\|\mathbf{y}\|^2+1}} & \text{se } \mathbf{x}, \mathbf{y} \in \mathbb{R}^n, \\ \frac{2}{\sqrt{\|\mathbf{x}\|^2+1}} & \text{se } \mathbf{x} \in \mathbb{R}^n \text{ e } \mathbf{y} = \infty. \end{cases}$$

Note que $d_\infty(\mathbf{x}, \infty) = \lim_{\|\mathbf{x}\| \to \infty} d_\infty(\mathbf{x}, \mathbf{y})$ e $d_\infty(\infty, \infty) = 0$. Além disso, a métrica esférica $\cos d(\mathbf{x}, \mathbf{y}) = \langle \pi(\mathbf{x}), \pi(\mathbf{y}) \rangle \in [-1, 1]$. Neste caso, a topologia induzida por d_∞ ou d sobre $\mathbb{R}^n$ coincide com a topologia induzida pela métrica euclidiana. Portanto, π é *bi-holomorfa*, de modo que podemos identificar $\mathbb{R}_\infty^n$ com S^n. Observe, com esta métrica, que $\mathbb{R}_\infty^n$ é um espaço métrico compacto e completo.

Já vimos que $\mathbb{C}$ era isomorfo a $\mathbb{R}^2$ como espaços vetoriais, de modo que cada transformação de Mübius f podia ser vista como uma função de $f : \mathbb{R}_\infty^2 \to \mathbb{R}_\infty^2$ e, pelo teorema 2.1.4, que qualquer transformação de Möbius era a composição de inversões, reflexões, homotetias e rotações. Vamos usar estas ideias para generalizar o conceito de transformação de Möbius. Antes, porém, vamos introduzir algumas definições e resultados gerais.

É bem conhecido que cada transformação linear $T : \mathbb{R}^n \to \mathbb{R}^n$ correspondia a uma única matriz $\mathbf{A} \in M_n(\mathbb{R})$ tal que $T(\mathbf{x}) = \mathbf{A}\mathbf{x}$

e, reciprocamente. Lembre-se que as colunas de **A** são os vetores $T(\mathbf{e}_j), j = 1, \ldots, n$ e que $\mathbb{R}^n$ é identificado com $\mathbb{R}^{n \times 1}$. Por isto, não faremos distinção entre T e **A**. Um *movimento rígido* sobre $\mathbb{R}^n$ é qualquer função $T : \mathbb{R}^n \to \mathbb{R}^n$ tal que

$$\|T(\mathbf{y}) - T(\mathbf{x})\| = \|\mathbf{y} - \mathbf{x}\|, \forall \mathbf{x}, \mathbf{y} \in \mathbb{R}^n,$$

Quando T for bijetora, diremos que T é uma *isometria* sobre $\mathbb{R}^n$ e denotamos por $\mathsf{Iso}(\mathbb{R}^n)$ o conjunto de todas as isometrias sobre $\mathbb{R}^n$. É fácil verificar que $\mathsf{Iso}(\mathbb{R}^n)$ é um grupo. Note que $R(\mathbf{x}) = T(\mathbf{x}) - T(\mathbf{0})$ satisfaz $R(\mathbf{0}) = \mathbf{0}$.

LEMA 2.2.1 *Se $T \in \mathsf{Iso}(\mathbb{R}^n)$ e $T(\mathbf{0}) = \mathbf{0}$, então T é linear.*

DEMONSTRAÇÃO: Observe que $T(\mathbf{0}) = \mathbf{0}$ implica que $\|T(\mathbf{x})\| = \|\mathbf{x}\|$ e $\langle T(\mathbf{x}), T(\mathbf{y}) \rangle = \langle \mathbf{x}, \mathbf{y} \rangle$, para todos $\mathbf{x}, \mathbf{y} \in \mathbb{R}^n$. Em particular, $\{T(\mathbf{e}_1), \ldots, T(\mathbf{e}_n)\}$ é uma base ortonormal de $\mathbb{R}^n$. Portanto, $T : \mathbb{R}^n \to \mathbb{R}^n$ definida como $T(\sum x_i \mathbf{e}_i) = \sum x_i T(\mathbf{e}_i)$ está bem definida e é linear (prove isto!). □

EXEMPLO 2.2.2 Seja $\sigma \in \mathsf{Iso}(\mathbb{R})$. Mostre que $\sigma(x) = T_a(x) = x + a$ é uma translação ou $\sigma(x) = R_b(x) = b - x$ é uma reflexão em torno de b.

SOLUÇÃO: Dado qualquer $\sigma \in \mathsf{Iso}(\mathbb{R})$, seja τ uma translação ou uma reflexão tal que $\sigma(0) = \tau(0)$ e $\sigma(1) = \tau(1)$. Afirmação. $\sigma = \tau$. De fato, suponhamos, por absurdo, que exista um $c \in \mathbb{R}$ tal que $\sigma(c) \neq \tau(c)$. Então $a = \sigma(0) = \tau(0)$ é o ponto médio do segmento entre $\sigma(c)$ e $\tau(c)$, pois

$$|\sigma(c) - a| = |\sigma(c) - \sigma(0)| = |c| = |\tau(c) - \tau(0)| = |\tau(c) - a|.$$

Da mesma forma, com $b = \sigma(1) = \tau(1)$, o que é uma contradição, pois $a \neq b$. □

O conjunto $O_n(\mathbb{R}) = \{T \in \mathsf{Iso}(\mathbb{R}^n) : T(\mathbf{0}) = \mathbf{0}\}$ é um subgrupo de $\mathsf{Iso}(\mathbb{R}^n)$ chamado de *grupo ortogonal*. Portanto, qualquer $T \in \mathsf{Iso}(\mathbb{R}^n)$

pode ser escrito sob a forma $T = T_{\mathbf{a}} \circ R$, onde $R \in O_n(\mathbb{R})$ e $T_{\mathbf{a}}(\mathbf{x}) = \mathbf{x} + \mathbf{a}$ uma translação. Diremos que $T : \mathbb{R}^n \to \mathbb{R}^n$ é uma *similaridade* sobre $\mathbb{R}^n$ se $T = T_{\mathbf{a}} \circ S$, em que S é *conforme*, ou seja, $S = kR$, onde $R \in O_n(\mathbb{R})$ e $k \in \mathbb{R}_+^\times$ e denotamos por $\mathsf{Sim}(\mathbb{R}^n)$. Em particular, $\mathsf{Iso}(\mathbb{R}^n) \subseteq \mathsf{Sim}(\mathbb{R}^n)$. Pondo $T(\infty) = \infty$, obtemos $T \in \mathsf{Aut}(R_\infty^n)$. Note que se $\mathbf{A} \in M_n(\mathbb{R})$ e $f : \mathbb{R}^n \to \mathbb{R}^n$ é definida como $f(\mathbf{x}) = \mathbf{A} \cdot \mathbf{x} + \mathbf{b}$, então $\|f'(\mathbf{x})\|$ é constante, pois

$$df_\mathbf{x} \cdot \mathbf{h} = f'(\mathbf{x}) \cdot \mathbf{h} = \frac{\partial f}{\partial \mathbf{h}}(\mathbf{x}) = \lim_{t \to 0} \frac{f(\mathbf{x} + t\mathbf{h}) - f(\mathbf{x})}{t} = \mathbf{A} \cdot \mathbf{h},$$

de modo que $f' : \mathbb{R}^n \to M_n(\mathbb{R})$ implica que $f'(\mathbf{x} + \mathbf{y}) = f'(\mathbf{x})$ e $f''(\mathbf{x}) \cdot \mathbf{h} = 0$. Lembre-se, em geral, que $f'(\mathbf{x}) = (d_j f_i(\mathbf{x})) = J_f(\mathbf{x})$ é a matriz jacobiana de f.

Dados $P = (\mathbf{x}, x_{n+1}) = \pi(\mathbf{x})$ e $Q = (\mathbf{y}, y_{n+1}) = \pi(\mathbf{y})$ em S^n. Então, pela Desigualdade de Cauchy-Schwarz, $|\langle P, Q \rangle| \leq 1$. Isso nos permite definir a *distância esférica* $d(P,Q)$ entre P e Q via a fórmula

$$\cos d(P,Q) = \langle P, Q \rangle \text{ onde } d(P,Q) \in [0, \pi], \tag{2.2.1}$$

confira o caso $n = 2$. É claro que $d(P,Q) = d(Q,P)$ e $d(P,Q) > 0$ quando $P \neq Q$, pois se P e Q são linearmente independentes, então $|\langle P, Q \rangle| < 1$ e $d(P,Q) \in (0, \pi)$. Se P e Q são linearmente dependentes, então $Q = -P$ e $d(P,Q) = \pi$. Veremos a seguir que $d(P,R) \leq d(P,Q) + d(Q,R)$, para todos $P, Q, R \in S^n$.

Proposição 2.2.3 *Sejam $P, Q \in S^n$. Então existe um vetor tangente unitário $\mathbf{v}$ a S^n em P tal que $Q = P \cos d(P,Q) + \mathbf{v} \operatorname{sen} d(P,Q)$.*

DEMONSTRAÇÃO: Se P e Q são linearmente independentes e $\mathbf{v} \in \Pi = \{xP + yQ : x, y \in \mathbb{R}\}$ um vetor tangente unitário a S^n em P, então existem $a, b \in \mathbb{R}$ tais que $Q = aP + b\mathbf{v}$. Como $\|Q\|^2 = 1$ e $\langle OP, \mathbf{v} \rangle = 0$ temos que $a^2 + b^2 = 1$. Assim, existe um $\theta \in [-\pi, \pi]$ tal que $a = \cos \theta$ e $b = \operatorname{sen} \theta$. Usando a mudança de variáveis $R(\theta, \mathbf{t}) = (-\theta, -\mathbf{t})$, podemos escrever $Q = P \cos \theta + \mathbf{v} \operatorname{sen} \theta$, onde $\theta \in [0, \pi]$. Observe que $\cos d(P,Q) = \langle P, Q \rangle = \cos \theta$. Se P, Q são linearmente dependentes, então $Q = P$ ou $Q = -P$, de modo que $\operatorname{sen} d(P,Q) = 0$. Logo, qualquer vetor tangente unitário a S^n em P satisfaz. Portanto, em qualquer caso, $Q = P\cos d(P,Q) + \mathbf{v}\operatorname{sen} d(P,Q)$. □

Sejam $P, Q, R \in S^n$ linearmente independentes e T o *triângulo esférico* determinado por eles. Pondo $a = d(Q,R), b = d(P,R)$ e $c = d(P,Q)$. Assim, pela proposição 2.2.3, existem vetores tangentes unitários $\mathbf{v}_1, \mathbf{v}_2$ a S^n em P tais que

$$Q = P\cos c + \mathbf{v}_1 \operatorname{sen} c \quad \text{e} \quad R = P\cos b + \mathbf{v}_2 \operatorname{sen} b.$$

Fazendo $\theta = \angle(\mathbf{v}_1, \mathbf{v}_2)$ em P, temos que $\cos\theta = \langle \mathbf{v}_1, \mathbf{v}_2\rangle \in (0,\pi)$ está bem definido. Portanto, obtemos a *Lei dos Cossenos Esféricos*:

$$\cos a = \cos b \cos c + \operatorname{sen} b \operatorname{sen} c \cos\theta. \qquad (2.2.2)$$

De fato, basta, depois de alguns cáculos, provar que

$$\det\begin{pmatrix}\langle P,P\rangle & \langle Q,P\rangle \\ \langle P,R\rangle & \langle Q,R\rangle\end{pmatrix} = \operatorname{sen} b \operatorname{sen} c \det\begin{pmatrix}\langle P,P\rangle & \langle \mathbf{t}_1,P\rangle \\ \langle P,\mathbf{t}_2\rangle & \langle \mathbf{t}_1,\mathbf{t}_2\rangle\end{pmatrix}.$$

Note que o lado esquerdo é igual a 0 se P for repassado por Q ou R. Portanto, $\cos\theta \leq 1$ implica que $\cos a \leq \cos(b-c)$ e $a \neq b-c$; $a = b-c$ se, e somente se, $\cos\theta = 1$, pois $\cos\theta$ é estritamente decrescente (injetora) em $[0,\pi]$. Consequentemente, $d(P,R) \leq d(P,Q) + d(Q,R)$, para todos $P, Q, R \in S^n$. Observe que

$$\|Q - P\|^2 = 2 - 2\langle P,Q\rangle = 2 - 2\cos d(P,Q)$$

implica que a topologia induzida pela métrica esférica sobre S^n é a mesma como a topologia induzida pela métrica euclidiana sobre S^n, de modo que os espaços métricos (S^n, d) e $(S^n, \|\cdot\|)$ são homeomorfos.

Dados $\mathbf{a} \in \mathbb{R}^{n+1}$ e $r \in \mathbb{R}_+^\times$. O conjunto

$$S_r(\mathbf{a}) = \{\mathbf{x} \in \mathbb{R}^{n+1} : \|\mathbf{x} - \mathbf{a}\| = r\}$$

chama-se *hiperesfera* de centro $\mathbf{a}$ e raio r, de modo que $S_r(\mathbf{a}) = \partial D_r(\mathbf{a})$. Dado $\mathbf{z} \in \mathbb{R}^{n+1}$ e L uma reta que passa por $\mathbf{z}$ tal que $L \cap S_r(\mathbf{a}) = \{\mathbf{x}, \mathbf{y}\}$, onde pode ocorrer $\mathbf{x} = \mathbf{y}$. Então, pondo $\mathbf{m} = 2^{-1}(\mathbf{x} + \mathbf{y})$, $4\langle \mathbf{u},\mathbf{v}\rangle = \|\mathbf{v} + \mathbf{u}\|^2 - \|\mathbf{v} - \mathbf{u}\|^2$ implica que o escalar $\langle \mathbf{z} - \mathbf{x}, \mathbf{z} - \mathbf{y} \rangle = \|\mathbf{z} - \mathbf{a}\|^2 - r^2$, o qual chama-se a *potência* de $\mathbf{z}$ em relação a $S_r(\mathbf{a})$, pois

$$\langle \mathbf{z}-\mathbf{x}, \mathbf{z}-\mathbf{y} \rangle = \|\mathbf{z}-\mathbf{m}\|^2 - \|\mathbf{m}-\mathbf{x}\|^2 = \|\mathbf{z}-\mathbf{a}\|^2 - \|\mathbf{m}-\mathbf{a}\|^2 - \|\mathbf{m}-\mathbf{x}\|^2.$$

Uma *reflexão* ou uma *inversão* em $S_r(\mathbf{a})$ é uma função $\sigma : \mathbb{R}_\infty^{n+1} \to \mathbb{R}_\infty^{n+1}$ definida como

$$\sigma(\mathbf{x}) = \mathbf{a} + (r\|\mathbf{x} - \mathbf{a}\|^{-1})^2 (\mathbf{x} - \mathbf{a}), \sigma(\mathbf{a}) = \infty \quad \text{e} \quad \sigma(\infty) = \mathbf{a}.$$

Note que $\sigma(\mathbf{x})$ está sobre a semirreta em $\mathbf{a}, S_r(\mathbf{a}) = \{\mathbf{x} \in \mathbb{R}^{n+1} : \sigma(\mathbf{x}) = \mathbf{x}\}$ e a chama-se *polo* de σ. Como $\sigma^2 = I$ temos que σ é bijetora e $\sigma \in \text{Aut}(R_\infty^{n+1})$. Em particular, se $\mathbf{a} = \mathbf{0}$ e $r = 1$, definimos $\sigma^*(\mathbf{x}) = \|\mathbf{x}\|^{-2}\mathbf{x}$, $\sigma^*(\mathbf{0}) = \infty$ e $\sigma^*(\infty) = \mathbf{0}$, e chama-se a *reflexão fundamental* de R_∞^{n+1}. Além disso,

$$\lim_{\mathbf{x} \to \mathbf{a}} d_\infty(\sigma(\mathbf{x}), \sigma(\mathbf{a})) = \lim_{\mathbf{x} \to \mathbf{a}} d_\infty(\sigma(\mathbf{x}), \infty)) = \mathbf{0}$$

e

$$\lim_{\|\mathbf{x}\| \to \infty} \|\sigma(\mathbf{x}) - \mathbf{a}\| = \mathbf{0},$$

ou seja, σ é um homeomorfismo conforme. Note que $\sigma = T_\mathbf{a} \circ M_{r^2} \circ \sigma^* \circ T_{-\mathbf{a}}$ e

$$\sigma'(\mathbf{x}) \cdot \mathbf{h} = \lim_{t \to 0} \frac{\sigma(\mathbf{x} + t\mathbf{h}) - \sigma(\mathbf{x})}{t}$$
$$= \frac{r^2}{\|\mathbf{x} - \mathbf{a}\|^2}(\mathbf{h} - 2\frac{\langle \mathbf{x} - \mathbf{a}, \mathbf{h} \rangle}{\|\mathbf{x} - \mathbf{a}\|^2}(\mathbf{x} - \mathbf{a})). \quad (2.2.3)$$

O conjunto $P_r(\mathbf{a}) = \{\mathbf{x} \in \mathbb{R}^{n+1} : \langle \mathbf{x}, \mathbf{a} \rangle = r\} \cup \{\infty\}$ é a translação do subespaço $\mathbf{a}^\perp = \{\mathbf{x} \in \mathbb{R}^{n+1} : \langle \mathbf{x}, \mathbf{a} \rangle = 0\}$ e chama-se *hiperplano*, com vetor normal $\mathbf{a} \neq \mathbf{0}$, que passa pelo ponto $(r\|\mathbf{a}\|^{-2})\mathbf{a}$ e todos interceptam-se em ∞. Neste caso, $\sigma(P_r(\mathbf{a})) = S_s(\mathbf{b}) - \{\mathbf{a}\}$ e vice-versa, para toda inversão σ em $S_r(\mathbf{a})$. Uma *projeção ortogonal* sobre $\mathbf{a}^\perp$ é uma função $P : \mathbb{R}^{n+1} \to \mathbb{R}^{n+1}$ definida como $P(\mathbf{x}) = \mathbf{x} - t\mathbf{a}$, com o parâmetro t determinado de modo que $P(\mathbf{x}) \in \mathbf{a}^\perp$. Uma *reflexão* em $P_r(\mathbf{a})$ é uma função $R : \mathbb{R}_\infty^{n+1} \to \mathbb{R}_\infty^{n+1}$ definida como $R(\infty) = \infty$

e $R(\mathbf{x}) = \mathbf{x} + t\mathbf{a}$, com o parâmetro t determinado de modo que $2^{-1}(\mathbf{x} + R(\mathbf{x})) \in P_r(\mathbf{a})$, confira figura 2.1. Mais explicitamente,

$$R(\mathbf{x}) = \mathbf{x} - 2(\langle \mathbf{x}, \mathbf{a} \rangle - r)\|\mathbf{a}\|^{-2}\mathbf{a} \quad \text{e} \quad R(\infty) = \infty.$$

Note que $\mathbf{x}$ e $R(\mathbf{x})$ são simétricos em $P_r(\mathbf{a})$ e, depois de alguns cálculos, $\|R(\mathbf{x})\|^2 = \|\mathbf{x}\|^2$, para todo $\mathbf{x} \in \mathbb{R}^{n+1}$, e $R \in \mathsf{Iso}(\mathbb{R}^{n+1})$. Assim, $R^2 = I$ implica que R é conforme, pois $\lim_{\|\mathbf{x}\| \to \infty} \|R(\mathbf{x})\|^2 = \lim_{\|\mathbf{x}\| \to \infty}(\|\mathbf{x}\|^2 + O(\|\mathbf{x}\|)) = \infty$. É muito importante escrever R na forma matricial:

$$R(\mathbf{x}) = (\mathbf{I} - 2\mathbf{Q_a}) \cdot \mathbf{x} + 2r\mathbf{a} = \mathbf{P_a} \cdot \mathbf{x} + 2r\mathbf{a},$$

em que $\mathbf{Q_a} = (q_{ij}) = \|\mathbf{a}\|^{-2}\mathbf{a}^t\mathbf{a} = (\|\mathbf{a}\|^{-2}a_i a_j)$ e $\mathbf{P_a} = \mathbf{I} - 2\mathbf{Q_a}$ é ortogonal. Com o objetivo de simplificar a notação, em tudo que segue, $\mathbf{x}^* = \sigma^*(\mathbf{x}) = \|\mathbf{x}\|^{-2}\mathbf{x}$ e o termo esfera significa uma hiperesfera ou um hiperplano, de modo os dois tipos de transformações em $\mathbb{R}_\infty^{n+1}$ chamam-se *reflexões em esferas*. Neste contexto, vamos unificar as equações das esferas. Lembre-se que a equação de uma esfera pode ser escrita sob a forma:

$$\|\mathbf{x}\|^2 - 2\langle \mathbf{x}, \mathbf{a} \rangle + \|\mathbf{a}\|^2 - r^2 = 0 \quad \text{ou} \quad -2\langle \mathbf{x}, \mathbf{a} \rangle + 2r = 0.$$

Assim, podemos escrever isto em uma equação geral da esfera:

$$\Sigma : a_0 \|\mathbf{x}\|^2 - 2\langle \mathbf{x}, \mathbf{a} \rangle + a_{n+1} = 0. \tag{2.2.4}$$

Observe que $\mathbf{a} = (a_1, \ldots, a_n) \neq \mathbf{0}$ e o *vetor coeficiente* $\mathbf{b} = (a_0, a_1, \ldots, a_n, a_{n+1})$ de Σ não é unicamente determinado, pois qualquer $t\mathbf{b}$, com $t \neq 0$, satisfaz. Mas, em qualquer caso, $\langle \mathbf{x}, \mathbf{a} \rangle \leq \|\mathbf{x}\|\|\mathbf{a}\|$ implica que $\|\mathbf{a}\|^2 > a_0 a_{n+1}$.

Definição 2.2.4 Uma *transformação de Möbius* é uma função $f : \mathbb{R}_\infty^n \to \mathbb{R}_\infty^n$ que é a composição de um número finito de reflexões em esferas.

Vamos denotar por $\mathsf{GM}_n(\mathbb{R})$ o conjunto de todas as transformações de Möbius sobre $\mathbb{R}_\infty^n$. É fácil verificar que $\mathsf{GM}_n(\mathbb{R})$ é fechado em relação à composição usual de funções e cada $f \in \mathsf{GM}_n(\mathbb{R})$ possui uma inversa, pois $f^2 = I$. Portanto, $\mathsf{GM}_n(\mathbb{R})$ é um *grupo de Möbius* e $\mathsf{Iso}(\mathbb{R}^n) \subseteq \mathsf{GM}_n(\mathbb{R})$. Denotamos por $\mathsf{GM}_n^+(\mathbb{R})$ o subgrupo de $\mathsf{GM}_n(\mathbb{R})$ das transformações que preservam a orientação de $\mathbb{R}^n$.

Veremos agora uma boa maneira de se familiarizar com reflexões em esferas. Para isto, sejam $\sigma^* : \mathbb{R}^{n+1} \to \mathbb{R}^{n+1}$ uma reflexão em S^n e $\mathbf{b} = \sigma^*(\mathbf{e}_{n+1})$. Então $\sigma^*(S^n) = S^n$ e $\|\mathbf{z}\| < 1$ ($>$) se, e somente se, $\|\sigma^*(\mathbf{z})\| > 1$ ($<$). Se $\mathbf{b} = \mathbf{e}_{n+1}$, então pondo $g = \sigma^*|_{S^n - \{\mathbf{e}_{n+1}\}}$ e $\mathbf{z} = \pi(\mathbf{x}) = (\|\mathbf{x}\|^2 + 1)^{-1}(2\mathbf{x}, \|\mathbf{x}\|^2 - 1)$, obtemos

$$R(\mathbf{x}) = (\pi^{-1} \circ g \circ \pi)(\mathbf{x}) = \mathbf{x},$$

de modo que R é uma reflexão em $\mathbb{R}^n$. Se $\mathbf{b} \neq \mathbf{e}_{n+1}$, então pondo $g = \sigma^*|_{S^n - \{\mathbf{e}_{n+1}, \mathbf{b}\}}$, temos que $\sigma = \pi^{-1} \circ g \circ \pi$ é uma refleão em $\mathbb{R}^n$, com polo $\pi^{-1}(\mathbf{b})$. Em qualquer caso, podemos estender para $\mathbb{R}_\infty^{n+1}$.

Exemplo 2.2.5 Sejam $k \in \mathbb{R}_+^\times, \mathbf{a} \in \mathbb{R}^n$ e $T_\mathbf{a}, M_k : \mathbb{R}^n \to \mathbb{R}^n$ definidas como $T_\mathbf{a}(\mathbf{x}) = \mathbf{x} + \mathbf{a}$ e $M_k(\mathbf{x}) = k\mathbf{x}$. Mostre que $T_\mathbf{a}, M_k \in \mathsf{GM}_n(\mathbb{R})$.

Solução: Sejam R_1 e R_2 reflexões em $P_0(\mathbf{a})$ e $P_{2^{-1}\|\mathbf{a}\|^2}(\mathbf{a})$. Então, depois de alguns cálculos, $(R_2 \circ R_1)(\mathbf{x}) = R_2(\mathbf{x} - 2\langle \mathbf{x}, \mathbf{a}\rangle \mathbf{a}^*) = \mathbf{x} + \mathbf{a} = T_\mathbf{a}(\mathbf{x})$ é uma translação. Por outro lado, sejam σ_1 a reflexão em $S^n = S_1(\mathbf{0})$ e σ_2 a reflexão em $S_{\sqrt{k}}(\mathbf{0})$. Então $(\sigma_2 \circ \sigma_1)(\mathbf{x}) = k\mathbf{x} = M_k(\mathbf{x})$ é uma homotetia. Note que $(T_\mathbf{a} \circ M_k)(\mathbf{x}) = k\mathbf{x} + \mathbf{a}$ é um elemento de $\mathsf{Sim}(\mathbb{R}^n)$. □

Teorema 2.2.6 *Sejam $\mathcal{C}$ o conjunto de todas as esferas em $\mathbb{R}^n$ e $f \in \mathsf{GM}_n(\mathbb{R})$. Então $f(\mathcal{C}) \subseteq \mathcal{C}$, ou seja, f induz uma permutação de $\mathcal{C}$.*

Demonstração: Sejam $\Sigma \in \mathcal{C}$ e $f \in \mathsf{GM}_n(\mathbb{R})$ quaisquer. Se $f \in \mathsf{Sim}(\mathbb{R}^n)$, então é fácil verificar que $f(\Sigma) \in \mathcal{C}$. Assim, resta considerar o caso em que $f = \sigma$ é uma reflexão em $S_r(\mathbf{a})$. Pondo $g(\mathbf{x}) = r\mathbf{x} + \mathbf{a}$, temos, pelo Exemplo 2.2.5, que $g \in \mathsf{GM}_n(\mathbb{R})$ e $\sigma^* = g^{-1} \circ \sigma \circ g$ é a reflexão em $S_1(\mathbf{0})$. Como $\mathbf{y} = \sigma^*(\mathbf{x}) = \mathbf{x}^*$ temos, pela equação (2.2.4), que $a_0 - 2\langle \mathbf{y}, \mathbf{a}\rangle + a_{n+1}\|\mathbf{y}\|^2 = 0$ representa uma esfera Σ' em $\mathbb{R}^n$ e, reciprocamente. Portanto, $\sigma(\Sigma) \in \mathcal{C}$. □

Exemplo 2.2.7 Sejam $\Sigma = S_{\sqrt{2}}(\mathbf{a})$ em $\mathbb{R}^{n+1}$, com $\mathbf{a} = \mathbf{e}_{n+1}$, e σ_0 a reflexão em Σ. Mostre que $\sigma_0 = \pi$ é a projeção estereográfica.

Solução: Como $\sigma_0(\mathbf{x}) = \mathbf{e}_{n+1} + 2(\mathbf{x} - \mathbf{e}_{n+1})^*$, $\tilde{\mathbf{x}} = (\mathbf{x}, 0)$ e $\|\tilde{\mathbf{x}} - \mathbf{e}_{n+1}\|^2 = \|\mathbf{x}\|^2 + 1$ temos que $\sigma_0(\tilde{\mathbf{x}}) = \pi(\mathbf{x})$. Pode ser provado, via o Teorema de Liouville,[4] com $n \geq 3$, que qualquer projeção estereográfica é a restrição de uma reflexão em torno de uma esfera. É muito importante observar que $\pi(\mathbf{x}) = \sigma_0(\mathbf{x})$ e $\mathbf{x} = \sigma_0(\pi(\mathbf{x}))$, para todo $\mathbf{x} \in \mathbb{R}^n$. □

Devido a sua importância neste texto vamos fazer um estudo sistemático das reflexões em torno de uma esfera.

Teorema 2.2.8 *Qualquer reflexão em torno de uma esfera é um homeomorfismo conforme e inverte orientação, ou seja, não pertence a* $\operatorname{GM}_n^+(\mathbb{R})$.

Demonstração: Seja R uma reflexão em torno de $P_r(\mathbf{a})$. Então $R(\mathbf{x}) = \mathbf{P_a} \cdot \mathbf{x} + 2r\mathbf{a}$ e

$$R'(\mathbf{x}) \cdot \mathbf{h} = \lim_{t \to 0} \frac{R(\mathbf{x} + t\mathbf{h}) - R(\mathbf{x})}{t} = \lim_{t \to 0} \frac{\mathbf{P_a} \cdot (t\mathbf{h})}{t} = \mathbf{P_a} \cdot \mathbf{h}.$$

Assim, $R'(\mathbf{x}) = \mathbf{P_a}$ é a matriz jacobiana. Como $R'(\mathbf{x}) \cdot R'(\mathbf{x})^t = I$ temos que $R'(\mathbf{x})$ é ortogonal, de modo que R é conforme. Finalmente, a função $d : \mathbb{R}^n - \{\mathbf{0}\} \to \mathbb{R}$ definida como $d(\mathbf{a}) = \det R'(\mathbf{x})$ é contínua e $d(\mathbf{a}) \neq 0$, de modo que ela não muda de sinal. Logo, $d(\mathbf{a}) < 0$ ou $d(\mathbf{a}) > 0$, para todo $\mathbf{a} \in \mathbb{R}^n - \{\mathbf{0}\}$. Em particular, pondo $\mathbf{a} = \mathbf{e}_1$, obtemos $R(\mathbf{x}) = (-x_1 + 2r, x_2, \ldots, x_n)$, de modo que $d(\mathbf{a}) = -1 < 0$. Portanto, R inverte orientação. Para o outro caso, pelo teorema 2.2.6, basta considerar a reflexão σ^* em $S_1(\mathbf{0})$. Para qualquer $\mathbf{x} \neq \mathbf{0}$,

$$\sigma^*(\mathbf{x}) = \left(\frac{x_1}{x_1^2 + \cdots + x_n^2}, \ldots, \frac{x_n}{x_1^2 + \cdots + x_n^2} \right)$$

$$\Rightarrow \frac{\partial \sigma^*}{\partial x_j}(\mathbf{x}) = \frac{\delta_{ij}}{\|\mathbf{x}\|^2} - \frac{2x_i x_j}{\|\mathbf{x}\|^4},$$

---

[4] Joseph Liouville, 1809-1882, matemático francês.

de modo que $(\sigma^*)'(\mathbf{x}) = \|\mathbf{x}\|^{-2}\mathbf{P_x}$ é a matriz jacobiana. Portanto, σ^* é conforme. Finalmente, a função $d : \mathbb{R}^n - \{\mathbf{0}\} \to \mathbb{R}$ definida como $d(\mathbf{x}) = \det(\sigma^*)'(\mathbf{x})$ é contínua e $d(\mathbf{x}) \neq 0$. Como $(\sigma^* \circ \sigma^*)(\mathbf{x}) = \mathbf{x}$ temos, pela Regra da Cadeia, que $d(\sigma^*(\mathbf{x}))d(\mathbf{x}) = 1$. Assim, $d(\mathbf{x}) < 0$ ou $d(\mathbf{x}) > 0$, para todo $\mathbf{x} \in \mathbb{R}^n - \{\mathbf{0}\}$ e o resultado segue. $\square$

Uma fórmula muito importante sobre uma reflexão σ em $S_r(\mathbf{a})$ é:

$$\|\sigma(\mathbf{y}) - \sigma(\mathbf{x})\| = r^2 \frac{\|\mathbf{y} - \mathbf{x}\|}{\|\mathbf{x} - \mathbf{a}\|\|\mathbf{y} - \mathbf{a}\|}$$
$$= \sqrt{\|\sigma'(\mathbf{x})\|}\sqrt{\|\sigma'(\mathbf{y})\|}\|\mathbf{y} - \mathbf{x}\|. \quad (2.2.5)$$

Em particular, se $n = 3, \mathbf{a} = \mathbf{e}_3$ e $r = \sqrt{2}$, então $\sigma(\mathbf{x}) = \pi(\mathbf{x})$, confira o Exemplo 2.2.7. De fato, $(\sigma^*)'(\mathbf{x}) \cdot (\sigma^*)'(\mathbf{x})^t = \|\mathbf{x}\|^{-4}$ implica que $\|(\sigma^*)'(\mathbf{x})\| = \|\mathbf{x}\|^{-2}$ e

$$\|\sigma^*(\mathbf{y}) - \sigma^*(\mathbf{x})\|^2 = \|\sigma^*)'(\mathbf{x})\|\|(\sigma^*)'(\mathbf{y})\|\|\mathbf{y} - \mathbf{x}\|^2$$

e use a Regra da Cadeia. Portanto, $\sigma \in \mathsf{Sim}(\mathbb{R}^n)$ e denotamos por

$$\kappa(\mathbf{x}) = \|\sigma'(\mathbf{x})\| = \lim_{\mathbf{h} \to 0} \frac{\|\sigma(\mathbf{x} + \mathbf{h}) - \sigma(\mathbf{x})\|}{\|\mathbf{h}\|} = \frac{r^2}{\|\mathbf{x} - \mathbf{a}\|^2} \quad (2.2.6)$$

o fator de escala em $\mathbf{x}$, o mesmo em qualquer direção, pois $\kappa(\mathbf{x})^n = \det \sigma'(\mathbf{x})$, de modo que σ é conforme, ou seja, $\kappa(\mathbf{x})^{-1}\sigma'(\mathbf{x}) \in O_n(\mathbb{R})$. Observe, pela Regra da Cadeia, que a fórmula (2.2.5) continua válida para qualquer $f \in \mathsf{GM}_n(\mathbb{R})$. De modo semelhante ao caso de $\mathbb{C}$, temos a *razão cruzada absoluta*:

$$|\mathbf{x}, \mathbf{x}_1; \mathbf{x}_2, \mathbf{x}_3| = \frac{\|\mathbf{x} - \mathbf{x}_1\|}{\|\mathbf{x} - \mathbf{x}_2\|} \div \frac{\|\mathbf{x}_3 - \mathbf{x}_1\|}{\|\mathbf{x}_3 - \mathbf{x}_2\|}$$

a qual, pela fórmula (2.2.5), é invariante sob $\mathsf{GM}_n(\mathbb{R})$.

Teorema 2.2.9 *Seja* $f \in \mathsf{GM}_n(\mathbb{R})$ *tal que* $f(\infty) = \infty$. *Então* $f \in \mathsf{Sim}(\mathbb{R}^n)$, *ou seja*, $\kappa(\mathbf{x}) = \|f'(\mathbf{x})\|$ *é constante.*

DEMONSTRAÇÃO: Seja $g(\mathbf{x}) = f(\mathbf{x}) - f(\mathbf{0})$. Então $g(\mathbf{0}) = \mathbf{0}$ e $g(\infty) = \infty$. Assim, é suficiente provar que g é conforme. Dados $\mathbf{x}, \mathbf{y} \in \mathbb{R}^n$, com $\mathbf{x} \neq \mathbf{y}$, e a razão cruzada absoluta é invariante sob g implica que

$$|g(\mathbf{y}), \mathbf{0}; \infty, g(\mathbf{x})| = |\mathbf{y}, \mathbf{0}; \infty, \mathbf{x}|$$
$$\Leftrightarrow \|\mathbf{y}\|^{-1}\|g(\mathbf{y})\| = \|\mathbf{x}\|^{-1}\|g(\mathbf{x})\| = k,$$

com $k > 0$ constante. De modo análogo, a razão $|g(\mathbf{y}), g(\mathbf{x}); \mathbf{0}, \infty|$ é equivalente a $\|g(\mathbf{y}) - g(\mathbf{x})\|^2 = k^2 \|\mathbf{y} - \mathbf{x}\|^2$ implica que $\langle g(\mathbf{y}), g(\mathbf{x}) \rangle = k^2 \langle \mathbf{y}, \mathbf{x} \rangle$. Além disso,

$$\|g(\mathbf{x} + \mathbf{y}) - g(\mathbf{x}) - g(\mathbf{y})\|^2 = k^2 \|(\mathbf{x} + \mathbf{y}) - \mathbf{x} - \mathbf{y}\|^2 = 0.$$

Assim, $g(\mathbf{x} + \mathbf{y}) = g(\mathbf{x}) + g(\mathbf{y})$. Logo, $g'(\mathbf{x} + \mathbf{y}) = g'(\mathbf{x})$ é constante. Portanto, pela fórmula (2.2.5), $f \in \text{Sim}(\mathbb{R}^n)$. □

Sejam Σ e Σ' esferas em $\mathbb{R}^n$, com vetores coeficientes $(a_0, a_1, \ldots, a_n, a_{n+1})$ e $(b_0, b_1, \ldots, b_n, b_{n+1})$. Definimos o *produto inverso* de Σ e Σ' como

$$(\Sigma, \Sigma') = \frac{|2\langle \mathbf{a}, \mathbf{b} \rangle - (a_0 b_{n+1} + a_{n+1} b_0)|}{2\sqrt{\|\mathbf{a}\|^2 - a_0 a_{n+1}} \sqrt{\|\mathbf{b}\|^2 - b_0 b_{n+1}}}. \quad (2.2.7)$$

É fácil escrever analiticamente a fórmula (2.2.7):

1. Se $\Sigma = S_{r_1}(\mathbf{a})$ e $\Sigma' = S_{r_2}(\mathbf{b})$, então
$$2r_1 r_2 (\Sigma, \Sigma') = |r_1^2 + r_2^2 - \|\mathbf{a} - \mathbf{b}\|^2|,$$

2. Se $\Sigma = S_{r_1}(\mathbf{a})$ e $\Sigma' = P_{r_2}(\mathbf{b})$, então $r_1 \|\mathbf{b}\|(\Sigma, \Sigma') = |\langle \mathbf{a}, \mathbf{b} \rangle - r_2|$ ou $r_1 (\Sigma, \Sigma') = d(\mathbf{a}, \Sigma')$.

3. Se $\Sigma = P_{r_1}(\mathbf{a})$ e $\Sigma' = P_{r_2}(\mathbf{b})$, então $\|\mathbf{a}\|\|\mathbf{b}\|(\Sigma, \Sigma') = |\langle \mathbf{a}, \mathbf{b} \rangle|$.

A prova de (1). $a_0 = 1 = b_0, a_{n+1} = \|a\|^2 - r_1^2, b_{n+1} = \|b\|^2 - r_2^2$ e usando a relação $2\langle \mathbf{a}, \mathbf{b} \rangle = \|\mathbf{a}\|^2 + \|\mathbf{b}\|^2 - \|\mathbf{a} - \mathbf{b}\|^2$ temos o resultado. Observe, em qualquer caso, que se $\Sigma \cap \Sigma' \neq \emptyset$, então $(\Sigma, \Sigma') = \cos\theta$, com θ um dos ângulos de interseção. Em particular, Σ e Σ' são ortogonais se, e somente se, $(\Sigma, \Sigma') = 0$. Note, pelo item (2), que $(\Sigma, \Sigma') = 0$ se, e somente se, $\mathbf{a} \in \Sigma'$.

Teorema 2.2.10 *Sejam* Σ, Σ' *esferas,* σ *uma reflexão em* Σ *e* $f \in \mathsf{GM}_n(\mathbb{R})$.

1. $(f(\Sigma), f(\Sigma')) = (\Sigma, \Sigma')$.

2. *Se* $f(\mathbf{x}) = \mathbf{x}$*, para todo* $\mathbf{x} \in \Sigma$*, então* $f = I$ *ou* $f = \sigma$.

Demonstração: (1) Segue do fato de f ser conforme. (2) Podemos supor, sem perda de generalidade, que $\Sigma = P_0(\mathbf{e}_n)$, pois se Σ for um hiperplano, então existe uma isometria que leva Σ em $P_0(\mathbf{e}_n)$. Se Σ for uma hiperesfera, então existe uma similaridade que leva Σ em S^{n-1} e, pelo Exemplo 2.2.7, S^{n-1} é levada em $P_0(\mathbf{e}_n)$. Sejam $a \in \Sigma$ e $S_r(\mathbf{a})$. Então $(\Sigma, S_r(\mathbf{a})) = 0$, de modo que $(f(\Sigma), f(S_r(\mathbf{a}))) = (\Sigma, f(S_r(\mathbf{a}))) = 0$ implica que $f(S_r(\mathbf{a})) = S_s(\mathbf{b})$, para algum $\mathbf{b} \in \Sigma$. Como $f(\mathbf{x}) = \mathbf{x}$, para todo $\mathbf{x} \in \Sigma$, temos que $\Sigma \cap S_r(\mathbf{a}) = \Sigma \cap S_s(\mathbf{b})$, ou seja, $\mathbf{a} = \mathbf{b}$ e $r = s$, pois $\mathbf{a}, \mathbf{b} \in \Sigma$. Assim, $f(S_r(\mathbf{a})) = S_r(\mathbf{a})$. Em particular, $\|\mathbf{x} - \mathbf{a}\|^2 = \|f(\mathbf{x}) - \mathbf{a}\|^2$, para todo $\mathbf{a} \in \Sigma$. Pondo $\mathbf{a} = \mathbf{0}, \|\mathbf{x}\| = \|f(\mathbf{x})\|$ implica que $\langle \mathbf{x}, \mathbf{a} \rangle = \langle f(\mathbf{x}), \mathbf{a} \rangle$, para todo $\mathbf{a} \in \Sigma$. Dados $\mathbf{x} = (x_1, \ldots, x_n), \mathbf{y} = (y_1, \ldots, y_n) = f(\mathbf{x})$ e escolhendo $\mathbf{a} = \mathbf{e}_i$, para $i = 1, \ldots n-1$, temos $x_i = y_i$ e $y_n = \pm x_n$. Portanto, $f = I$ ou $f = \sigma$. □

Lema 2.2.11 *Seja* σ *uma reflexão em* $S_r(\mathbf{a})$.

1. $\mathbf{a}, \mathbf{x}$ *e* $\sigma(\mathbf{x})$ *estão sobre a mesma semirreta com origem em* $\mathbf{a}$.

2. $\sigma(\mathbf{x}) = x$ *se, e somente se,* $\mathbf{x} \in S_r(\mathbf{a})$.

3. $\sigma^2 = I$.

4. $\|\mathbf{x} - \mathbf{a}\| \|\sigma(\mathbf{x}) - \mathbf{a}\| = r^2$.

Demonstração: Vamos provar apenas o item (1). Como $\sigma(\mathbf{x}) = \mathbf{a} + t(\mathbf{x} - \mathbf{a})$, com $t > 0$, temos que $\mathbf{a}.\mathbf{x}$ e $\sigma(\mathbf{x})$ estão sobre a mesma semirreta com origem em $\mathbf{a}$. □

O lema 2.2.11 motiva a seguinte definição. Sejam $\mathbf{x}, \mathbf{y} \in \mathbb{R}^n_\infty$ e $\Sigma = S_r(\mathbf{a})$. Diremos que $\mathbf{x}$ e $\mathbf{y}$ são *pontos inversos* em relação a Σ se $y = \sigma(\mathbf{x})$, para alguma reflexão σ em Σ.

Lema 2.2.12 (Princípio da Simetria) *Sejam* $x, y \in \mathbb{R}^n_\infty$, $\Sigma = S_r(a)$ *e* $f \in \mathsf{GM}_n(\mathbb{R})$. *Se* x *e* y *são pontos inversos em relação a* Σ, *então* $f(x)$ *e* $f(y)$ *são pontos inversos em relação a* $f(\Sigma)$.

DEMONSTRAÇÃO: Seja σ uma reflexão em Σ tal que $y = \sigma(x)$. Então $\psi = f \circ \sigma \circ f^{-1}$ satisfaz $\psi(f(z)) = f(z)$, para todo $z \in \Sigma$. Assim, pelo lema 2.2.11, ψ é uma reflexão em $f(\Sigma)$. Como $\psi(f(x)) = f(y)$ temos que $f(x)$ e $f(y)$ são pontos inversos em relação a $f(\Sigma)$. □

Lema 2.2.13 *Seja σ uma reflexão em $S_r(a)$.*

1. *Se $S_r(a)$ for ortogonal a S^n, então $\|\sigma(x)\| = \|x - a\|^{-1}\|a\|\|x - a^*\|$. Conclua que $1 - \|\sigma(x)\|^2 = \|x - a\|^{-2}r^2(1 - \|x\|^2)$.*

2. *Se $S_r(a)$ for ortogonal a S^n, então*

$$\frac{\|\sigma(y) - \sigma(x)\|^2}{(1 - \|\sigma(x)\|^2)(1 - \|\sigma(y)\|^2)} = \frac{\|y - x\|^2}{(1 - \|x\|^2)(1 - \|y\|^2)}.$$

DEMONSTRAÇÃO: Como $\sigma(x) = a + r^2(x-a)^* = (T_a \circ M_{r^2} \circ \sigma^* \circ T_{-a})(x)$ temos que

$$\sigma(0) = (\|a\|^2 - r^2)a^* \quad \text{e} \quad \sigma(a^*) = (1 + (1 - \|a\|^2)^{-1}r^2)a.$$

Vamos provar apenas o item (1). Se $S_r(a)$ for ortogonal a S^n, então $\|a\|^2 = r^2 + 1$. Assim, $\sigma(0) = a^*$ e o resultado segue da fórmula (2.2.5). □

Teorema 2.2.14 *Seja σ uma reflexão em $S_r(a)$. Estão as seguintes condições são equivalentes:*

1. *$S_r(a)$ é ortogonal a S^n;*

2. *$\sigma(0) = a^*$ se, e somente se, $\sigma(a^*) = 0$;*

3. *$\sigma \in \mathsf{Iso}(B^n)$, com $B^n = D_1(0) = \{x \in \mathbb{R}^{n+1} : \|x\| < 1\}$.*

52

Demonstração: $(1 \Leftrightarrow 2)$ Segue do lema 2.2.13. $(1 \Rightarrow 3)$ Suponhamos que $S_r(\mathbf{a})$ seja ortogonal a S^n. Então, pelo lema 2.2.13, $1 - \|\sigma(\mathbf{x})\|^2 = \|\mathbf{x}-\mathbf{a}\|^{-2}r^2(1-\|\mathbf{x}\|^2)$. Assim, $\|\mathbf{x}\| \leq 1$ se, e somente se, $\|\sigma(\mathbf{x})\| \leq 1$. $(3 \Rightarrow 2)$ Suponhamos que $\sigma \in \mathsf{Iso}(B^n)$. Então $\sigma(S^n) = S^n$, de modo que $\mathbf{a}$ e $\mathbf{a}^*$ são pontos inversos em relação a S^n. Logo, pelo lema 2.2.12, $\sigma(\mathbf{a})$ e $\sigma(\mathbf{a}^*)$ são pontos inversos em relação a S^n. Por outro lado, como $\sigma(\mathbf{a}) = \infty$ temos que ∞ e $\sigma(\mathbf{a}^*)$ são pontos inversos em relação a S^n, de modo que $\sigma(\mathbf{a}^*) = \mathbf{0}$. $\square$

Teorema 2.2.15 *Qualquer $f \in \mathsf{Iso}(B^n)$ pode ser escrita sob a forma $f = g \circ \sigma$, onde $g \in O_n(\mathbb{R})$ e σ uma reflexão em $S_r(\mathbf{a})$ que é ortogonal a S^{n-1}. Em particular, se $f(\mathbf{0}) = \mathbf{0}$, então f é uma rotação.*

Demonstração: Pondo $f^{-1}(\infty) = \mathbf{a} \neq \infty$, obtemos $\mathbf{a} \notin B^n$, pois $\infty \notin B^n$, de modo que $\|\mathbf{a}\| > 1$. Assim, existe um $r > 0$ tal que $\|\mathbf{a}\|^2 = r^2 + 1$. Seja σ uma reflexão em $S_r(\mathbf{a})$, a qual é ortogonal a S^{n-1}. Fazendo $g = f \circ \sigma$ temos, pelo o teorema 2.2.14, que $g(\mathbf{0}) = \mathbf{0}$ e pelo o lema 2.2.13, que g é uma isometria. Portanto, pelo lema 2.2.1, $g \in O_n(\mathbb{R})$. $\square$

Dado $\mathbf{a} \neq \mathbf{0}$ e pondo $\sigma_{\mathbf{a}}(\mathbf{x}) = \mathbf{a}^* + (1 - \|\mathbf{a}^*\|^2)\sigma^*(\mathbf{x} - \mathbf{a})$, obtemos $\sigma_{\mathbf{a}}(\mathbf{0}) = \mathbf{a}$ e

$$f_{\mathbf{a}}(\mathbf{x}) = (\mathbf{I} - 2\mathbf{Q}_{\mathbf{a}}) \circ \sigma_{\mathbf{a}}(\mathbf{x}) = \frac{(1 - \|\mathbf{a}\|^2)(\mathbf{x} - \mathbf{a}) - \|\mathbf{x} - \mathbf{a}\|^2 \mathbf{a}}{1 - 2\langle \mathbf{a}, \mathbf{x} \rangle + \|\mathbf{a}\|^2 \|\mathbf{x}\|^2}.$$

Observe que $\sigma_{\mathbf{a}}$ é a reflexão em $S_r(\mathbf{a}^*)$, com $r = \sqrt{\|\mathbf{a}^*\|^2 - 1}$. Assim, pelo teorema 2.2.15, $f_{\mathbf{a}} \in \mathsf{Iso}(B^n)$, $f_{\mathbf{a}}(\mathbf{a}) = \mathbf{0}$ e $f_{\mathbf{a}}$ deixa invariante a reta que passa por $\mathbf{0}$ e $\mathbf{a}$. Note que

$$\|f(\mathbf{y}) - f(\mathbf{x})\| = \|(g \circ \sigma_{\mathbf{a}})(\mathbf{y}) - (g \circ \sigma_{\mathbf{a}})(\mathbf{x})\| = \|\sigma_{\mathbf{a}}(\mathbf{y}) - \sigma_{\mathbf{a}}(\mathbf{x})\| = \|\mathbf{y} - \mathbf{x}\|,$$

para todos $\mathbf{x}, \mathbf{y} \in S_r(\mathbf{a})$. Portanto, f age sobre $S_r(\mathbf{a})$ como um elemento de $\mathsf{Iso}(\mathbb{R}^{n+1})$. Além disso, pelo lema 2.2.13, obtemos

$$\kappa(\mathbf{x}) = \|f'(\mathbf{x})\| = \lim_{\mathbf{y} \to \mathbf{x}} \frac{\|f(\mathbf{y}) - f(\mathbf{x})\|}{\|\mathbf{y} - \mathbf{x}\|} = \frac{1 - \|f(\mathbf{x})\|^2}{1 - \|\mathbf{x}\|^2},$$

de modo que f e σ possuem o mesmo fator de escala. Isto motiva a seguinte definição. Seja $f \in \mathsf{Iso}(B^n)$. O conjunto

$$\Sigma_f = \{\mathbf{x} \in \mathbb{R}^{n+1} : \|f'(\mathbf{x})\| = |\det J_f(\mathbf{x})| = 1\}, \qquad (2.2.8)$$

com $f^{-1}(\infty) = \mathbf{a} \neq \infty$ e $\|\mathbf{a}\|^2 = r^2 + 1$, chama-se *esfera isométrica* de f que, pelo teorema 2.2.15, está bem definido. Observe que Σ_f é a esfera em relação à qual $\sigma_{\mathbf{a}}$ é a reflexão ortogonal a fronteira S^{n-1} de B^n. Quando $n = 2$ isto se reduz aos pontos $z \in \mathbb{C}$ tais que $|f'(z)| = 1$.

LEMA 2.2.16 *Seja $f \in \mathsf{GM}_n(\mathbb{R})$. Então $f(\Sigma_f) = \Sigma_{f^{-1}}$.*

DEMONSTRAÇÃO: Seja $\Sigma = f(\Sigma_f)$. Então dados $\mathbf{w}, \mathbf{z} \in \Sigma$, existem $\mathbf{x}, \mathbf{y} \in \Sigma_f$ tais que $\mathbf{w} = f(\mathbf{x})$ e $\mathbf{z} = f(\mathbf{y})$. Assim, $\|f^{-1}(\mathbf{z}) - f^{-1}(\mathbf{w})\| = \|\mathbf{z} - \mathbf{w}\|$, ou seja, f^{-1} age sobre Σ como um elemento de $\mathsf{Iso}(\mathbb{R}^n)$. Portanto, $\Sigma = \Sigma_{f^{-1}}$, pois $f(f^{-1}(\mathbf{x})) = \mathbf{x}$ e $f^{-1}(f(\mathbf{x})) = \mathbf{x}$ implicam, pela Regra da Cadeia, que $f'(f^{-1}(\mathbf{x})) \cdot (f^{-1})'(\mathbf{x}) = \mathbf{I}$ e $(f^{-1})'(f(\mathbf{x})) \cdot f'(\mathbf{x}) = \mathbf{I}$, de modo que f leva o interior de Σ_f sobre o exterior de $\Sigma_{f^{-1}}$ e vice-versa. Por simetria, o mesmo argumento vale para f^{-1}. □

Já sabemos que a função $\lambda : \mathbb{R}^n \to \mathbb{R}^n \times \{0\}$ definida como $\lambda(\mathbf{x}) = (\mathbf{x}, 0) = \tilde{\mathbf{x}}$, com $\mathbf{x} = (x_1, \ldots, x_n)$, era bijetora e preservava as operações. Seja σ uma reflexão em $\Sigma = S_r(\mathbf{a})$ em $\mathbb{R}^n$. Então $\tilde{\sigma} = \sigma \circ \lambda$ é uma reflexão em $S_r(\tilde{\mathbf{a}})$ em $\mathbb{R}^{n+1}$. Mais explicitamente,

$$\tilde{\sigma}(\tilde{\mathbf{x}}) = \tilde{\mathbf{a}} + r^2(\tilde{\mathbf{x}} - \tilde{\mathbf{a}})^* = \lambda(\sigma(\mathbf{x})) = \widetilde{\sigma(\mathbf{x})},$$

ou seja, $\tilde{\sigma}(\mathbf{x}, 0) = (\sigma(\mathbf{x}), 0)$. O caso em que $\Sigma = P_r(\mathbf{a})$ é tratado de modo análogo. Isto induz uma função $F : \mathsf{GM}_n(\mathbb{R}) \to \mathsf{GM}_{n+1}(\mathbb{R})$ definida como $F(f) = \tilde{f}$ a qual é um monomorfismo de grupos, pois se $f_1 = F(f) = f_2$, então $f_1 \circ f_2^{-1}$ é a identidade sobre $P_0(\mathbf{e}_{n+1})$ e preserva a orientação de $\mathbb{R}^{n+1}$. Portanto, pelo item (2) do teorema 2.2.10, $f_1 = f_2$. A função F chama-se *extensão de Poincaré*[5].

---

[5] Jules Henri Poincaré, 1854–1912, matemático, físico e filósofo francês.

Exemplo 2.2.17 Sejam $\sigma_1(x) = (x-1)^{-1}x$ a reflexão em $S_1(1) = \{0,2\}$ em $\mathbb{R}$ e $\sigma_2(x) = 1-x$ a reflexão em $P_{2^{-1}}(1)$ em $\mathbb{R}$. Se $f = \sigma_1 \circ \sigma_2$, então determine $\tilde{f}$.

Solução: Primeiro note que se $\mathbf{x} = (x,0)$, então

$$\tilde{\sigma}_1(\mathbf{x}) = \mathbf{e}_1 + \frac{1}{\|\mathbf{x}-\mathbf{e}_1\|^2}(\mathbf{x}-\mathbf{e}_1) = (\frac{x}{x-1}, 0) \quad \text{e} \quad \tilde{\sigma}_2(\mathbf{x}) = (1-x, 0).$$

Portanto, $\tilde{f}(\mathbf{x}) = (\tilde{\sigma}_1 \circ \tilde{\sigma}_2)(\mathbf{x}) = ((x-1)^{-1}x, 0) = (f(x), 0)$. □

Exercícios

1. Sejam $\mathbf{x}, \mathbf{y} \in S^n$ e $L(t) = \{\mathbf{x} + t(\mathbf{y}-\mathbf{x}) : t \in [0,1]\}$. Mostre que se existir um $t_0 \in [0,1]$ tal que $L(t_0) = \mathbf{0}$, então $t_0 = 2^{-1}$ e $\mathbf{y} = -\mathbf{x}$ pontos antípotas. Conclua que se $\mathbf{y} \neq -\mathbf{x}$, então existe uma curva diferenciável que passa por $\mathbf{y}$ e $\mathbf{x}$.

2. Mostre que qualquer rotação em S^n pode ser estendida para uma única rotação em $\mathbb{R}^{n+1}$ sobre um eixo em torno da origem e, reciprocamente.

3. Mostre que $\|\mathbf{x}\|\|\mathbf{y}-\mathbf{x}^*\| = \|\mathbf{y}\|\|\mathbf{x}-\mathbf{y}^*\|$, para todos $\mathbf{x}, \mathbf{y} \in \mathbb{R}^n - \{\mathbf{0}\}$.

4. Mostre que $d_\infty(\mathbf{y}^*, \mathbf{x}^*) = d_\infty(\mathbf{y}, \mathbf{x})$, para todos $\mathbf{x}, \mathbf{y} \in \mathbb{R}^n_\infty$.

5. Mostre que qualquer $f \in \mathsf{Iso}(\mathbb{R}^n)$ pode ser escrita como uma composição de no máximo $n+1$ reflexões em hiperplanos.

6. Seja $f : \mathbb{R}^2 \to \mathbb{R}^2$ definida como $f(x,y) = (x+1, -y)$. Mostre que f é a composição de 3 reflexões em retas.

7. Sejam R_1 e R_2 reflexões em $P_0(\mathbf{a})$ e $P_0(\mathbf{b})$. Mostre que R_1 e R_2 comutam se, e somente se, $\langle \mathbf{a}, \mathbf{b} \rangle = 0$.

8. Seja $T : \mathbb{R}^n \to \mathbb{R}^n$ linear. Diremos que T *preserva ângulo* se T é injetora e

$$\angle(T(\mathbf{x}), T(\mathbf{y})) = \arccos \frac{\langle T(\mathbf{x}), T(\mathbf{y}) \rangle}{\|T(\mathbf{x})\|\|T(\mathbf{y})\|} = \arccos \frac{\langle \mathbf{x}, \mathbf{y} \rangle}{\|\mathbf{x}\|\|\mathbf{y}\|} = \angle(\mathbf{x}, \mathbf{y}),$$

para todos $\mathbf{x}, \mathbf{y} \in \mathbb{R}^n - \{\mathbf{0}\}$.

(a) Mostre que se T preserva norma, então ela preserva ângulo.

(b) Suponhamos que exista uma base ortogonal $\{\mathbf{x}_1, \ldots, \mathbf{x}_n\}$ e escalares $k_1, \ldots, k_n$ tais que $T(\mathbf{x}_i) = k_i \mathbf{x}_i$. Mostre que T preserva ângulo se, e somente se, $|k_1| = \cdots = |k_n|$.

(c) Quais as funções $T : \mathbb{R}^n \to \mathbb{R}^n$ que preservam ângulos?

9. Seja $T : \mathbb{R}^n \to \mathbb{R}^n$ linear. Mostre que existe uma constante $k > 0$ tal que $\|T(\mathbf{x})\| \leq k\|\mathbf{x}\|$, para todo $\mathbf{x} \in \mathbb{R}^n$.

10. Mostre que $f : \mathbb{R}^n \to \mathbb{R}^n$ é uma transformação conforme se, e somente se, $\langle f'(\mathbf{x}) \cdot \mathbf{h}, f'(\mathbf{x}) \cdot \mathbf{k} \rangle_{f(\mathbf{x})} = \kappa(\mathbf{x})^2 \langle \mathbf{h}, \mathbf{k} \rangle_{\mathbf{x}}$, para todos $\mathbf{h}, \mathbf{k} \in \mathbb{R}^n$, e alguma função $\kappa : \mathbb{R}^n \to \mathbb{R}$ tal que $\kappa(\mathbf{x}) \neq 0$, para todo $\mathbf{x} \in \mathbb{R}^n$.

11. Sejam $\mathbf{x}_1, \mathbf{x}_2 \in \mathbb{R}^n_\infty$ distintos. Determine a mais geral $f \in \mathsf{GM}_n(\mathbb{R})$ tal que $f(\mathbf{x}_1) = \mathbf{0}$ e $f(\mathbf{x}_2) = \infty$.

12. Quaisquer duas reflexões são conjugadas em $\mathsf{GM}_n(\mathbb{R})$.

13. Sejam $\pi(P_j) = z_j$, onde $P_j \in S^2$, com $j = 1, 2, 3, 4$. Mostre que

$$|P_1, P_2; P_3, P_4| = |(z_1, z_2; z_3, z_4)|.$$

14. Sejam σ uma reflexão em relação a $S_r(\mathbf{a})$ e $\mathbf{p} \in \mathbb{R}^n$. Mostre que $d\sigma_\mathbf{p}$ é a reflexão em relação a uma esfera. Determine uma equação desta esfera.

15. Seja Σ uma esfera. Mostre que $\mathbb{R}^n_\infty - \Sigma$ possui duas componentes conexas. Conclua que se $\mathbf{x}$ não é um ponto fixo de σ, então $\mathbf{x}$ e $\sigma(\mathbf{x})$ estão em componentes conexas diferentes e o segmento $\mathbf{x}\sigma(\mathbf{x})$ é perpendicular a Σ.

16. Defina $[\mathbf{x}, \mathbf{y}] = \|\mathbf{x}\|\|\mathbf{x}^* - \mathbf{y}\|$, para todos $\mathbf{x}, \mathbf{y} \in \mathbb{R}^n$. Mostre que $[\mathbf{x}, \mathbf{y}]^2 = \|\mathbf{x} - \mathbf{y}\|^2 + (\|\mathbf{x}\|^2 - 1)(\|\mathbf{y}\|^2 - 1)$. Conclua que $[\mathbf{x}, \mathbf{y}] = [\mathbf{y}, \mathbf{x}]$. Além disso, se $\|\mathbf{a}\| > 1$, então $\|\mathbf{x}\| = 1$ se, e somente se, $\|\mathbf{x} - \mathbf{a}^*\| = [\mathbf{x}, \mathbf{a}^*]$. Neste caso, $S^{n-1} = \{\mathbf{x} \in \mathbb{R}^n : \|\mathbf{x} - \mathbf{a}^*\| = [\mathbf{x}, \mathbf{a}^*]\} \perp S_r(\mathbf{a})$, com $\|\mathbf{a}\|^2 = r^2 + 1$.

17. Sejam σ_1 a reflexão em $S_{2^{-1}5}(2^{-1}3)$ em $\mathbb{R}$ e σ_2 a reflexão em $P_3(-1)$ em $\mathbb{R}$. Se $f = \sigma_1 \circ \sigma_2$, então determine $\tilde{f}$.

18. Seja σ a reflexão em $\Sigma = S_{\sqrt{2}}(\mathbf{e}_{n+1})$. Dado $r \in \mathbb{R}_+$, determine as esferas Σ_r tais que $\sigma(\Sigma_r) = P_r(\mathbf{e}_{n+1})$.

3

GRUPOS TOPOLÓGICOS

Neste capítulo discutiremos algumas ideais geométricas, as quais desempenham um papel importante na análise de uma ação de grupo, e as aplicaremos ao estudo de grupos de simetria agindo em vários espaços geométricos diferentes.

3.1 Ação de Grupos

Nesta seção apresentaremos as ideias básicas de ação geral de grupos sobre conjuntos necessárias para uma boa compreensão do texto.

Seja X um conjunto não vazio. Uma *permutação* sobre X é qualquer função bijetora de X sobre X e denotamos por $P(X)$ o conjunto de todas as permutações de X. Então $P(X)$ é o *grupo de permutações*, isto é, $P(X)$ munido com a composição usual de funções satisfaz os seguintes axiomas:

1. $\sigma \circ (\tau \circ \phi) = (\sigma \circ \tau) \circ \phi$, para todos $\sigma, \tau, \phi \in P(X)$.

2. Existe um $I = I_X \in P(X)$ tal que $\sigma \circ I = I \circ \sigma = \sigma$, para todo $\sigma \in P(X)$.

3. Para cada $\sigma \in P(X)$, existe um $\sigma^{-1} \in P(X)$ tal que $\sigma \circ \sigma^{-1} = \sigma^{-1} \circ \sigma = I$, com $\sigma(x) = y$ se, e somente se, $\sigma^{-1}(y) = x$.

Se além destes axiomas ele satisfaz: (4) $\sigma \circ \phi = \phi \circ \sigma$, para todos $\sigma, \phi \in P(X)$, diremos que $P(X)$ é *abeliano*. Em particular, se $X = \{1, \ldots, n\}$, então $P(X)$ é o *grupo simétrico* de grau n, ou seja, é um rearranjo dos elementos de X em alguma ordem sem repetições ou omissões e denotamos por S_n, o qual não é abeliano quando $n \geq 3$.

Sejam G e H grupos quaisquer. Um *homomorfismo de grupos* é qualquer função $\sigma : G \to H$ tal que $\sigma(ab) = \sigma(a)\sigma(b)$, para todos $a, b \in G$, ou seja, σ preserva as operações dos grupos.

Teorema 3.1.1 *Seja $\sigma : G \to H$ homomorfismo de grupos.*

1. $L = \mathsf{Im}\,\sigma = \{\sigma(a) : a \in G\}$ é um subgrupo de H.

2. $K = \ker \sigma = \{a \in G : \sigma(a) = e_H\}$ é um subgrupo normal de G, ou seja, $a^{-1}ka \in K$, para todo $a \in G$ e $k \in K$.

3. *O grupo quociente $G/K = \{aK : a \in G\}$ é isomorfo a L.*

Demonstração: Vamos provar apenas o item (3). Pelo diagrama, $\lambda \circ \phi \circ \pi = \sigma$ significa que: $\sigma(a) = \phi(aK)$, para todo $a \in G$. Portanto, a função $\phi : G/K \to H$ definida como $\phi(aK) = \sigma(a)$ possui as propriedades desejadas. Por exemplo, $\mathsf{Im}\,\phi = \mathsf{Im}\,\sigma$ implica que ϕ é sobrejetora e $\ker \phi = K$ implica que ϕ é injetora, pois $\sigma(a) = e_H$ se, e somente se, $aK = K$ é a identidade de G/K. □

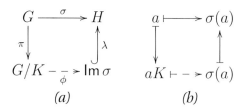

(a) (b)

Sejam G um grupo e X um conjunto não vazio. Uma *ação (à esquerda)* de G sobre X é uma função $* : G \times X \to X$ definida como $*(a, x) = a * x = a(x)$ que satisfaz os seguintes axiomas:

1. $a * (b * x) = (ab) * x$, para todos $a, b \in G$ e $x \in X$.

2. $e * x = x$, para todo $x \in X$ e $e = e_G$ é o elemento identidade de G.

Neste caso, diremos que G *age* sobre X e que X é um *G-conjunto*. Uma ação muito importante é a *trivial*: $a * x = x$, para todo $a \in G$ e $x \in X$. Com o objetivo de simplificar a notação usamos ax em vez de $a * x$ ou $a(x)$.

Exemplo 3.1.2 Sejam $G = \mathsf{GL}_n(\mathbb{C})$ e $X = \mathbb{C}^n$. Mostre que a função $* : G \times X \to X$ definida como $*(\mathbf{A}, \mathbf{x}) = \mathbf{A}\mathbf{x}$ é uma ação de G sobre X.

Solução: Dados $\mathbf{A}, \mathbf{B} \in G$ e $\mathbf{x} \in X$, obtemos $\mathbf{A}(\mathbf{B}\mathbf{x}) = (\mathbf{A}\mathbf{B})\mathbf{x}$ e $\mathbf{I}\mathbf{x} = \mathbf{x}$. $\square$

Seja X um G-conjunto não vazio. Então, para cada $a \in G$ fixado, a função $\sigma_a : X \to X$ definida como $\sigma_a(x) = ax$ é um elemento de $P(X)$, pois para todo $x \in X$, $(\sigma_{a^{-1}} \circ \sigma_a)(x) = a^{-1}(ax) = x$ e $(\sigma_a \circ \sigma_{a^{-1}})(x) = x$. Finalmente, o elemento identidade e_G de G corresponde a função identidade I_X de $P(X)$. Portanto, a função $\sigma : G \to P(X)$ definida como $\sigma(a) = \sigma_a$ é um homomorfismo de grupos. Reciprocamente, qualquer homomorfismo de grupos $\sigma : G \to P(X)$ induz uma ação de G sobre X por $*(a, x) = \sigma(a)x$. Pondo $H = \sigma(G)$, obtemos que cada $h \in H$ é imagem de exatamente $|\ker \sigma|$ elementos em G, de modo que $|G| = |\ker \sigma| |H|$ Finalmente, diremos que a ação é *fiel* ou G *age efetivamente* sobre X se $\ker \sigma = \{a \in G : ax = x, \forall\, x \in X\} = \{e\}$. Neste caso, a função $f_\sigma : G \times X \to X \times X$ definida como $f_\sigma(a, x) = (x, \sigma(a))$ é bijetora.

Para cada x no G-conjunto X, o conjunto $\mathsf{Orb}(x) = \{ax : a \in G\}$ chama-se *órbita* de x. O conjunto $\mathsf{Est}(x) = \{a \in G : ax = x\}$ chama-se *estabilizador* de x. Note que $\mathsf{Orb}(x)$ é um subconjunto de X, enquanto $\mathsf{Est}(x)$ é um subgrupo de G (prove isto!).

Teorema 3.1.3 (Teorema da Órbita–Estabilizador) *Seja X um G-conjunto. Então a função $\tau_x : G/\mathsf{Est}(x) \to \mathsf{Orb}(x)$ definida como $\tau_x(a\,\mathsf{Est}(x)) = ax$, para todo $x \in X$, é bijetora, ou seja, cada $y \in \mathsf{Orb}(x)$ está contido com uma multiplicidade igual à ordem $|\mathsf{Est}(x)|$.*

DEMONSTRAÇÃO: Dados $a, b \in G$, $ax = bx$ se, e somente se, $(b^{-1}a)x = x$ se, e somente se, $b^{-1}a \in \mathsf{Est}(x)$. Portanto, τ_x está bem definida e é bijetora. $\square$

Seja X um G-conjunto. Dados $x, y \in X$, definimos $x \sim y$ se, e somente se existir um $a \in G$ tal que $y = ax$. É fácil verificar que "$\sim$" é uma relação de equivalência sobre X e a classe de equivalência de x é:

$$[x] = \{y \in X : y \sim x\} = \mathsf{Orb}(x).$$

Neste caso, o *conjunto quociente* $X/G = \{\mathsf{Orb}(x) : x \in X\}$. Note que ax e bx são distintos se $a \neq b$ mesmo quando $ax = bx$. Um *conjunto fundamental* para G em relação a X é um subconjunto $\mathcal{F}$ de X que satisfaz as seguintes condições:

1. Para qualquer $y \in X$, existem $a \in G$ e $x \in \mathcal{F}$ tais que $y = ax$, ou seja, $X = \bigcup_{a \in G} a\mathcal{F}$, em que $a\mathcal{F} = \{ax : x \in \mathcal{F}\}$.

2. Se existem $x \in X$ e $a \in G$ tais que $x, ax \in \mathcal{F}$, então $a = e$, ou seja, $a\mathcal{F} \cap \mathcal{F} = \emptyset$, para todo $a \in G$, com $a \neq e$.

É importante observar que: como a projeção $\pi : X \to X/G$, $\pi(x) = [x]$, é sobrejetora temos que $\pi^{-1}([x]) = \pi^{-1}(\pi(x)) \neq \emptyset$, para todo $x \in X$. Assim, podemos escolher um "ponto" $y_x \in \pi^{-1}([x])$. Portanto, a função $s : X/G \to X$ definida como $s([x]) = y_x$ é tal que $\pi \circ s = I_{X/G}$ e $\mathsf{Im}\, s = \{y_x : x \in X\} = \mathcal{F}$ é um conjunto fundamental para G em relação a X correspondendo a um sistema de representante de X/G, pois $\pi \circ \lambda = \pi|_{\mathcal{F}}$ é bijetora, s chama-se uma *seção cruzada* de π, confira o diagrama (b).

$$
\begin{array}{cc}
G \simeq G \times \{x\} \xrightarrow{h} \mathsf{Orb}(x) & \mathcal{F} \xhookrightarrow{\lambda} X \xrightarrow{\pi} X/G \\
\searrow_p \quad \uparrow \tau_x & \nwarrow_s \quad \uparrow I_{X/G} \\
G/\mathsf{Est}(x) & X/G \\
(a) & (b)
\end{array}
$$

EXEMPLO 3.1.4 Sejam $G = (\mathbb{Z}, +)$ e $X = \mathbb{C}$. Mostre que a função $* : G \times X \to X$ definida como $*(n, z) = z + n = x + n + iy$ é uma ação de G sobre X. Calcule a órbita, o estabilizador e um conjunto fundamental para G em relação a X.

Solução: Fica como um exercício provar que a função é uma ação. Dado $z \in X$, é claro que $\mathsf{Est}(z) = \{0\}$, ou seja, a ação é fiel, e $\mathsf{Orb}(z) = \{z+n : n \in G\}$. O conjunto $\mathcal{F} = \{z \in X : 0 \leq \mathsf{Re}(z) < 1\}$ é um conjunto fundamental para G em relação a X. De fato, pondo $\lfloor x \rfloor = \max\{m \in \mathbb{Z} : m \leq x\}$, obtemos a parte fracionária de x: $r = x \pmod 1 = x - \lfloor x \rfloor \in [0,1)$ e $z = r + iy + \lfloor x \rfloor \in \mathcal{F} + G$, para todo $z = x + iy \in \mathbb{C}$. Reciprocamente, se $z = s + n$, então $r = s$ e $\lfloor x \rfloor = n$, pois $0 \leq |r - s| < 1$ e $n - \lfloor x \rfloor \in G$. □

Sejam X um G-conjunto e $x_1, \ldots, x_k, y_1, \ldots, y_k \in X$ distintos. Diremos que G *age k-transitivamente* sobre X ou X é *k-transitivo* se existir um $a \in G$ tal que $y_i = ax_i$, com $i = 1, \ldots, k$. Quando $k = 1$, diremos simplesmente que G age transitivamente sobre X, de modo que $X = \mathsf{Orb}(x)$, para algum (todos) $x \in X$, pois se $x_0 \in X$ é fixado, $x = ax_0$ e $y = bx_0$, então $y = (ba^{-1})x$. Diremos que $F \subseteq X$ é *invariante* sob G se $F = \mathsf{Orb}(x)$, para todo $x \in F$.

Exemplo 3.1.5 Sejam $G = \mathsf{GL}_2(\mathbb{C})$ e $X = \mathbb{C}_\infty$. Mostre que a função $* : G \times X \to X$ definida como $*(\mathbf{A}, z) = (cz + d)^{-1}(az + b)$ é uma ação de G sobre X. Conclua que G age 3-transitivamente sobre X, mas não 4.

Solução: Fica como um exercício provar que a função é uma ação. Para cada $\mathbf{A} \in G$, a função $h_\mathbf{A} : X \to X$ definida como $h_\mathbf{A}(z) = (cz + d)^{-1}(az + b)$ é um elemento do grupo de Möbius $\mathsf{GM}_2(\mathbb{C})$. Assim, a função $h : G \to \mathsf{GM}_2(\mathbb{C})$ definida como $h(\mathbf{A}) = h_\mathbf{A}$ é um homomorfismo de grupos sobrejetor. Segue, do exposto antes da proposição 2.1.2, que G age 3-transitivamente sobre X. Por outro lado, pelo lema 2.1.1, não existe um $f \in \mathsf{GM}_2(\mathbb{C})$ tal que $f(0) = 0, f(\infty) = \infty, f(1) = 1$ e $f(2) = -1$. □

Exercícios

1. Sejam $\sigma : K \to G$ homomorfismo de grupos e $X = G$. Mostre que a função $* : K \times X \to X$ definida como $*(a, x) = \sigma(a)x$ é uma ação de K sobre X.

2. Sejam X um G-conjunto e $y = ax$, onde $x, y \in X$ e $a \in G$. Mostre que $a\,\mathsf{Est}(x) = G_0 = \mathsf{Est}(y)a$, com $G_0 = \{a_0 \in G : a_0 x = y\}$. Conclua que $\mathsf{Est}(ax) = a^{-1}\mathsf{Est}(x)a$.

3. Sejam G um grupo, K um subgrupo de G e $X = G/K$. Mostre que a função $* : G \times X \to X$ definida como $*(a, xK) = axK$ é uma ação transitiva de G sobre X. Calcule o núcleo e o estabilizador.

4. Sejam $G = \mathsf{Iso}(\mathbb{R}^2)$ e $X = \mathbb{R}^2$. Mostre que a função $* : G \times X \to X$ definida como $*(f, \mathbf{x}) = f(\mathbf{x})$ é uma ação de G sobre X. Calcule a órbita e o estabilizador.

5. Sejam $G = \mathsf{SO}_2(\mathbb{R}) = \{z \in \mathbb{C}^\times : |z| = 1\}$ e $X = \mathbb{R}^2$. Mostre que a função $* : G \times X \to X$ definida como $*(\mathbf{A}, \mathbf{x}) = \mathbf{A}\mathbf{x}$ é uma ação de G sobre X. Calcule a órbita e o estabilizador.

6. Seja $G = \mathsf{GL}_2(\mathbb{C})$. Mostre que a função $h : G \to \mathsf{GM}_2(\mathbb{C})$ definida como $h(\mathbf{A}) = h_\mathbf{A}$ é um homomorfismo de grupos sobrejetor. Se $K = \ker h$, então o *grupo linear geral projetivo* $\mathsf{PGL}_2(\mathbb{C}) = G/K$ é isomorfo a $\mathsf{GM}_2(\mathbb{C})$.

7. Mostre que a função $d : \mathsf{GL}_2(\mathbb{C}) \to \mathbb{C}^\times$ definida como $d(\mathbf{A}) = \det \mathbf{A}$ é um homomorfismo de grupos sobrejetor. Conclua que $\ker d = \mathsf{SL}_2(\mathbb{C})$ é o *grupo linear especial*.

8. Sejam $G = (\mathbb{R}^\times, \cdot)$ e $X = \mathbb{R}^{n+1}$. Mostre que a função $* : G \times X \to X$ definida como $\lambda * \mathbf{x} = \lambda \mathbf{x}$ é uma ação de G sobre X. Além disso,

    (a) Mostre que $\mathsf{PR}_n(\mathbb{R}) = X^\times/G$ é o *espaço projetivo real*.

    (b) Mostre que $\mathsf{Orb}(\mathbf{x}) = \mathsf{Orb}(\|\mathbf{x}\|^{-1}\mathbf{x})$, para todo $\mathbf{x} \in X^\times$.

    (c) Dados $\mathbf{x}, \mathbf{y} \in X^\times$ unitários. Mostre que $\mathsf{Orb}(\mathbf{x}) = \mathsf{Orb}(\mathbf{y})$ se, e somente se, $\mathbf{y} = \pm\mathbf{x}$.

    (d) Mostre que a função $f : S^n/\{\mathbf{x} \sim -\mathbf{x}\} \to \mathsf{PR}_n(\mathbb{R})$ definida como $f(\mathbf{x}) = \mathsf{Orb}(\mathbf{x})$ é bijetora.

(e) Mostre que a função $\sigma : \mathsf{GL}_{n+1}(\mathbb{R}) \to P(\mathsf{PR}_n(\mathbb{R})), \sigma(\mathbf{A})(\mathrm{Orb}(\mathbf{x})) = \mathrm{Orb}(\mathbf{Ax})$ for homomorfismo de grupos.

3.2 Grupos Topológicos

Seja X um conjunto não vazio. Uma *topologia* em X é uma família $\mathcal{T}$ de subconjuntos de X que satisfaz as seguintes condições: $\emptyset, X \in \mathcal{T}$ e é fechada sob a interseção finita e união arbitrária. O par $(X, \mathcal{T})$ chama-se *espaço topológico* ou simplesmente *espaço*. Os elementos de $\mathcal{T}$ são abertos. Por exemplo, a *topologia usual* em $X = \mathbb{R}$: U é aberto em X se, e somente se, dado $x \in U$, existir um intervalo aberto $I = (a, b)$ contendo x tal que $I \subseteq U$. Se qualquer subconjunto de X for um aberto, diremos que o *conjunto de potência* $\mathcal{T} = 2^X$ é a *topologia discreta*. Neste caso, X possui a métrica $d(x, y) = 1$, para todos $x, y \in X$, com $x \neq y$, e $d(x, x) = 0$. Seja $Y \subseteq X$. Então Y é munido da topologia $\mathcal{T}' = \{U \cap Y : U \in \mathcal{T}\}$ e chama-se *topologia relativa*. Note que W é uma *vizinhança* de $x \in X$ se existir um $U \in \mathcal{T}$ tal que $x \in U \subseteq W$.

Sejam X e Y espaços. O conjunto $X \times Y$ é munido com a "menor" *topologia produto*, a saber, U é aberto em $X \times Y$ se dado $(a, b) \in U$, existirem abertos U_1 em X e U_2 em Y tais que $a \in U_1$ e $b \in U_2$, ou seja, $U_1 \times U_2 \subseteq U$. Sejam $(X, \mathcal{T})$ um espaço, Y um conjunto não vazio qualquer e $f : X \to Y$ uma função sobrejetora. Então f induz a "maior" topologia $\mathcal{T}_f$ em Y do seguinte modo: $V \in \mathcal{T}_f$ se, e somente se, $f^{-1}(V) \in \mathcal{T}$, ou seja, $\mathcal{T}_f = \{V \subseteq Y : f^{-1}(V) \in \mathcal{T}\}$, e chama-se *topologia quociente* induzida em Y por f e f chama-se *função quociente*, a qual é sempre contínua. Neste caso, dado $U \subseteq X$, $f(U)$ é aberto em Y se, e somente se, $f^{-1}(f(U))$ for aberto em X.

Teorema 3.2.1 *Sejam $(X, \mathcal{T})$ um espaço, Y um conjunto e $f : X \to Y$ uma função sobrejetora, com Y munido da topologia quociente. Então cada função $g : Y \to W$, com W um espaço, induz uma função $h = g \circ f : X \to W$. Além disso,*

1. *h é sobrejetora se, e somente se, g o for.*

2. h é contínua se, e somente se, g o for.

3. Se h for aberta, então g também o é. Por outro lado, se f e g forem abertas, então h também o é.

DEMONSTRAÇÃO: (1) Isto segue de $h(X) = g(f(X)) = g(Y) \subseteq W$.

(2) Suponhamos que h seja contínua. Então $h^{-1}(V) = f^{-1}(g^{-1}(V)) \in \mathcal{T}$, para todo aberto V em W, de modo que $g^{-1}(V) \in \mathcal{T}_f$. Portanto, g é contínua. A recíproca segue da composição de funções.

(3) Suponhamos que h seja aberta e $U \in \mathcal{T}_f$. Então $f^{-1}(U) \in \mathcal{T}$, de modo que $g(U) = g(f(f^{-1}(U))) = h(f^{-1}(U))$ é aberto em W, pois f é sobrejetora. Portanto, g é aberta. A outra afirmação segue da composição de funções. □

Seja $(G, \mathcal{T})$ um espaço. Diremos que G é um *grupo topológico* se G for um grupo e as duas estruturas forem compatíveis, ou seja, as funções $\mu : G^2 \to G$ definida como $\mu(ab) = ab$ e $\tau : G \to G$ definida como $\tau(a) = a^{-1}$ forem contínuas, em que G^2 está munido com a topologia produto. É muito importante observar que a continuidade de μ significa que: para cada vizinhança W de ab, existem vizinhanças U de a e V de b tais que $UV \subseteq W$; e τ significa que: para cada vizinhança W de a^{-1}, existe uma vizinhança U de a tal que $U^{-1} = \{a^{-1} : a \in U\} \subseteq W$. O conjunto $G \times H$ munido com a topologia produto e a operação $(a, b) \cdot (c, d) = (ac, bd)$ é um grupo topológico. Portanto, é fácil verificar que as funções constantes e a identidade são contínuas, de modo que $\lambda_b : G \to G \times H, \lambda_b(a) = (a, b)$ é contínua e aberta. Por exemplo, se U for um aberto em G, então $\lambda_b(U) = U \times \{b\}$ é um aberto no subespaço $G \times \{b\}$ de $G \times H$. Em particular, G é homeomorfo a $G \times \{b\}$. É muito importante ressaltar que a topologia de G é determinada por um sistema de vizinhança $\mathcal{U}$ do elemento identidade $e \in G$, pois para cada $a \in G$, o conjunto $\mathcal{U}_a = \{aU : U \in \mathcal{U}\}$ é um sistema de vizinhança de a, ou seja, U é um aberto em G se, e somente se, $a^{-1}U, Ua^{-1} \in \mathcal{U}$, para todo $a \in U$, e $\overline{U} = \bigcap_{N \in \mathcal{U}} NU = \bigcap_{N \in \mathcal{U}} UN$. Além disso, $x \in NU$ se, e somente se, $N^{-1}x \cap U \neq \emptyset$.

Teorema 3.2.2 *Sejam G um grupo topológico e K um subgrupo normal de G. Então G/K é um grupo topológico.*

DEMONSTRAÇÃO: Note que dados $a, b \in G$, $a \sim b$ se, e somente se, $b^{-1}a \in K$ ou $ab^{-1} \in K$. Assim, pelos exercícios a seguir, as funções $\mu_1(a,b) = ab^{-1}$ e $\iota(a) = bab^{-1}$ são contínuas. Portanto, K é um grupo topológico. Neste caso, pelo teorema 3.2.1, as funções $\phi(aK) = a^{-1}K = \tau(a)K$ e $\psi(aK, bK) = abK = \mu(ab)K$ são contínuas, de modo que G/K é um grupo topológico ($\mathcal{T}_\pi = \{U \subseteq G/K : \pi^{-1}(U) \in \mathcal{T}\}$). □

$$\begin{array}{ccc} G & \xrightarrow{\tau} & G \\ \pi \downarrow & & \downarrow \pi \\ G/K & \dashrightarrow[\phi]{} & G/K \end{array} \qquad \begin{array}{ccc} G \times G & \xrightarrow{\mu} & G \\ \pi \times \pi \downarrow & & \downarrow \pi \\ G/K \times G/K & \dashrightarrow[\psi]{} & G/K \end{array}$$

(a)   *(b)*

É muito importante para os nossos propósitos fazer algumas observações sobre o grupo topológico $\mathbb{R}^n$, munido com a topologia usual (métrica): Ω é um aberto em $\mathbb{R}^n$ se dado $\mathbf{x} \in U$, existir um $r \in \mathbb{R}_+^\times$ tal que $D_r(\mathbf{x}) \subseteq U$, e a soma usual. Além disso, a soma e a multiplicação por escalar são contínuas em $\mathbb{R}^n$. Por exemplo,

$$\|\lambda \mathbf{x} - \lambda_0 \mathbf{x}_0\| \leq |\lambda - \lambda_0| \|\mathbf{x} - \mathbf{x}_0\| + |\lambda_0| \|\mathbf{x} - \mathbf{x}_0\| + \|\mathbf{x}_0\| |\lambda - \lambda_0|. \quad (3.2.1)$$

Por outro lado, $U = D_1(\mathbf{0})$ é aberto em $\mathbb{R}^2$, embora $U \neq (a,b) \times (c,d)$, mas é igual a união de produto de intervalos abertos. Já sabemos que $M_n(\mathbb{R})$ é um grupo abeliano sob a adição. Então é fácil verificar que a função $T : M_n(\mathbb{R}) \to \mathbb{R}^{n^2}$ definida como $T(\mathbf{A}) = (\mathbf{L}_1, \ldots, \mathbf{L}_n)$ é bijetora. Assim, dados $\mathbf{A}, \mathbf{B} \in M_n(\mathbb{R})$, a função $d(\mathbf{A}, \mathbf{B}) = \|T(\mathbf{B}) - T(\mathbf{A})\|$ define uma métrica sobre $M_n(\mathbb{R})$, ou seja, U é um aberto em $M_n(\mathbb{R})$ se, e somente se, $T(U)$ for aberto em $\mathbb{R}^{n^2}$, de modo que podemos identificá-los, $\langle \mathbf{A}, \mathbf{B} \rangle = \text{tr}(\mathbf{B}^t \mathbf{A})$ e $\|\mathbf{A}\|^2 = \text{tr}(\mathbf{A}\mathbf{A}^t)$. Portanto, $M_n(\mathbb{R})$ é um grupo topológico de Hausdorff[1] e localmente compacto. Note que as seguintes funções

---
[1] Felix Hausdorff, 1868-1942, matemático alemão.

$\mu : M_n(\mathbb{R}) \times M_n(\mathbb{R}) \to M_n(\mathbb{R})$ definida como $\mu(\mathbf{A}, \mathbf{B}) = \mathbf{AB}$ e $d : M_n(\mathbb{R}) \to \mathbb{R}$ definida como $d(A) = \det \mathbf{A}$ são contínuas, pois $\pi_{ij}(\mathbf{A}) = a_{ij}$ contínua implica que $\pi_{ij}(\mathbf{AB}) = \sum_{k=1}^{n} a_{ik} b_{kj}$ também o é e d é linear em cada linha, de modo que $\mathsf{GL}_n(\mathbb{R})$ é um aberto em $M_n(\mathbb{R})$, pois $d^{-1}(0)$ é fechado e $\mathsf{GL}_n(\mathbb{R}) = M_n(\mathbb{R}) - d^{-1}(0)$. A função $\tau : \mathsf{GL}_n(\mathbb{R}) \to \mathsf{GL}_n(\mathbb{R})$ definida como $\tau(\mathbf{A}) = \mathbf{A}^{-1}$ é contínua, pois $\mathbf{A}^{-1} = (\det \mathbf{A})^{-1} \operatorname{adj}(\mathbf{A})$. Portanto, $\mathsf{GL}_n(\mathbb{R})$ é um grupo topológico de Hausdorff. Em particular, $\mathsf{SL}_n(\mathbb{R})$ é um grupo topológico fechado, pois $d : \mathsf{GL}_n(\mathbb{R}) \to \mathbb{R}^\times$ definida como $d(\mathbf{A}) = \det \mathbf{A}$ é contínua e $\mathsf{SL}_n(\mathbb{R}) = d^{-1}(1)$ implica que $\mathsf{GM}_n(\mathbb{R})$ também o é. Finalmente, como a função $\psi : \mathbb{C}^n \to \mathbb{R}^{2n}$ definida como $\psi(z_1, \ldots, z_n) = (\operatorname{Re}(z_1), \operatorname{Im}(_1), \ldots, \operatorname{Re}(z_n), \operatorname{Im}(z_n))$ é um isomorfismo temos que todas as afirmações feitas sobre $\mathbb{R}$ podem ser estendidas de modo natural para $\mathbb{C}$. Por exemplo, $\langle \psi(\mathbf{w}), \psi(\mathbf{z}) \rangle = \operatorname{Re}(\mathbf{w}\mathbf{z}^*)$ implica que ψ é uma isometria. Neste caso, $\mathbb{C}^n$ e $\mathbb{R}^{2n}$ são grupos homeomorfos.

Seja G um grupo topológico. Diremos que G é um *discreto* se G for um espaço discreto ou dado $a \in G$, existir uma vizinhança U de a tal que $U \cap G = \{a\}$.

Teorema 3.2.3 *Seja G um grupo topológico tal que $\{a_0\}$ é um aberto, para algum $a_0 \in G$. Então G é um grupo discreto.*

Demonstração: Para cada $b \in G$, a função $r_b : G \to G$ definida como $r_b(x) = xb$ é um homeomorfismo. De fato, é claro que $r_b \circ r_{b^{-1}} = r_{b^{-1}} \circ r_b = I$, de modo que r_b é bijetora. Note que $r_b(x) = (\mu \circ \lambda_b)(x)$ e $r_{b^{-1}}(x) = (\mu \circ \lambda_{b^{-1}})(x)$. Portanto, r_b e $r_{b^{-1}}$ são contínuas. Como $\{ba_0\} = r_b(\{a_0\})$ é um aberto, para todo $b \in G$, temos que G é um grupo discreto. Lembre que U é um aberto se, e somente se, existir uma vizinhança N de e tal que $r_b(N) \subseteq U$, para todo $b \in U$, se, e somente se, $r_{b^{-1}}(U)$ for uma vizinhança de e, para todo $b \in U$. $\square$

Note que se G for um grupo qualquer munido com a topologia discreta ou indiscreta, então G é um grupo topológico, pois para qualquer aberto W de G contendo ab^{-1}, os subconjuntos $\{a\}$ e $\{b^{-1}\}$ de G são vizinhanças abertas de a e b^{-1}. Portanto, a função $\mu_1 : G \times G \to G$ definida como $\mu_1(ab) = ab^{-1}$ é contínua.

Exercícios

1. Sejam G, H grupos topológicos e $K = G \times H$. Mostre que as funções $\pi_1 : K \to G, \pi_1(a,b) = a$, e $\pi_2 : K \to G, \pi_2(a,b) = b$, são abertas.

2. Sejam G, H e K grupos topológicos. Mostre que a função $f : G \to H \times K$, $f(a) = (f_1(a), f_2(a))$ é contínua se, e somente se, as funções $f_1 : G \to H$ e $f_2 : G \to K$ são contínuas.

3. Mostre que G é um grupo topológico se, e somente se, $\mu_1 : G^2 \to G$ definida como $\mu(ab) = ab^{-1}$ for uma função contínua ($\lim_{k \to \infty} a_k b_k^{-1} = ab^{-1}$).

4. Sejam G um grupo topológico e $b \in G$. Mostre que as funções $l_b, \iota_b : G \to G$ definidas como $l_b(a) = ba, \iota_b = b^{-1}ab$ são homeomorfismos e formam um grupo de homeomorfismos de G, $H = \{l_a \circ r_b : a, b \in G\}$. Conclua que G age transitivamente sobre $X = G$ e diremos que X é um *espaço homogêneo*.

5. Sejam G um grupo topológico, U aberto e F fechado em G e $X \subseteq G$. Mostre que aF, Fa, F^{-1} são fechados e aU, Ua, U^{-1}, XU, UX são abertos.

6. Sejam G e H grupos topológico. Mostre que as seguintes condições são equivalentes:

    (a) G é Hausdorff;

    (b) A função $\delta : G \to G \times G$ definida como $\delta(x) = (x, x)$ é fechada;

    (c) Para qualquer par de funções contínuas $f, g : H \to G$, o subgrupo $K = \{x \in H : f(x) = g(x)\}$ é fechado em H.

7. Seja G um grupo topológico. Diremos que uma vizinhança N de e é *simétrica* se $N = N^{-1}$, ou seja, $N = \tau(N)$, com $\tau(x) = x^{-1}$.

    (a) Mostre que se U é uma vizinhança de e, então $U \cup U^{-1}, U \cap U^{-1}$ e UU^{-1} são vizinhanças simétricas de e.

    (b) Mostre que se U é uma vizinhança de e, então existe uma vizinhança simétrica N de e tal que $NN = NN^{-1} \subseteq U$.

    (c) Mostre que G é de Hausdorff (se, e somente se, $\{e\}$ for fechado).

8. Mostre que o *grupo unitário* $U_n(\mathbb{C}) = \{\mathbf{A} \in M_n(\mathbb{C}) : \mathbf{AA}^* = \mathbf{I}\}$ é compacto.

9. Sejam G e H grupos topológicos. Mostre que um homomorfismo de grupos $f : G \to H$ é contínuo em G se, e somente se, é contínuo em $e \in G$. Conclua que $K = f^{-1}(e_H)$ é um subgrupo normal de G e G/K é isomorfo contínuo a $f(G)$, mas não é necessariamente homeomorfo.

10. Sejam G grupo topológico e K um subgrupo de G. Mostre que o fecho $\overline{H}$ de H é um subgrupo de G. Mostre que se H for aberto, então H é fechado.

11. Sejam G grupo topológico, $H \leq G$ e $\pi : G \to G/H$ a projeção. Mostre que π é contínua e aberta. Conclua que G/H é um espaço homogêneo.

12. Sejam G grupo topológico e K um subgrupo fechado de G. Mostre que se G é compacto, então K e G/K também o são.

13. Sejam G grupo topológico e $H \leq G$. Mostre que xH é *denso* em $\overline{H}$, para todo $x \in \overline{H}$. Conclua que H é fechado ou $\overline{H} \cap (G - H)$ é denso em $\overline{H}$.

14. Sejam G um grupo topológico, H um subgrupo de G e X um espaço. Mostre que se $\eta : G \to X$ for uma função contínua tal que $\eta^{-1}(\eta(a)) = aH$, para todo $a \in G$, e possui uma inversa à direita contínua $\rho : X \to G$, então $\phi : X \times H \to G$ definida como $\phi(x, h) = \rho(x)h$ é um homeomorfismo. Conclua que a seção cruzada $s : G/H \to X$ de π é um homeomorfismo.

3.3 GERADORES

Nesta seção veremos, nos espaços métricos, que os conceitos topológicos já vistos podem ser expressos via limites de sequências. Além disso, as propriedades básicas de curvas "diferenciáveis" sobre eles necessárias para o estudo das métricas de linhas sobre $\mathbb{C}^n$.

Sejam (X, d) um espaço métrico e $a, b \in \mathbb{R}$, com $a < b$. Um *arco geodésico* sobre X é uma função $\gamma : [a, b] \to X$ tal que $d(\gamma(s), \gamma(t)) = |t - s|$, para todos $s, t \in [a, b]$. Observe que γ é contínua e injetora, de modo que γ é uma curva.

PROPOSIÇÃO 3.3.1 *Sejam* $\mathbf{w}, \mathbf{z} \in \mathbb{C}^n$, *com* $\mathbf{w} \neq \mathbf{z}$, *e* $\gamma : [a, b] \to \mathbb{C}^n$ *uma curva tal que* $\gamma(a) = \mathbf{w}$ *e* $\gamma(b) = \mathbf{z}$. *Então as seguintes condições são equivalentes*:

1. γ é um arco geodésico;

2. $\gamma(t) = \mathbf{w} + (t-a)\|\mathbf{z}-\mathbf{w}\|^{-1}(\mathbf{z}-\mathbf{w})$, para todo $t \in [a,b]$;

3. $\|\gamma'(t)\| = 1$, para todo $t \in [a,b]$.

DEMONSTRAÇÃO: $(1 \Rightarrow 2)$ Suponhamos que γ seja um arco geodésico. Então, pondo $l = b - a$ e $\mu : [0,l] \to \mathbb{C}^n$ definida como $\mu(s) = \gamma(a+s) - \mathbf{w}$, de modo que μ é arco geodésico tal que $\mu(0) = 0$ e $\|\mu(s)\| = s$, para todo $s \in [0,l]$. Assim,

$$\|\mu(s) - \mu(l)\|^2 = (s-l)^2 \Leftrightarrow \langle \mu(s), \mu(l) \rangle = \|\mu(s)\|\|\mu(l)\|$$

implica que $\mu(s)$ e $\mu(l)$ são linearmente dependentes, os seja, existe um $k \in \mathbb{R}_+$ tal que $\mu(s) = k\mu(l)$. Logo, $k = l^{-1}s$ e $\mu(s) = l^{-1}s\mu(l)$. Portanto, $\gamma(t) = \mathbf{w} + (t-a)\|\mathbf{z}-\mathbf{w}\|^{-1}(\mathbf{z}-\mathbf{w})$, para todo $s = t - a \in [0,l]$. $(2 \Rightarrow 3)$ Basta notar que $\gamma'(t) = \|\mathbf{z}-\mathbf{w}\|^{-1}(\mathbf{z}-\mathbf{w})$. $(3 \Rightarrow 1)$ Para quaisquer $s,t \in [a,b]$ temos, pelo Teorema do Valor Médio, que $\gamma(t) - \gamma(s) = \gamma'(t_0)(t-s)$, para todo $t_0 \in (s,t)$, de modo que γ é um arco geodésico. $\square$

Seja $\gamma : [a,b] \to X$ um arco geodésico sobre X tal que $\gamma(a) = x$ e $\gamma(b) = y$. Um *segmento geodésico* sobre X ligando x e y é definido como $[x,y] = \text{Im}\,\gamma$. Diremos que X é *geodesicamente convexo* se dados $x,y \in X$, com $x \neq y$, existir um único segmento geodésico $[x,y]$ em X. Isto é equivalente ao primeiro axioma de Euclides no plano. Diremos que X é *geodesicamente conexo* se dados $x,y \in X$, com $x \neq y$, existir um segmento geodésico $[x,y]$ em X. Observe que geodesicamente convexo implica geodesicamente conexo, mas a recíproca é, em geral, falsa.

PROPOSIÇÃO 3.3.2 *Sejam X um espaço métrico e $x,y,z \in X$. Então $[x,y] \cup [y,z]$ é um segmento geodésico se, e somente se, $d(x,z) = d(x,y) + d(y,z)$.*

DEMONSTRAÇÃO: Suponhamos que $d(x,z) = d(x,y) + d(y,z)$. Consideremos os arcos geodésicos $\gamma_1 : [a,b] \to X$ e $\gamma_2 : [b,c] \to X$. Assim, $\gamma : [a,c] \to X$ definido como $\gamma(t) = \gamma_1(t)$, se $t \in [a,b]$, e $\gamma(t) = \gamma_2(t)$, se $t \in [b,c]$, é um arco geodésico. De fato, dados $s,t \in [a,c]$, com $s < t$, obtemos $b \leq s$ ou $s < b < t$ ou $t \leq b$. Por exemplo, se $s < b < t$, então $d(\gamma(s),\gamma(t)) \leq t - s$. Por outro lado,

$$d(\gamma(s),\gamma(t)) \geq d(\gamma(a),\gamma(c)) - d(\gamma(a),\gamma(s)) - d(\gamma(t),\gamma(c)) = t - s.$$

Portanto, $d(\gamma(s),\gamma(t)) = |t - s|$ e $[x,y] \cup [y,z]$ é um segmento geodésico. □

Sejam X e Y espaços métricos. Diremos a função $f : X \to Y$ *preserva distância localmente* se dado $a \in X$, existir um $r > 0$ tal que f preserva distância em $D_r(a)$. Observe que f é sempre contínua. Sejam $\gamma : [a,b] \to X$ uma curva. Diremos que γ é uma *curva geodésica* se ela preserva distância localmente. Quando γ for injetora, diremos que $\mathrm{Im}\,\gamma$ é uma *seção geodésica* em X. Finalmente, uma *reta geodésica* sobre X é uma função $\gamma : \mathbb{R} \to X$ que preserva distância localmente. Neste caso, $\mathrm{Im}\,\gamma$ é uma *geodésica* em X.

Exemplo 3.3.3 Sejam I um intervalo aberto em $\mathbb{R}$ e $t_0 \in I$. Mostre que se curva $\gamma : I \to \mathbb{R}$ for uma geodésica tal que $\gamma(t_0) = 0$, então existe um $\tau = \pm 1$ tal que $\gamma(t) = \tau(t - t_0)$, para todo $t \in I$.

Solução: Se $\gamma : I \to \mathbb{R}$ for uma curva geodésica tal que $\gamma(t_0) = 0$, então existe um aberto U em I contendo t_0 tal que $\sigma = \gamma|_U : U \to \mathbb{R}$ preserva distância. Assim, pelo Exemplo 2.2.2, σ é diferenciável e $\sigma'(t)$ é constante, para todo $t \in U$, de modo que $\gamma'(t)$ é constante, para todo $t \in I$, pois $\mathbb{R}$ é conexo. Por outro lado, pela proposição 3.3.1, existe um $\tau = \pm 1$ tal que $\gamma(t) = \tau(t - t_0)$, para todo $t \in I$. □

Teorema 3.3.4 *A função $\gamma : \mathbb{R} \to \mathbb{C}^n$ é uma reta geodésica se, e somente se, $\gamma(t) = \mathbf{z} + t\mathbf{v}$, para todo $t \in \mathbb{R}$, onde $\mathbf{z} \in \mathbb{C}^n$ e $\|\mathbf{v}\| = 1$.*

Demonstração: Suponhamos que $\gamma : \mathbb{R} \to \mathbb{C}^n$ seja uma reta geodésica e $t_0 \in \mathbb{R}$. Então existe um intervalo aberto I em $\mathbb{R}$ contendo t_0 tal que $\sigma = \gamma|_I : I \to \mathbb{C}^n$ é uma curva geodésica. Assim, pela proposição 3.3.1, existe um vetor unitário $\mathbf{v}$ tal que $\gamma(t) = \gamma(t_0) + t\mathbf{v}$, para todo $t \in I$. Como σ é diferenciável e $\sigma'(t)$ é constante temos que $\sigma'(t)$ é constante, para todo $t \in \mathbb{R}$, pois $\mathbb{C}^n$ é conexo. Portanto, $\gamma(t) = \mathbf{z} + t\mathbf{v}$, para todo $t \in \mathbb{R}$, onde $\mathbf{z} = \gamma(t_0) \in \mathbb{C}^n$ e $\|\mathbf{v}\| = 1$. A recíproca é uma consequência direta da proposição 3.3.1. $\square$

Seja X um espaço métrico. Diremos que X é *geodesicamente completo* se cada arco geodésico $\gamma : [a,b] \to X$ pode ser estendido de modo único para uma reta geodésica $\mu : \mathbb{R} \to X$. Isto é equivalente ao segundo axioma de Euclides no plano.

Dado $P \in S^n$, já sabemos que um vetor tangente a S^n em P significava um vetor $\mathbf{v} \in \mathbb{R}^{n+1}$ tal que $\langle \mathbf{p}, \mathbf{v} \rangle = 0$, com $\mathbf{p} = OP$. Assim, se $\gamma : (-\varepsilon, \varepsilon) \to S^n$ for uma curva diferenciável tal que $P = \gamma(0)$, então $\mathbf{v} = \gamma'(0)$ é um vetor tangente a S^n em P, pois $\langle \gamma(t), \gamma(t) \rangle = \gamma(t) \cdot \gamma(t) = 1$ implica que $\gamma'(t) \cdot \gamma(t) + \gamma(t) \cdot \gamma'(t) = 2\gamma'(t) \cdot \gamma(t) = 0$. Logo,

$$T_P S^n = \{ \mathbf{p} \in \mathbb{R}^{n+1} : \langle \mathbf{p}, \mathbf{v} \rangle = 0 \}$$

é um *plano tangente* a S^n em P. Veremos isto com mais detalhes no próximo capítulo.

Exemplo 3.3.5 Mostre que qualquer reta geodésica $\gamma : \mathbb{R} \to S^n$ é da forma $\gamma(t) = P \cos t + \mathbf{v} \operatorname{sen} t$, onde $P \in S^n$ e $\mathbf{v}$ é um vetor tangente unitário a S^n em P. Conclua que S^n é geodesicamente completo.

Solução: Seja $\gamma : \mathbb{R} \to S^n$ uma reta geodésica. Então, para cada $t_0 \in \mathbb{R}$, existe um intervalo aberto I contendo t_0, com $l(I) < \pi$, tal que $\sigma = \gamma|_I : I \to \mathbb{R}$ é uma curva geodésica. Assim, pela proposição 3.3.2, $\gamma(r), \gamma(s)$ e $\gamma(t)$ são linearmente dependentes, para todos $r, s, t \in I$ distintos. Em particular, podemos escolher $a, b \in I$ tais que $\gamma(a)$ e $\gamma(b)$ sejam linearmente independentes, de modo que $\sigma(I) \subseteq \Pi = \{ x\gamma(a) + y\gamma(b) : x, y \in \mathbb{R} \}$. Pondo $P = \sigma(t_0)$, $\mathbf{v} \in \Pi$ um vetor tangente unitário a S^n em P e considerando a curva $\delta(s) = P \cos s + \mathbf{v} \operatorname{sen} s$, onde $s \in J = (-\pi, \pi)$. Logo, pela proposição 2.2.3, a função $f_\delta : J \to X$, com $X = \{ Q \in \Pi \cap S^n : d(P, Q) < \pi \}$, definida como $f_\delta(s) = \delta(s)$ é uma isometria e, pelo Exemplo 3.3.3 aplicado a $I \ni t \mapsto s(t) \in J$, existe um $\tau = \pm 1$ tal que

$$\gamma(t) = P \cos(\tau(t - t_0)) + \mathbf{v} \operatorname{sen}(\tau(t - t_0)) \forall t \in I,$$

de modo que γ é diferenciável em I, com $\gamma'(t_0) = \tau \mathbf{v}$. Portanto,

$$\gamma(t) = \gamma(t_0)\cos(t-t_0) + \gamma'(t_0)\operatorname{sen}(t-t_0) \forall t \in I. \qquad (3.3.1)$$

Sejam $\gamma, \sigma : \mathbb{R} \to S^n$ duas retas geodésicas tais que $\gamma(t) = \sigma(t)$, para todo $t \in U$, com U um abeto contendo 0. Consideremos

$$F = \{t \in \mathbb{R} : \gamma(t) = \sigma(t) \quad \text{e} \quad \gamma'(t) = \sigma'(t)\}.$$

Então $0 \in F$ e F é fechado, pois $\delta = \gamma - \sigma$ é contínua. Por outro lado, pela equação (3.3.1), F também é aberto. Portanto, $F = \mathbb{R}$, pois $\mathbb{R}$ é conexo. Finalmente, faça $t_0 = 0$ na equação (3.3.1) e o resultado segue. $\square$

Exemplo 3.3.6 Sejam (X, d) um espaço métrico e $x_0 \in X$.

1. Mostre que $D_r(x_0) = \{x \in X : d(x, x_0) < r\}$ é aberto, para todo $r \in \mathbb{R}_+^\times$.

2. Mostre que $\overline{D}_r(x_0) = \{x \in X : d(x, x_0) \leq r\}$ é fechado, para todo $r \in \mathbb{R}_+^\times$.

Demonstração: (1) Dado $x \in D_r(x_0)$, obtemos $d(x, x_0) < r$, de modo que existe um $s = r - d(x, x_0)$ tal que $D_s(x) \subseteq D_r(x_0)$. De fato, para cada $y \in D_s(x)$, temos que $d(y, x) < s$. Por outro lado, $d(y, x_0) \leq d(y, x) + d(x, x_0) < s + d(x, x_0) < r$. Logo, $y \in D_r(x_0)$. Portanto, $D_r(x_0)$ é aberto. (2) Dado $x \in A = X - \overline{D}_r(x_0)$, obtemos $d(x, x_0) > r$, de modo que existe um $s > d(x, x_0) - r$ tal que $D_s(x) \subseteq A$. De fato, como $\overline{D}_s(x) \cap \overline{D}_r(x_0) = \emptyset$ (prove isto!) temos que $D_s(x) \subseteq A$. Portanto, A é aberto e $\overline{D}_r(x_0)$ é fechado. $\square$

Proposição 3.3.7 *Sejam (X, d) um espaço métrico, $x_0 \in X$ e $(x_n)_{n \in \mathbb{N}}$ uma sequência em X. Então $\lim_{n \to \infty} x_n = x_0$ se, e somente se, $\lim_{n \to \infty} d(x_n, x_0) = 0$.*

DEMONSTRAÇÃO: Observe que $\lim_{n\to\infty} x_n = x_0$ se, e somente se, dado $r \in \mathbb{R}_+^\times$, existe um $n_0 \in \mathbb{N}$ tal que $x_n \in D_r(x_0)$ (vizinhança de x_0), para todo $n \in \mathbb{N}$, com $n \geq n_0$, se, e somente se, $d(x_n, x_0) \in (-r, r)$, para todo $n \in \mathbb{N}$, com $n \geq n_0$ se, e somente se, $\lim_{n\to\infty} d(x_n, x_0) = 0$. □

Sejam (X, d) um espaço métrico e $(x_n)_{n\in\mathbb{N}}$ qualquer sequência em X. Para cada $k \in \mathbb{N}$, o conjunto $C_k = \{x_n : n \in \mathbb{N}, \text{ com } n \geq k\}$ chama-se *cauda* da sequência.

TEOREMA 3.3.8 *Seja (X, d) um espaço métrico.*

1. *Para um subconjunto A de X, $x_0 \in \mathring{A} = A - \partial A$ se, e somente se, $C_k \subseteq A$, para todo sequência $(x_n)_{n\in\mathbb{N}}$ em X tal que $\lim_{n\to\infty} x_n = x_0$.*

2. *Para um subconjunto F de X, $x_0 \in \overline{F} = F \cup F'$ se, e somente se, existir uma sequência $(x_n)_{n\in\mathbb{N}}$ em F tal que $\lim_{n\to\infty} x_n = x_0$.*

3. *Um subconjunto F de X é fechado ($\partial F \subseteq F$) se, e somente se, para qualquer sequência em F que convergente para $x_0 \in X$, tem-se $x_0 \in F$.*

DEMONSTRAÇÃO: (1) Suponhamos que $x_0 \in \mathring{A}$. Então, para qualquer sequência $(x_n)_{n\in\mathbb{N}}$ em X tal que $\lim_{n\to\infty} x_n = x_0$, tem-se $C_k \subseteq A$, pois $\mathring{A}$ é aberto. Reciprocamente, suponhamos que $x_0 \notin \mathring{A}$. Então, para cada $n \in \mathbb{N}$, podemos obter um ponto $x_n \in F \cap D_{n^{-1}}(x_0)$, com $F = X - A$. Assim, existe uma sequência $(x_n)_{n\in\mathbb{N}}$ em F, com $d(x_n, x_0) < n^{-1}$, para todo $n \in \mathbb{N}$, de modo que $\lim_{n\to\infty} x_n = x_0$ em X. Portanto, $C_k \not\subseteq A$. (2) Note que $x_0 \in \overline{F}$ se, e somente se, $x_0 \notin \mathring{A}$, com $A = X - \overline{F}$. Assim, pelo item (1), $x_0 \notin \mathring{A}$ significa que existe uma sequência $(x_n)_{n\in\mathbb{N}}$ em F tal que $\lim_{n\to\infty} x_n = x_0$. (3) Direto do item (2). Por exemplo, se $F \neq \overline{F}$, então existe um $x_0 \in \overline{F} - F$. Logo, pelo item (2), existe uma sequência $(x_n)_{n\in\mathbb{N}}$ em F tal que $\lim_{n\to\infty} x_n = x_0$. □

COROLÁRIO 3.3.9 *Sejam (X, d) um espaço métrico e $x_0 \in X$. Para um subconjunto F de X, x_0 é um ponto limite de F se, e somente se, existir* *uma sequência* $(x_n)_{n\in\mathbb{N}}$ *de elementos distintos em* $F - \{x_0\}$ *tal que* $\lim_{n\to\infty} x_n = x_0$.

DEMONSTRAÇÃO: Basta observar que podemos escolher os $x_n \in F \cap D_{n^{-1}}(x_0)$ distintos. $\square$

Sejam (X, d) um espaço métrico e $K \subseteq X$. Diremos que K é *compacto* se qualquer cobertura de abertos em X possuir uma subcobertura finita. Diremos que uma família $\mathcal{F} = \{F_k : k \in \Lambda\}$ de fechados em X possui a *propriedade da interseção finita* se $\bigcap_{i=1}^{n} F_{k_i} \neq \emptyset$, para qualquer $\{k_1, \ldots, k_n\} \subseteq \Lambda$.

TEOREMA 3.3.10 *Seja* (X, d) *um espaço métrico. Então* X *é compacto se, e somente se, qualquer família* $\mathcal{F}$ *de conjuntos fechados em* X *possui a propriedade da interseção finita, tem-se* $\bigcap_{F \in \mathcal{F}} F \neq \emptyset$.

DEMONSTRAÇÃO: Suponhamos que X seja compacto e $\mathcal{F} = \{F_k : k \in \Lambda\}$ qualquer família de conjuntos fechados em X. Se $\bigcap_{k \in \Lambda} F_k = \emptyset$, então $X = \bigcup_{k \in \Lambda}(X - F_k)$, de modo que existe um $\{k_1, \ldots, k_n\} \subseteq \Lambda$ tal que $X = \bigcup_{i=1}^{n}(X - F_{k_i})$. Assim, $\bigcap_{i=1}^{n} F_{k_i} = \emptyset$. Portanto, $\mathcal{F}$ não possui a propriedade da interseção finita. Reciprocamente, se $\mathcal{A} = \{A_k : k \in \Lambda\}$ for qualquer cobertura de abertos em X, então $\mathcal{F} = \{X - A_k : k \in \Lambda\}$ é uma família de fechados em X. Como $X \subseteq \bigcup_{k \in \Lambda} A_k$ temos que $\bigcap_{k \in \Lambda}(X - A_k) = \emptyset$, de modo que existe um $\{k_1, \ldots, k_n\} \subseteq \Lambda$ tal que $\bigcap_{i=1}^{n}(X - A_{k_i}) = \emptyset$. Portanto, $X = \bigcup_{i=1}^{n} A_{k_i}$ e X é compacto. $\square$

COROLÁRIO 3.3.11 *Seja* (X, d) *um espaço métrico compacto.*

1. *Se F for fechado, então F é compacto.*

2. *Se* $\mathcal{F} = \{F_n : n \in \mathbb{N}\}$ *for qualquer família de conjuntos fechados não vazios em X tais que* $F_n \supseteq F_{n+1}$, *então* $\bigcap_{n \in \mathbb{N}} F_n \neq \emptyset$.

DEMONSTRAÇÃO: (1) Seja $\mathcal{F} = \{F_k : k \in \Lambda\}$ qualquer cobertura de abertos em F. Então a família $\mathcal{G} = \mathcal{F} \cup (X - F)$ é uma cobertura de abertos em X. Assim, existe um $\{k_1, \ldots, k_n\} \subseteq \Lambda$ tal que

$X \subseteq (\bigcup_{i=1}^{n} F_{k_i}) \cup (X - F)$, de modo que $F \subseteq (\bigcup_{i=1}^{n} F_{k_i})$. Portanto, F é compacto.

(2) Suponhamos que X seja compacto. Então $\mathcal{F}$ possui a propriedade da interseção finita, pois $\bigcap_{i=1}^{k} F_{n_i} = F_{n_k} \neq \emptyset$, para qualquer $\{n_1, \ldots, n_k\} \subseteq \mathbb{N}$. Portanto, $\bigcap_{n \in \mathbb{N}} F_n \neq \emptyset$. $\square$

Lema 3.3.12 *Seja* (X, d) *um espaço métrico. Se qualquer sequência em X possui uma subsequência convergente em X, então X possui um subconjunto contável e denso.*

DEMONSTRAÇÃO: Dado $r \in \mathbb{R}_+^\times$. Afirmação. Existe um $A_r \subseteq X$ finito que goza das seguintes propriedades: (i) $d(a, b) \geq r$, para todo $a, b \in A_r$, com $a \neq b$. (ii) $D_r(x) \cap A_r \neq \emptyset$, para todo $x \in X$. De fato, suponhamos que isso seja falsa. Então dado $x_1 \in X$. Se $X = D_r(x_1)$ acabou. $X \neq D_r(x_1)$, podemos escolher $x_2, \ldots, x_n \in X$ tais que $d(x_i, x_j) \geq r$, quando $i \neq j$, de modo que $\{x_1, \ldots, x_n\}$ satisfaz (i), mas não (ii). Assim, existe um $x_{n+1} \in X$ tal que $D_r(x_{n+1}) \cap \{x_1, \ldots, x_n\} = \emptyset$, de modo que $d(x_{n+1}, x_i) \geq r$, com $i = 1, \ldots, n$. Logo, recursivamente, obtemos uma sequência $(x_n)_{n \in \mathbb{N}}$ em X tais que $d(x_m, x_n) \geq r$, para todos $m, n \in \mathbb{N}$, com $m \neq n$. Portanto, $(x_n)_{n \in \mathbb{N}}$ não possui uma subsequência com limite $x \in X$, pois $j < k$ implica que $d(x_{n_j}, x_{n_k}) \leq d(x_{n_j}, x) + d(x, x_{n_k}) < r$, o que contradiz a existência de A_r. Pondo $A = \bigcup_{n \in \mathbb{N}} A_{n^{-1}}$, temos que A é contável. Por outro lado, dado $x \in X$ temos, por (ii), que $D_r(x) \cap A \supseteq D_{n^{-1}}(x) \cap A_{n^{-1}} \neq \emptyset$, quando $r > n^{-1}$, de modo que $x \in A$ ou $x \in A'$. Portanto, $\overline{A} = X$. $\square$

Teorema 3.3.13 *Seja* (X, d) *um espaço métrico. Então as seguintes condições são equivalentes*:

1. *X é compacto*;

2. *Para qualquer subconjunto infinito F de X, tem-se $F' \neq \emptyset$*;

3. *Qualquer sequência em X possui uma subsequência convergente em X.*

DEMONSTRAÇÃO: $(1 \Rightarrow 2)$ Suponhamos, por absurdo, que exista um subconjunto infinito F de X tal que $F' = \emptyset$, ou seja, para cada $x \in X$, existe um $U = D_r(x)$ tal que $U \cap F = \{x\}$, se $x \in F$, ou $U \cap F = \emptyset$, se $x \notin F$. Então $\overline{F} = F \cup F' = F$, de modo que F é fechado em X. Assim, F é compacto e discreto, de modo que F é finito, o que é uma contradição. $(2 \Rightarrow 3)$ Seja $(x_n)_{n \in \mathbb{N}}$ qualquer sequência em X. Então o conjunto $A = \{x_n : n \in \mathbb{N}\}$ é finito ou infinito. Se A for finito, então existe um $x_0 = x_{n_k}$, para todo $k \in \mathbb{N}$, de modo que $F = \{x_{n_k} : k \in \mathbb{N}\}$ é infinito. Assim, $x_0 = \lim_{k \to \infty} x_{n_k}$. Se A for infinito, então existe um $x_0 \in A'$. Assim, dado $r \in \mathbb{R}_+^\times$, existe um $n_0 \in \mathbb{N}$ tal que $x_n \in D_r(x_0)$, para todo $n \in \mathbb{N}$, com $n \geq n_0$. Portanto, x_0 é o limite de alguma subsequência. $(3 \Rightarrow 1)$ Pelo lema 3.3.12, X contém um subconjunto A contável e denso. Então $\mathcal{B} = \{D_r(x) : x \in A \text{ e } r \in \mathbb{Q}_+^\times\}$ é contável. Agora, sejam $\mathcal{F} = \{A_k : k \in \Lambda\}$ qualquer cobertura de abertos em X e $\mathcal{B}_0 = \{B \in \mathcal{B} : B \subseteq A_k, \text{para algum} k \in \Lambda\}$. Pondo $\mathcal{G} = \{G_B : B \in \mathcal{B}_0\}$, de modo que $\mathcal{G}$ é contável. Afirmação. $\mathcal{G}$ é uma cobertura de abertos em X. De fato, dado $x \in X$, existe um $k_1 \in \Lambda$ tal que $x \in A_{k_1}$. Como A_{k_1} é aberto em X temos que existe um $\varepsilon \in \mathbb{R}_+^\times$ tal que $D_\varepsilon(x) \subseteq A_{k_1}$. Por outro lado, existe um $a \in A$ tal que $d(a, x) < 2^{-1}\varepsilon$, pois A é denso. Assim, existe um $r \in \mathbb{Q}_+^\times$ tal que $d(a, x) < r < 2^{-1}\varepsilon$, de modo que $x \in D_r(a) \subseteq D_\varepsilon(x) \subseteq \cup B_\varepsilon$, com $B_\varepsilon = \{y \in D_r(a) : d(x, y) \leq d(x, a) + d(a, y) < 2^{-1}\varepsilon + r < \varepsilon\}$ e $D_r(a) \in \mathcal{B}_0$. Logo, $x \in G_{D_r(a)} \in \mathcal{G}$ implica que $X \subseteq \bigcup_{G \in \mathcal{G}} G$. Se $\mathcal{G}$ for finita, acabou. Caso contrário, podemos, por construção, escrever $\mathcal{G} = \{G_n : n \in \mathbb{N}\}$. Para cada $n \in \mathbb{N}$, faça $C_n = \bigcup_{i=1}^n G_i$. Então $C_n \subseteq C_{n+1}$ e $X \subseteq \bigcup_{n \in \mathbb{N}} C_n$. Afirmação. $X = C_n$, para algum $n \in \mathbb{N}$. De fato, se $X \neq C_n$, para todo $n \in \mathbb{N}$, então $F_n = X - C_n \neq \emptyset$, para todo $n \in \mathbb{N}$, de modo que podemos escolher um $x_n \in F_n$. Logo, a sequência $(x_n)_{n \in \mathbb{N}}$ possui uma subsequência $(x_{n_k})_{k \in \mathbb{N}}$ com limite $y \in X$ e existe um $m \in \mathbb{N}$ tal que $y \in C_m$. Então $x_n \notin C_m$, para todo $n \in \mathbb{N}$, com $n \geq m$. Por outro lado, existe um $k_0 \in \mathbb{N}$ tal que $x_{n_k} \in C_m$, para todo $k \in \mathbb{N}$, com $k \geq k_0$, de modo que $n_k \leq m$, o que contradiz a escolha $n_k < n_{k+1}$. Portanto, X é compacto. $\square$

Proposição 3.3.14 *Sejam (X, d) um espaço métrico e $K \subseteq X$. Se K for compacto, então K é fechado e limitado. Em particular, se $X = \mathbb{C}\,(\mathbb{R}^n)$ e K for fechado e limitado, então K é compacto.*

DEMONSTRAÇÃO: Suponhamos que K seja compacto e $A = X - K$. Então, para cada x_0 em A, existe um $r \in \mathbb{R}_+^\times$ tal que $d(x, x_0) \geq r$, para todo $x \in K$. Em particular, faça $r = n^{-1}$ e $A_n = X - \overline{D}_{n^{-1}}(x_0) = \{x \in X : d(x_0, x) > n^{-1}\}$, para todo $n \in \mathbb{N}$, de modo que A_n é, pelo Exemplo 3.3.6, aberto e $X - \{x_0\} = \bigcup_{n \in \mathbb{N}} A_n$, pois $\bigcap_{n \in \mathbb{N}} \overline{D}_{n^{-1}}(x_0) = \{x_0\}$, de modo que $K \subseteq \bigcup_{n \in \mathbb{N}} A_n$, pois $x_0 \notin K$. Assim, existe um $k \in \mathbb{N}$ tal que $K \subseteq \bigcup_{i=1}^k A_{n_i} \subseteq A_{n_k}$, de modo que $D_{n_k^{-1}}(x_0) \cap K = \emptyset$ e $D_{n_k^{-1}}(x_0) \subseteq A$, ou seja, A é aberto e K é fechado. Por outro lado, se $x \in K$, então $x \in D_1(x)$, de modo que obtemos a cobertura de abertos $K = \bigcup_{x \in K} D_1(x)$. Assim, existe um $\{x_1, \ldots, x_n\} \subseteq K$ tal que $K \subseteq \bigcup_{i=1}^n D_1(x_i)$. Portanto, F é limitado. A última afirmação é o Teorema de Heine-Borel. $\square$

Sejam (X, d) um espaço e A um subconjunto de X. Lembre-se que $x_0 \in A$ é um *ponto isolado* de A se existir um $r \in \mathbb{R}_+^\times$ tal que $d(x, x_0) \geq r$, para todo $x \in A - \{x_0\}$, ou seja, $D_r(x_0) \cap A = \{x_0\}$. Neste caso, diremos que A é *discreto* se todos os pontos de A são isolados em A e $D_r(x) = \{x\}$ é aberto.

Sejam $G = \mathsf{GL}_n(\mathbb{R})$ um grupo topológico e $X = G$ um espaço métrico. Então a função $* : G \times X \to X$ definida como $*(a, x) = ax$ é uma ação de G sobre X (prove isto!). Assim, usando a definição da topologia ou a equação (3.2.1), vemos que $*$ é contínua. Em particular, para cada $a \in G$ fixado, a função $l_a : X \to X$ definida como $l_a(x) = ax$ é um homeomorfismo. Isto motiva a seguinte definição. Sejam G um grupo topológico e X um espaço. Diremos que G *age continuamente* sobre X se a ação $* : G \times X \to X$ definida como $*(a, x) = ax$ for contínua, ou seja, para qualquer $(a_0, x_0) \in G \times X$ e qualquer aberto W em X contendo $*(a_0, x_0) = a_0 x_0$, existir um aberto $U \times V$ em $G \times X$ contendo (g_0, x_0) tal que $*(U \times V) \subseteq W$.

Lema 3.3.15 *Sejam G um grupo topológico e X um espaço. Se G age continuamente sobre X, então, para cada $a \in G$, a função $l_a : X \to X$*

definida como $l_a(x) = ax$ é um homeomorfismo, com $l_a^{-1} = l_{a^{-1}}$. Além disso, se G for discreto, então G age continuamente sobre X se, e somente se, l_a for contínua, para cada $a \in G$.

DEMONSTRAÇÃO: Suponhamos que G seja discreto e l_a seja contínua, para cada $a \in G$. Assim, dados $(a,x) \in G \times X$ e um aberto W em X contendo $*(a,x) = l_a(x)$, de modo que $V = l_{a^{-1}}(W)$ é um aberto em X contento x. Como G é discreto temos que $\{a\}$ é aberto em G, para todo $a \in G$, e $\{a\} \times V$ é um aberto em $G \times X$ contendo (a,x) tal que $*(\{a\} \times V) \subseteq W$. Portanto, G age continuamente sobre X. $\square$

Sejam G um grupo de Hausdorff, H um subgrupo fechado em G e $X = G$. Então a função $*: X \times H \to X$ definida como $*(x,h) = xh$ é uma ação (à direita) de H sobre X contínua e fiel. De fato, dado $h \in H$, se $h \neq e$, então $xh \neq x$, para todo $x \in X$, pois se $x = xh$, para algum $x \in X$, então (em G)

$$h = eh = (x^{-1}x)h = x^{-1}(xh) = x^{-1}x = e,$$

o que é contradição. Neste caso, a função $\psi : X \times H \to X \times X$ definida como $\psi(x,h) = (xh,x)$ é um homeomorfismo. Por outro lado, pelo teorema 3.2.1, a projeção $\pi : X \to X/H$ definida como $\pi(x) = \mathsf{Orb}(x) = xH$ é sobrejetora, contínua e aberta. Por exemplo, se U for qualquer aberto em X e $V = \pi(U)$, então $x \in \pi^{-1}(V)$ se, e somente se, $\pi(x) \in V$ se, e somente se, $\pi(x) = \pi(y)$, para algum $y \in U$ se, e somente se, $x = yh$, para algum $h \in H$, de modo que $\pi^{-1}(V) = UH = \bigcup_{h \in H} Uh$ é aberto em X. Afirmação. $\pi(x) = xH$ é fechado em X e X/H é Hausdorff (se, e somente se, $\psi(X \times H)$ for fechada). De fato, dados $aH, bH \in X/H$, com $aH \neq bH$ ($b^{-1}a \notin H$). Já vimos que a função $\phi : X \times X \to X$ definida como $\phi(xy) = xy^{-1}$ é contínua, de modo que $\phi^{-1}(H)$ é fechado em X. Como $(a,b) \notin \phi^{-1}(H)$ temos que existem abertos U e V em X contendo a e b, respectivamente, tais que $(U \times V) \cap \phi^{-1}(H) = \emptyset$. No entanto, isso significa que $\pi(U) \cap \pi(V) = \emptyset$. Note que se $Y = G/H$, então a função $* : G \times Y \to Y$ definida como $*(x, gH) = xgH$ é uma ação de G sobre Y contínua e transitiva, com $\mathsf{Est}(gH) = gHg^{-1}$. De fato, para cada $x \in G$ fixado, a função

$\pi_x : Y \to Y$, $\pi_x(gH) = xgH$, é um homeomorfismo. Em particular, se $gH, kH \in Y$ e $x = kg^{-1}$ implicam que $\pi_x(gH) = xgH = kH$, de modo que $\mathsf{Orb}(gH) = Y$. Finalmente, $x \in \mathsf{Est}(gH)$ se, e somente se, $xgH = gH$ se, e somente se, $x \in gHg^{-1}$. Portanto, a função $\sigma : G \to \mathsf{Homeo}(Y)$, $\sigma(x) = \pi_x$, é um homomorfismo grupos contínuo, com $\ker \sigma = \ker \pi_x = \bigcap_{g \in G} gHg^{-1}$.

Sejam X um espaço de Hausdorff e G um grupo de Hausdorff agindo continuamente e transitivamente sobre X. Então $K = \mathsf{Est}(x) = \{a \in G : ax = x\}$ é fechado em G, para todo $x \in X$, pois G é Hausdorff. Seja $p : G \to G/K$ a projeção. Então, pelo teorema 3.1.3, existe uma bijeção $\tau_x : G/K \to X$ definida como $\tau_x(p(a)) = ax = h(a)$. Note que $h = *|_{G \times \{x\}}$ é contínua. Para cada $V \subseteq X$, $\tau_x^{-1}(V) = p(h^{-1}(V))$, pois $aK \in \tau_x^{-1}(V)$ se, e somente se, $\tau_x(aK) \in V$ se, e somente se, $a \in h^{-1}(V)$. Portanto, se V for aberto em X, então $\tau_x^{-1}(V)$ é aberto, de modo que τ_x é contínua. Mas, não é necessariamente um homeomorfismo.

Sejam X, Y espaços e $f : X \to Y$ uma função contínua. Diremos que f é *própria* se f for fechada e $f^{-1}(K)$ for compacto, para todo compacto K em Y. Diremos que X é *localmente compacto* se qualquer ponto em X possui uma vizinhança compacta. Veremos alguns exemplos:

(a) Se X for compacto e Y for Hausdorff, então qualquer função contínua $f : X \to Y$ é própria. De fato, seja $\mathcal{F} = \{V_k : k \in \Lambda\}$ qualquer cobertura de abertos em $f(X)$. Então a família $\mathcal{G} = \{f^{-1}(V_k) : k \in \Lambda\}$ é uma cobertura de abertos em X. Assim, existe um $\{k_1, \ldots, k_n\} \subseteq \Lambda$ tal que $X \subseteq \bigcup_{i=1}^n f^{-1}(V_{k_i})$, de modo que $f(X) \subseteq \bigcup_{i=1}^n V_{k_i}$. Portanto, $f(X)$ é compacto em Y. Em particular, $f(X)$ é fechado em Y, pois Y é Hausdorff, ou seja, f é fechada. Dado K em Y compacto. Então K é fechado em Y, de modo que $f^{-1}(K)$ é fechado em X. Assim, pelo Corolário 3.3.11, $f^{-1}(K)$ é compacto em X. Portanto, f é própria.

(b) Qualquer espaço discreto é localmente compacto, pois cada um dos seus pontos é uma vizinhança compacta.

(c) $\mathbb{C}$ e $\mathcal{H} = \{z \in \mathbb{C} : \text{Im}(z) > 0\}$ são localmente compactos. De fato, para quaisquer $r \in \mathbb{R}_+^\times$ e $z_0 \in \mathcal{H}$. obtemos $|w - z| \leq |w-z_0|+|z-z_0| \leq 2r$, para todos $z, w \in F = \overline{D}_r(z_0)$, de modo que F é limitado. Por outro lado, como $\partial F \subseteq F$ temos que $\overline{F} = F \cup \partial F = F$, de modo que F é fechado. Portanto, pela proposição 3.3.14, F é compacto. É bom lembrar que $\partial F = \overline{F} \cap \overline{X - F} = \partial(X - F)$ e ∂F é sempre fechado.

Proposição 3.3.16 *Sejam X um espaço de Hausdorff e G um grupo de Hausdorff e compacto agindo continuamente sobre X.*

1. *X/G é Hausdorff.*

2. *$\pi : X \to X/G$ é fechada.*

3. *$\pi : X \to X/G$ é própria.*

4. *X é compacto se, e somente se, X/G for compacto.*

5. *X é localmente compacto se, e somente se, X/G for localmente compacto.*

Demonstração: Vamos provar apenas os itens (2) e (5). (2) Primeiro provaremos que a ação $\sigma : G \times X \to X, \sigma(a,x) = ax$, é fechada. De fato, dados F fechado em $G \times X$ e $y \in \overline{\sigma(F)}$, de modo que existe uma rede (sequência) $(a_\lambda, x_\lambda)_{\lambda \in \Lambda}$ em F tal que $\sigma(a_\lambda, x_\lambda) = a_\lambda x_\lambda$ converge para y. Assim, passando, se necessário, a uma sub-rede, podemos supor que a_λ converge para a, pois G é compacto. Logo, $x_\lambda = \sigma(a_\lambda^{-1}, a_\lambda x_\lambda)$ converge para $\sigma(a^{-1}, y) = a^{-1}y$, de modo que (a_λ, x_λ) converge para $(a, a^{-1}y) \in F$, pois F é fechado. Portanto, $y = \sigma(a, a^{-1}y) \in \sigma(F)$. Neste caso $GF = \{ax : a \in G \text{ e } x \in F\}$ é fechado, para todo fechado F em X, de modo que $GF = \bigcup_{a \in G} aF = \pi^{-1}(\pi(F))$ é fechado. Portanto, $\pi(F)$ é fechado em X/G. (5) Suponhamos que U seja um aberto em X contendo x e $\overline{U}$ seja compacto. Então $\pi(x) \in \pi(U) \subseteq \pi(\overline{U})$, de modo que $\pi(\overline{U})$ é uma vizinhança compacta de $\pi(x)$. Reciprocamente, se V for qualquer vizinhança compacta de $\pi(x)$, então, pelo item (3), $\pi^{-1}(V)$ é uma vizinhança compacta de x. □

Sejam (X,d) um espaço e G um subgrupo do grupo de homeomorfismo de X, a saber, Homeo(X). Diremos que a ação de G sobre X é *propriamente descontínua* ou que G *age descontinuamente* sobre X se o conjunto

$$G_K = \{a \in G : aK \cap K \neq \emptyset\}$$

for finito, para todo conjunto não vazio e compacto K de X. Além disso, diremos que uma família $\mathcal{S} = \{X_k : k \in I\}$ de subconjuntos de X é *localmente finita* se para cada subconjunto compacto K em X, $K \cap X_k \neq \emptyset$, somente para um número finito de $k \in I$, ou seja, para cada $x \in X$, existir uma vizinhança V de x tal que $V \cap X_k \neq \emptyset$, somente para um número finito de $k \in I$.

Lema 3.3.17 *Seja G um subgrupo de* Homeo(X). *Se G age descontinuamente sobre X, então, para qualquer $x \in X$,*

1. *O subgrupo* Est(x) *é finito.*

2. *O subconjunto* Orb(x) *é discreto e fechado em X.*

Demonstração: (1) Como $K = \{x\}$ é compacto em X temos que cada $a \in$ Est(x) implica que $aK \cap K \neq \emptyset$. Portanto, Est(x) é finito, para todo $x \in X$. (2) Suponhamos, por absurdo, que Orb(x) não seja discreto, para algum $x \in X$. Então, pelo Corolário 3.3.9. existe uma sequência $(a_n)_{n \in \mathbb{N}}$ de elementos distintos em G e $x_0 \in X$ tal que $\lim_{n \to \infty} a_n x = x_0$, de modo que $K = \{x_0, x\} \cup \{a_n x : n \in \mathbb{N}\}$ é compacto em X. Mas, $\overline{a_n K \cap K} \neq \emptyset$, para todo $n \in \mathbb{N}$, o que é uma contradição. Como $\overline{\text{Orb}(x)} = \overline{\bigcup_{a \in G}\{ax\}} = \bigcup_{a \in G}\{ax\} = \text{Orb}(x)$ temos que de Orb(x) é fechado em X. Portanto, Orb(x) é discreto e fechado em X, para todo $x \in X$. $\square$

Teorema 3.3.18 *Sejam X um espaço métrico e G um subgrupo de* Homeo(X). *Então G age descontinuamente sobre X ou simplesmente G é descontínuo se, e somente se, as seguintes condições são satisfeitas, para qualquer $x \in X$,*

1. O subgrupo $\mathsf{Est}(x)$ é finito.
2. O subconjunto $\mathsf{Orb}(x)$ é discreto e fechado em X.

DEMONSTRAÇÃO: Suponhamos que G seja descontínuo. Então, pelo lema 3.3.17, as condições estão satisfeitas. Reciprocamente, suponhamos, por absurdo, que G não seja descontínuo. Então existe um subconjunto compacto K de X e uma sequência de elementos distintos $(a_n)_{n\in\mathbb{N}}$ em G tal que $a_n K \cap K \neq \emptyset$, para todo $n \in \mathbb{N}$. Note, também, que $a_n^{-1} K \cap K \neq \emptyset$, para todo $n \in \mathbb{N}$. Assim, passando a uma subsequência e trocando a_n por a_n^{-1}, se necessário, podemos supor que $a_n \neq a_n^{-1}$, para todo $n \in \mathbb{N}$, e o fator de escala κ_n de cada a_n seja menor do que o igual a 1. Logo, existe uma sequência $(x_n)_{n\in\mathbb{N}}$ em K tal que $(x_n a_n)_{n\in\mathbb{N}}$ pertence a K. Como K é compacto, não há perda de generalidade, em supor que $(x_n)_{n\in\mathbb{N}}$ converge para $x \in K$ e $(x_n a_n)_{n\in\mathbb{N}}$ converge para $y \in K$, de modo que

$$d(a_n x, y) \leq d(a_n x, a_n x_n) + d(a_n x_n, y) = \kappa_n d(x, x_n) + d(a_n x_n, y)$$

implica que $(a_n x)_{n\in\mathbb{N}}$ converge para y. Por outro lado, por (1), existe apenas uma quantidade finita de k tais que $a_n x = a_k x$. Portanto, existe uma subsequência de elementos distintos $(a_n x)_{n\in\mathbb{N}}$ que converge para y, o que contradiz (2), de modo que G é descontínuo. □

COROLÁRIO 3.3.19 *Sejam X um espaço métrico e G um subgrupo de* $\mathsf{Homeo}(X)$. *Então G age descontinuamente sobre X se, e somente se, para cada $x \in X$, existir uma vizinhança V de x tal que $aV \cap V \neq \emptyset$, para apenas uma quantidade finita de $a \in G$, se, e somente se, não existe nenhum $x \in X$ para o qual $\mathsf{Orb}(x)$ possua um ponto de limite. V chama-se* vizinhança distinguida

DEMONSTRAÇÃO: Suponhamos que G seja descontínuo. Então $\mathsf{Orb}(x)$ é discreto e $\mathsf{Est}(x)$ é finito, para todo $x \in X$. Assim, $0 < 2r = \inf\{d(x, ax) : a \in G - \{I\}\}$ e existe um aberto $D_{2r}(x)$ em X tal que $D_{2r}(x) \cap \mathsf{Orb}(x) = \{x\}$, de modo que existe uma vizinhança $V \subseteq D_r(x)$ de x tal que $aV \cap V \neq \emptyset$, ou seja, $x, ax \in V$, implica que $ax = x$ e $a \in \mathsf{Est}(x)$. A recíproca segue da prova do teorema 3.3.18. □

Note que $G = (\mathbb{Z}, +)$ é um grupo discreto de Hausdorff munido com a topologia induzida de $\mathbb{R}$, pois dado $n \in G$, com $n \neq 0$, existe um $r \in \mathbb{R}_+^\times$, com $r \leq 1$, tal que $|n| \geq r$ (ou $(n-r, n+r) \cap G = \{n\}$) e dados $m, n \in G$, com $m \neq n$, existem $D_r(m)$ e $D_r(n)$, com $0 < 2r < |n-m|$, tais que $D_r(m) \cap D_r(n) = \emptyset$. Neste caso, a função $* : G \times \mathbb{R} \to \mathbb{R}$ definida como $*(n,x) = x+n$ é uma ação fiel e contínua, de modo que a função $T_n : \mathbb{R} \to \mathbb{R}$ definida como $T_n(x) = x+n$ é um homeomorfismo. Portanto, a função $T : G \to \mathsf{Iso}(\mathbb{R})$ definida como $T(n) = T_n$ é um homomorfismo de grupos contínuo. Uma outra ação seria dada pela função $* : G \times \mathbb{R} \to \mathbb{R}$ definida como $*(n,x) = x + 2n\pi$. Por outro lado, para $x, y \in \mathbb{R}$, $y \in \mathsf{Orb}(x)$ se, e somente se, $y = T_n(x)$ se, e somente se, $y - x \in G$. Assim, o conjunto quociente $\mathbb{R}/G = \{\mathsf{Orb}(x) : x \in \mathbb{R}\} = \{x + G : x \in \mathbb{R}\}$ é um *espaço quociente* induzido pela projeção canônica $\pi : \mathbb{R} \to \mathbb{R}/G$, de modo que a seção cruzada $s(\mathbb{R}/G) = \mathcal{F} \simeq [0,1)$ é um conjunto fundamental para G em relação a X. De fato, dado $x \in \mathbb{R}$, obtemos $x \sim x \pmod{1}$, com $x \pmod{1} = x - \lfloor x \rfloor \in [0,1)$. Logo, para cada $x \in \mathbb{R}$, existe um único $x_0 \in [0,1)$ tal que $\mathsf{Orb}(x) = \mathsf{Orb}(x_0)$. Portanto, a função $h : [0,1] \to \mathbf{S}^1$ definida como $h([x_0]) = e^{2\pi i x_0}$ é, pelo teorema 3.1.1, um homeomorfismo. Observe que 0 e 1 são pontos diferentes em $\mathbb{R}$, mas as órbitas $\mathsf{Orb}(0) = \mathsf{Orb}(1)$ em $\mathbb{R}/G$, ou seja, identificamos 0 com 1, de modo que $\mathcal{F}$ nunca será um aberto. Além disso, se $\Omega = \overset{\circ}{\mathcal{F}}$ for o interior de $\mathcal{F}$, então Ω é um conjunto aberto em $\mathbb{R}$, $\Omega \subseteq \mathcal{F} \subseteq \overline{\Omega}$ e a medida $\mu(\partial \Omega) = 0$. Isto motiva a definição.

Sejam X um espaço, munido com uma medida de volume μ, e G um grupo agindo sobre X. Um subconjunto $\Omega \subset X$ é uma *região fundamental* para G em relação a X se as seguintes condições forem satisfeitas:

1. Ω é um aberto em X.

2. Existe um conjunto fundamental $\mathcal{F}$ para G tal que $\Omega \subset \mathcal{F} \subset \overline{\Omega}$.

3. $\mu(\partial \Omega) = 0$,

ou seja, um região fundamental para G em relação a X é um aberto que juntamente com parte da sua fronteira forma um conjunto fundamental para G em relação a X. A existência de um domínio fundamental não é óbvio e nem garantido pelo Axioma da Escolha.

Sejam X um espaço métrico, G um subgrupo descontínuo não trivial de $\mathsf{Iso}(X)$ e $p \in X$. Dado $g \in G$, com $g \neq e_G$, definimos

$$\mathcal{H}_g(p) = \{x \in X : d(p,x) < d(x,gp)\}. \tag{3.3.2}$$

Se $\mathsf{Est}(p) = \{e_G\}$, definimos o *domínio de Dirichlet*[2] para G em relação a X, com centro em p, como $D_G(p) = \bigcap_{g \in G - \{e_G\}} \mathcal{H}_g(p)$. Se $\mathsf{Est}(p) \neq \{e_G\}$, definimos o domínio de Dirichlet para G em relação a X, com centro em p, como $D_G(p) = \mathcal{F}_p \cap \bigcap_{g \in G - \mathsf{Est}(p)} \mathcal{H}_g(p)$, em que $\mathcal{F}_p$ é um domínio fundamental para $\mathsf{Est}(p)$. É claro que está contido em conjunto fundamental.

Teorema 3.3.20 *Seja X um espaço métrico que goza das seguintes propriedades*:

1. *X é geodesicamente conexo,*

2. *X é geodesicamente completo,*

3. *X é localmente compacto.*

Se G for um subgrupo descontínuo não trivial em $\mathsf{Iso}(X)$, então $D_G(p)$ é um domínio fundamental para G em relação a X localmente finito. Além disso,

$$\{g \in G : g\overline{D}_G(p) \cap \overline{D}_G(p) \neq \emptyset\}$$

é um conjunto de geradores de G.

Demonstração: Confira [J. G. Ratcliffe, Theorem 6.6.13]. □

Os geradores dado pelo teorema 3.3.20 chamam-de *transformações de emparelhamento* (side-pairing transformations).

---

[2] Johann Peter Gustav Lejeune Dirichlet, 1805–1859, matemático alemão.

Exercícios

1. Sejam (X,d) um espaço, $\emptyset \neq A \subseteq X$ e $x \in X$. Definimos a distância entre x e A por $\rho(x, A) = \inf\{d(x,a) : a \in A\}$ (depende de d).

    (a) Mostre que se $x \in A$, então $\rho(x, A) = 0$. A recíproca, em geral, é falsa.

    (b) Mostre que se fixamos A, então $f(x) = \rho(x, A)$ é contínua.

    (c) Mostre que $\rho(x, A) = 0$ se, e somente se, $x \in A'$. Conclua que $x_0 \in A$ é isolado se, e somente se, $\rho(x_0, A - \{x_0\}) > 0$.

    (d) $\overline{A} = A \cup \{x \in X : \rho(x, A) = 0\}$.

    (e) Se $A = D_r(x_0)$ e $x \notin A$, então $\rho(x, A) \geq d(x_0, x) - r$.

2. Sejam (X, d) um espaço, $\emptyset \neq F \subseteq X$ compacto e $x_0 \in X - F$. Mostre que existe pelo menos um $m \in F$ tal que $d(x_0, m) \leq d(x_0, x)$, para todo $x \in F$. Conclua que em $\mathbb{R}^n$ basta que F seja fechado.

3. Sejam (X, d) um espaço de Hausdorff, $\emptyset \neq K \subseteq X$ compacto e $x_0 \in X - K$. Mostre que existem abertos U e V em X tais que $x_0 \in U, K \subseteq V$ e $U \cap V = \emptyset$.

4. Sejam (X, d) um espaço e $x_0 \in X$ fixado. Mostre, para cada $x \in X$, que $f_x : X \to \mathbb{R}$ definida como $f_x(y) = d(y, x) - d(y, x_0)$ é limitada e contínua. Conclua que $\psi : X \to \mathcal{C}(X, \mathbb{R})$ definida como $\psi(x) = f_x$ é uma isometria.

5. Sejam (X, d) um espaço métrico e $\emptyset \neq A \subseteq X$.

    (a) Mostre que se $x \in A' - A$, então qualquer aberto U em X contendo x é tal que $U \cap A$ é infinito.

    (b) Mostre que X é discreto e compacto se, e somente se, X for finito.

6. Seja (X, d) um espaço métrico. Mostre que X é discreto se, e somente se, qualquer sequência $(x_n)_{n \in \mathbb{N}}$ convergente em X é eventualmente constante, ou seja, existe um $n_0 \in \mathbb{N}$ tal que x_n é constante, para todo $n \in \mathbb{N}$, com $n > n_0$.

7. Seja G um grupo topológico munido com uma métrico. Mostre que qualquer subgrupo discreto K de G é fechado.

8. Seja X um espaço de Hausdorff. Mostre que qualquer subconjunto compacto K em X é fechado.

9. Seja G um subgrupo em $(\mathbb{R},+)$. Mostre que G é denso ou existe um menor $\alpha \in \mathbb{R}_+^\times$ tal que $G = \alpha \mathbb{Z}$. Quando $G = \alpha \mathbb{Z}$, diremos que G é um *reticulado*. Conclua que se $\beta \notin \mathbb{Q}$, então $D = \{m + n\beta : m, n \in \mathbb{Z}\}$ é denso em $\mathbb{R}$.

10. Seja G um subgrupo de $(\mathbb{R}^2, +)$. Mostre que G é um reticulado se, e somente se, existirem vetores $\mathbf{u}_1$ e $\mathbf{u}_2$ linearmente independentes em $\mathbb{R}^2$ tais que $G = \mathbf{u}_1 \mathbb{Z} \oplus \mathbf{u}_2 \mathbb{Z}$. Dê uma descrição topológico do espaço quociente.

11. Mostre que $G = \mathsf{SL}_2(\mathbb{Z})$ é um subgrupo discreto de $\mathsf{SL}_2(\mathbb{C})$.

    (a) Mostre que G age sobre $\mathcal{H} = \{z \in \mathbb{C} : \mathsf{Im}(z) > 0\}$ via transformações de Möbius.

    (b) Mostre que $\{(c,d) \in \mathbb{Z}^2 : |cz + d| < 1\}$ é finito, para cada $z \in \mathcal{H}$.

    (c) Mostre que $\{w \in \mathsf{Orb}(z) : \mathsf{Im}(w) > \mathsf{Im}(z)\}$ é finito, para cada $z \in \mathcal{H}$.

    (d) Descreve um conjunto fundamental para G e o espaço quociente.

12. Seja G um grupo topológico. Diremos que G é *localmente euclidiano* ou um *grupo vetorial* se existir um $n \in \mathbb{N}$ tal que cada $x \in G$ possui uma vizinhança U homeomorfa a $\mathbb{R}^n$ ou G é isomorfo a um subgrupo de $(\mathbb{R}^n, +)$.

    (a) Mostre que $\mathbb{R}^n$ é homeomorfo a $D_1(\mathbf{0}) = \{\mathbf{x} \in \mathbb{R}^n : \|\mathbf{x}\| < 1\}$.

    (b) Mostre que G é localmente euclidiano se, e somente se, e_G pertence a uma vizinhança aberta U homeomorfa a $\mathbb{R}^n$, para algum $n \in \mathbb{N}$.

    (c) Mostre que $M_n(\mathbb{R})$ é localmente euclidiano.

    (d) Mostre que $\mathsf{GL}_n(\mathbb{R})$ é localmente euclidiano.

4

Geometria Hiperbólica Plana

Neste capítulo mostraremos que a geometria hiperbólica plana, conforme veremos, representa uma teoria geométrica consistente. Além disso, provaremos que esta geometria satisfaz o sistema de axiomas obtido pela omissão do postulado das paralelas a partir dos axiomas da geometria euclidiana. Historicamente, a geometria hiperbólica foi desenvolvida independentemente por Bolyai,[1] Gauss e Lobatschewsky.[2]

4.1 O Plano Hiperbólico

O principal objetivo desta seção é descrever um modelo para o plano hiperbólico. Um modelo significa uma escolha de um conjunto mais uma escolha de como representar objetos geométricos básicos, tais como pontos e retas, neste conjunto.

Vamos descrever os pontos e retas da geometria hiperbólica sem qualquer referência à distância. Para isto, tomamos o *plano hiperbólico* ou plano de Lobatschewsky como sendo o semiplano superior:

$$\mathcal{H} = \mathbb{C}_+ = \{z \in \mathbb{C} : \mathsf{Im}(z) > 0\}.$$

Observe que o eixo real $\mathbb{R}$ não faz parte de $\mathcal{H}$. Não obstante, $\partial \mathcal{H} = \mathbb{R}_\infty$ é um círculo com centro ∞ de $\mathbb{C}_\infty$ determinado pelos pontos $0, 1$ e

---
[1] János Bolyai, 1802-1860, matemático húngaro.
[2] Nikolai Ivanovich Lobatschewsky, 1792-1856, matemático russo.

∞. Além disso, usaremos a noção usual de ponto e de ângulo que $\mathcal{H}$ herda de $\mathbb{C}$.

Uma *reta hiperbólica* ou simplesmente uma *reta* é um semicírculo em $\mathcal{H}$, cujo centro está em $\partial\mathcal{H}$, a qual incluem dois extremos (*pontos ideais*) em $\mathbb{R}_\infty$. Note que essas retas hiperbólicas incluem os semicírculos e as semirretas que são ortogonais a $\mathbb{R}$, ou seja, são partes de círculos euclidianos em $\mathbb{C}_\infty$, confira a figura 4.1 (a).

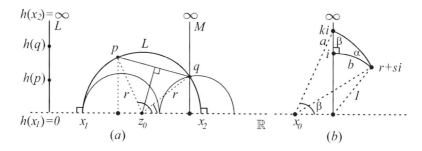

Figura 4.1: Retas e triângulos hiperbólicos em $\mathcal{H}$.

Proposição 4.1.1 *Sejam $p, q \in \mathcal{H}$, com $p \neq q$. Então existe uma única reta L em $\mathcal{H}$ que passa por p e q.*

DEMONSTRAÇÃO: Se $\text{Re}(p) = \text{Re}(q)$, então $L' = \{z \in \mathbb{C} : \text{Re}(z-p) = 0\}$ é uma reta ortogonal ao eixo dos x que passa por p e q. Assim, $L = \mathcal{H} \cap L'$ é uma reta em $\mathcal{H}$. Se $\text{Re}(p) \neq \text{Re}(q)$, então pondo $L_{pq}(t) = \{(1-t)p + tq : t \in [0,1]\}$ o segmento e $L_1 = \{z \in \mathbb{C} : |z-p| = |z-q|\}$ o bissetor ortogonal a $L_{pq}(t)$. Como $\text{Re}(p) \neq \text{Re}(q)$ temos que $L_1 \cap \mathbb{R} = \{z_0\}$. Logo, $\Gamma = \{z \in \mathbb{C} : |z - z_0| = |p - z_0|\}$ é um círculo que passa por p. Por outro lado, $z_0 \in L_1$ implica que $|z_0 - q| = |z_0 - p|$, de modo que $q \in \Gamma$. Portanto, $L = \mathcal{H} \cap \Gamma$ é uma reta em $\mathcal{H}$. A unicidade segue da unicidade da reta e do círculo na geometria euclidiana. □

É muito importante ver explicitamente a reta hiperbólica dada pela prova da proposição 4.1.1. Dados $p = a + bi, q = c + di \in \mathcal{H}$, com $p \neq q$. Se $a = c$, então a reta é: $L = \mathcal{H} \cap L' = \{z \in \mathcal{H} : \text{Re}(z) = a\}$.

Se $a \neq c$, então $2^{-1}(p+q)$ é o ponto médio e $m = (c-a)^{-1}(d-b)$ é a inclinação de $L_{pq}(t)$, de modo que

$$L_1 : y = -m^{-1}(x - 2^{-1}(a+c)) + 2^{-1}(b+d). \qquad (4.1.1)$$

Como $L_1 \cap \mathbb{R} = \{z_0\}$ temos, depois de alguns cálculos, que

$$z_0 = (2(c-a))^{-1}(|q|^2 - |p|^2) \quad \text{e} \quad r = |z_0 - p| = |z_0 - q|. \qquad (4.1.2)$$

Portanto, z_0 e r é o centro e o raio de Γ e a reta é: $L = \mathcal{H} \cap \Gamma$.

Sejam L e M retas em $\mathcal{H}$. Diremos que L e M são *paralelas* se $L \cap M = \{\infty\}$, ou seja, elas possuem exatamente um ponto extremo em comum no círculo infinito. Diremos que L e M são *ultraparalelas* se $L \cap M = \emptyset$, ou seja, os seus círculos euclidianos são disjuntos.

Proposição 4.1.2 *Sejam $p \in \mathcal{H}$ e L uma reta em $\mathcal{H}$ tal que $p \notin L$. Então existem infinitas retas em $\mathcal{H}$ que passam por p e são paralelas a L.*

Demonstração: Se $L = \mathcal{H} \cap L'$, com L' uma reta euclidiano em $\mathbb{C}$, então $p \notin L'$, de modo que existe uma reta M' que passa por p e é paralela a L'. Assim, $M = \mathcal{H} \cap M'$ é uma reta que passa por p e é paralela a L, pois L é ortogonal a $\mathbb{R}$. Escolhendo $x \in \mathbb{R}$ entre L e M, existe um círculo Γ_x, com centro $z_0 \in \mathbb{R}$, que passa por p e x, pois $\text{Re}(x) \neq \text{Re}(p)$. Logo, $L_x = \mathcal{H} \cap \Gamma_x$ é uma reta que passa por p e é paralela a L. Como existem infinitos pontos entre L e M temos que existem infinitas retas em $\mathcal{H}$ que passam por p e são paralelas a L. $\square$

Note que dado $p \in \mathcal{H}$ e L uma reta em $\mathcal{H}$ tal que $p \notin L$. Então, pela proposição 4.1.2, existem infinitas retas em $\mathcal{H}$ que são paralelas a L. Em particular, pela proposição 4.1.1, existem exatamente duas retas que passam por p e toca L nos seus extremos em $\mathbb{R}_\infty$. Observe que essas retas dividem o conjunto das retas que passam por p em duas classes: as que cortam L e as que não interceptam L. Portanto, temos o nosso "axioma das paralelas": *dado $p \in \mathcal{H}$ e L uma reta em $\mathcal{H}$ tal que $p \notin L$, existem exatamente duas retas que passam por p e são paralelas a L.*

É interessante lembrar, confira o teorema 2.1.4, que qualquer elemento do grupo de Möbius, $h \in \mathsf{GM}_2(\mathbb{C})$, podia ser escrito sob a forma (os geradores do grupo $\mathsf{GM}_2(\mathbb{C}) = \mathsf{Aut}(\mathbb{C})$):

$$h(z) = (cz+d)^{-1}(az+b) = T_\gamma \circ M_\alpha \circ J \circ T_\beta,$$

com $ad - bc \neq 0, T_\gamma(z) = z + \gamma, M_\alpha(z) = \alpha z$ e $J(z) = z^{-1}$. Por outro lado, a conjugação $\sigma_0(z) = \bar{z}$ não pertencia a $\mathsf{GM}_2(\mathbb{C})$. Observe, geometricamente, que σ_0 é a inversão em $\mathbb{R}_\infty$ tal que $\sigma_0(\mathcal{H}) \neq \mathcal{H}$, ou seja, $\sigma_0(x) = x$, para todo $x \in \mathbb{R}_\infty$, e $\mathbb{R}$ é o bissetor ortogonal do segmento $L_{z\sigma_0(z)}$, para todo $z \in \mathbb{C} - \mathbb{R}$.

Lema 4.1.3 *Seja $h_\mathbf{A} \in \mathsf{GM}_2(\mathbb{C})$. Então $h_\mathbf{A}(\mathbb{R}_\infty) = \mathbb{R}_\infty$ se, e somente se, $\mathbf{A}$ é um elemento de $\mathsf{GL}_2(\mathbb{R})$.*

Demonstração: Sejam $h \in \mathsf{GM}_2(\mathbb{C})$ e $x_1, x_2, x_3 \in \mathbb{R}$ tais que $h(x_1) = 0, h(x_2) = \infty$ e $h(x_3) = 1$, de modo que

$$(w, 0; \infty, 1) = (z, x_1; x_2, x_3) \Leftrightarrow w = (cz+d)^{-1}(az+b),$$

em que $a = x_3 - x_2, b = -x_1(x_3 - x_2), c = x_3 - x_1$ e $d = -x_2(x_3 - x_1)$ são reais. Portanto, h pode ser representada por $\mathbf{A} \in \mathsf{GL}_2(\mathbb{R})$. A recíproca é clara. □

Teorema 4.1.4 *Seja $h \in \mathsf{GM}_2(\mathbb{C})$. Então $h(\mathcal{H}) = \mathcal{H}$ se, e somente se, h pertence a $\mathsf{Aut}(\mathcal{H}) = \{h_\mathbf{A} : \mathbf{A} \in \mathsf{GL}_2^+(\mathbb{R})\}$ e $\mathsf{GL}_2^+(\mathbb{R}) = \{\mathbf{A} \in \mathsf{GL}_2(\mathbb{R}) : \det \mathbf{A} > 0\}$. Conclua que $\overline{h(z)} = (h \circ \sigma_0)(z)$, com $\sigma_0(z) = \bar{z}$, para todo $h \in \mathsf{Aut}(\mathcal{H})$.*

Demonstração: Suponhamos que $h \in \mathsf{GM}_2(\mathbb{C})$ e $h(\mathcal{H}) = \mathcal{H}$. Então $h(\mathbb{C}_-) = \mathbb{C}_-$, de modo que $h(\mathbb{R}_\infty) = \mathbb{R}_\infty$. Assim, pelo lema 4.1.3, h pode ser representada por $\mathbf{A} \in \mathsf{GL}_2(\mathbb{R})$. Dado $z \in \mathbb{C}$ e depois de alguns cálculos, obtemos

$$f(z) - \overline{f(z)} = \frac{\det \mathbf{A}}{|cz+d|^2}(z - \bar{z}) \quad \text{e} \quad \mathsf{Im}(f(z)) = \frac{\det \mathbf{A}}{|cz+d|^2} \mathsf{Im}(z). \quad (4.1.3)$$

Portanto, $h(\mathcal{H}) = \mathcal{H}$ e $h(\mathbb{C}_-) = \mathbb{C}_-$ se, e somente se, $h \in \mathsf{Aut}(\mathcal{H})$. □

Note, pelo teorema 4.1.4, que o par $(\mathcal{H}, \mathsf{Aut}(\mathcal{H}))$ pode ser visto como um modelo da geometria hiperbólica. A função $\psi : \mathsf{GL}_2^+(\mathbb{R}) \to \mathsf{Aut}(\mathcal{H})$ definida como $\psi(\mathbf{A}) = h_{\mathbf{A}}$ é um homomorfismo de grupos sobrejetor, com

$$\ker \psi = \{\mathbf{A} \in \mathsf{GL}_2^+(\mathbb{R}) : \psi(\mathbf{A}) = I\} = \{k\mathbf{I} : k \in \mathbb{R}^\times\}.$$

Em particular, a restrição de ψ a $\mathsf{SL}_2(\mathbb{R})$ implica que

$$\mathsf{PSL}_2(\mathbb{R}) = \mathsf{SL}_2(\mathbb{R})/\{-\mathbf{I}, \mathbf{I}\} \simeq \mathsf{Aut}(\mathcal{H}). \tag{4.1.4}$$

Portanto, não há perda de generalidade, em identificar o grupo das classes $\mathsf{PSL}_2(\mathbb{R})$ com $\mathsf{Aut}(\mathcal{H})$. Em particular, $\mathsf{PSL}_2(\mathbb{R})$ é gerado pelas transformações $f(z) = az + b$, onde $a, b \in \mathbb{R}$, com $a > 0$, e $S(z) = -z^{-1}$. É importante ressaltar que apesar de $\mathsf{PSL}_2(\mathbb{R})$ e $\mathsf{Aut}(\mathcal{H})$ serem algebricamente iguais eles possuem comportamento geométrico totalmente diferentes quando ambos são vistos como transformações sobre $\mathbb{R}^2$ identificado com $\mathbb{C}$. Por exemplo, $h_{\mathbf{A}}(z) = -z^{-1}$ e $\mathbf{X} = (1, 1)^t$ implicam que $\mathbf{AX} = (-1, 1)^t$ e $h_{\mathbf{A}}(1 + i) = -2^{-1}(1 - i)$.

Teorema 4.1.5 *Sejam $h \in \mathsf{Aut}(\mathcal{H})$ e L qualquer reta em $\mathcal{H}$. Então $h(L)$ é uma reta em $\mathcal{H}$, ou seja, $\mathsf{Aut}(\mathcal{H})$ age transitivamente sobre o conjunto de retas.*

Demonstração: Dados $w, z \in \mathcal{H}$, com $w \neq z$, e L a reta em $\mathcal{H}$ que passa por w e z. Então L é parte de um círculo Γ em $\mathbb{C}_\infty$ que passa por $w, z, \overline{w}$ e $\overline{z}$. Assim, pelo teorema 2.1.3, o círculo $h(\Gamma)$ passa por $h(w), h(z), h(\overline{w})$ e $h(\overline{z})$, de modo que $h(\Gamma)$ é ortogonal a $\mathbb{R}_\infty$. Portanto, pela equação (4.1.3), $h(L) = \mathcal{H} \cap h(\Gamma)$ é uma reta em $\mathcal{H}$. □

Dados $p, q \in \mathcal{H}$, com $p \neq q$, e L a única reta em $\mathcal{H}$ que passa por p e q, confira a figura 4.1 (a). Então L possui pontos extremos no círculo infinito, digamos, $x_1 < x_2$, de modo que x_1, p, q e x_2 ocorram nesta ordem ao longo de L. Assim, pelo teorema 4.1.4, existe um $h(z) = -(z - x_2)^{-1}(z - x_1)$ ou $h = T_\alpha \circ g$, com $g(z) = -(z - x_2)^{-1}$ e $\alpha = (x_2 - x_1)^{-1}$, em $\mathsf{Aut}(\mathcal{H})$ tal que $h(x_1) = 0$ e $h(x_2) = \infty$, ou seja, $h(L) = i\mathbb{R}_+$. Logo, existem $a, b \in \mathbb{R}_+^\times$, com $a \neq b$, tais que $h(p) = ia$

e $h(q) = ib$. Podemos supor que $1 = a < b$. Caso contrário, basta considerar $f = M_{a^{-1}} \circ h \circ S$, em que $M_{a^{-1}}(z) = a^{-1}z$ e $S(z) = -z^{-1}$, de modo que

$$(x_1, p; q, x_2) = (\infty, ia; ib, 0) = a^{-1}b = b > 1.$$

Isto nos garante que a *distância hiperbólica* sobre $\mathcal{H}$ definida como:

$$\rho(p,q) = \begin{cases} |\log(x_1, p; q, x_2)| & \text{se } p \neq q, \\ 0 & \text{se } p = q. \end{cases} \quad (4.1.5)$$

está bem definida. Neste caso, o par $(\mathcal{H}, \rho)$ é um espaço métrico. É muito importante observar que ρ é uma função definida não em $\mathcal{H}$, mas sobre $\mathcal{H} \times \mathcal{H}$, de modo que a métrica que determina a continuidade de ρ não é ela própria, mas qualquer métrica sobre $\mathcal{H} \times \mathcal{H}$.

Teorema 4.1.6 *Seja $(\mathcal{H}, \rho)$ um espaço métrico. Então:*

1. *$\rho(h(w), h(z)) = \rho(w, z)$, para todos $w, z \in \mathcal{H}$ e $h \in \text{Aut}(\mathcal{H})$. Conclua que $\text{Aut}(\mathcal{H}) \subseteq \text{Iso}(\mathcal{H})$.*

2. *Dados $u, v, w \in \mathcal{H}$, $\rho(u, w) = \rho(u, v) + \rho(v, w)$ se, e somente se, $[u, v] \cup [v, w]$ é um segmento geodésico.*

Demonstração: (2) Já sabemos que podemos escolher $g \in \text{Aut}(\mathcal{H})$ e $a, b, c \in \mathbb{R}_+^\times$, com $a < b < c$, tais que $g(u) = ia, g(v) = bi$ e $g(w) = ic$. Assim, pelo item (1),

$$\rho(u, w) = \log(a^{-1}c) = \log(a^{-1}b) + \log(b^{-1}c) = \rho(u, v) + \rho(v, w).$$

Portanto, $\rho(u, w) = \rho(u, v) + \rho(v, w)$. $\square$

Para exibir uma fórmula explícita para ρ vamos lembrar algumas definições e fatos: para qualquer $z \in \mathbb{C}$,

$$\cosh z = 2^{-1}(e^z + e^{-z}), \text{senh } z = 2^{-1}(e^z - e^{-z})$$
$$\text{e} \quad \tanh 2^{-1}z = (e^z + 1)^{-1}(e^z - 1).$$

A relação fundamental $\cosh^2 z - \text{senh}^2 z = 1$; $\cos(iz) = \cosh z, \text{sen}(iz) = \text{senh } z$ e $\cosh 2z = 2\cosh^2 z - 1 = 1 + 2\text{senh}^2 z$.

Teorema 4.1.7 *Sejam* $(\mathcal{H}, \rho)$ *um espaço métrico e* $w, z \in \mathcal{H}$.

1. $\rho(w, z) = \log \left| \frac{|w-\bar{z}|+|w-z|}{|w-\bar{z}|-|w-z|} \right|$ *e* $\cosh \rho(w, z) = 1 + \frac{|z-w|^2}{2\operatorname{Im}(w)\operatorname{Im}(z)}$.

2. $\operatorname{senh}^2 \frac{1}{2}\rho(w, z) = \frac{|z-w|^2}{4\operatorname{Im}(w)\operatorname{Im}(z)}$ *e* $\cosh^2 \frac{1}{2}\rho(w, z) = \frac{|z-\bar{w}|^2}{4\operatorname{Im}(w)\operatorname{Im}(z)}$.

DEMONSTRAÇÃO: Vamos provar apenas o item (2). Existe um $g \in \operatorname{Aut}(\mathcal{H})$ e $a, b \in \mathbb{R}_+^\times$, com $0 < a < b$, tais que $g(z) = ia$ e $g(w) = ib$. Assim, aplicando $M_{a^{-1}}(z) = a^{-1}z$ um elemento em $\operatorname{Aut}(\mathcal{H})$, podemos supor que $a = 1$, de modo que

$$\operatorname{senh}^2 \frac{1}{2}\rho(w, z) = \operatorname{senh}^2(\log \sqrt{b}) = \frac{1}{4b}(b-1)^2.$$

Por outro lado, pondo $\kappa(w, z) = (4\operatorname{Im}(w)\operatorname{Im}(z))^{-1}|z-w|^2$, temos, pela equação (4.1.3), que $\kappa(h(w), h(z)) = \kappa(w, z)$, para todo $h \in \operatorname{Aut}(\mathcal{H})$. Em particular,

$$\kappa(w, z) = \kappa(i, ib) = \frac{1}{4b}(b-1)^2.$$

Portanto, $\phi(w, z) = \operatorname{senh}^2 \frac{1}{2}\rho(w, z)$. A outra segue da relação fundamental. $\square$

Proposição 4.1.8 $\operatorname{Aut}(\mathcal{H})$ *age transitivamente sobre* $\mathcal{H}$. *Conclua que se* $z_1, z_2 \in \mathcal{H}$, *com* $z_1 \neq z_2$, *então* $\operatorname{Est}(z_2) = h^{-1}\operatorname{Est}(z_1)h$, *para algum* $h \in \operatorname{Aut}(\mathcal{H})$, *e*

$$\operatorname{Est}(i) = \left\{ \begin{pmatrix} \cos\theta & \operatorname{sen}\theta \\ -\operatorname{sen}\theta & \cos\theta \end{pmatrix} : \theta \in \mathbb{R} \right\} = \operatorname{SO}_2(\mathbb{R})$$

é isomorfo ao grupo S^1, $h \leftrightarrow h'(i) = e^{2i\theta}$, *e* S^1 *é isomorfo ao grupo* $\mathbb{R}/2\pi\mathbb{Z}$. *Além disso,* $\operatorname{Aut}(\mathcal{H})$ *age 2-transitivamente sobre* $\mathbb{R}_\infty$.

DEMONSTRAÇÃO: Para qualquer $z_0 = a + b^2 i \in \mathcal{H}$, com $b \neq 0$, existe um $h \in \operatorname{Aut}(\mathcal{H})$, a saber, $h(z) = b^2 z + a$ tal que $h(i) = z_0$. Portanto, $\operatorname{Orb}(i) = \{h(i) : h \in \operatorname{Aut}(\mathcal{H})\} = \mathcal{H}$. Em particular, dados $z_1, z_2 \in \mathcal{H}$, com $z_1 \neq z_2$, existe um $h \in \operatorname{Aut}(\mathcal{H})$ tal que $h(z_1) = z_2$, de modo que

$\mathsf{Est}(z_2) = h^{-1}\mathsf{Est}(z_1)h$. Dado $f(z) = (cz+d)^{-1}(az+b)$ em $\mathsf{Aut}(\mathcal{H})$, se $f(i) = i$, então, depois de alguns cálculos, obtemos

$$bd + ac = 0, c^2 + d^2 = 1 \text{ e } ad - bc = 1.$$

Assim, a menos de sinal, podemos escolher $\theta \in \mathbb{R}$ tal que $a = d = \cos\theta$ e $b = -c = \operatorname{sen}\theta$. Dados $a, b \in \mathbb{R}$, com $a > b$, use $g(z) = (z-b)^{-1}(z-a), S(z) = -z^{-1}$ e $T_b(z) = z + b$ para provar que $\mathsf{Orb}(0, \infty) = \{(a,b) : a, b \in \mathbb{R}_\infty, a \neq b\}$. $\square$

Existe um modo alternativo de definir a métrica hiperbólica sobre $\mathcal{H}$, embora sejam equivalentes. Para isto, vamos lembrar que uma curva sobre $\mathbb{C} = \mathbb{R}^2$ era representada por uma função $\gamma : [a,b] \to \mathbb{R}^2, \gamma(t) = x(t) + iy(t) = (x(t), y(t))$, com $\mathsf{Im}\,\gamma = \gamma([a,b])$ o *traço* ou *imagem* em $\mathbb{R}^2$. Observe se γ é uma curva diferenciável (por partes) sobre $\mathbb{R}^2$, então, depois de algumas manipulações de cálculo diferencial e integral, o *comprimento euclidiano* de γ entre $\gamma(a)$ e $\gamma(b)$, denotado por $L(\gamma)$ ou $\|\gamma\|$, é definido como:

$$\|\gamma\| = \int_a^b |\gamma'(t)|dt = \int_a^b \sqrt{\langle \gamma'(t), \gamma'(t)\rangle}dt = \int_\gamma |dz|,$$

com $ds^2(z) = dx^2 + dy^2 = |dz|^2 = dz \cdot d\bar{z}$ a *métrica euclidiana* em $\mathbb{R}^2$. Observe que $f : [0,1] \to [a,b]$ definida como $f(t) = tb + (1-t)a$ é um difeomorfismo (*mudança de parâmetros*). Assim, $\eta = \gamma \circ f : [0,1] \to \mathbb{R}^2$ é uma curva diferenciável e, pela Regra da Cadeia e mudança de variáveis, $\|\gamma\| = \|\eta\|$. Portanto, não há perda de generalidade, quando considerarmos $\gamma : [0,1] \to \mathbb{R}^2$.

Sejam $w, z \in \mathcal{H}$, com $w \neq z$, e $\gamma : [a,b] \to \mathcal{H}$ uma curva diferenciável tal que $\gamma(a) = w$ e $\gamma(b) = z$. Então definimos o *comprimento hipebólico* de γ

$$\|\gamma\| = \int_\gamma \lambda(z)|dz| = \int_a^b \frac{1}{\mathsf{Im}(\gamma(t))}|\gamma'(t)|dt, \qquad (4.1.6)$$

com $\lambda : \mathbb{C}^\times \to \mathbb{R}$ definida como $\lambda(z) = \mathsf{Im}(z)^{-1}$ contínua. É muito importante ressaltar que a *métrica hiperbólica* $ds^2 = y^{-2}(dx^2 + dy^2)$ em

$\mathcal{H}$ possui tamanho proporcional a métrica euclidiana $ds^2 = dx^2 + dy^2$. Por exemplo, os ângulos hiperbólicos em $\mathcal{H}$ são iguais aos ângulos euclidianos. Observe que se $h \in \mathsf{Aut}(\mathcal{H})$ e $\gamma : [a,b] \to \mathcal{H}$ for qualquer curva diferenciável tal que $\gamma(a) = w$ e $\gamma(b) = z$, então $\tau(t) = (h \circ \gamma)(t) = u(t) + iv(t)$ define uma curva diferenciável em $\mathcal{H}$. Assim, pela equação (4.1.3), $v(t) = (c\gamma(t) + d)^{-2} y(t)$ e $h'(\gamma(t)) = y(t)^{-1} v(t)$, de modo que $\tau'(t) = h'(\gamma(t))\gamma'(t) = (y(t))^{-1} v(t) \gamma'(t)$. Logo,

$$\|\tau\| = \int_a^b v(t)^{-1} |\tau'(t)| dt = \int_a^b y(t)^{-1} |\gamma'(t)| dt = \|\gamma\|.$$

Portanto, o comprimento é invariante sob a ação de $\mathsf{Aut}(\mathcal{H})$. Vamos denotar por $L[w,z]$ o conjunto de todas as curvas diferenciáveis $\gamma : [a,b] \to \mathcal{H}$ tal que $\gamma(a) = w$ e $\gamma(b) = z$, o qual é não vazio, pois $\gamma(t) = w + (z-w)(b-a)^{-1}(t-a)$, para todo $t \in [a,b]$, pertence a ele, definimos a *distância hiperbólica* sobre $\mathcal{H}$ por:

$$\delta(w,z) = \inf\{\|\gamma\| : \gamma \in L[w,z]\}. \tag{4.1.7}$$

Dados $w, z \in \mathcal{H}$, com $w \neq z$, e L a única reta em $\mathcal{H}$ que passa por w e z. Então já sabemos que existe um $g \in \mathsf{Aut}(\mathcal{H})$ tal que $g(L) = i\mathbb{R}_+$, digamos, $g(w) = ip$ e $g(z) = iq$, com $p \neq q$. Assim, podemos supor que $p < q$. Caso contrário, basta considerar $h = S \circ g$, com $S(z) = -z^{-1}$. Logo, dado $\gamma \in L[ip, iq]$, obtemos

$$\|\gamma\| = \int_a^b \frac{\sqrt{x'(t)^2 + y'(t)^2}}{y(t)} dt$$
$$\geq \int_a^b \frac{|y'(t)|}{y(t)} dt = \int_q^q \frac{1}{y(t)} dy(t) = \log\left(\frac{q}{p}\right).$$

Como $|x'(t)^2 + y'(t)^2| = \sqrt{x'(t)^2 + y'(t)^2}$ temos que a igualdade ocorre se, e somente se, $x'(t) = 0$ e $y'(t) \geq 0$. Portanto, $\gamma(t) = ti$, para todo $t \in [p,q]$, com $p > 0$, é uma geodésica. Por exemplo, se $\gamma_0(t) = ip(p^{-1}q)^t$, para todo $t \in [0,1]$, então $\gamma'(t) = ip\log(p^{-1}q)(p^{-1}q)^t$ e $\|\gamma_0\| = \delta(ip, iq) = \log q - \log p$, ou seja, existe uma curva que minimiza a distância, sua imagem está contida em uma reta L e a velocidade hiperbólica é constante, confira a proposição 3.3.7. Observe que

$$\delta(w,z) = \delta(ip, iq) = \log(0, iq; ip, \infty) = \log(x, z; w, y) = \rho(w, z),$$

com x, y os extremos no círculo de w, z. Portanto, pela transitividade de Aut($\mathcal{H}$) sobre $\mathcal{H}$, as geodésicas de $\mathcal{H}$ são todas as retas hiperbólicas de $\mathcal{H}$, de modo que $(\mathcal{H}, \rho)$ é geodesicamente completo e $(\mathcal{H}, \rho)$ é homeomorfo a $(\mathcal{H}, |\cdot|)$.

É bastante instrutivo e útil consideramos um caso particular com todos os detalhes. Dados $w_k = -k + i, z_k = k + 2 + i \in \mathcal{H}$, onde $k \in \mathbb{R} - \{-1\}$. Como as partes reais são distintas, $\text{Re}(w_k) \neq \text{Re}(z_k)$, temos, pela equação (4.1.2), que

$$z_0 = 1 \quad \text{e} \quad r_k = \sqrt{(1+k)^2 + 1}$$

é o centro e o raio de um círculo Γ_k em $\mathbb{C}$. Assim, $x \in \mathbb{R} \cap \Gamma_k$ se, e somente se, $x = 1 - r_k$ ou $x = 1 + r_k$. Pondo $x_k = 1 - r_k$ e $y_k = 1 + r_k$, temos que $g_k(z) = (z - x_k)^{-1}(z - y_k)$ é um elemento de Aut($\mathcal{H}$). Assim, $g(x_k) = \infty$ e $g(y_k) = 0$, de modo que

$$g_k(w_k) = i\frac{y_k - x_k}{(k + y_k)^2 + 1} \quad \text{e} \quad g_k(z_k) = i\frac{y_k - x_k}{(k + x_k)^2 + 1}.$$

Portanto,

$$\rho(w_k, z_k) = \log\left(\frac{(k + y_k)^2 + 1}{(k + x_k)^2 + 1}\right).$$

Em particular, se $k = 0$, então $r = \sqrt{2}$ e $\rho(w_0, z_0) = \log(3 + \sqrt{2})$. Portanto, para determinar as distâncias sobre $\mathcal{H}$ basta calcular as distâncias sobre o eixo dos y.

Dados $w, z \in \mathcal{H}$, com $w \neq z$, L a única reta em $\mathcal{H}$ que passa por w, z e

$$L_1 = \{u \in \mathcal{H} : \rho(u, w) = \rho(u, z)\} = \{u \in \mathcal{H} : |u - w| = k|u - z|\}$$

o bissetor ortogonal ao segmento L_{wz}. Assim, $L \cap L_1 = \{z_0\}$ e $\rho(w, z_0) = \rho(z, z_0)$. Então podemos escolher $f \in \text{Iso}(\mathcal{H})$ tal que $f(z_0) = i$ e $\text{Re}(f(w)) \cdot \text{Re}(f(z)) < 0$. Então, pelo teorema 4.1.6,

$M = f(L)$ é a única reta em $\mathcal{H}$ que passa por $f(w)$ e $f(z)$, de modo que $M \cap M_1 = \{f(z_0)\}$, com $M_1 = f(L_1)$ o bissetor ortogonal ao segmento $M_{f(w)f(z)}$, ou seja, o centro de M é 0 e $M_1 = \mathbb{I} = i\mathbb{R}_+$ é o bissetor ortogonal ao segmento $f(L_{wz}) = M_{f(w)f(z)}$.

Teorema 4.1.9 *O grupo* $\mathsf{Iso}(\mathcal{H})$ *é gerado por elementos de* $\mathsf{Aut}(\mathcal{H})$ *e* $R_0(z) = -\overline{z}$. *Conclua que* $[\mathsf{Iso}(\mathcal{H}) : \mathsf{Aut}(\mathcal{H})] = 2$.

Demonstração: Pelo teorema 4.1.4, $\mathsf{Aut}(\mathcal{H}) \subseteq \mathsf{Iso}(\mathcal{H})$. Sejam $f \in \mathsf{Iso}(\mathcal{H})$ e $\mathbb{I} = i\mathbb{R}$. Então, pelo exposto acima, temos que $f(\mathbb{I})$ minimiza distâncias e $f(\mathbb{I}) \subseteq L$, com L uma reta em $\mathcal{H}$. Assim, existe um $h \in \mathsf{Aut}(\mathcal{H})$ tal que $(h \circ f)(\mathbb{I}) = \mathbb{I}$. Em particular, $(h \circ f)(i) = ki$, de modo que $g(i) = (M_{k^{-1}} \circ h \circ f)(i) = i$. Logo, se necessário, considerando $S \circ g$, com $S(z) = -z^{-1}$, podemos supor que os segmentos L_{0i} e $L_{i\infty}$ sejam invariantes sob g. Observe que $ip \in \mathbb{I}$ e

$$|\log p| = \rho(i, pi) = \rho(g(i), g(ip)) = \rho(i, g(ip)) = |\log(g(ip))|$$

e $g(ip) = ip$, ou seja, $g(\mathbb{I}) = \mathbb{I}$. Por outro lado, dado $z_0 \in \mathcal{H}$ tal que $g(z_0) \neq z_0$, obtemos $\rho(z_0, it) = \rho(g(z_0), it)$, para todo $t \in \mathbb{R}_+^\times$, ou seja, $\mathbb{I}$ é o bissetor ortogonal à reta M em $\mathcal{H}$ que passa por z_0 e $g(z_0)$, de modo que M possui o centro em 0 e $g(z_0) = -\overline{z_0}$. Portanto, $g(z) = -\overline{z}$, para todo $z \in \mathcal{H}$, pois $\mathcal{H}$ é conexo. $\square$

É pertinente lembrar que a função $\sigma_0 : \mathbb{C}_\infty \to \mathbb{C}_\infty$ definida como $\sigma_0(z) = \overline{z}$ e $\sigma_0(\infty) = \infty$ é uma isometria, mas $\sigma_0 \notin \mathsf{GM}_2(\mathbb{C})$, pois ela não preserva orientação, de modo que $\mathsf{Iso}(\mathbb{C})$ é gerado por elementos de $\mathsf{GM}_2(\mathbb{C})$ e σ_0, pois $J = \sigma_0 \circ R$, com $R(z) = \overline{z}^{-1}$ uma reflexão em torno de S^1. Note, pelo teorema 4.1.9, que qualquer elemento do *grupo de automorfismo conforme*, $\mathsf{Aut}(\mathcal{H})$, ou anticonforme:

$$h_{\mathbf{A}}(z) = \frac{az+b}{cz+d} \quad \text{ou} \quad (h_{\mathbf{A}} \circ R_0)(z) = \frac{a(-\overline{z})+b}{c(-\overline{z})+d} = \overline{h_{\mathbf{A}}(-z)},$$

onde $\mathbf{A} \in \mathsf{GL}_2(\mathbb{R})$, ou seja, os que preservam orientações e os que invetem. Neste caso, devido a simplicidade da métrica em

$\mathcal{H}$ e a explicitude dos elementos de $\mathsf{Iso}(\mathcal{H})$, vamos reapresentar explicitamente a fórmula para a distância ρ. Para isto, consideremos $p = x_1 + iy_1$ e $q = x_2 + iy_2$ em $\mathcal{H}$, com $p \neq q$:

(a) Se $x_1 = x_2$, então $\gamma(t) = x_1 + i(ty_2 + (1-t)y_1)$, para todo $t \in [0,1]$, é uma curva diferenciável tal que $\gamma(0) = p, \gamma(1) = q$ e $\gamma'(t) = y_2 - y_1$. Assim,

$$\rho(p,q) = |\log(y_1^{-1} y_2)|. \tag{4.1.8}$$

Logo, fixado p (q) implica que $\lim_{q \to \infty} \rho(p,q) = \infty$ ($\lim_{p \to 0} \rho(p,q) = \infty$). Isto justifica dizer que $\mathbb{R}_\infty$ é a fronteira no infinito ou o círculo infinito de $\mathcal{H}$.

(b) Se $x_1 \neq x_2$, digamos $x_1 < x_2$, então, pela equação (4.1.2),

$$z_0 = (2(x_2 - x_1))^{-1}(|q|^2 - |p|^2) \quad \text{e} \quad r = |z_0 - p| = |z_0 - q|$$

é o centro e o raio de um círculo euclidiano Γ em $\mathbb{C}$, de modo que $L = \mathcal{H} \cap \Gamma$ é um semicírculo em $\mathcal{H}$ de centro z_0 e raio r, com $\mathbb{R} \cap \Gamma = \{z_0 - r, z_0 + r\}$ os pontos extremos. Aplicamos os seguintes passos:

1. Se $T_{z_0}(z) = z - z_0$, então $T_{z_0} \in \mathsf{Aut}(\mathcal{H})$ e $T_{z_0}(L)$ é um semicírculo em $\mathcal{H}$ de centro 0 e raio r, de modo que $\mathbb{R} \cap T_{z_0}(L) = \{-r, r\}$.

2. Se $M_{r^{-1}}(z) = r^{-1}z$, então $M_{r^{-1}} \in \mathsf{Aut}(\mathcal{H})$ e $M_{r^{-1}}(T_{z_0}(L)) = S^1$ é um semicírculo unitário em $\mathcal{H}$, de modo que $\mathbb{R} \cap S^1 = \{-1, 1\}$.

3. Se normalizamos $g(z) = (z+1)^{-1}(z-1)$, então $g \in \mathsf{Aut}(\mathcal{H}), g(-1) = \infty$ e $g(1) = 0$, de modo que $g(S^1) = \mathbb{I} = \{z \in \mathcal{H} : \mathsf{Re}(z) = 0\}$,

obtemos $h(z) = (g \circ M_{R^{-1}} \circ T_{-z_0})(z) = (z - z_0 + r)^{-1}(z - z_0 - r)$ que satisfaz $h(L) = \mathbb{I}$. Portanto, pelo caso (a),

$$\rho(p,q) = \left| \log \left(\frac{h(q)}{h(p)} \right) \right| = \left| \log \left(\frac{(q - z_0 - r)(p - z_0 + r)}{(q - z_0 + r)(p - z_0 - r)} \right) \right| \tag{4.1.9}$$

é a fórmula para a distância hiperbólica entre p e q. Outro modo de ver, sejam $\alpha = \mathsf{arg}(p), \beta = \mathsf{arg}(q) \in [0, \pi)$ e $\gamma : [\alpha, \beta] \to \mathcal{H}$ o arco definida como $\gamma(t) = z_0 + re^{it}$, confira figura 4.1 (a). Então $\text{Im}(\gamma(t)) = r\,\text{sen}\,t$ e $|\gamma'(t)| = |ire^{it}| = r$, de modo que

$$\rho(p,q) = \|\gamma\| = \int_\alpha^\beta \frac{1}{\text{sen}\,t} dt = \log\left|\frac{\csc\beta - \cotg\beta}{\csc\alpha - \cotg\alpha}\right|.$$

Por outro lado, se $x_1 < x_2$, então α e β são os ângulos de triângulos retângulos, com hipotenusa r e catetos: oposto y_j e adjacente $x_j \mp z_0$, de modo que $\csc\alpha = y_2^{-1}r$, $\csc\beta = y_1^{-1}r$ e $\cotg\alpha = y_2^{-1}(x_2 - z_0)$, $\cotg\beta = y_1^{-1}(x_1 - z_0)$. Portanto, depois de alguns cálculos,

$$\rho(z_1, z_2) = \left|\log\left|\frac{(x_1 - z_0 - r)y_2}{y_1(x_2 - z_0 - r)}\right|\right| \qquad (4.1.10)$$

pois o caso $x_1 > x_2$ possui um fator -1. Por exemplo, se $z_1 = -1 + i$ e $z_2 = 3 + i$, então $z_0 = 1, r = \sqrt{5}$ e $\rho(z_1, z_2) = \log(9 + 4\sqrt{5})$.

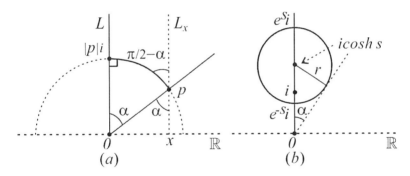

Figura 4.2: Distância de um ponto a uma reta e o círculo hiperbólico.

Observe que se $L_x = \{z \in \mathcal{H} : \text{Re}(z) = x\}, z_1(t) = e^t i$ e $z_2(t) = x + e^t i \in L_x$, com $t > 0$, então $\rho(z_1, z_2) \leq e^{-t}|x|$, de modo que $\lim_{t\to\infty} \rho(z_1, z_2) = 0$. Portanto, $0 = \rho(\mathbb{I}, L_x) = \inf\{\rho(w, z) : w \in \mathbb{I}\,\text{e}\,z \in L_x\}$, para toda reta paralela ao eixo imaginário $\mathbb{I}$, confira figura 4.2 (a). Note que a função $\sigma : (0, \infty) \to \mathbb{R}$ definida como $\sigma(t) = t + t^{-1}$ satisfaz $f(t) \geq 2$ e $f(t) = 2$ se, e somente se, $t = 1$, pois $f'(t) = 1 - t^{-2} = 0$ se, e somente se, $t = 1$. Por outro lado, como $\lim_{t\to 0^+} \sigma(t) = \infty$ e $\lim_{t\to\infty} \sigma(t) = \infty$ temos que $\sigma(t) \geq \sigma(1) = 2$, para todo $t \in (0, \infty)$.

Proposição 4.1.10 *Sejam $p \in \mathcal{H}$ e L uma reta em $\mathcal{H}$ tal que $p \notin L$. Então existe um único $z_0 \in L$ tal que o segmento de reta que passa por p e z_0 é ortogonal a L. Conclua que $\rho(p, L) = \rho(p, z_0)$ é a distância de um ponto a uma reta.*

Demonstração: Note que o segmento de reta não pode ser uma semirreta. Podemos supor que $L \subset i\mathbb{R}$, confira figura 4.2 (a). Logo, $L_{pz_0} = \{z \in \mathcal{H} : |z| = |p|\}$. Afirmação. $\rho(p, L) = \rho(p, z_0)$, com $z_0 = |p|i$. De fato, se $p = x + yi \in \mathcal{H}$ e $t > 0$, então

$$\cosh \rho(p, ti) = 1 + \frac{|p - ti|^2}{2\,\mathsf{Im}(p)\,\mathsf{Im}(it)} = \frac{|p|^2 + t^2}{2yt}$$

$$= \frac{|p|}{2y}\left(\frac{|p|}{t} + \frac{t}{|p|}\right) \geq \frac{|p|}{y},$$

pois $|p|^{-1}t > 0$, de modo que a igualdade ocorre se $t = |p|$. □

Note, pela prova da proposição 4.1.10, que

$\cosh \rho(p, L) = 1/\cos \alpha$, $\mathsf{senh}\, \rho(p, L) = \tan \alpha$ e $\tanh \rho(p, L) = \mathsf{sen}\, \alpha$.

Seja Γ um círculo euclidiano em $\mathbb{C}_\infty$. Se $\Gamma = \{z \in \mathbb{C} : |z - z_0| = r\}$, então o *complementar* Γ^c de Γ em $\mathbb{C}_\infty$ são dois discos: $D_r(z_0) = \{z \in \mathbb{C} : |z - z_0| < r\}$ e $D_r(\infty) = \{z \in \mathbb{C} : |z - z_0| > r\} \cup \{\infty\}$. Se $\Gamma = L \cup \{\infty\}$, com L uma reta euclidiana em $\mathbb{C}$, então o L^c em $\mathbb{C}_\infty$ são dois semiplanos limitados por L. Em qualquer caso, o complementar Γ^c é a união de dois conjuntos disjuntos e conexos. Neste contexto, cada componente chama-se *semiespaço aberto* de Γ. Diremos que F é um *semiespaço fechado* em Γ se $F = \mathbb{C}_\infty \cap \overline{D}_r(z_0)$. Assim, pela proposição 4.1.10, para cada $f \in \mathsf{Iso}(\mathcal{H})$, o conjunto

$$\Sigma_f = \{z \in \mathcal{H} : \rho(z, i) = \rho(z, f^{-1}(i))\}$$
$$= \{z \in \mathcal{H} : (a^2 + c^2 - 1)|z|^2 + 2(ab + cd)\,\mathsf{Re}(z) + b^2 + d^2 = 1\},$$
(4.1.11)

em que $f^{-1}(i) = (a^2 + c^2)^{-1}(-(ab + cd) + i)$, está bem definido e chama-se bissetor de Poincaré de f ou simplesmente *bissetor* de

f. Portanto, existe um semiespaço aberto contendo i e outro contendo $f^{-1}(i)$, pois i e $f^{-1}(i)$ são pontos inversos em relação a Σ_f (semicírculo de Apolônio ou reta vertical).

Proposição 4.1.11 *Seja $\mathcal{X}$ o conjunto de todos os semiespaços abertos de $\mathcal{H}$. Então $\mathsf{Iso}(\mathcal{H})$ age transitivamente sobre $\mathcal{X}$.*

Demonstração: Sejam $A \in \mathcal{X}$ determinado por L em $\mathcal{H}$ e $B = \{z \in \mathcal{H} : \mathsf{Re}(z) > 0\}$ em $\mathcal{X}$ determinado por $\mathbb{I} = \{z \in \mathcal{H} : \mathsf{Re}(z) = 0\}$. Então existe um $g \in \mathsf{Iso}(\mathcal{H})$ tal que $g(L) = \mathbb{I}$. Em particular, g leva os dois semiespaços abertos determinados por L nos dois semiespaços abertos determinados por $\mathbb{I}$. Se $g(A) = B$, acabou. Caso contrário, existe um $R_0(z) = -\overline{z}$ tal que $(R_0 \circ g)(A) = B$. $\square$

Dados $z_0 \in \mathcal{H}$ e $s \in \mathbb{R}_+^\times$. Um *círculo hiperbólico* de centro hiperbólico z_0 e raio hiperbólico s é o conjunto $\{z \in \mathcal{H} : \rho(z, z_0) = s\} = \{z \in \mathcal{H} : \mathsf{senh}^2 \frac{1}{2}\rho(z, z_0) = \mathsf{senh}^2 \frac{1}{2}s\}$.

Proposição 4.1.12 *Qualquer círculo hiperbólico é um círculo euclidiano em $\mathcal{H}$.*

Demonstração: Seja $C = S_s(z_0)$ um círculo hiperbólico de centro $z_0 = a + bi$, com $b > 0$, e raio s. Então existe um $g(z) = b^{-1}(z-a)$ em $\mathsf{Aut}(\mathcal{H})$ tal que $g(z_0) = i$, de modo que $g(C) = S_s(i)$ é um círculo hiperbólico de centro i e raio s, confira figura 4.2 (b). Assim, pelo teorema 4.1.7, cada $z = x + iy \in g(C)$ se, e somente se,

$$\mathsf{senh}^2 2^{-1}s = (4y)^{-1}|z-i|^2 \Leftrightarrow x^2 + (y - \mathsf{cosh}\, s)^2 = \mathsf{senh}^2 s.$$

Logo, $g(C)$ é um círculo euclidiano em $\mathcal{H}$. Como $g^{-1}(\mathcal{H}) = \mathcal{H}$ e g^{-1} leva círculo em círculo temos que $C = g^{-1}(g(C))$ é um círculo euclidiano em $\mathcal{H}$. Observe que $g(C)$ possui centro i, enquanto o círculo euclidiano possui centro $i \mathsf{cosh}\, s$, com $\mathsf{cosh}\, s > 1$, e os raios estão relacionados pela equação $r = \mathsf{senh}\, s$, de modo que $|y^{-1}x| = \tan \alpha = \mathsf{senh}\, s$ é o lugar geométrico dos pontos a uma distância s do eixo dos x. É fácil verificar que a equação de $C = g^{-1}(S_s(i))$ é $(x-a)^2 + (y - b\,\mathsf{cosh}\, s)^2 = b^2 \mathsf{senh}^2 s$. $\square$

Note, pelo teorema 2.1.3 e pela proposição 4.1.12, que a família de todos os discos euclidianos abertos coincide com a família de todos os discos hiperbólicos abertos. Portanto, a topologia induzida pela métrica hiperbólica sobre $\mathcal{H}$ é a mesma como a topologia induzida pela métrica euclidiana sobre $\mathcal{H}$. Consequentemente, os espaços métricos $(\mathcal{H}, \rho)$ e $(\mathcal{H}, |\cdot|)$ são homeomorfos.

Exemplo 4.1.13 Seja $C = S_s(ic) = \{z \in \mathcal{H} : \rho(z, ic) = s\}$ um círculo hiperbólico de centro $ic = (0, c)$, com $c > 0$, e raio s. Mostre que o centro e raio euclidiano são $ib = (0, b)$ e r, com

$$c^2 = b^2 - r^2 \quad \text{e} \quad s = \frac{1}{2}\log\left(\frac{b+r}{b-r}\right).$$

Conclua que o comprimento hiperbólico de C é $2\pi\,\text{senh}\,s$ e área hiperbólico é $2\pi(\cosh s - 1)$ não dependem de c.

Solução: $z = x + iy \in C \subset \mathcal{H}$ se, e somente se, $\text{senh}^2\, 2^{-1}s = (4yc)^{-1}|z - ic|^2$ se, e somente se,

$$x^2 + (y-c)^2 = 4yc\,\text{senh}^2\,2^{-1}s \Leftrightarrow x^2 + (y - c\cosh s)^2 = c^2\,\text{senh}^2\,s,$$

pois $\cosh s = 2\,\text{senh}^2\,2^{-1}s + 1$. Assim, obtemos um círculo euclidiano de centro $ib = ic\cosh s$ e raio $r = c\,\text{senh}\,s$, de modo que $b^2 - r^2 = c^2\cosh^2 s - c^2\,\text{senh}^2\,s = c^2$ e $e^s = \cosh s + \text{senh}\,s$ implica que

$$s = \log\left(\frac{b+r}{c}\right) = \frac{1}{2}\log\left(\frac{(b+r)^2}{c^2}\right) = \frac{1}{2}\log\left(\frac{b+r}{b-r}\right).$$

Sejam $x(t) = c\,\text{senh}\,s\cos t$ e $y(t) = c\cosh s + c\,\text{senh}\,s\,\text{sen}\,t$, para todo $t \in [0, 2\pi]$, as equações paramétricas de C, ou seja, $\gamma(t) = c(\text{senh}\,s\,e^{it} + i\cosh s)$. Então usando a substituição $u = \tan(2^{-1}t)$ e $\text{sen}(2^{-1}t) = (\sqrt{1+u^2})^{-1}u$, depois de alguns cálculos, obtemos $\|\gamma\| = 2\pi\,\text{senh}\,s$. Observe que s cresce aproximadamente como πe^s. A área hiperbólico será vista na próxima seção. □

Exercícios

1. Seja $\pi : S^1 - \{i\} \to \mathbb{R}$ definida como $\pi(z) = (1 - \text{Im}(z))^{-1} \text{Re}(z)$. Mostre que π é bijetora. Conclua que podemos identificar S^1 com $\mathbb{R}_\infty$.

2. Completo a prova de que ρ é uma métrica sobre $\mathcal{H}$.

3. Determine explicitamente duas retas em $\mathcal{H}$ que passam por i e são paralelas a $L = \{z \in \mathcal{H} : \text{Re}(z) = 4\}$. O mesmo com $L = \{z \in \mathcal{H} : |z + 1| = \sqrt{2}\}$.

4. Dados $p \in \mathcal{H}$ e $q \in \mathbb{R}_\infty$. Mostre que existe uma única reta L em $\mathcal{H}$ que passa por p e q.

5. Determine explicitamente um $h \in \text{Aut}(\mathcal{H})$ tal que $h(L) \subset i\mathbb{R}_+^\times$, em que L é a reta em $\mathcal{H}$ com extremos em -3 e 1.

6. Seja Γ um círculo euclidiano em $\mathcal{H}$ com centro $z_0 = a + bi$ e raio r. Mostre que o centro hiperbólico é $a + i\sqrt{r^2 - b^2}$ e raio hiperbólico $r = b\tanh s$.

7. Sejam L uma reta em $\mathcal{H}$ e $z_0 \in \mathcal{H}$. Mostre que existe uma única reta M em $\mathcal{H}$ que passa por z_0 e é ortogonal a L.

8. Sejam $z_1 \in \mathcal{H}$, $z_1 \in L$ uma reta em $\mathcal{H}$ e L_{z_1} uma das semirretas fechadas de L. Mostre que $\text{Aut}(\mathcal{H})$ age 3-transitivamente sobre $X = (L, L_{z_1}, z_1)$.

9. Dados $z_1 = pi, z_2 = qi, y \in \mathbb{I} = \{z \in \mathcal{H} : \text{Re}(z) = 0\}$. Mostre que y é unicamente determinado por $\rho(z_1, y)$ e $\rho(y, z_2)$.

10. Dados $w_1, w_2, z_1, z_2 \in \mathcal{H}$ distintos aos pares. Mostre que existem um h em $\text{Iso}(\mathcal{H})$ tal que $w_j = h(z_j)$ se, e somente se, $\rho(w_1, w_2) = \rho(z_1, z_2)$.

11. Mostre que não existe um $h \in \text{Aut}(\mathcal{H})$ tal que $h(0) = 0, h(\infty) = \infty$ e $h(1) = -1$. Conclua que $\text{Aut}(\mathcal{H})$ não age 3-transitivamente cobre $\mathbb{R}_\infty$.

12. Sejam $L_0 = \{z \in \mathcal{H} : \text{Re}(z) = 0\}$ e L_1 a reta com extremos 1 e $x > 1$. Determine $\rho(L_0, L_1)$.

13. Determine a equação do círculo hiperbólico C com centro $2i$ e raio e^2. Se $C \cap i\mathbb{R} = \{ip, iq\}$, com $0 < p < 2 < q$, determine explicitamente p, q e verifique $\rho(ip, 2i) = e^2 = \rho(2i, iq)$.

14. Sejam $z_j = x_j + iy_j \in \mathcal{H}$, com $j = 1, 2$. Mostre que o bissetor ortogonal ao segmento $L_{z_1 z_2}$ é $L = \{z \in \mathcal{H} : y_2|z - z_1| = y_1|z - z_2|\}$. Conclua que $K \cap L = \emptyset$, para qualquer z_1 e qualquer compacto K em $\mathbb{R}^2$, quando $|z_2|$ cresce arbitrariamente.

15. Mostre que $|\rho(z, w) - \rho(u, v)| \leq \rho(z, u) + \rho(w, v)$, para todos $u, v, z, w \in \mathcal{H}$. Conclua que ρ é contínua se $\mathcal{H} \times \mathcal{H}$ é munido com qualquer métrica produto.

16. Um subconjunto X de $\mathcal{H}$ é *limitado* se existir um $k \in \mathbb{R}$, com $k > 0$, tal que $X \subseteq \{z \in \mathcal{H} : \rho(z, i) < k\}$. Mostre que se X e Y são subconjuntos de $\mathcal{H}$, com X compacto, então $\rho(X, Y) > 0$ se, e somente se, $\overline{X} \cap \overline{Y} = \emptyset$.

4.2 O Disco de Poincaré

O objetivo desta seção é apresentar o modelo do disco de Poincaré para o nosso plano hiperbólico.

Vamos iniciar esta seção com alguns fatos relacionados com a geometria de S^2. Já vimos que a função $\mathbf{x} : \mathbb{C} = \mathbb{R}^2 \to S^2 - \{(0, 0, 1)\}$ definida como

$$\mathbf{x}(u, v) = \left(\frac{2u}{u^2 + v^2 + 1}, \frac{2v}{u^2 + v^2 + 1}, \frac{u^2 + v^2 - 1}{u^2 + v^2 + 1}\right) = (x, y, z) = P$$

era uma carta (sistema de coordenadas) de S^2, com inversa a projeção estereográfica $\pi : S^2 - \{(0, 0, 1)\} \to \mathbb{R}^2$ definida como

$$\pi(x, y, z) = \left(\frac{x}{1 - z}, \frac{y}{1 - z}\right) = (u, v) = q,$$

de modo que $\mathbf{x}$ é um homeomorfismo diferenciável. É importante lembrar que $v = v_0$ constante era uma curva $\alpha(u) = \mathbf{x}(u, v_0)$ sobre S^2, com $\alpha'(u) = \mathbf{x}_u = (x_u, y_u, z_u)$ e $u = u_0$ constante era uma curva $\beta(v) = \mathbf{x}(u_0, v)$ sobre S^2, com $\beta'(v) = \mathbf{x}_v = (x_v, y_v, z_v)$. As curvas $\alpha(u)$ e $\beta(v)$ chamam-se *linhas coordenadas* de P. Observe que se $f : S^2 \to \mathbb{R}$, então $f \circ \mathbf{x} : \mathbb{R}^2 \to \mathbb{R}, (f \circ \mathbf{x})(q) = f(q)$ e $(\pi \circ \gamma)(t) = (u(t), v(t))$, com γ uma curva sobre S^2, ou seja, podemos pensar nas coordenadas escolhidas em alguma carta como sendo o "sistema de coordenadas" de S^2. Além disso, $\langle(\nabla f)(P), \mathbf{p}\rangle = (df)_P(\mathbf{p})$. Neste caso, a matriz jacobiana

$$J_\mathbf{x}(q) = \begin{pmatrix} x_u & x_v \\ y_u & y_v \\ z_u & z_v \end{pmatrix} = \frac{2}{(1+u^2+v^2)^2} \begin{pmatrix} 1-u^2+v^2 & -2uv \\ -2uv & 1+u^2-v^2 \\ 2u & 2v \end{pmatrix}$$

possui posto 2 ou, equivalentemente, $\mathbf{N}(q) = \mathbf{x}_u(q) \times \mathbf{x}_v(q) \neq 0$, de modo que a função $d\mathbf{x}_q : \mathbb{R}^2 \to \mathbb{R}^3$ é injetora, para todo $q = (u,v) \in \mathbb{R}^2$, ou seja, $\mathbf{x}$ é regular. Como $\langle \mathbf{x}(q), \mathbf{x}(q)\rangle = 1$ em $\mathbb{R}^3$ temos que $\langle \mathbf{x}_u(q), \mathbf{x}(q)\rangle = 0$ e $\langle \mathbf{x}_v(q), \mathbf{x}(q)\rangle = 0$. Portanto, o *plano tangente* a S^2 em $P = \mathbf{x}(q) = (\mathbf{x} \circ \pi)(P)$ é o plano vetorial

$$T_P S^2 = \{r\mathbf{x}_u(q) + s\mathbf{x}_v(q) : r, s \in \mathbb{R}\} = d\mathbf{x}_{\pi(P)}(\mathbb{R}^2),$$

de modo que um vetor $\mathbf{p}$ em $\mathbb{R}^3$ está em $T_P S^2$ se, e somente se, existir uma curva diferenciável $\gamma : (-\varepsilon, \varepsilon) \to S^2$ tal que $\gamma(0) = P$ e $\gamma'(0) = \mathbf{p}$ ou $\gamma(t) = P + t\mathbf{p}$. Neste caso, a função $\psi : \mathbb{R}^2 \to T_P S^2$ definida como $\psi(\mathbf{e}_1) = \mathbf{x}_u(q)$ e $\psi(\mathbf{e}_2) = \mathbf{x}_v(q)$ é um difeomorfismo tal que o vetor $p = (r, s)$ corresponde ao vetor tangente $\mathbf{p} = r\mathbf{x}_u(q) + s\mathbf{x}_v(q)$ em $T_P \mathbb{R}^3 \simeq \mathbb{R}^3$. Por outro lado, como $d\mathbf{x}_q(\mathbf{p})$ é linear agindo sobre $\mathbf{p} = (p_1, p_2) \in T_q \mathbb{R}^2$, com matriz $J_\mathbf{x}(q)$, ou seja, $d\mathbf{x}_q(\mathbf{p}) \in T_P S^2 \subset T_P \mathbb{R}^3$ e $d\mathbf{x}_q(\mathbf{p}) = J_\mathbf{x}(q) \cdot \mathbf{p}^t$, temos que existe uma função não nula $\kappa : S^2 \to \mathbb{R}$ tal que

$$\langle \mathbf{p}, \mathbf{q}\rangle_P = (\kappa(P))^2 \langle d\mathbf{x}_q(\mathbf{p}), d\mathbf{x}_q(\mathbf{q})\rangle_q,$$

para todos $\mathbf{p}, \mathbf{q} \in T_P S^2$ e $P = \mathbf{x}(q) \in S^2$, é um produto interno sobre $T_P S^2$ induzido pela restrição a $T_P \mathbb{R}^3 \simeq \mathbb{R}^3$. Sendo os vetores $\mathbf{p}$ e $\mathbf{q}$ associados a curvas, digamos $\mathbf{p} = \alpha'(0)$ e $\mathbf{q} = \beta'(0)$, com $\alpha(t) = \mathbf{x}(u(t), v(t))$ e $\beta(t) = \mathbf{x}(u_1(t), v_1(t))$, e a notação de Gauss $E = \langle \mathbf{x}_u, \mathbf{x}_u\rangle_P = 4(1+u^2+v^2)^{-2}$, $F = \langle \mathbf{x}_u, \mathbf{x}_v\rangle_P = 0$ e $G = \langle \mathbf{x}_v, \mathbf{x}_v\rangle_P = 4(1+u^2+v^2)^{-2}$, obtemos a forma quadrática definida positiva $I_P : T_P S^2 \to \mathbb{R}$ em relação à base $\{\mathbf{x}_u, \mathbf{x}_v\}$ e chama-se *primeira forma fundamental*:

$$I_P(\mathbf{p}) = \langle d\mathbf{x}, d\mathbf{x}\rangle_P = \|d\mathbf{x}\|_P^2 = E\,du^2 + 2F\,du\,dv + G\,dv^2 = E\,du^2 + G\,dv^2,$$

com $d\mathbf{x} = \mathbf{x}_u du + \mathbf{x}_v dv$. Note que $F = 0$ é equivalente a $\langle \mathbf{x}_{uu}, \mathbf{x}_v \rangle_P = 0$. O produto interno $\langle \cdot, \cdot \rangle_P$ sobre $T_P S^2$ induz uma *métrica riemanniana* sobre $\mathbb{R}^2$ via π. Vale ressaltar que I_P decorre do fato de que podemos tratar questões métricas sobre S^2 sem referências a $\mathbb{R}^3$. Portanto, dado $\gamma : [a,b] \to S^2$, ou seja, $\gamma = \mathbf{x} \circ \alpha$, com $\alpha : [a,b] \to \mathbb{R}^2$ uma curva diferenciável, a velocidade $\gamma'(t) = \mathbf{x}_u(\gamma(t))u'(t) + \mathbf{x}_v(\gamma(t))v'(t)$ é um vetor tangente a S^2 em $\gamma(t)$, de modo que $T_P S^2 = \{\mathbf{p} \in \mathbb{R}^3 : \langle \mathbf{p}, P \rangle = 0\}$, pois $\|\gamma(t)\| = 1$. Vale lembrar que a direção da curva γ sobre S^2 é dada por $(u'(t), v'(t))$ a mesma do vetor tangente $\gamma'(t)$, de modo que podemos falar de ângulo entre curvas sobre S^2. O comprimento de arco s sobre S^2, no sistema de coordenadas escolhido, é definido como

$$s(t) = \int_a^t \sqrt{\langle \gamma'(t), \gamma'(t) \rangle} dt = \int_a^t \sqrt{Eu'(t)^2 + Gv'(t)^2} dt, \forall t \in [a,b],$$

e ds chama-se *elemento de reta* sobre S^2. Note que $\gamma(s)$ é parametrizado pelo comprimento de arco se, e somente se, $Eu'(s) + Gv'(s) = 1$, para todo s. Observe que se $R_\theta : \mathbb{R}^3 \to \mathbb{R}^3$ for a rotação por um ângulo θ em torno do eixo dos z, então $R_\theta|_{S^2} : S^2 \to S^2$ é diferenciável, de modo que $(dR_\theta)_P(\mathbf{p}) = (R_\theta \circ \gamma)'(0)) = R_\theta(\gamma'(0)) = R_\theta(\mathbf{p})$. Como $R_\theta(N) = N$ temos que $(dR_\theta)_N : T_N S^2 \to T_N S^2$ é uma rotação por um ângulo θ no plano $T_N S^2$.

Em geral e por razões técnicas, seja $\Gamma_k = \{(u,v,w) \in \mathbb{R}^3 : w = k\}$ um plano. Então a projeção estereográfica $\pi : S^2 \to \Gamma_k, \pi(x,y,z) = (u,v,k)$, é definida como

$$x = \frac{2(k+1)u}{u^2 + v^2 + (k+1)^2}, \qquad y = \frac{2(k+1)v}{u^2 + v^2 + (k+1)^2},$$

$$z = \frac{(k+1)^2 - (u^2 + v^2)}{u^2 + v^2 + (k+1)^2}$$

do polo sul, induz uma isometria entre a geometria euclidiana sobre S^2 e a geometria definida pela métrica riemanniana

$$ds^2 = \frac{4(k+1)^2}{(u^2 + v^2 + (k+1)^2)^2}(du^2 + dv^2)$$

sobre Γ_k. Mais explicitamente, se $\gamma : [a,b] \to S^2$ é uma curva diferenciável, então

$$\int_\gamma \sqrt{dx^2+dy^2+dz^2}\,dt = \int_{\pi(\gamma)} \frac{2(k+1)}{u^2+v^2+(k+1)^2}\sqrt{du^2+dv^2}\,dt$$

e $\|\gamma\| = \|\pi(\gamma)\|$. Observe que $z = u^{-1}(k+1)x - 1 = v^{-1}(k+1)y - 1$. Finalmente, para cada $(u_0, v_0) \in \mathbb{R}^2$ fixado, é bem conhecido que uma mudança em $\mathbf{x}(u,v)$ correspondendo a um pequeno acréscimo Δu em u (Δv em v) é aproximadamente $\mathbf{x}_u \Delta u$ ($\mathbf{x}_v \Delta v$), de modo que a parte de S^2 correspondendo as curvas $u = u_0, u = u_0 + \Delta u$ e $v = v_0, v = v_0 + \Delta v$ é aproximadamente um paralelogramo no plano tangente com lados $\mathbf{x}_u \Delta u$ e $\mathbf{x}_v \Delta v$. Assim, sua área é aproximadamente $\|\mathbf{x}_u \Delta u \times \mathbf{x}_v \Delta v\| = \|\mathbf{x}_u \times \mathbf{x}_v\|\Delta u \Delta v$. Portanto, se R for uma região em $\mathbb{R}^2$, então a área de $\mathbf{x}(R)$ sobre S^2 é definida como

$$\mu(R) = \iint_R \|\mathbf{x}_u \times \mathbf{x}_v\|\,du dv = \iint_R \sqrt{EG}\,du dv.$$

Note, pelo lema 1.1.1, que o plano $\Pi : ax_1 + by_1 + cu_1 + d = 0$, em que $a^2 + b^2 + c^2 > 0$, representava um grande círculo Γ em S^2 se, e somente se, $d = 0$ e $\pi(\Gamma) : c(x^2 + y^2 - 1) + ax + by = 0$. Se $0 \in \Pi, z_0 = a+bi$ e R for a reflexão em Π, então R é a única isometria tal que $R(\Pi) = \Pi$ e $S_r(z_0) = \pi(\Gamma)$ é a projeção estereográfica de um grande círculo em S^2 se, e somente se, $r^2 = 1 + z_0^2$. Observe que se $\alpha_0(z,u) = (-z,-u)$, então $R_0(z) = (\pi \circ \alpha_0 \circ \pi^{-1})(z) = -|z|^{-2}z$ é uma reflexão em S^1 e, vice-versa. Portanto, $\Gamma = \pi^{-1}(S_r(z_0))$ é um grande círculo em S^2 se, e somente se, $R_0(S_r(z_0)) \subseteq S_r(z_0)$. Por rotações em S^2 podemos, sem perda de generalidade, considerar o plano Π representado pela equação $ax - z + d = 0$, onde $a, d \in \mathbb{R}$, de modo que $\Gamma = \Pi \cap S^2$ representa um círculo ou uma curva "planar" em S^2, onde $\pi^{-1}(u,v) = \mathbf{x}(u,v) = (x,y.z) \in S^2$. Assim $\pi(\Gamma)$ é representada pela equação

$$(d-1)(u^2+v^2) + 2au + d + 1 = 0,$$

que é uma reta ou um círculo sobre $\mathbb{R}^2$ se $d = 1$ ou $d \neq 1$. Observe que se $d = 1$, então o polo norte $N = (0,0,1) \in \Pi$. Se $d = 0$, então Γ é um grande círculo em S^2 e $\pi(\Gamma)$ é o círculo definido pela equação $(u-a)^2 + v^2 = a^2 + 1$ que intercepta o equador $u^2 + v^2 = 1$ nos pontos antípotas $(0, \pm 1)$. Já vimos que a distância esférica entre $z, w \in \mathbb{C}_\infty$ era definida como $\cos d(w, z) = \cos d(\pi^{-1}(w), \pi^{-1}(z)) = \langle \pi^{-1}(w), \pi^{-1}(z) \rangle$. Existe uma fórmula explícita para d, a saber,

$$\tan \frac{1}{2} d(w, z) = \frac{|w-z|}{|1+\overline{w}z|}.$$

De fato, usando a equação (1.1.2) e, depois de alguns cálculos, obtemos

$$\cos d(w,z) = \langle \pi^{-1}(w), \pi^{-1}(z) \rangle = \frac{4\operatorname{Re}(\overline{w}z) + (1-|w|^2)(1-|z|^2)}{(|w|^2+1)(|z|^2+1)}.$$

Por outro lado, pondo $t = |1+\overline{w}z|^{-1}|w-z|$, obtemos

$$\frac{1-t^2}{1+t^2} = \frac{4\operatorname{Re}(\overline{w}z) + (1-|w|^2)(1-|z|^2)}{(|w|^2+1)(|z|^2+1)}.$$

Assim, usando a identidade $\cos\theta = (1 + \tan^2\theta/2)^{-1}(1 - \tan^2\theta/2)$ teremos o resultado.

Seja $\gamma : [a,b] \to S^2$ uma curva diferenciável. Então $\gamma'(t) = \mathbf{x}_u u'(t) + \mathbf{x}_v v'(t)$ é a velocidade. Diremos que γ é uma *geodésica* de S^2 se a aceleração

$$\gamma''(t) = \mathbf{x}_u u''(t) + \mathbf{x}_v v''(t) + u'(t)\frac{t}{dt}\mathbf{x}_u + v'(t)\frac{d}{dt}\mathbf{x}_v$$
$$= \mathbf{x}_u u''(t) + \mathbf{x}_v v''(t) + \mathbf{x}_{uu} u'(t)^2 + 2\mathbf{x}_{uv} u'(t)v'(t) + \mathbf{x}_{vv} v'(t)^2$$

for ortogonal a S^2 ou $\gamma''(t) \perp T_{\gamma(t)} S^2$, para todo $t \in [a,b]$ ou, equivalentemente, $\gamma''(t)$ está na direção de $\mathbf{n} = \mathbf{x}_u \times \mathbf{x}_v / \|\mathbf{x}_u \times \mathbf{x}_v\|$, de modo que

$$\langle \gamma'(t), \gamma'(t) \rangle' = 2\langle \gamma''(t), \gamma'(t) \rangle = 2\langle \gamma''(t), u'(t)\mathbf{x}_u + v'(t)\mathbf{x}_v \rangle = 0.$$

Assim, $\|\gamma'(t)\| = c \neq 0$ implica que $\sigma(t) = \gamma(c^{-1}t)$ é tal que $\sigma''(t) = c^{-2}\gamma''(t)$ é paralela a $\gamma''(t)$, de modo que σ é uma geodésica. Logo, podemos supor que $c = 1$. Portanto, $\gamma(t)$ é uma geodésica de S^2

se, e somente se, $\|\gamma'(t)\| = 1$, $\langle \gamma''(t), \mathbf{x}_u \rangle = 0$ e $\langle \gamma''(t), \mathbf{x}_v \rangle = 0$, mas isto é equivalentemente as equações de geodésicas

$$\begin{cases} \frac{d}{dt}(Eu'(t) + Fv'(t)) = E_u u'(t)^2 + 2F_u u'(t)v'(t) + G_u v'(t)^2, \\ \frac{d}{dt}(Fu'(t) + Gv'(t)) = E_v u'(t)^2 + 2F_v u'(t)v'(t) + G_v v'(t)^2. \end{cases} \quad (4.2.1)$$

Se $\gamma : [a,b] \to S^2$ for a curva que representa um grande círculo e Γ é o plano que contém a origem e $\gamma(t)$, então $\|\gamma'(t)\| = 1$ e $\gamma'(t)$ é paralelo a Γ, de modo que $\gamma''(t)$ é também paralelo a Γ e ortogonal a $\gamma'(t)$. Por outro lado, como $\mathbf{N} = \mathbf{x}_u \times \mathbf{x}_v$ é paralelo a Γ e ortogonal a $\gamma'(t)$ temos que $\mathbf{N}$ e $\gamma''(t)$ são paralelos. Portanto, γ é uma geodésica de S^2. É muito importante, de um ponto de vista teórico e didático, determinar as geodésica de S^2 resolvendo as equações de geodésicas (4.2.1). Para isto, vamos considerar o sistema de coordenadas esféricas $\mathbf{x}(u,v) = (x,y,z)$, com $x = \cos u \cos v, y = \cos u \operatorname{sen} v$ e $z = \operatorname{sen} u$), onde $(u,v) \in R = (-\frac{\pi}{2}, \frac{\pi}{2}) \times (0, 2\pi)$, de modo que $\mathbf{x}(R) = S^2 - C$, onde C é o semicírculo consistindo dos pontos de S^2 da forma $(x,0,z)$, com $x \geq 0$. (Mais explicitamente: se $P \in S^2$, então a reta que passa por P e é paralela ao eixo dos z intercepta o plano xy em Q, então $u = \angle(OQ, OP)$ é o ângulo de latitude, enquanto v é o ângulo de longitude entre Q e o eixo positivo dos x, de modo que a curva $v = k$ é um círculo, um paralelo de latitude k e a curva $u = k$ é um semicírculo, um meridiano de longitude k). Assim,

$$\mathbf{x}_u = (-\operatorname{sen} u \cos v, -\operatorname{sen} u \operatorname{sen} v, \cos u)$$

e

$$\mathbf{x}_v = (-\cos u \operatorname{sen} v, \cos u \cos v, 0),$$

de modo que $\|\mathbf{x}_u \times \mathbf{x}_v\|^2 = \cos^2 u \neq 0$ implica que $\mathbf{x}$ é regular. Suponhamos que $\gamma(t) = \mathbf{x}(u(t), v(t))$ é tal que $ds^2 = 1$. Então $E = 1, F = 0, G = \cos^2 u$ e $u'^2 + \cos^2 u v'^2 = 1$. Assim, $\gamma(t)$ é uma geodésica se, e somente se, a segunda equação em (4.2.1) implica que $\frac{d}{dt}(\cos^2 u v') = 0$ ou $v' = k/\cos^2 u$, com k uma constante. Se $k = 0$, então $v = v_0$ é uma constante e $\gamma(t)$ é um meridiano. Se

$k \neq 0$, então $u'^2 = 1 - k^2/\cos^2 u$ ou $u' = \sqrt{1 - k^2/\cos^2 u}$. Como $\frac{dv}{du} = \frac{v'}{u'}$ ao longo de $\gamma(t)$ temos a equação diferenciável separável

$$\frac{dv}{du} = \frac{k}{\cos u \sqrt{\cos^2 u - k^2}} \Leftrightarrow v - v_0 = \int \frac{1}{\cos u \sqrt{k^{-2}\cos^2 u - 1}} du.$$

Logo, fazendo a substituição $w = \tan u$, obtemos

$$\tan u = (\sqrt{k^{-2}-1}\cos v_0)\operatorname{sen} v - (\sqrt{k^{-2}-1}\operatorname{sen} v_0)\cos v,$$

Portanto, as coordenadas x, y e z satisfazem a equação do $z = ax + by$ contendo a origem, ou seja, $\gamma(t)$ é um grande círculo.

Exemplo 4.2.1 Seja $S = \mathbb{R}^2$ munido com métrica riemanniana $ds^2 = du^2 + e^{2u}dv^2$ em cada $q = (u,v) \in S$. Mostre que S é difeomorfa a $\mathcal{H} = \{(x,y) \in \mathbb{R}^2 : y > 0\}$.

Solução: Seja $\psi : S \to \mathcal{H}$ definida como $\psi(u,v) = (v, e^{-u}) = (x,y)$. Então ψ é claramente diferenciável e $y > 0$ implica que ψ possui inversa. Por outro lado, ψ induz um produto interno sobre $\mathcal{H}$, a saber,

$$\langle d\psi(z_1), d\psi(z_2)\rangle_{\psi(q)} = \langle z_1, z_2\rangle_q.$$

$dx = dv$ e $dy = -e^{-u}du$ implicam que $ds^2 = y^{-2}(dx^2 + dy^2)$, onde $\psi(q) \in \mathcal{H}$. □

Note, pelo Exemplo 4.2.1, que $E = v^{-2}, F = 0, G = v^{-2}$ e $u'^2 + v'^2 = v^2$. Assim, $\gamma(t) = (u(t), v(t))$ é uma geodésica em $\mathcal{H}$ se, e somente se, a primeira equação em (4.2.1) implica que $\frac{d}{dt}(v^{-2}u') = 0$ ou $u' = kv^2$, com k uma constante. Se $k = 0$, então $u = u_0$ é uma constante e $\gamma(t)$ é uma reta paralela ao eixo imaginário. Se $k \neq 0$, então $v'^2 = (1 - k^2v^2)v^2$ ou $v' = \sqrt{1 - k^2v^2}v$. Como $\frac{du}{dv} = \frac{u'}{v'}$ ao longo de $\gamma(t)$ temos a equação diferenciável separável

$$\frac{du}{dv} = \frac{kv}{\sqrt{1 - k^2v^2}} \Leftrightarrow u - u_0 = \int \frac{kv}{\sqrt{1 - k^2v^2}} dv.$$

Logo, fazendo a substituição $w = \operatorname{arcsen} kv$, obtemos $(u - u_0)^2 + v^2 = k^{-2}$, o qual é um círculo de centro $(u_0, 0)$ e raio $|k|^{-1}$.

No exposto acima vimos que o plano $\mathbb{R}^2$ com coordenadas (u,v) e munido com o comprimento de arco $ds^2 = 4(1+K(u^2+v^2))^{-1}(du^2+dv^2)$, era um modelo de geometria com curvatura gaussiana $K = r^{-2}$. Motivado por isto vamos experimentar este produto interno com o sinal "$-$", ou seja,

$$ds^2 = 4(1 - K(u^2 + v^2))^{-1}(du^2 + dv^2), \qquad (4.2.2)$$

o qual só faz sentido no disco de Riemann $\mathcal{D} = D_r(0), \mathbf{x}(u,v) = (u\cos v, u\,\text{sen}\, v)$, com $(u,v) \in [0,r) \times [0, 2\pi)$. A transição de $K = r^{-2}$ para $K = -r^{-2}$ (nosso caso $r = 1$) é feito via a substituição: $r \mapsto ir, z \mapsto iz, a \mapsto ia$ e $d \mapsto id$, de modo que as geodésicas $(u-ra)^2 + v^2 = r^2(a^2+1)$ são levadas nas geodésicas $(u+ra)^2 + v^2 = r^2(a^2-1)$, com $a^2 > 1$, as quais interceptam, de modo ortogonal, a fonteira $u^2 + v^2 = r^2$ de $\mathcal{D}$ nos pontos $(-a^{-1}r, \pm r\sqrt{1-a^{-2}})$, pois

$$\cos\theta = \frac{|z_1 - z_2|^2 - (r_1^2 + r_2^2)}{2r_1 r_2} = \frac{r^2(a^2-1) + r^2 - r^2 a^2}{2r^2\sqrt{a^2-1}} = 0.$$

Quando $r = 1$, este será o nosso modelo do *disco de Poincaré* e como veremos é mais elegante do que $\mathcal{H}$. Por exemplo, as retas em $\mathcal{H}$ são de dois tipos, exceto em $\overline{\mathcal{H}}$. Com o objetivo de estudar as isometrias sobre $\mathcal{D}$ e suas principais consequências vamos transportar a geometria hiperbólica de $\mathcal{H}$ para $\mathcal{D}$ e, vice-versa, via o seguinte resultado:

Teorema 4.2.2 *Existe um* $h \in \text{GM}_2(\mathbb{C})$ *tal que* $h(\mathcal{H}) = \mathcal{D}$ *e* $h(\mathbb{R}_\infty) = S^1$.

Demonstração: Seja $z_0 \in \mathcal{H}$. Então existe um $h(z) = T_{-z_0}(z)$ em $\text{GM}_2(\mathbb{C})$ tal que $h(z_0) = 0$. Como $\overline{z}_0$ é o inverso de z_0 em relação ao círculo $\mathbb{R}_\infty$ temos que $h(\overline{z}_0) = \infty$ e $h(0) \in S^1$, digamos $h(0) = -1$, de modo que $(w, 0; \infty, -1) = (z, z_0; \overline{z}_0, 0)$ se, e somente se, $w = k(z - \overline{z}_0)^{-1}(z - z_0)$, onde $k = -z_0^{-1}\overline{z}_0 \in \mathbb{C}$, com $|k| = 1$. Em particular, quando $z_0 = i$ temos a *transformação de Cayley*,[3] uma isometria de $\mathcal{H}$ sobre $\mathcal{D}$: $h_0(z) = e^{0i} \cdot (z - \overline{i})^{-1}(z - i)$. Reciprocamente, para cada $x \in \mathbb{R}_\infty$, $h_0(x) = (1 + x^2)^{-1}(x^2 - 1 - i2x)$ implica que

---

[3] Arthur Cayley, 1821-1895, matemático inglês.

$|h_0(x)| = 1$. Neste caso, $h_0(0) = -1$, $h_0(1) = -i$ e $h_0(\infty) = 1$ ($\lim_{|x|\to\infty} h_0(x) = 1$), de modo que $h_0(\mathbb{R}_\infty) = S^1$. Note que $h_0(i) = 0$ e

$$1 - |h_0(z)|^2 = |z+i|^{-2} 4\operatorname{Im}(z) = 2|h_0'(z)|\operatorname{Im}(z) > 0 \Leftrightarrow \operatorname{Im}(z) > 0.$$

Logo, $z \in \mathcal{H}$ se, e somente se, $|h_0(z)| < 1$. Portanto, $h(\mathcal{H}) = \mathcal{D}$. □

Por razões técnicas vamos considerar $\eta_0(z) = ih_0(z)$ que é ortogonal a $h_0(z)$ e $h_0^{-1}(z) = -i(z-1)^{-1}(z+1)$. Mais explicitamente,

$$\begin{cases} \eta_0(z) = e^{\frac{i\pi}{2}} \dfrac{z-i}{z-\bar{i}}, \\ \eta_0^{-1}(z) = e^{\frac{i3\pi}{2}} \dfrac{z-\bar{i}}{z-i}, \\ \eta_0'(z) = -\dfrac{2}{(z+i)^2}, \end{cases} \quad (4.2.3)$$

de modo que $\eta_0(0) = -i, \eta_0(i) = 0, \eta_0(\infty) = i, \eta_0(\pm 1) = \pm 1$,

$$1 - |\eta_0(z)|^2 = \frac{2}{|z+i|^2}\operatorname{Im}(z) \quad \text{e} \quad \operatorname{Im}(\eta_0^{-1}(z)) = \frac{1}{|z-i|^2}(1-|z|^2).$$

Portanto, $\eta_0(\mathcal{H}) \subseteq \mathcal{D}, \eta_0^{-1}(\mathcal{D}) \subseteq \mathcal{H}$ e $\eta_0(i\mathbb{R}_+) = S^1$. Note que η_0 é uma reflexão em torno do eixo dos x seguida por uma inversão em S^1, pois $(\eta_0 \circ \sigma_0 \circ \eta_0^{-1})(z) = -\bar{z}^{-1}$ é uma inversão em S^1.

Lema 4.2.3 *Sejam $k, r, \theta \in \mathbb{R}$, com $k > 1, r > 0$, e $\Gamma = \{z \in \mathbb{C} : |z - ke^{i\theta}| = r\}$. Então Γ é ortogonal a S^1 se, e somente se, $k^2 = r^2 + 1$.*

Demonstração: Sejam $z_0 \in \Gamma \cap S^1$ e T o triângulo com vértices em $0, ke^{i\theta}$ e z_0. Então $|z_0| = 1$ e $|z_0 - ke^{i\theta}| = r$. Assim, Γ é ortogonal a S^1 se, e somente se, o ângulo interior de T em z_0 é $2^{-1}\pi$. Mas, isto ocorre se, e somente se, $k^2 = r^2 + 1$. □

Dado uma curva diferenciável $\gamma : [a, b] \to \mathcal{D}$, a função $\eta_0^{-1} \circ \gamma : [a, b] \to \mathcal{H}$ é uma curva diferenciável. Assim, definimos o comprimento de γ como

$$\|\gamma\| = \|\eta_0^{-1} \circ \gamma\| = \int_a^b \frac{|(\eta_0^{-1} \circ \gamma)'(t)|}{\operatorname{Im}((\eta_0^{-1} \circ \gamma)(t))} dt = \int_\gamma \frac{|(\eta_0^{-1})'(z)|}{\operatorname{Im}(h_0^{-1}(z))}|dz|.$$

Por outro lado, de modo análogo a equação (4.1.3), $\text{Im}(\eta_0^{-1}(z)) = |i-z|^{-2}(1-|z|^2)$ e $|(\eta_0^{-1})'(z)| = 2|i-z|^{-2}$. Portanto,

$$\|\gamma\| = \int_\gamma \frac{2}{1-|z|^2}|dz| = \int_a^b \frac{2|\gamma'(t)|}{1-|\gamma(t)|^2}dt.$$

O comprimento não depende de η_0^{-1}. De fato, pondo $w = \eta_0(z) = u + iv$ e $z = \eta_0^{-1}(w) = x + iy$, obtemos $dw = -(z+i)^{-2}2dz$ e $d\overline{w} = \overline{(z+i)}^{-2}2d\overline{z}$. Assim,

$$\frac{4}{(1-w\overline{w})^2}dwd\overline{w} = \frac{16}{((z+i)\overline{(z+i)} - ((z-i)\overline{(z-i)})^2}dzd\overline{z}.$$

Portanto, $4(1-|w|^2)^{-2}|dw|^2 = \text{Im}(z)^{-2}|dz|^2$. A métrica de Poincaré sobre $\mathcal{D}$ é transferida de $\mathcal{H}$ como

$$\rho^*(w,z) = \rho(\eta_0^{-1}(w), \eta_0^{-1}(z)) = \inf\{\|\eta_0^{-1} \circ \gamma\| : \gamma \in L_{wz}\},$$

para todos $w, z \in \mathcal{D}$, com $w \neq z$. Neste caso, $(\mathcal{H}, \rho)$ é isométrico a $(\mathcal{D}, \rho^*)$ via η_0. Quando não houver ambiguidade, continuaremos denotando por ρ.

Teorema 4.2.4 *Seja $(\mathcal{D}, \rho)$ um espaço métrico.*

1. *Se $0 < r < 1$, então $\rho(0,r) = \log(\frac{1+r}{1-r})$ e $r = \tanh\left(\frac{1}{2}\rho(0,r)\right)$. Conclua que $\lim_{r \to 1^-} \rho(0,r) = +\infty, \partial\mathcal{D} = S^1$ e $\rho(0,r) = 2(r + 3^{-2}r^3 + \cdots)$.*

2. *Se $z, w \in \mathcal{D}, z \neq 0$ então $\rho(z,w) = \log(\frac{1+k}{1-k})$, com $k = |1-\overline{z}w|^{-1}|w-z|$.*

3. *Existe uma curva que minimiza a distância e sua imagem está contida em um círculo que é ortogonal a S^1.*

Demonstração: (1) Seja $\gamma : [0, r] \to \mathcal{D}$ definida como $\gamma(t) = te^{i\theta}$ ou ($\gamma(t) = t$), para algum $\theta \in \mathbb{R}$ fixado, uma curva radial. Então $|\gamma'(t)| = 1$ e

$$\rho(0,r) = \|\gamma\| = \int_0^r \frac{2|\gamma'(t)|}{1-|\gamma(t)|^2}dt = \int_0^r \frac{2}{1-t^2}dt = \log\left(\frac{1+r}{1-r}\right).$$

Assim, resolvendo para r em função de $\rho(0,r)$, obtemos a outra igualdade. (2) Como r é levado em $z = re^{i\theta}$ (rotação em torno de 0) segue do item (1) com $r = |z|$ e $w = 0$. (3) Sejam $r > 0$ e $\gamma_0 : [0,1] \to \mathcal{D}$ definida como $\gamma_0(t) = \tanh(t\log r)$ uma curva diferenciável. Então $\gamma(t) = (\eta_0^{-1} \circ \gamma_0)(t) = ir^{2t}$ é uma curva diferenciável sobre $\mathcal{H}$. Assim, $\gamma'(t) = i(2\log r)r^{2t}$ e $\|\gamma\| = 2\log r$. Portanto, $\rho(0,r) = \|\gamma_0\|$. □

Dados $z, w \in \mathcal{D}$, com $z \neq w$, existe um $g \in \mathsf{Iso}(\mathcal{D})$ tal que $g(z) = 0$ e $g(w) = r > 0$. Assim, pela invariância de g, obtemos

$$\begin{cases} \dfrac{|w-z|^2}{\left(1-|z|^2\right)\left(1-|w|^2\right)} = \dfrac{r^2}{1-r^2} \\ \qquad = \mathsf{senh}^2 \dfrac{1}{2}\rho(0,r) = \mathsf{senh}^2 \dfrac{1}{2}\rho(z,w), \\ \cosh^2 \dfrac{1}{2}\rho(z,w) = \dfrac{|1-\bar{w}z|^2}{\left(1-|z|^2\right)\left(1-|w|^2\right)}, \\ \tanh \dfrac{1}{2}\rho(w,z) = \dfrac{|z-w|}{|1-\bar{w}z|} = k \\ \qquad \Leftrightarrow \rho(w,z) = \log\left(\dfrac{1+k}{1-k}\right), \end{cases} \quad (4.2.4)$$

pois $|1-\bar{w}z|^2 = |w-z|^2 + (1-|z|^2)(1-|w|^2)$, para todos $w, z \in \mathcal{D}$. Se K for um compacto em $\mathcal{D}$, então existe um $r > 0$ tal que $\rho(0,z) \leq r$, para todo $z \in K$. É importante ressaltar que a fronteira no infinito de $\mathcal{D}$ é o círculo S^1 em $\mathbb{C}$, o qual é um círculo em $\mathbb{C}_\infty$ determinado por $\mathcal{D}$. Assim, pelo item (1) do teorema 4.2.4, $\rho(z, e^{i\theta}) > 0$, para todo $z \in \mathcal{D}$ e $e^{i\theta} \in S^1$. Para continuar a transferir as propriedades de $\mathsf{Iso}(\mathcal{H})$ para $\mathsf{Iso}(\mathcal{D})$, vamos usar o diagrama abaixo. Neste caso, qualquer $g \in \mathsf{Iso}(\mathcal{D})$ pode ser escrita sob a forma $g = \eta_0 \circ f \circ \eta_0^{-1}$, para algum $f \in \mathsf{Iso}(\mathcal{H})$ e, reciprocamente. Assim, a função $\psi : \mathsf{Iso}(\mathcal{H}) \to \mathsf{Iso}(\mathcal{D})$ definida como $\psi(f) = \eta_0 \circ f \circ \eta_0^{-1}$ é um isomorfismo de grupos. Em particular, a ação de Iso($\mathcal{D}$) sobre $\mathcal{D}$ herda todas as ações de Iso($\mathcal{H}$) sobre $\mathcal{H}$.

$$\begin{array}{ccc} \mathcal{H} \xrightarrow{f} \mathcal{H} & & \mathcal{H} \xrightarrow{\eta_0^{-1}\circ g\circ \eta_0} \mathcal{H} \\ \eta_0^{-1}\uparrow \quad \downarrow \eta_0 & & \eta_0\downarrow \quad \uparrow \eta_0^{-1} \\ \mathcal{D} \dashrightarrow[\eta_0\circ f\circ \eta_0^{-1}]{} \mathcal{D} & & \mathcal{D} \xrightarrow{g} \mathcal{D} \\ (a) & & (b) \end{array}$$

Proposição 4.2.5 *Sejam* $\mathsf{SU}_2(\mathbb{C}) = \{\mathbf{A} \in U_2(\mathbb{C}) : |\alpha|^2 - |\beta|^2 = 1\}$ *o grupo unitário especial e* $\mathbf{C}, \mathbf{C}^{-1}$ *as representações matriciais de* η_0, η_0^{-1}.

1. *A função* $\sigma : \mathsf{SL}_2(\mathbb{R}) \to \mathsf{SU}_2(\mathbb{C}), \sigma(\mathbf{A}) = -2^{-1}\mathbf{CAC}^{-1}$, *é um isomorfismo.*

2. *A função* $\phi : \mathsf{SU}_2(\mathbb{C}) \to \mathsf{Aut}(\mathcal{D}), \phi(\mathbf{A}) = h_{\mathbf{A}}$, *é um homomorfismo sobrejetor, com* $\ker(\phi) = \{-\mathbf{I}, \mathbf{I}\}$. *Conclua que* $\mathsf{PSL}_2(\mathbb{C})$ *é isomorfo a* $\mathsf{Aut}(\mathcal{D})$.

DEMONSTRAÇÃO: (1). Como $\det \mathbf{C} = -2 = \det \mathbf{C}^{-1}$ temos que $\det(-2^{-1}\mathbf{CAC}^{-1}) = 1$, de modo que σ está bem definida. Dados $\mathbf{A}, \mathbf{B} \in \mathsf{SL}_2(\mathbb{R})$, se $\sigma(\mathbf{A}) = \sigma(\mathbf{B})$, então $\mathbf{A} = \mathbf{B}$, pois $\mathbf{CC}^{-1} = \mathbf{C}^{-1}\mathbf{C} = -2\mathbf{I}$, de modo que σ é injetora. Dado $\mathbf{B} \in \mathsf{SU}_2(\mathbb{C})$, devemos provar que existe um $\mathbf{A} \in \mathsf{SL}_2(\mathbb{R})$ tal que $\sigma(\mathbf{A}) = \mathbf{B}$. Note que se $\mathbf{A} = a\mathbf{E}_{11} + b\mathbf{E}_{12} + c\mathbf{E}_{21} + d\mathbf{E}_{22} \in \mathsf{SL}_2(\mathbb{R})$, então

$$\mathbf{CAC}^{-1} = \begin{pmatrix} a+d+i(b-c) & b+c-i(d-a) \\ b+c+i(d-a) & a+d-i(b-c) \end{pmatrix} = -2\begin{pmatrix} \alpha & \overline{\beta} \\ \beta & \overline{\alpha} \end{pmatrix},$$

com $-2\alpha = a+d+i(b-c)$, $-2\beta = b+c+i(d-a)$, e $\sigma(\mathsf{SL}_2(\mathbb{R})) \subseteq \mathsf{SU}_2(\mathbb{C})$. Por outro lado, dado $\mathbf{B} = \alpha\mathbf{E}_{11} + \overline{\beta}\mathbf{E}_{12} + \beta\mathbf{E}_{21} + \overline{\alpha}\mathbf{E}_{22} \in \mathsf{SU}_2(\mathbb{C})$, existe um

$$\mathbf{A} = \begin{pmatrix} \mathsf{Re}(\alpha+i\beta) & \mathsf{Im}(\alpha+i\beta) \\ -\mathsf{Im}(\alpha-i\beta) & \mathsf{Re}(\alpha-i\beta) \end{pmatrix} \in \mathsf{SL}_2(\mathbb{R})$$

tal que $\mathbf{CAC}^{-1} = -2\mathbf{B}$, pois $\det \mathbf{B} = 1$ implica que $\det \mathbf{A} = 1$, de modo que $\mathsf{SU}_2(\mathbb{C}) \subseteq \sigma(\mathsf{SL}_2(\mathbb{R}))$. Portanto, σ é sobrejetora. (2) Se

$\mathbf{B} == 2^{-1}\mathbf{C}\mathbf{A}\mathbf{C}^{-1}$, então $h_\mathbf{B} = h_0 \circ h_\mathbf{A} \circ \eta_0^{-1}$. Assim, $h_\mathbf{B} \in \mathsf{Aut}(\mathcal{D})$, para todo $\mathbf{B} \in \mathsf{SU}_2(\mathbb{C})$. Portanto, ϕ é um homomorfismo de grupos sobrejetor, com $\ker(\phi) = \{-\mathbf{I}, \mathbf{I}\}$. $\square$

É muito importante ressaltar que: dado $g(z) = (\beta z + \overline{\alpha})^{-1}(\alpha z + \overline{\beta})$ em $\mathsf{Aut}(\mathcal{D})$, com $|\alpha|^2 - |\beta|^2 = 1$ obtemos $g^{-1}(w) = (-\beta w + \alpha)^{-1}(\overline{\alpha}w - \overline{\beta})$ e

$$w = g(z) = \frac{\alpha z + \overline{\beta}}{\beta z + \overline{\alpha}} = u \cdot \frac{z - z_0}{1 - \overline{z}_0 z},$$

onde $u = \overline{\alpha}^{-1}\alpha \in S^1$ e $z_0 = g^{-1}(0) = -\alpha^{-1}\overline{\beta} \in \mathcal{D}$. Portanto,

$$\mathsf{Aut}(\mathcal{D}) = \left\{ e^{i\theta} \frac{z - z_0}{1 - \overline{z}_0 z} : z_0 \in \mathcal{D} \text{ e } 0 \leq \theta < 2\pi \right\}.$$

De fato, como $\psi : \mathsf{Aut}(\mathcal{H}) \to \mathsf{Aut}(\mathcal{D})$ definida como $g = \psi(f) = \eta_0 \circ f \circ \eta_0^{-1}$ é um isomorfismo de grupos temos que $h_\mathbf{C} \circ h_\mathbf{A} \circ h_\mathbf{C}^{-1} = h_{\mathbf{C}\mathbf{A}\mathbf{C}^{-1}}$ é um elemento de $\mathsf{Aut}(\mathcal{D})$, para todo $\mathbf{A} \in \mathsf{SL}_2(\mathbb{R})$. Assim, dado $h_\mathbf{A} \in \mathsf{GM}_2(\mathbb{C})$ sob a forma

$$h_\mathbf{A}(z) = e^{i\theta}(1 - \overline{z}_0 z)^{-1}(z - z_0), \text{ onde } e^{i\theta} \in S^1 \text{e} z_0 \in \mathcal{D}.$$

Como $1 - |z_0|^2 > 0$ temos que existe um $\alpha \in \mathbb{C}^\times$ tal que $\alpha^2 = (1 - |z_0|^2)^{-1}e^{i\theta}$ e, depois de alguns cálculos, $\alpha\overline{\alpha} = (1 - |z_0|^2)^{-1}$. Pondo $\beta = -\overline{\alpha}\overline{z}_0$, de modo que $\overline{\beta} = -\alpha z_0, |\alpha|^2 - |\beta|^2 = 1$ e

$$\mathbf{B} = \begin{pmatrix} \alpha & \overline{\beta} \\ \beta & \overline{\alpha} \end{pmatrix} = \overline{\alpha} \begin{pmatrix} e^{i\theta} & -z_0 e^{i\theta} \\ -\overline{z}_0 & 1 \end{pmatrix}.$$

Assim, $\mathbf{A} = k\mathbf{B}$, para algum $k = \alpha(1 - |z_0|^2) \in \mathbb{C}^\times$. Note, depois de alguns cálculos, que $1 - |h_\mathbf{A}(z)|^2 = (1 - |z|^2)|h'_\mathbf{A}(z)|$. Logo, se $z \in \mathcal{D}$, então $|h_\mathbf{A}(z)| < 1$ se, e somente se, $|z| < 1$. Portanto, $h_\mathbf{A}$ é um elemento de $\mathsf{Aut}(\mathcal{D})$, com $z_0 = h_\mathbf{A}^{-1}(0)$ e $\theta = \arg(h'_\mathbf{A}(0))$. Observe que um elemento $g \in \mathsf{Aut}(\mathcal{D})$ pode ser escrito sob a forma $g(z) = (R_\theta \circ S)(z)$, com $S(z) = (1 - \overline{z}_0 z)^{-1}(z - z_0)$ um elemento hiperbólico de $\mathsf{Aut}(\mathcal{D})$ tal que $S(z_0) = 0$ e S deixa invariante a reta $L : z = te^{i\vartheta}$, onde $t \in [0, z_0]$ e $\vartheta \in \mathbb{R}$ é o ângulo que L faz com o eixo dos x. Enquanto, $R_\theta(z) = e^{2i\theta}z$ ($\alpha = e^{i\theta}$ e $\beta = 0$) é um elemento elíptico de $\mathsf{Aut}(\mathcal{D})$ que possui um ponto fixo em $\mathcal{D}$ e outro fora. Finalmente, dado $b \in \mathcal{D} - \{0\}$, o elemento parabólico $T_b(z) = z + b$ age como uma translação hiperbólica ao longo da reta hiperbólica que passa por 0 e b, a qual não possui ponto fixo em $\mathcal{D}$. Vale notar que $S = T_{-\bar{z}_0^{-1}} \circ M_{-\bar{z}_0^{-2}} \circ J \circ T_{-\bar{z}_0^{-1}}$.

Vamos lembrar que se L for uma reta que passa por 0 e $e^{i\theta}$, com $0 < \theta \leq \pi$, então $R(z) = e^{2i\theta}\bar{z}$ é uma inversão (reflexão) em L. De fato, é claro que $n = u + iv = -ie^{i\theta}$ é ortogonal a L, de modo que $\mathsf{Re}(z\bar{n}) = xu + yv$. Assim,

$$R(z) = z - 2\,\mathsf{Re}(z\bar{n})n = z - (z\bar{n} + \bar{z}n)n = -n^2\bar{z} = e^{2i\theta}\bar{z}.$$

Observe que $R = R_\theta^{-1} \circ \sigma_0 \circ R_\theta$, com $R_\theta(z) = e^{i\theta}z$ e $\sigma_0(z) = \bar{z}$.

Lema 4.2.6 *Seja Γ um círculo em $\mathbb{C}_\infty$ ortogonal a S^1, então qualquer inversão em Γ é um elemento de $\mathsf{Iso}(\mathcal{D})$.*

Demonstração: Se Γ é uma reta que passa por 0 e $e^{i\theta}$, com $0 < \theta \leq \pi$, então $R(z) = e^{2i\theta}\bar{z}$ é uma inversão em Γ tal que $R(\mathcal{D}) = \mathcal{D}$. Assim, depois de alguns cálculos,

$$f(z) = (\eta_0^{-1} \circ R \circ \eta_0)(z) = \frac{\cos\theta\, z + \mathsf{sen}\,\theta}{-\mathsf{sen}\,\theta\, z + \cos\theta}$$

é um elemento de $\mathsf{Iso}(\mathcal{H})$. Se $\Gamma = \{z \in \mathbb{C} : |z - z_0| = r\}$, então $R(z) = z_0 + (\bar{z} - \bar{z}_0)^{-1}r^2$ é uma inversão em Γ tal que $R(\mathcal{D}) = \mathcal{D}$. Assim, pelo lema 4.2.3, $|z_0|^2 = r^2 + 1$ e, depois de alguns cálculos,

$$f(z) = (\eta_0^{-1} \circ R \circ \eta_0)(z) = \frac{-(z_0 + \bar{z}_0)\bar{z} + 2 - (z_0 - \bar{z}_0)i}{-(2 + (z_0 - \bar{z}_0)i)\bar{z} + z_0 + \bar{z}_0}$$

é um elemento de $\mathsf{Iso}(\mathcal{H})$. $\square$

É muito importante observar, na prova do lema 4.2.6, que $f(i) = i$ e f não é uma rotação euclidiana em torno de i. Por exemplo, $f(1+i) = 2^{-1}(-1 + i) = z_0$, de modo que a reta hiperbólica L que passa por i e z_0 não é uma reta euclidiana, a saber, $M = \{z \in \mathcal{H} : \mathsf{Im}(z) = 1\}$. Mas,

L está contida no círculo euclidiano $\Gamma = \{z \in \mathbb{C} : |z - 2^{-1}| = 2^{-1}\sqrt{5}\}$ que passa por z_0.

Uma *reta hiperbólica* em $\mathcal{D}$ é a imagem $\eta_0(L)$, de uma reta hiperbólica L em $\mathcal{H}$, a saber, $L : a|z|^2 + 2b\,\text{Re}(z) + d = 0$, onde $a, b, d \in \mathbb{R}$ e $b^2 > ad$. Observe que a definição de reta hiperbólica em $\mathcal{D}$ é independente de η_0. É muito instrutivo e útil ver $\eta_0(L)$ com alguns detalhes:

(a) Se $a = 0$ e $L = \{z \in \mathcal{H} : 2b\,\text{Re}(z) + d = 0\}$, então $L_d = \eta_0(L)$ é uma reta hiperbólica em $\mathcal{D}$. Mais explicitamente, dado $w \in L_d$, existe um único $z \in L$ tal que $w = \eta_0(z)$. Assim, $z = \eta_0^{-1}(w) = (i - w)^{-1}(iw - 1)$ e $2\,\text{Re}(\eta_0^{-1}(w)) = -b^{-1}d$ implica, depois de alguns cálculos, que

$$-b^{-1}d = \eta_0^{-1}(w) + \overline{\eta_0^{-1}(w)} = 4|w - i|^{-2}\text{Re}(w)$$
$$\Leftrightarrow d|w - i|^2 + 4b\,\text{Re}(w) = 0.$$

Se $d = 0$, então $L_d = \{w \in \mathcal{D} : \text{Re}(w) = 0\}$ é um diâmetro. Se $d \neq 0$, então

$$L_d = \{w \in \mathcal{D} : d|w - i|^2 + 4b\,\text{Re}(w) = 0\}$$

e, pelo lema 4.2.3, L_d é ortogonal S^1, pois o círculo euclidiano em $\mathbb{C}_\infty$ contendo L_d é ortogonal S^1.

(b) Se $a \neq 0$ e $L = \{z \in \mathcal{H} : a|z|^2 + 2b\,\text{Re}(z) + d = 0\}$, então $L_a = \eta_0(L)$ é uma reta hiperbólica em $\mathcal{D}$. Mais explicitamente, dado $w \in L_a$, existe um único $z \in L$ tal que $w = \eta_0(z)$. Assim, depois de alguns cálculos,

$$\alpha|w|^2 + \overline{\beta}w + \beta\overline{w} + \alpha = 0 \Leftrightarrow |w + \alpha^{-1}\beta|^2 = \alpha^{-2}(|\beta|^2 - \alpha^2),$$

onde $\alpha = a + d \in \mathbb{R}$ e $\beta = 2b - (d - a)i \in \mathbb{C}$, com $|\beta|^2 > \alpha^2$. Por exemplo, se $a = 1, d = -1$ e $b = 0$, então $L_a = \{w \in \mathcal{D} : \text{Im}(w) = 0\} = (-1, 1)$. Se $d = 0$ e $|\beta|^2 = 2\alpha^2$, então $\beta = \pm|a| + ai$ e $L_a = \{w \in \mathcal{D} : |w \pm 1 + i| = 1\}$. Caso contrário, L_a está contida em um círculo de Apolônio. Neste contexto vale lembrar que se $\pi : S^2 \to \mathbb{C}$ é a projeção estereográfica do polo sul, então $\pi^{-1}(\mathcal{D}) = S^2_+$, de modo que as retas hiperbólicas em $\mathcal{D}$ são levadas em círculos sobre S^2 ortogonais ao equador S^1.

Proposição 4.2.7 *Sejam $q \in \mathcal{D}$ e L uma reta em $\mathcal{D}$ tal que $q \notin L$. Então existem exatamente duas retas M e N que passam por q e são paralelas a L. O ângulo entre M e N em q é 2α, com $\operatorname{sen}\alpha = \operatorname{sech}\rho(q,L)$. Além disso,*

1. *Uma reta que passa por q intercepta L se, e somente se, ela está entre M e N do mesmo lado de q como L.*

2. *A reta que passa por q ortogonal a L bisseta o ângulo entre M e N.*

DEMONSTRAÇÃO: Pondo $p = \eta_0^{-1}(q) \in \mathcal{H}$ e $K = \eta_0^{-1}(L)$ uma reta em $\mathcal{H}$ tal que $p \notin K$. Então existe um $f \in \operatorname{Iso}(\mathcal{H})$ tal que $f(K) = \mathbb{I} = \{z \in \mathcal{H} : \operatorname{Re}(z) = 0\}$ e $b = f(p)$, de modo que existe um $M_{|b|^{-1}}$ em $\operatorname{Iso}(\mathcal{H})$ tal que $M_{|b|^{-1}}(\mathbb{I}) = \mathbb{I}$ e $a = M_{|b|^{-1}}(b)$ pertence ao círculo $\Gamma = \{z \in \mathcal{H} : |z| = 1\}$. Assim, podemos supor que L é o eixo dos x, pois $\eta_0(\mathbb{I}) = \mathbb{I}$ e $\eta_0(\Gamma) = \{w \in \mathcal{D} : \operatorname{Im}(w) = 0\}$. Por outro lado, pela proposição 4.1.10, $q = is$, em que $s = \tanh 2^{-1}\rho(q,L)$. de modo que $M = \{w \in \mathcal{D} : |w - (1+ir)| = r\}$. Como $q \in M$ temos que $r = \frac{1+s^2}{2s}$. No triângulo retângulo, com vértices em q, ir e $c = 1+ir$, a hipotenusa é ortogonal a M, confira figura 4.3 (b), de modo que $\measuredangle(qc, q(ir)) = \frac{\pi}{2} - \alpha$. Logo,

$$\operatorname{sen}\alpha = r^{-1}(r-s) = (1+s^2)^{-1}(1-s^2) = (\cosh\rho(q,L))^{-1}$$

e $\cos\alpha = \tanh\rho(q,L)$. Portanto, $\operatorname{sech}\rho(q,L) = \operatorname{sen}\alpha$. □

Proposição 4.2.8 $\operatorname{Aut}(\mathcal{D})$ *age transitivamente sobre $\mathcal{D}$. Conclua que se $z_1, z_2 \in \mathcal{D}$, com $z_1 \neq z_2$, então $\operatorname{Est}(z_2) = f^{-1}\operatorname{Est}(z_1)f$, para algum $f \in \operatorname{Aut}(\mathcal{D})$, e*

$$\operatorname{Est}(0) = \{f \in \operatorname{Aut}(\mathcal{D}) : f(z) = az, \text{ onde } a \in S^1\} = \operatorname{SO}_2(\mathbb{R})$$

é isomorfo ao grupo $S^1, f \leftrightarrow f'(0) = a$.

DEMONSTRAÇÃO: Para qualquer $z_0 \in \mathcal{D}$, existe um $f(z) = (1-\overline{z}_0 z)^{-1}(z-z_0) \in \operatorname{Aut}(\mathcal{D})$ tal que $f(z_0) = 0$. Portanto, $\operatorname{Orb}(0) = \{f(0) : f \in \operatorname{Aut}(\mathcal{D})\} = \mathcal{D}$. Em particular, dados $z_1, z_2 \in \mathcal{D}$, com

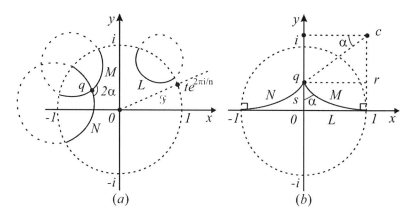

Figura 4.3: Retas hiperbólicas em $\mathcal{D}$.

$z_1 \neq z_2$, existe um $f \in \text{Aut}(\mathcal{H})$ tal que $f(z_1) = z_2$. Note que se $z_0 = 0$, então $f(z) = e^{i\theta}z$ é um elemento de $\text{Est}(0)$. Reciprocamente, se $f \in \text{Est}(0)$, então $f^{-1} \in \text{Est}(0)$. Assim, pelo Lema de Schwarz, $|f(z)| \leq |z|$ e $|z| = |f^{-1}(f(z))| \leq |f(z)|$, ou seja, $|z^{-1}f(z)| = 1$, para todo $z \in \mathcal{D}$, com $z \neq 0$. Portanto, $f(z) = az$, para algum $a \in S^1$. □

Proposição 4.2.9 *Seja $f \in \text{Aut}(\mathcal{D})$. Se existirem $z_1, z_2 \in \mathcal{D}$, com $z_1 \neq z_2$, tais que $f(z_1) = z_1$ e $f(z_2) = z_2$, então $f = I$. Conclua que $f \in \text{Aut}(\mathcal{D}) - \{I\}$ possui um ponto fixo em $\mathcal{D}$ se $|\text{tr}(f)| < 2$.*

Demonstração: Pela proposição 4.2.8 podemos escolher $z_1 = 0$, de modo que $f(z) = az$, onde $a \in S^1$. Logo, $z_2 = f(z_2) = az_2$ implica que $a = 1$. Portanto, $f = I$. □

Observe, pela proposição 4.2.9, que $f \in \text{Aut}(\mathcal{H}) - \{I\}$ não possui pontos fixos em $\mathcal{H}$ se $|\text{tr}(f)| \geq 2$. Por exemplo, $T_b = z + 2b$, onde $b \in \mathbb{R}^\times$, de modo que

$$T(z) = (\eta_0 \circ T_b \circ \eta_0^{-1})(z) = (ibz + (1-ib))^{-1}((1+ib)z - ib)$$

não possui pontos fixos em $\mathcal{D}$.

Teorema 4.2.10 *Para cada $f \in \text{Aut}(\mathcal{H}) - \{I\}$, ocorre exatamente uma das seguintes condições:*

1. f possui exatamente dois pontos fixos em $\mathbb{R}_\infty$, de modo que f é conjugada em $\mathsf{Aut}(\mathcal{H})$ a $M_a(z) = a^2 z$, onde $a \in \mathbb{R}_+ - \{0, 1\}$. (hiperbólica se, e somente se, $|\mathsf{tr}(f)| = \alpha + \alpha^{-1} > 2$ e $\rho(ki, f(ki)$ é constante, para todo $k \in \mathbb{R}_+^\times$).

2. f possui exatamente um ponto fixo em $\mathbb{R}_\infty$, de modo que f é conjugada em $\mathsf{Iso}(\mathcal{H})$ a $T(z) = z \pm 1$. (parabólica se, e somente se, $|\mathsf{tr}(f)| = 2$)

3. f possui exatamente um ponto fixo em $\mathcal{H}$, de modo que f é conjugada em $\mathsf{Aut}(\mathcal{H})$ a $g(z) = (-\operatorname{sen}\theta z + \cos\theta)^{-1}(\cos\theta z + \operatorname{sen}\theta)$, para algum θ em $\mathbb{R}$. (elíptica se, e somente se, $|\mathsf{tr}(f)| = 2\cos\theta < 2$).

DEMONSTRAÇÃO: Vamos dar apenas uma ideia da prova. Note que se $\mathbf{A}$ for a representação matricial de f, então $\mathsf{tr}(\mathbf{A}) = a + d \in \mathbb{R}$. Assim, pelo teorema 2.2.15, f não pode ser loxodrômica. Se $c = 0$ e $a = d$, então $f(z) = z + a^{-1}b$, pois $b \neq 0$, e, pela equação (2.1.3), ∞ é o único ponto fixo. Um segundo ponto fixo ocorre se, e somente se, $a \neq d$, a saber, $z_0 = (d - a)^{-1}b \in \mathbb{R}$, de modo que $f(z) - z_0 = a^2(z - z_0)$ é uma rotação em torno de z_0 ou $f = T_{z_0} \circ M_{a^2} \circ T_{-z_0}$. Se $c \neq 0$, então $f(\infty) \neq \infty$ e as raízes de $p(z)$ estão em $\mathbb{C}$. Como os coeficientes de $p(z)$ são reais temos que

$$\bar{z}^2 p(\bar{z}^{-1}) = \bar{z}^2(c + (d-a)\bar{z}^{-1} - b\bar{z}^{-2}) = \overline{p(z)}.$$

Logo, $\alpha \neq 0$ é uma raiz de $p(z)$ se, e somente se, $\overline{\alpha}^{-1}$ também o é. Portanto, as duas raízes são reais ou uma está em $\mathcal{H}$ e a outra em $\mathbb{C}_-$. $\square$

Já vimos, pelo teorema 4.1.9, que $\mathsf{Iso}(\mathcal{H})$ era gerado por elementos de $\mathsf{Aut}(\mathcal{H})$, digamos $f(z) = (cz + d)^{-1}(az + b)$, com $ad - bc = 1$, e $g = f \circ R_0$, com $R_0(z) = -\bar{z}$ a reflexão em torno do eixo imaginário $\mathbb{I} = \{z \in \mathcal{H} : \mathsf{Re}(z) = 0\}$. Suponhamos que $g(z) = z$, onde $z = x + iy \in \mathcal{H} \cup \mathbb{R}_\infty$. Então devemos resolver a equação

$$c(x^2 + y^2) - (a + d)x + b + (a - d)yi = 0.$$

(a) Se $z \in \mathcal{H}$, então $a - d = 0$, pois $y > 0$. Em particular, $a^2 = bc + 1$. Assim, os pontos fixos satisfazem a equação $c(x^2 + y^2) - 2ax + b = 0$. Se $c = 0$, então $a \neq 0$ e $y > 0$ qualquer, de modo que os pontos fixos (infinitos) estão todos sobre a reta $L : \text{Re}(z) = (2a)^{-1}b$, que passa por $(2a)^{-1}b$ e ∞. Neste caso, se R for uma reflexão em torno de L, então $R \circ g \in \text{Aut}(\mathcal{H})$. Assim, pela proposição 4.2.9, $R \circ g = I$, de modo que $g = R$ é uma reflexão em torno de L e $a = d$. Se $c \neq 0$, então os pontos fixos (infinitos) estão todos sobre o círculo $\Gamma : (x - c^{-1}a)^2 + y^2 = |c|^{-2}$. Neste caso, g é uma reflexão em torno de $\mathcal{H} \cap \Gamma$ e $a = d$.

(b) Se $z \in \mathbb{R}_\infty$, ou seja, g não possui pontos fixos em $\mathcal{H}$, então $y = 0$. Logo, os pontos fixos são dados pela equação $cx^2 - (a+d)x + b = 0$. Se $c = 0$, então $a \neq 0$ e ∞ é uma solução. Se $c = 0$ e $a + d \neq 0$, então $(a+d)^{-1}b$ é outra solução, de modo que $(a+d)^{-1}b, \infty$ são as soluções e $g(L) = L$, com $L : \text{Re}(z) = (a+d)^{-1}b$, de modo que g permuta os semiespaços abertos determinados por L. Mas, não fixa nenhum ponto de L por construção. Neste caso, $g(z) = \alpha \bar{z} + \beta$ é uma *reflexão de deslizamento* (glide reflection) ao longo de L, ou seja, uma translação ao longo de (paralela a) L seguida de uma reflexão em torno de L. O caso $c \neq 0$ é tratado de modo análogo. Portanto, ocorre exatamente uma das condições: $g(\mathcal{H}) = \mathcal{H}$ e g é uma reflexão em torno de alguma reta em $\mathcal{H}$ ou $g(\mathcal{H}) \neq \mathcal{H}$ e g é uma reflexão de deslizamento ao longo de alguma reta em $\mathcal{H}$, para todo $f \in \text{Aut}(\mathcal{H})$.

Devido a sua importância vamos lembrar detalhadamente alguns fatos. Sejam $f \in \text{GM}_2^1(\mathbb{C})$ e $z_1 \in \mathbb{C}_\infty$ o único ponto fixo de f, ou seja, f é parabólica. Se $c \neq 0$, então $z_1 = (2c)^{-1}(a-d)$. Assim, pelo lema 2.1.7, existe um $g(z) = (z - z_1)^{-1}$ tal que $g(z_1) = \infty$, de modo que $h = g \circ f \circ g^{-1}$ é tal que $h(\infty) = \infty$ e $h(z) = z + \beta$, onde $\beta \in \mathbb{C} - \{0\}$. Por outro lado, como $g^{-1}(z) = z^{-1}(z_1 z + 1)$ temos que

$$\beta = (g \circ f)(g^{-1}(0)) = (g \circ f)(\infty) = g(c^{-1}a) = (a+d)^{-1}2c = \kappa.$$

Portanto, $(g \circ f)(z) = (h \circ g)(z)$, ou seja, existe um único $\kappa \in \mathbb{C} - \{0\}$ tal que

$$(f(z) - z_1)^{-1} = (z - z_1)^{-1} + \kappa. \tag{4.2.5}$$

Observe que se $a+d=2$, então $\kappa = c$ e se $a+d = -2$, então $\kappa = -c$. Se $c = 0$, então $z_1 = \infty$, de modo que $f(z) = z \pm \beta$, com $\beta \neq 0$. Por exemplo, se $a + d = 2$, então a equação (4.2.5) é equivalente a:

$$f(z) = \frac{(1 + \kappa z_1)z - \kappa z_1^2}{\kappa z + 1 - \kappa z_1}. \tag{4.2.6}$$

É muito importante o seguinte fato: $h(z) = (g \circ f \circ g^{-1})(z) = z + \kappa$ significa que cada $z \in \mathbb{C}$ é deslocado paralelamente a reta L que passa por 0 e $\pm c$ a uma distância igual a $|c|$. Portanto, qualquer reta M paralela a L satisfaz $h(M) = M$. Caso contrário, $h(M)$ é paralela a M. Em particular, se A é um semiespaço determinado por L, então $h(A) = A$. Como $g^{-1}(\infty) = z_1$ temos que retas paralelas interceptando-se em ∞ são levadas em círculos interceptando-se em z_1.

Proposição 4.2.11 *Seja $f \in \mathsf{GM}_2^1(\mathbb{C})$. Se f for parabólica, com ponto fixo $z_1 \neq \infty$, então qualquer círculo em $\mathbb{C}_\infty$ que passa por z_1 é levado em um círculo tangente que passa por z_1. Conclua que f deixa invariante o interior de cada círculo.*

Demonstração: Pela equação (4.2.6), $w = f(z) = (cz+d)^{-1}(az+b)$, com $a = 1 + \kappa z_1$, $b = -\kappa z_1^2$, $c = \kappa$ e $d = 1 - \kappa z_1$, de modo que $z = f^{-1}(w) = (-cw + a)^{-1}(dw - b)$ (seria menos trabalhoso considerarmos $h(z) = z + \kappa$ e depois $f = g^{-1} \circ h \circ g$). Seja $\alpha|z|^2 + 2\,\mathsf{Re}(\bar{\beta}z) + \gamma = 0$ a equação do círculo Γ em $\mathbb{C}_\infty$ que passa por z_1. Então $\gamma = -(\alpha|z_1|^2 + 2\,\mathsf{Re}(\bar{\beta}z_1)) \in \mathbb{R}$. Logo, substituindo $z = f^{-1}(w)$ e, depois de alguns cáculos, obtemos $\alpha_1|w|^2 + \bar{\beta}_1 w + \beta_1 \bar{w} + \gamma_1 = 0$, com

$$\begin{cases} \alpha_1 = \alpha|d|^2 - 2\,\mathsf{Re}\left(\bar{\beta}\bar{c}d\right) + \gamma|c|^2 \in \mathbb{R}, \\ \beta_1 = -\alpha d\bar{b} + \beta a\bar{d} + \bar{\beta}b\bar{c} - \gamma a\bar{c} \in \mathbb{C}, \\ \gamma_1 = \alpha|b|^2 - 2\,\mathsf{Re}\left(\bar{\beta}\bar{a}b\right) - \gamma|a|^2 \in \mathbb{R}, \end{cases} \tag{4.2.7}$$

que é a equação do círculo tangente $f(\Gamma)$ em $\mathbb{C}_\infty$ que passa por z_1. Observe que $\alpha_1 = 0$ se, e somente se, $\alpha|c^{-1}d|^2 - 2\,\mathsf{Re}(\bar{\beta}c^{-1}d) + \gamma = 0$ se, e somente se, $c^{-1}d$ está em Γ. Como $f(-c^{-1}d) = \infty$ temos que $f(\Gamma)$ é uma reta que passa por ∞ quando $-c^{-1}d \in \Gamma$. Caso contrário, é um círculo. Este argumento nos fornece uma prova direta do teorema 2.1.3 e do teorema 4.1.5. □

Observe que se $w = f(z)$, então $dw = f'(z)dz$. Assim, o comprimento $|dz|$ é multiplicado por $|f'(z)|$ e rotacionado por um ângulo $\arg(f'(z))$. Neste caso, seja $f \in \mathsf{GM}_2^1(\mathbb{C})$, digamos $f(z) = (cz+d)^{-1}(az+b)$, com $ad-bc=1$. Então $f'(z) \cdot h = (cz+d)^{-2}h$, para todo $h \in \mathbb{C}$, de modo que

$$\langle f'(z) \cdot h, f'(z) \cdot k \rangle = |cz+d|^{-4}\langle h, k\rangle.$$

Logo, $\kappa(z) = |cz+d|^{-2}$ é o fator de escala de f. Como uma região R é levada por f em uma região semelhante S com os correspondentes comprimentos multiplicados por $|f'(z)|$ temos que o elemento de área é multiplicado por $|f'(z)|^2$. Mais explicitamente,

$$\mu(S) = \iint_S dS = \iint_S du dv = \iint_R |f'(z)|^2 dx dy.$$

Em particular, se f for parabólica e $c \neq 0$, então $f'(z_1) = 1$, de modo que comprimentos e áreas são invariantes se, e somente se, $|cz+d| = 1$. Isto motiva o seguinte: se $f \in \mathsf{GM}_2^1(\mathbb{C})$, digamos $f(z) = (cz+d)^{-1}(az+b)$, com $ad-bc=1$ e $c \neq 0$, o *círculo isométrico* de f, denotado por Γ_f, é definido como

$$\Gamma_f = \{z \in \mathbb{C} : |cz+d| = 1\} = \{z \in \mathbb{C} : |f'(z)| = 1\}, \qquad (4.2.8)$$

ou seja, Γ_f é um círculo com centro $c_f = -c^{-1}d = f^{-1}(\infty)$ e raio $r_f = |c|^{-1}$, confira a figura 4.4. Observe que se $\mathbf{A}$ for a representação matricial de f, então $\Gamma_\mathbf{A} = \Gamma_{-\mathbf{A}}$. Note que se $c = 0$, então ∞ é um ponto fixo, de modo que não existe um círculo com as propriedades que determinam um círculo isométrico, pois $f'(z)$ é constante. Como $f^{-1}(w) = (-cw+a)^{-1}(dw-b)$ e $c \neq 0$ temos que $\Gamma_{f^{-1}}$ existe e é um círculo com centro $c_{f^{-1}} = c^{-1}a = f(\infty)$ e raio $r_{f^{-1}} = |c|^{-1}$.

Proposição 4.2.12 *Sejam $f \in \mathsf{GM}_2^1(\mathbb{C})$ e Γ um círculo em $\mathbb{C}_\infty$ tal que $f(\Gamma) = \Gamma$. Então Γ_f é ortogonal a Γ.*

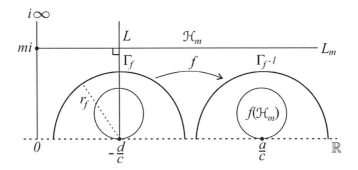

Figura 4.4: Círculos isométricos e horociclos em $\mathcal{H}$.

DEMONSTRAÇÃO: Não há perda de generalidade, em supor que $\Gamma = \mathbb{R}_\infty$ ou $\Gamma = S^1$. Pondo c_f e r_f o centro e o raio de Γ_f. Se $\Gamma = \mathbb{R}_\infty$, então $f \in \mathsf{Iso}(\mathcal{H})$ e $c_f \in \mathbb{R}$, de modo que Γ_f é ortogonal a Γ. Se $\Gamma = S^1$, então $f \in \mathsf{Iso}(\mathcal{D})$, digamos $f = e^{i\theta}(1 - \overline{z}_0 z)^{-1}(z - z_0)$, de modo que $c_f = \overline{z}_0^{-1}$ e $r_f^2 = |z_0|^{-2}(1 - |z_0|^2)$. Assim, $1 + r_f^2 = |c_f|^2$ implica, pelo lema 4.2.3, que Γ_f é ortogonal a S^1. $\square$

TEOREMA 4.2.13 *Seja $f \in \mathsf{GM}_2^1(\mathbb{C})$. Então $f(\Gamma_f) = \Gamma_{f^{-1}}$. Se $w, z \in \Gamma_f$, então $|f(z) - f(w)| = |z - w|$, ou seja, f leva Γ_f isometricamente sobre $\Gamma_{f^{-1}}$, de modo que se $f(w)$ for conhecida, então $f(z)$ também o é. Além disso,*

1. *f leva o interior de Γ_f no exterior de $\Gamma_{f^{-1}}$ e vice-versa.*

2. *Se Γ_f está no exterior de $\Gamma_{f^{-1}}$, então Γ_{f^2} está no interior de Γ_f.*

3. *Se f for elíptica e $f^2 \neq I$, então $\Gamma_f \cap \Gamma_{f^{-1}} = \{z_1, z_2\}$. Se f for parabólica ou hiperbólica, então $\Gamma_f \cap \Gamma_{f^{-1}} = \{z_0\}$ ou $\Gamma_f \cap \Gamma_{f^{-1}} = \{\emptyset\}$.*

4. *Se $f^2 \neq I, \mathsf{tr}(f) \in \mathbb{R}, L_{c_f c_{f^{-1}}} \cap \Gamma_f = \{z_1\}, L_{c_f c_{f^{-1}}} \cap \Gamma_{f^{-1}} = \{z_2\}$, então $z_1 - c_f = c_{f^{-1}} - z_2 = |c(a+d)|^{-1}(a+d)$ e $f(z_1) = z_2$. Conclua que f é a composição de uma inversão em Γ_f seguida por uma reflexão em relação ao bissetor de $L_{c_f c_{f^{-1}}}$, a saber, $L_f = \{z \in \mathbb{C} : |z - c_f| = |z - c_{f^{-1}}|\}$.*

DEMONSTRAÇÃO: Dados $w, z \in \Gamma_f$, obtemos $|f(z) - f(w)| = |z - w|$. Primeiro note que $w = f(z)$ se, e somente se, $z = f^{-1}(w)$. Assim, para cada $z \in \Gamma_f$, $1 = |cz + d| = |cf^{-1}(w) + d| = |-cw + a|^{-1}$ implica que $w = f(z) \in \Gamma_{f^{-1}}$ e, reciprocamente, ou seja, $z \in \Gamma_f$ se, e somente se, $w = f(z) \in \Gamma_{f^{-1}}$, de modo que $\Gamma_{f^{-1}}$ possui orientação oposta a de Γ_f. (1) Note que $|cz+d| < 1$ ($|f'(z)| > 1$) se, e somente se, $|cf(z) - a| > 1$. (2) Se z está no exterior de Γ_f, então $|cz+d| > 1$ ($|f'(z)| < 1$) e $f(z)$ está no interior de $\Gamma_{f^{-1}}$ implica que $|cf(z) + d| > 1$ e $f(z)$ está no exterior de Γ_f. Como $f^2(z) = (c(a+d)z + d^2 + bc)^{-1}((a^2 + bc)z + b(a+d))$ temos que $|c(a+d)z + d^2 + bc| = |(cf(z) + d)||(cz + d)| > 1$. Assim, z está no exterior de Γ_{f^2}. Portanto, Γ_{f^2} está no interior a Γ_f. (3) Observe que $f^2 \neq I$ e $c \neq 0$ significa que $c(a+d) \neq 0$ ou $\Gamma_f \neq \Gamma_{f^{-1}}$, de modo que a distância entre os centros é $|c_{f^{-1}} - c_f| = |c|^{-1}|a+d|$ e a soma dos raios é $r_{f^{-1}} + r_f = |c|^{-1}2$. Por exemplo, se f for parabólica, então $|a+d| = 2$ e a distância é igual a soma dos raios. Portanto, $\Gamma_f \cap \Gamma_{f^{-1}} = \{z_0\}$, com z_0 o ponto de tangência. (4) Como c_f, z_1 e $c_{f^{-1}}$, nesta ordem, são colineares temos que $\arg(z_1 - c_f) = \arg(c_{f^{-1}} - c_f), |z_1 - c_f| = |c|^{-1}$ e $|c_{f^{-1}} - c_f| = |c|^{-1}|a+d|$ (o mesmo com c_f, z_2 e $c_{f^{-1}}$), de modo que

$$z_1 - c_f = (|a+d|c)^{-1}(a+d) \quad \text{e} \quad z_2 - c_{f^{-1}} = -(|a+d|c)^{-1}(a+d).$$

Note que $\text{tr}(f) = a + d \in \mathbb{R}$ e

$$f(z_1) - c_{f^{-1}} = -c^{-2}(z_1 - c_f)^{-1} = -c^{-1}(a+d)^{-1}|a+d| = z_2 - c_{f^{-1}}$$

implicam que $f(z_1) = z_2$. Já sabemos que w e z são pontos inversos em relação a Γ_f se $|w - c_f||z - c_f| = r_f^2$ e $\arg(w - c_f) = \arg(z - c_f)$ ou, equivalentemente, $(w - c_f)(\overline{z} - \overline{c}_f) = r_f^2$, pois $\arg(z - c_f) = -\arg(\overline{z} - \overline{c}_f)$ e $\arg(w - c_f)(\overline{z} - \overline{c}_f) = 0$ ou π, de modo que a inversão em Γ_f é

$$R_f(z) = c_f + (\overline{z} - \overline{c}_f)^{-1} r_f^2 = c_f - c_{f^{-1}} + R_0(f(z))$$
$$= \left(T_{c_f - c_{f^{-1}}} \circ R_0\right)(f(z)),$$

pois $R_0(z) = -\overline{z}$ é linear sobre $\mathbb{R}$, e $f = S_f \circ R_f$, com $S_f = R_0 \circ T_{c_{f^{-1}} - c_f}$. Portanto, f é a composição de uma inversão em Γ_f

seguida por uma reflexão em relação ao bissetor L_f de $L_{c_f c_{f^{-1}}}$. Em particular, se Γ for um círculo com centro em L que é ortogonal a Γ_f, então $f(\Gamma) = \Gamma$, confira a proposição 4.2.12. $\square$

Note, pela equação (4.2.6) e pelas proposições 4.2.11 e 4.2.12, que se $f \in \mathsf{Iso}(\mathcal{H})$ e $x \in \mathbb{R}_\infty$ for o único ponto fixo de f, então o círculo isométrico ($\kappa \in \{-c, c\}$)

$$\Gamma_f = \{z \in \mathbb{C} : |z - f^{-1}(\infty)| = |c|^{-1}\} = \{z \in \mathbb{C} : |z - (x - \kappa^{-1})| = |\kappa|^{-1}\}$$

está contido em $\mathcal{H} \cup \mathbb{R}_\infty$, é tangente a $\mathbb{R}_\infty$ em x e $f(\Gamma_f) = \Gamma_f$. Além disso, $\Gamma_{f^n} \subset \Gamma_f$ e $\Gamma_{f^{-n}} \subset \Gamma_{f^{-1}}$, para todo $n \in \mathbb{N}$. Isto motiva o seguinte: um *horociclo* Γ_x em $\mathcal{H}$ centrado em $x \in \mathbb{R}_\infty$ é a interseção de $\mathcal{H}$ com um círculo euclidiano em $\overline{\mathcal{H}}$ que é tangente a $\mathbb{R}_\infty$ em x, ou seja, com centro $z_0 = x + y_0 i$ e raio $r = y_0$. Se $x = \infty$, então o horociclo e o horodisco

$$L_m = \{z \in \mathcal{H} : \mathsf{Im}(z) = m > 0\} \quad \text{e} \quad \mathcal{H}_m = \{z \in \mathcal{H} : \mathsf{Im}(z) > m > 0\}$$

são paralelos a $\mathbb{R}_\infty$, confira a figura 4.5. Note que Γ_x é ortogonal a

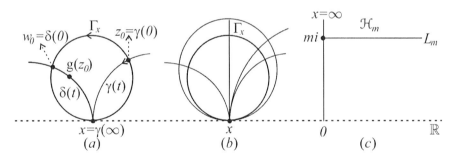

Figura 4.5: Horociclos em $\mathcal{H}$.

família de geodésicas $\gamma : \mathbb{R}_+ \to \mathcal{H}$, com $\|\gamma(t)\| = 1$, representada por um semicírculo euclidiano que passa por x, com $\gamma(\infty) = x$ ou $\lim_{t \to \infty} \gamma(t) = x$, de modo que $\Gamma_x = \bigcup_{t \in \mathbb{R}_+} D_t(\gamma(t))$. Observe que existe um $k > 0$ tal que $\rho(\gamma(t), \delta(t)) \leq k$, para todo $t \in \mathbb{R}_+$. De fato, já sabemos que existe um $g \in \mathsf{Aut}(\mathcal{H})$ tal que $g(x) = \infty$ e $g(\Gamma_x) = L_m$. Logo, pondo $\gamma(t) = a + ti$ e $\delta(t) = b + ti$, obtemos $\lim_{t \to \infty} \rho(\gamma(t), \delta(t)) = \lim_{t \to \infty} (2t)^{-1} |a - b| = 0$.

Observe, pelo teorema 4.2.13, que se f em $\mathsf{Aut}(\mathcal{H})$, então $f(L_m) \subseteq \Gamma_{f^{-1}}$ é um horociclo em $\mathcal{H}$ centrado em $f(\infty) = c^{-1}a$. De fato, dado $z \in L_m$, temos que $f(z) \in f(L_m)$, de modo que se $|z + c^{-1}d| = m$, então $|f(z) - c^{-1}a| = m^{-1}c^{-2}$ é um diâmetro. Assim, $f(L_m) = \{z \in \mathcal{H} : |2mc^2 z - (2acm + i)| = 1\}$. Portanto, se $c \neq 0$ e $m \geq r_f$, então $L_m \cap f(L_m) = \emptyset$.

Teorema 4.2.14 *Sejam $g \in \mathsf{Iso}(\mathcal{D})$ e $\Gamma_g = \{z \in \mathbb{C} : |\beta z + \overline{\alpha}| = 1\}$.*

1. *$0, g^{-1}(0)$ e $c_g = -\beta^{-1}\overline{\alpha}$ são colineares e $g^{-1}(0) \cdot \overline{c}_g = 1$. Conclua que $g^{-1}(0)$ e c_g são inversos em S^1.*

2. *$\Gamma_g = \Sigma_g = \{z \in \mathcal{D} : \rho(z,0) = \rho(z, g^{-1}(0))\}$ o bissetor de Poincaré de g. Conclua que o segmento $L_{0g^{-1}(0)}$ é ortogonal a Σ_g.*

DEMONSTRAÇÃO: Pondo $c_g = -\beta^{-1}\overline{\alpha}$ e $r_g = |\beta|^{-1}$ o centro e o raio de Γ_g. (1) Como $g^{-1}(z) = (-\beta z + \alpha)^{-1}(\overline{\alpha}z - \overline{\beta})$ temos que $g^{-1}(0) = -\alpha^{-1}\overline{\beta}$, de modo que o produto $c_g^{-1} \cdot g^{-1}(0) = |\alpha^{-1}\beta|^2 \in \mathbb{R}$. Portanto, $g^{-1}(0) \cdot \overline{c}_g = 1$ e $0, g^{-1}(0)$ e c_g são colineares, ou seja, determinam uma semirreta L_g. (2) Pondo $L_g \cap \Gamma_g = \{z_0\}$, temos que L_g é ortogonal a Γ_g e $|z_0| = |c_g| - r_g = |\beta^{-1}|(|\alpha| - 1)$. Assim, pelo teorema 4.2.4 e depois de alguns cálculos,

$$2\rho(0, z_0) = 2\log\left(\frac{1 + |z_0|}{1 - |z_0|}\right) = \log\left(\frac{|\alpha| + |\beta| - 1}{|\beta| - |\alpha| + 1}\right)^2 = \rho(0, g^{-1}(0)).$$

Portanto, $\Gamma_g = \Sigma_g$. É claro que o segmento $L_{0c_g} \subseteq L_g$ é ortogonal a Σ_g. □

Vamos apresentar agora alguns fatos da geometria hiperbólica sobre $\mathcal{H}$ e/ou $\mathcal{D}$ tais como: convexidade, área de uma região e o Teorema de Pitágoras. Lembramos que um subconjunto X de $\mathcal{H}$ é *convexo* se dados w, z em X, com $w \neq z$, o único segmento geodésico L_{wz} está contido em X. Assim, se f em $\mathsf{Iso}(\mathcal{H})$, então $f(X)$ é convexo, ou seja, convexidade é invariante sob f. Observe que $\sigma : \mathbb{C} \to \mathbb{C}$ definida como $\sigma(iy) = \log y$ for um homeomorfismo da geodésica hiperbólica $L = i\mathbb{R}_+^*$ sobre a geodésica euclidiana $M = \{z \in \mathbb{C} : \mathsf{Im}(z) = 0\}$ que preserva a relação "entre".

Exemplo 4.2.15 Retas, semirretas e segmentos de reta são convexos em $\mathcal{H}$. Além disso, os semiespaços são convexos em $\mathcal{H}$.

Solução: Sejam L uma reta em $\mathcal{H}$ e dados $w, z \in L$, com $w \neq z$. Então, pela proposição 4.1.1, L é a única reta hiperbólica que passa por w e z. Portanto, $L_{wz} \subseteq L$ e L é convexo. Sejam $\mathbb{I} = \{z \in \mathcal{H} : \mathsf{Re}(z) = 0\}$ e $X = \{z \in \mathcal{H} : \mathsf{Re}(z) > 0\}$ o semiespaço determinado por $\mathbb{I}$. Dados $u, v \in X$, com $u \neq v$. Se $\mathsf{Re}(u) = \mathsf{Re}(v)$, então $L_{uv} \subseteq L = \{z \in \mathcal{H} : \mathsf{Re}(z) = \mathsf{Re}(u)\}$. Como $\mathsf{Re}(u) > 0$ temos que $L \subseteq X$. Se $\mathsf{Re}(u) \neq \mathsf{Re}(v)$, então $L_{uv} \subseteq \Gamma = \{z \in \mathcal{H} : |z - z_0| = r\}$. Como $\mathbb{I} \cap \Gamma$ é no máximo um ponto temos que $L_{uv} \subseteq X$. Portanto, em qualquer caso, $L_{uv} \subseteq X$ e X é convexo. $\square$

Dados $z_0 \in \mathcal{D}$ e $s \in \mathbb{R}_+^\times$. Um *círculo hiperbólico* de centro hiperbólico z_0 e raio hiperbólico s é o conjunto $\{z \in \mathcal{D} : \rho(z, z_0) = s\}$. Veremos a seguir que círculos hiperbólicos são círculos euclidianos descentralizados.

Proposição 4.2.16 *Qualquer círculo hiperbólico é um círculo euclidiano em $\mathcal{D}$.*

Demonstração: Seja C um círculo hiperbólico de centro z_0 e raio $0 < s < 1$. Então existe um $g(z) = (1 - \overline{z}_0 z)^{-1}(z - z_0)$ em $\mathsf{Aut}(\mathcal{D})$ tal que $g(z_0) = 0$, de modo que $g(C)$ é um círculo hiperbólico de centro 0 e raio s. Como $\tanh \frac{1}{2}\rho(z, 0) = \tanh \frac{1}{2}s$ temos, pela equação (4.2.4), que $z \in g(C)$ se, e somente se, $|z| = r$, com $r = \tanh \frac{1}{2}s$ ($s = \rho(0, r)$), é ortogonal as retas radiais $z = te^{i\theta}$. Portanto, $C = g^{-1}(g(C))$ é um círculo euclidiano em $\mathcal{D}$. $\square$

Observe que se $z_1 = -2^{-1} + bi, z_2 = 0, z_3 = 2^{-1} \in \mathcal{D}$, com $0 < b \leq 2^{-1}$, então eles estão sobre o círculo euclidiano determinado pela equação

$$(x - 4^{-1})^2 + (y - (4b)^{-1}(1 + 2b))^2 = (4b)^{-2}(1 + 4b + 5b^2).$$

Portanto, ao contrário da geometria euclidiano, três pontos distintos não determinam um círculo hiperbólico em $\mathcal{D}$, pois $1 + 4b + 5b^2 > 16b^2$, para $b \leq 2^{-1}$.

Teorema 4.2.17 *Sejam F um subconjunto fechado e convexo de $\mathcal{H}$ e $z_0 \in \mathcal{H} - F$. Então existe um único $u_0 \in F$ tal que $\rho(z_0, u_0) = \rho(z_0, F)$.*

Demonstração: Como $\rho(z_0, F) = \inf\{\rho(z_0, u) : u \in F\}$ temos que existe uma sequência $(u_n)_{n \in \mathbb{N}}$ em F tal que $\lim_{n \to \infty} \rho(z_0, u_n) = \rho(z_0, F)$, ou seja, existe um $n_0 \in \mathbb{N}$ tal que $\rho(z_0, u_n) \leq \rho(z_0, F) + 1$, para todo $n \in \mathbb{N}$, com $n > n_0$. Assim, o conjunto compacto $F \cap D_s(z_0) = \{z \in \mathcal{H} : \rho(z, z_0) \leq s\}$, com $s = \rho(z_0, F) + 1$, contém $(u_n)_{n \in \mathbb{N}}$, para $n > n_0$, de modo que existe uma subsequência $(u_{n_k})_{k \in \mathbb{N}}$ tal que $\lim_{n \to \infty} u_{n_k} = u_0 \in F$ e $\rho(z_0, u_0) = \lim_{k \to \infty} \rho(z_0, u_{n_k}) = \lim_{n \to \infty} \rho(z_0, u_n)$. Portanto, $\rho(z_0, u_0) = \rho(z_0, F)$. A unicidade segue da convexidade. □

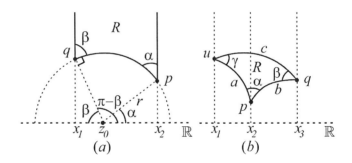

Figura 4.6: Triângulos hiperbólicos em $\mathcal{H}$.

Um *polígono hiperbólico* em $\mathcal{H}$ é um conjunto convexo e fechado que pode ser escrito como a interseção de uma família localmente finita de semiespaços fechados em $\overline{\mathcal{H}}$, ou seja, é o interior de uma curva fechada de Jordan $\bigcup_{i=1}^{n-1}[p_i, p_{i+1}] \cup [p_n, p_1]$. Sejam R um polígono hiperbólico em $\overline{\mathcal{H}}$ e L uma reta hiperbólico em $\mathcal{H}$ tal que $R \cap L \neq \emptyset$, de modo que R está contido em um semiespaço fechado determinado por L. Assim, $R \cap L$ é um ponto e chama-se um *vértice* de R. Caso contrário, chama-se um *lado* (aresta) de R. Se $v \in R$ for um vértice e $x_j \in L_j$, com $j = 1, 2$, os lados adjacentes, então o *ângulo interior* de R em v é o ângulo entre L_1 e L_2, medido na componente do complementar de $L_1 \cup L_2$ interior a R, confira figura 4.6. Observe que se o vértice "ideal" $v \in \mathbb{R}_\infty$, então o ângulo é igual a $0 = \pi/\infty$, pois todas as geodésicas interceptam $\mathbb{R}_\infty$ em ângulos retos, de modo que o ângulo entre quaisquer duas delas é zero. Neste contexto, existem quatro tipos de *triângulos hiperbólicos*, com $0, 1, 2$ ou 3 vértices em $\mathbb{R}_\infty$. É importante notar que se $f \in \text{Aut}(H)$ e i é um vértice, então o *ângulo de rotação* entre L_1 e $L_2 = f(L_1)$ é igual a $\arg(f'(i))$.

Seja R um subconjunto de $\mathcal{H}$. A *área hiperbólica* de R é definida como

$$\mu(R) = \iint_R dA = \iint_R \text{Im}(z)^{-2} dxdy = \iint_R y^{-2} dxdy, \qquad (4.2.9)$$

com $\mu(R)(z) = y^{-2} dxdy$ a *medida hiperbólica* em $\mathcal{H}$. Pondo $z = x + iy$ e $w = h(z) = (cz+d)^{-1}(az+b) = u + iv$ em $\text{Aut}(\mathcal{H})$, obtemos $v = |cz+d|^{-2} y$ e

$$\det J_h(z) = \frac{\partial(u,v)}{\partial(x,y)} = |h'(z)|^2 = \frac{1}{|cz+d|^4} = \frac{v^2}{y^2} > 0,$$

confira o teorema 1.2.3. Assim, mudança de variáveis e depois de alguns cálculos,

$$\mu(h(R)) = \iint_{h(R)} \frac{1}{v^2} dudv = \iint_R |\det J_h(z)| \frac{1}{v^2} dxdy = \mu(R).$$

Portanto, a área é invariante sob a ação de $\text{Iso}(\mathcal{H})$, pois é fácil verificar que a área é invariante sob $R_0(z) = -\overline{z}$. Observe que se $R \subseteq \mathcal{D}$, então

$$\begin{aligned} \mu(R) &= \mu\left(\eta_0^{-1}(R)\right) \\ &= \iint_{\eta_0^{-1}(R)} \frac{1}{\text{Im}(z)^2} dxdy = \iint_R \frac{4}{\left(1-|z|^2\right)^2} dxdy. \end{aligned} \qquad (4.2.10)$$

Em particular, se R for um círculo hiperbólico de raio $0 < s < 1$: $x = s\cos\theta$ e $y = s\,\text{sen}\,\theta$, então

$$\mu(R) = \int_0^s \int_0^{2\pi} \frac{4r}{(1-r^2)^2} d\theta dr = \frac{4\pi s^2}{1-s^2}$$
$$= 4\pi \,\text{senh}^2 \frac{1}{2} s = 2\pi(\cosh s - 1).$$

Teorema 4.2.18 (Fórmula de Gauss-Bonnet) *A área de um triângulo hiperbólico em $\mathcal{H}$, com ângulos interiores α, β e γ, é igual a $\pi - (\alpha + \beta + \gamma)$.*

DEMONSTRAÇÃO: Vamos dividir a prova em dois casos. (1) Se R for o triângulo em $\mathcal{H}$ tendo vértices p, q, ∞ e ângulos interiores $\alpha, \beta, 0$, confira figura 4.6 (a), então

$$\mu(R) = \int_{x_1}^{x_2} dx \int_{\sqrt{r^2-(x-z_0)^2}}^{\infty} \frac{1}{y^2} dy$$

$$= \int_{x_1}^{x_2} \frac{1}{\sqrt{r^2-(x-z_0)^2}} dx = \pi - (\alpha + \beta),$$

pois usando a substituição $x = z_0 + r\cos\theta$, obtemos $x_1 = z_0 + r\cos(\pi - \beta)$, $x_2 = z_0 + r\cos\alpha$ e $dx = -r\,\text{sen}\,\theta d\theta$. (2) Se R for o triângulo em $\mathcal{H}$ tendo vértices p, q, u e ângulos interiores α, β, γ, confira figura 4.6 (b). Pondo adequadamente $\alpha = \alpha_1 + \alpha_2, \beta_2 = \beta + \beta_1$ e $\gamma_2 = \gamma + \gamma_1$, obtemos os triângulos hiperbólicos R_j, com $j = 1, 2, 3$, em $\mathcal{H}$ tendo vértices: p, u, ∞ e ângulos interiores $\alpha_1, \gamma_2, 0$; p, q, ∞ e ângulos interiores $\alpha_2, \beta_2, 0$; q, u, ∞ e ângulos interiores $\beta_1, \gamma_1, 0$, respectivamente. Assim, pelo caso (1), $\mu(R) = \mu(R_1) + \mu(R_2) - \mu(R_3)$ ou $\mu(R) = \pi - (\alpha + \beta + \gamma)$. Portanto, $0 < \mu(R) \leq \pi$, pois existe um triângulo ideal: $R : -r = p \leq x \leq r = q$ e $x^2 + y^2 \geq r^2$, confira figura 4.6 (a), onde $p, q \in \mathbb{R}$. □

Dado $p \in \mathbb{C}$ e escolhemos semirretas L_i, com $i = 1, \ldots, n$, de p, com ângulos entre semirretas consecutivas $2\pi/n$. Dado $r_1 > 0$, podemos escolher $p_i \in L_i$ tal que $|p_i - p| = r_1$, ou seja, $p_i \in L_i \cap \{z \in \mathbb{C} : |z - p| = r_1\}$. Assim, obtemos um polígono regular R em $\mathbb{C}$, com vértices $p_1, \ldots, p_n$, para $n \geq 3$. Do mesmo modo podemos construir outro polígono regular S em $\mathbb{C}$, com vértices $q_1, \ldots, q_n$, para $n \geq 3$. Seja α (β) o ângulo entre L_1 (M_1) e o eixo dos x. Então é fácil verificar que a função $\sigma : \mathbb{C} \to \mathbb{C}$ definida como $\sigma(z) = e^{i(\beta-\alpha)} r_1^{-1} r_2 (z - p + q)$ é um homeomorfismo tal que $\sigma(R) = S$. Portanto, R é único, a menos de, dilatação, rotação e translação. Em particular, o ângulo interior em um vértice de R é $\frac{n-2}{n}\pi$, pois fixe um vértice qualquer e divida R em $(n-2)$ triângulos.

Proposição 4.2.19 *A soma dos ângulos de um polígono hiperbólico em $\mathcal{H}$, com no máximo $n \geq 3$ lados, não pode exceder $(n-2)\pi$.*

Demonstração: Seja R um polígono hiperbólico em $\mathcal{H}$, com vértices $p_1, \ldots, p_n$ e ângulos interiores $\alpha_1, \ldots, \alpha_n$, para $n \geq 3$. Então, pela exposto acima, $\sum_{k=1}^{n} \alpha_k = (n-2)\pi$. Seja $p \in R$. Então, pelo Exemplo 4.2.15, $L_k = L_{pp_k} \subseteq R$. Assim, os L_k dividem R em n triângulos, digamos R_k, tendo vértices em p, p_k, p_{k+1}, com $p_1 = p_{n+1}$ e $R_1 = R_{n+1}$, de modo que $L_{k+1} = R_k \cap R_{k+1}$. Pondo δ_k o ângulo interior de R_k em p, de modo que $\sum_{k=1}^{n} \delta_k = 2\pi$. Por outro lado, pondo β_k o ângulo interior de R_k em p_k e γ_k o ângulo interior de R_k em p_{k+1}, obtemos $\alpha_{k+1} = \beta_{k+1} + \gamma_k$, pois $p_{k+1} \in R_k \cap R_{k+1}$. Assim, pelo teorema 4.2.18,

$$\mu(R_k) = \pi - (\beta_k + \gamma_k + \delta_k) \text{ e } R = \bigcup_{k=1}^{n} R_k$$

uma união disjunta implicam que

$$\mu(R) = \sum_{k=1}^{n} \mu(R_k) = n\pi - \sum_{k=1}^{n}(\beta_k + \gamma_k + \delta_k) = (n-2)\pi - \sum_{k=1}^{n} \alpha_k,$$

pois $\alpha_{k+1} = \beta_{k+1} + \gamma_k$, para todo $k = 1, \ldots, n$. $\square$

Exemplo 4.2.20 Determine a área do triângulo hiperbólico em $\mathcal{H}$, com vértices em $p_1 = 0, p_2 = 2^{-1}(-1 + i\sqrt{3})$ e $p_3 = 2^{-1}(1 + i\sqrt{3})$.

Solução: Seja R o triângulo hiperbólico em $\mathcal{H}$, com vértices em p_1, p_2 e p_3. Então, pela equação (4.1.2), $\Gamma_{12} = \{z \in \mathcal{H} : |z - c_{12}| = r_{12}\}$ é o círculo euclidiano, com centro $c_{12} = -1$ e raio $r_{12} = 1$, que passa por p_1 e p_2 ou substituindo na equação $a|z|^2 + 2b\,\mathsf{Re}(z) + d = 0$, com $b^2 > ad$. De modo análogo, obtemos

$$\Gamma_{13} = \{z \in \mathcal{H} : |z - 1| = 1\} \quad \text{e} \quad \Gamma_{23} = \{z \in \mathcal{H} : |z| = 1\}.$$

Como $p_1 = 0 \in \partial\mathcal{H}$ temos que $\alpha_1 = 0$ é o ângulo entre Γ_{12} e Γ_{13}. Por outro lado, pelo exercício 17 da seção 1.1, $\cos\theta_2 = -\frac{1}{2}$ se, e somente se, $\theta_2 = \frac{2\pi}{3}$, de modo que $\alpha_2 = \pi - \theta_2 = \frac{\pi}{3}$ é o ângulo entre Γ_{12} e Γ_{22}. Do mesmo análogo, $\alpha_3 = \frac{\pi}{3}$ entre Γ_{13} e Γ_{23}. Portanto, $\mu(R) = \frac{\pi}{3}\, u\,a$. □

Teorema 4.2.21 (Teorema de Pitágoras) *Para qualquer triângulo hiperbólico T em $\mathcal{H}$, com ângulos α, β e $\frac{\pi}{2}$, ou seja, se os lados de comprimentos a e b são ortogonais, então* $\cosh c = \cosh a \cosh b$, $\cosh a \operatorname{sen}\beta = \cos\alpha$ *e* $\cosh c = \cot\alpha \cot\beta$.

Demonstração: Sejam p, q e u os vértices do triângulo hiperbólico em $\mathcal{H}$, como na figura 4.1 (b), e L a única reta que passa por p e u, com extremos $r_1 < r_2$, de modo que p esteja ente u e r_2. Então existe um $h(z) = (z - r_1)^{-1}(z - r_2)$ em $\mathrm{Iso}(\mathcal{H})$ tal que $h(r_2) = 0$ e $h(r_1) = \infty$ implicam que $g(L) = i\mathbb{R}_+$. Assim, $h(p) = ti$, com $t > 0$. Pondo $g = M_{t^{-1}} \circ h$, obtemos $g(p) = i$ e $g(u) = ik$, com $k > 1$. pois $g(p)$ está entre $g(r_2)$ e $g(u)$. Como g preserva ortogonalidade de círculos, podemos supor que $g(q) = r + is$, com $r^2 + s^2 = 1$. Assim, $\rho(i, ik) = a, \rho(i, r+is) = b$ e $\rho(ik, r+is) = c$. Por outro lado,

$$\cosh a = \frac{1+k^2}{2k}, \cosh b = \frac{1}{s} \quad \text{e} \quad \cosh c = \frac{1+k^2}{2sk},$$

de modo que $\cosh c = \cosh a \cosh b$. Como $\rho(x_0, ik) = \rho(x_0, r+is)$ temos que $k^2 = 1 - 2x_0 s$ e $x_0 < 0$. Por outro lado, $\tan\beta = |x_0|^{-1}k = |k^2 - 1|^{-1}2ks$. □

Observe, pelo teorema 4.2.21, que

$$\begin{aligned}\cosh(a+b) &= \cosh a \cosh b + \operatorname{senh} a \operatorname{senh} b \\ &\leq 2\cosh c = \cosh(\cosh^{-1} 2)\cosh c \\ &\leq \cosh(c + \cosh^{-1} 2),\end{aligned}$$

de modo que $a + b < c + \log(2 + \sqrt{3})$, pois $\cosh^{-1} 2 = \log(2 + \sqrt{3})$, é independente de a, b e c. Note que em um triângulo retângulo: $a^2 + b^2 = c^2$ implica que $(a+b)^2 = c^2 + 2ab$ ou $a + b > c$, de modo que c é grande quando a e b o são. Portanto, ao contrário de geometria euclidiano, isto não ocorre na geometria hiperbólica, ou seja, c é quase a soma $a+b$. Outro modo de ver: pondo $\alpha = \measuredangle(p0, pq), \beta = \measuredangle(q0, qp)$ e $\gamma = \measuredangle(0p, 0q)$, confira figura 4.7 (a). Note que sempre podemos supor $\mathsf{Im}(p) = 0$ e $\mathsf{Re}(p) > 0$, de modo que

$$p = \tanh(2^{-1}\rho(0,p)) = \tanh(2^{-1}b), q = e^{i\gamma}\tanh(2^{-1}a) \text{ e } c = \rho(p,q).$$

Como

$$\cosh c = 2\mathsf{senh}^2\left(\frac{1}{2}(\rho(p,q))\right) + 1 = \frac{|q-p|^2}{(1-|p|^2)(1-|q|^2)} + 1$$

temos, depois de alguns cálculos, que a *Lei dos Cossenos Hipebólicos I* é:

$$\cosh c = \cosh a \cosh b - \mathsf{senh}\, a\, \mathsf{senh}\, b \cos \gamma, \qquad (4.2.11)$$

pois $|q-p|^2 = |p|^2 + |q|^2 - 2|p||q|\cos\gamma$. Portanto, $\cos\gamma \geq -1$ implica que

$$\cosh c \leq \cosh a \cosh b + \mathsf{senh}\, a\, \mathsf{senh}\, b = \cosh(a+b)$$

e $c \neq a+b$; $c = a+b$ se, e somente se, $\cos\gamma = -1$, pois $\cosh$ é estritamente crescente em $\mathbb{R}_+$. Portanto, L_{pq} é o menor caminho entre p e q.

Teorema 4.2.22 *Sejam $\alpha_1, \ldots, \alpha_n \in \mathbb{R}_+$ tais que $\alpha_1 + \cdots + \alpha_n < (n-2)\pi$, nesta ordem e $n \geq 3$. Então existe um polígono hiperbólico R em $\mathcal{D}$, com ângulos interiores α_i.*

Demonstração: Sejam $Q_1, \ldots, Q_n$ quadriláteros com um vértice em 0, confira figura 4.7 (b). Já sabemos que existe um $R(z) = e^{2i\theta}z$ em $\mathsf{Aut}(\mathcal{D})$ tal que $R(0) = 0$, R leva semirretas em 0 em semirretas e preserva ângulos, de modo que Q_i é completamento determinado por $d > 0$ a ser encontrado e θ_i. Assim, $R = \bigcup_{i=1}^{n} Q_i$ é nosso polígono se provarmos que $\sum_{i=1}^{n} \theta_i = \pi$. De fato, pelo teorema 4.2.21, $\cosh d \operatorname{sen} \theta_i = \cos \alpha_i/2$. Assim, a função $f : \mathbb{R}_+ \to \mathbb{R}$ definida como

$$f(t) = \sum_{i=1}^{n} \theta_i = \sum_{i=1}^{n} \mathsf{arcsen}\left(\frac{\cos \alpha_i/2}{\cosh t}\right),$$

com $\operatorname{sen} x$ definido sobre $[0, \pi/2]$, está bem definida, é contínua e estritamente decrescente (injetora). Como $f(0) > \pi$ e $\lim_{t \to \infty} f(t) = 0$ temos, pelo Teorema do Valor Intermediário, que existe um $d > 0$ tal que $f(d) = \pi$. □

Observe, pelo teorema 4.2.22, que existe um polígono com n lados e todos os ângulos interiores iguais a $\frac{\pi}{2}$ se, e somente se, $n \geq 5$. De fato, $\alpha_1 = \cdots = \alpha_n$ se, e somente se, $\alpha_i \in \left(0, \frac{n-2}{n}\pi\right)$ e $\frac{n-2}{n} > \frac{1}{2}$ se, e somente se, $n \geq 5$, de modo que $\frac{\pi}{2} \in \left(0, \frac{n-2}{n}\pi\right)$.

Corolário 4.2.23 *Dados $k, m, n \in \mathbb{Z}$ tais que $2 \leq k \leq m \leq n$ e $\frac{1}{k} + \frac{1}{m} + \frac{1}{n} < 1$. Então existe um triângulo hiperbólico em $\mathcal{H}$, com ângulos interiores $\frac{\pi}{k}, \frac{\pi}{m}$ e $\frac{\pi}{n}$.*

Demonstração: Direto do teorema 4.2.22, □

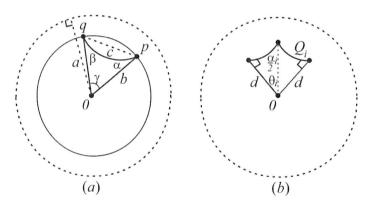

Figura 4.7: Triângulo e quadrilátero hiperbólicos em $\mathcal{D}$.

Note que $2 \leq k \leq m \leq n$ e $\frac{1}{k} + \frac{1}{m} + \frac{1}{n} = \frac{p}{q}$, onde $p, q \in \mathbb{N}$, com $p < q$ fixados, implica que $2 \leq k \leq 3p^{-1}q$. Assim, existe apenas um número finito de escolhas para k. Portanto, a equação possui somente um número finito de soluções em $\mathbb{N}$. Observe que $q(k + m + n) = kmnp$ e $n = (kmp - q)^{-1}(kq + mq) > 0$. Logo, $(kmp - q)^{-1}(kq + mq) \geq m$ se, e somente se, $kpm^2 - 2qm - kq \leq 0$ ou $(m - m_1)(m - m_2) \leq 0$, com $kpm_i = q \pm \sqrt{q^2 + k^2pq}$. Como

$m_2 < 0$ temos que $m \leq m_1$ e $pk^2 \leq q + \sqrt{q^2 + k^2pq}$ se, e somente se, $k^2 \leq 3p^{-1}q$ ou $2 \leq k \leq \lfloor\sqrt{3p^{-1}q}\rfloor$. Por exemplo, se $p = 1$ e $q = 4$, então $k = 2$, de modo que $m < 5$ e $n = (m-2)^{-1}(4+2m) > 0$ se, e somente se, $m = 3$ e $n = 10$ ou $m = 4$ e $n = 6$. Faça com $p = 11$ e $q = 48$, por exemplo, $k = 3$ e $m = n = 4$, o mesmo com $p = 12$ e $q = 42$, por exemplo, $k = 2, m = 5$ e $n = 7$.

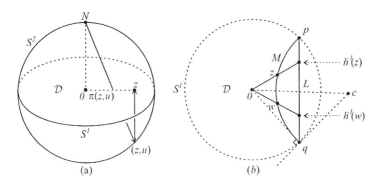

Figura 4.8: Modelo do disco de Klein.

É muito importante, de um ponto de vista teórico e didático, finalizar esta seção construindo um modelo do plano hiperbólico baseado em $\mathcal{D}$ devido a Klein[4]. Neste modelo, as geodésicas são retas euclidianas. Para ver isto, seja $\pi : S^2 \to \mathbb{C}$ definida como $\pi(z,u) = (1-u)^{-1}z$. Consideremos $p : \mathbb{C} \times \mathbb{R} \to \mathbb{C}$ a projeção ortogonal $p(z,u) = z$. Então a restrição $f = p|_{S^2_-} : S^2_- \to \mathcal{D}$ é tal que $f(S^2_-) = \mathcal{D}$, pois $(z,u) \in S^2_-$ se, e somente se, $|z|^2 + u^2 = 1$ e $u < 0$. Estas condições significam que: $|z| < 1$ e $u = -\sqrt{1-|z|^2}$. Assim, $(z,u) \in S^2_-$ se, e somente se $(z,u) = (z, -\sqrt{1-|z|^2})$, de modo que f é bijetora, com inversa $g(z) = f^{-1}(z) = (z, -\sqrt{1-|z|^2})$, de modo que $g(\mathcal{D}) = S^2_-$ e $\mathcal{D}$ induz uma métrica via g em S^2_-, a saber, dados $\mathbf{x}, \mathbf{x} \in S^2_-$,

$$d(\mathbf{x}, \mathbf{y}) = \rho(g^{-1}(\mathbf{x}), g^{-1}(\mathbf{y})). \qquad (4.2.12)$$

Neste caso, as geodésicas em S^2_- são os círculos em S^2_- ortogonais a S^1. Note que a função $h = \pi \circ g : \mathcal{D} \to \mathcal{D}$ é bijetora e $h(z) =$

---
[4] Felix Christian Klein, 1849–1925, matemático alemão.

$(1+\sqrt{1-|z|^2})^{-1}z$, com $h(0) = 0$, $\lim_{|z|\to 1^-} |h(z)| = 1$, e inversa $h^{-1}(z) = (1+|z|^2)^{-1}2z$. Neste caso, $h(\mathcal{D}) = \pi(g(\mathcal{D})) = \pi(S_-^2) = \mathcal{D}$. Dados $z, w \in \mathcal{D}$, definimos

$$\delta(z,w) = \rho(h^{-1}(z), h^{-1}(w)). \tag{4.2.13}$$

Portanto, $\mathcal{K} = (\mathcal{D}, \delta)$ é o modelo do *disco de Klein* para o plano hiperbólico. Seja Γ um círculo euclidiano com centro $c = x_0 + iy_0$ ortogonal a S^1 tal que $\Gamma \cap S^1 = \{p, q\}$, confira a figura 4.8 (b). Então o ângulo $\measuredangle(Oq, qc) = \pi/2$, de modo que $|q-c|^2 = x_0^2 + y_0^2 - 1$. Assim,

$$\begin{aligned}\Gamma &= \{z \in \mathbb{C} : |z-c| = x_0^2 + y_0^2 - 1\} \\ &= \{z \in \mathbb{C} : x^2 + y^2 = 2x_0 x + 2y_0 y - 1\}\end{aligned}$$

é o círculo euclidiano tal que $M = \Gamma \cap S^1$ é uma geodésica em $\mathcal{D}$, com extremos p e q. Logo, $L = h^{-1}(M) : x_0 u + by_0 - 1 = 0$, com $u + iv = h^{-1}(z)$, é uma geodésica em $\mathcal{K}$, com extremos p e q, confira a figura 4.8 (b). Portanto, as retas, semirretas, ângulos etc. em $\mathcal{K}$ são obtidos aplicando-se h e/ou h^{-1} aos correspondentes em $\mathcal{D}$.

EXERCÍCIOS

1. Mostre que $\|\mathbf{x}_u \times \mathbf{x}_v\|^2 = EG - F^2$.

2. Seja $ds^2 = Edx^2 + Gdy^2$ a métrica riemanniana de uma superfície S, a curvatura K de S é definida pela fórmula

$$K = -\frac{1}{\sqrt{EG}}\left[\frac{\partial}{\partial x}\left(\frac{1}{\sqrt{E}}\frac{\partial \sqrt{G}}{\partial x}\right) + \frac{\partial}{\partial y}\left(\frac{1}{\sqrt{G}}\frac{\partial \sqrt{E}}{\partial y}\right)\right].$$

Mostre que ambas $\mathcal{H}$ e $\mathcal{D}$ possui curvatura $K = -1$.

3. Seja $\lambda : \mathcal{D} \to \mathbb{R}$ definida como $\lambda(z) = |z - e^{i\theta}|^{-1}$, para todo $\theta \in \mathbb{R}$. Determine explicitamente λ em função de z. Se $\gamma_r(t) = re^{i\theta}$, onde $r \in (0,1)$, calcule $\|\gamma_r\|$ em relação a $\lambda(z)|dz|$.

4. Mostre diretamente que $ds = (1-|z|^2)^{-1}2|dz|$ é invariante sob $\text{Aut}(\mathcal{D})$.

5. Seja $\gamma : [a,b] \to \mathcal{D}$ definida como $\gamma(t) = r(t)e^{i\theta(t)}$ tal que $\gamma(a) = 0$ e $\gamma(b) = z$. Mostre que $\|\gamma\| \geq \rho(0, z)$. Quando ocorre a igualdade.

6. Mostre que $\rho(-x + i, i) = \rho(i, x + i) = \rho(-x + i, x + i)$ não existe em $\mathbb{R}$. Conclua que o horociclo $\{z \in \mathcal{H} : \mathsf{Im}(z) = 1\}$ não possui um triângulo equilátero com estes vértices.

7. Sejam $T(z) = z + 1$ e R uma inversão em torno de uma geodésica de $\mathcal{H}$. Determine os pontos fixos de $T \circ R$.

8. Mostre que $R(\mathcal{D}) = \{z \in \mathbb{C} : |z| > 1\} \cup \{\infty\}$, com $R(z) = \overline{z}^{-1}$ a inversão em torno de S^1. Conclua que $R \circ g = g \circ R$, para todo $g \in \mathsf{Aut}(\mathcal{D})$.

9. Mostre que $\eta_0(\{z \in \mathcal{H} : \mathsf{Re}(z) > 0\}) = \{w \in \mathcal{D} : \mathsf{Re}(w) > 0\}$.

10. Sejam $a, b \in D_r(z_0)$. Mostre que existe um $h \in \mathsf{GM}_2(\mathbb{C})$ tal que $h(a) = b$ e $h(D_r(z_0)) = D_r(z_0)$.

11. Seja $h \in \mathsf{GM}_2(\mathbb{C})$. Mostre que $g(z) = h(\overline{z})$ inverte orientação.

12. Seja L e M duas retas em $\mathcal{D}$, com $L \cap M \neq \emptyset$ e $z_1, z_2, w_1, w_2 \in S^1$ os seus extremos na ordem z_1, w_1, z_2, w_2. Mostre que o ângulo θ entre elas satisfaz $(z_1, w_1; z_2, w_2) \tan^2(2^{-1}\theta) = -1$.

13. Seja $f \in \mathsf{Aut}(\mathcal{D}) \simeq \mathsf{PSL}_2(\mathbb{R})$. Mostre que $1 - |f(z)|^2 = (1 - |z|^2)|f'(z)|$.

14. Classifique os elementos de $\mathsf{Iso}(\mathcal{D})$.

15. Sejam $p \in \mathcal{H}$ e L uma reta em $\mathcal{H}$ tal que $p \notin L$. Mostre que o conjunto $\Gamma = \{z \in \mathcal{H} : \rho(z, L) = \rho(p, L)\}$ é um círculo euclidiano, com os mesmos extremos de L, fazendo um ângulo θ com $\mathbb{R}_\infty$.

16. Seja $L = \{z \in \mathcal{H} : \mathsf{Re}(z) = 0\}$. Mostre, para cada $r > 0$, que o conjunto $\Gamma_r = \{z \in \mathcal{H} : \rho(z, L) = r\}$ é a união de duas semirretas que passam pela origem, mas não são geodésicas.

17. Seja L e M duas retas em $\mathcal{H}$ ultraparalelas, onde $x_1, x_2, y_1, y_2 \in \mathbb{R}_\infty$ os seus extremos na ordem y_1, y_2, x_1, x_2. Mostre que

$$\tanh^2\left(\frac{1}{2}\rho(L,M)\right) = \frac{1}{1 - (y_1, y_2; x_1, x_2)}.$$

18. Seja L e M duas geodésicas em $\mathcal{H}$ ultraparalelas. Mostre que existe uma única geodésica em $\mathcal{H}$ ortogonal a L e M.

19. Sejam L e M duas geodésicas em $\mathcal{H}$ e (L, M) seu produto inverso.

    (a) Mostre que se L e M interceptam-se em um ângulo $\theta \in [0, \frac{\pi}{2}]$, então $(L, M) = \cos\theta$.

    (b) Mostre que se L e M forem paralelas, então $(L, M) = 1$.

    (c) Mostre que se L e M forem ultraparalelas, então $(L, M) = \cosh\rho(L, M)$.

20. Sejam $z_1, z_2 \in \mathcal{H}$. Mostre que $\det(\cosh\rho(z_i, z_j)) = 0$.

21. Dados $z, w \in \mathcal{D}$, com $z \neq w$. Mostre que:

    (a) $|1 - \overline{z}w|^2 - |w - z|^2 = (1 - |z|^2)(1 - |w|^2)$ e $|1 - \overline{z}w| > 1 - |z|$.

    (b) $1 - k^2 \leq \frac{1+|z|}{1-|z|}(1 - |w|^2)$, com $k = \left|\frac{w-z}{1-\overline{z}w}\right|$.

    (c) $\lim_{|w|\to 1} \frac{w-z}{1-\overline{z}w} = 1$ e $\lim_{w\to z} \frac{\rho(w,z)}{|w-z|} = \lim_{w\to z} \frac{\rho(0,k)}{|w-z|} = \frac{2}{1-|z|^2}$.

22. Seja $\Gamma = \{z \in \mathcal{H} : \rho(z, z_0) = s\}$ um círculo hiperbólico com centro $z_0 \in \mathcal{H}$ e raio s. Determine $\eta_0(\Gamma)$.

23. Mostre que $D_r(z_0) = \{z \in \mathcal{D} : |z - z_0| < r|1 - \overline{z}_0 z|\}$ é um disco hiperbólico com centro $z_0 \in \mathcal{D}$ e raio $s = \rho(z, z_0)$ tal que $r = \tanh 2^{-1} s \in (0, 1)$. Além disso, seja $D_n = D_{r_n}(z_n)$ uma sequência tal que $\lim_{n\to\infty} z_n = 1$ e $\lim_{n\to\infty}(1 - r_n)^{-1}(1 - |z_n|) = m \in \mathbb{R}_+^\times$. Mostre que $\lim_{n\to\infty} D_n = D_\infty$, onde $D_\infty = \{z \in \mathcal{D} : |1 - z|^2 < m(1 - |z|^2)\}$ é um horodisco centrado em $1 \in S^1$.

24. Seja $f \in \mathsf{Aut}(\mathcal{H})$ com ponto fixo $x \in \mathbb{R}_\infty$. Mostre que f é parabólico se, e somente se, $f(\Gamma_x) = \Gamma_x$. Neste caso, diremos que x é um *cúspide* (cusp) de $\mathsf{Aut}(\mathcal{H})$.

25. Sejam $\Gamma_m = \{z \in \mathcal{H} : \mathsf{Im}(z) = m > 0\}$ o horociclo centrado em ∞ e $g(z) = -z^{-1}$ em $\mathsf{Aut}(\mathcal{H})$. Mostre que $g(\Gamma_m)$ é um círculo euclidiano com centro $(2m)^{-1}i$ e raio $(2m)^{-1}$ tangente a 0.

26. Sejam Γ um horociclo em $\mathcal{H}$ centrado em $\mathbb{R}_\infty$ e $w, z \in \Gamma$. Qual a relação entre o comprimento de w e z ao longo de Γ e a distância geodésica $\rho(z, w)$?

27. Seja Γ_m um horociclo em $\mathcal{H}$ centrado em $m \in \mathbb{R}_\infty$. Mostre que $\eta_0(\Gamma_m)$ é um horociclo em $\mathcal{D}$ centrado em $\eta_0(m) \in S^1$.

28. Mostre que quaisquer dois horociclos em $\mathcal{H}$ são congruentes.

29. Seja Γ_m um horociclo em $\mathcal{H}$ centrado em $m \in \mathbb{R}_\infty$. Mostre que se f em $\mathsf{Aut}(\mathcal{H})$ e $f(\Gamma_m) = \Gamma_m$, então $f \in \mathsf{Iso}(\mathbb{C})$.

30. Seja Γ_1 um horociclo em $\mathcal{H}$ centrado em $1 \in \mathbb{R}_\infty$. Mostre que Γ_1 possui uma métrica euclidiana $d(z,w) = |w - z|$. Conclua que qualquer horociclo em $\mathcal{H}$ possui uma métrica euclidiana, ou seja, é isométrico a $\mathbb{R}$.

31. Dados $z_1, z_2 \in \mathcal{D}$, com $z_1 \neq z_2$. Mostre que o bissetor ortogonal Σ do segmento $L_{z_1 z_2}$ é dado por $\Sigma = \{z \in \mathcal{D} : \rho(z, z_1) = \rho(z, z_2)\}$. Neste caso, $2\rho(z, z_1) \geq \rho(z_1, z_2)$, para todo $z \in \Sigma$. Conclua que Σ divide $\mathcal{D}$ em duas regiões R_1 e R_2 tais que $z_1 \in R_1$ e $z_2 \in R_2$.

32. Sejam L uma reta em $\mathcal{D}$ e $z_0 \in \mathcal{D} - L$. Mostre que existe uma única projeção ortogonal $w_0 = P(z_0)$ de z_0 sobre L e $\rho(w_0, z_0) = \inf\{\rho(z, z_0) : z \in L\}$.

33. Seja $f(z) = (cz + d)^{-1}(az + b)$ em $\mathsf{Aut}(\mathcal{H})$, com $c \neq 0$. Mostre que o círculo isométrico Γ_f é uma geodésica em $\mathcal{H}$.

34. Seja $f(z) = (cz + d)^{-1}(az + b)$ em $\mathsf{Aut}(\mathcal{H})$, com $c \neq 0$. Mostre que se Γ_f for tangente externamente a $\Gamma_{f^{-1}}$, então Γ_{f^2} é tangente internamente a Γ_f.

35. Sejam $f(z) = (cz + d)^{-1}(az + b)$ e $g(z) = (\gamma z + \delta)^{-1}(\alpha z + \beta)$ em $\mathsf{GM}_2^1(\mathbb{R})$ e/ou em $\mathsf{SL}_2(\mathbb{R})$, com $c\gamma \neq 0$ e $g \neq f^{-1}$. Mostre que $\Gamma_{g \circ f} \neq g(\Gamma_f)$,

$$r_{g \circ f} = \frac{r_f r_g}{|c_{f^{-1}} - c_g|} \quad \text{e} \quad |c_{g \circ f} - c_f| = \frac{r_f^2}{|c_{f^{-1}} - c_g|}.$$

36. Seja $\{X_\alpha\}_{\alpha \in \Gamma}$ uma família de conjuntos convexos de $\mathcal{H}$. Mostre que o conjunto $X = \bigcap_{\alpha \in \gamma} X_\alpha$ é convexo.

37. Mostre que qualquer disco hiperbólico $D_s(0)$ em $\mathcal{D}$ é convexo. Conclua que qualquer disco hiperbólico é convexo em $\mathcal{D}$.

38. Sejam Y um subconjunto de $\mathcal{H}$ e

$$\mathcal{X} = \{X \subseteq \mathcal{H} : Y \subseteq X, \text{com} X \text{um conjunto convexo}\}.$$

Mostre que $\overline{Y} = \bigcap_{X \in \mathcal{X}} X$ é um conjunto convexo e chama-se *casca convexa* de Y. Conclua que se Y é um conjunto convexo, então $\overline{Y} = Y$.

39. Seja $\mathbb{I} = \{z \in \mathcal{H} : \operatorname{Re}(z) = 0\}$. Mostre que $\mathbb{I}$ pode ser escrito como uma interseção de uma família de semiespaços abertos em $\mathcal{H}$. Conclua que isto vale para qualquer reta hiperbólica em $\mathcal{H}$.

40. Dados $z, w \in \mathcal{H}$, com $z \neq w$. Mostre que $\cosh \rho(z, w) = 1 + 2|(z, w; \overline{z}, \overline{w})|$. Conclua que $\cosh \rho(f(z), f(w)) = \cosh \rho(z, w)$, para todo $f \in \operatorname{Aut}(\mathcal{H})$.

41. Mostre que qualquer reflexão em uma geodésica Γ em $\mathcal{H}$ é um elemento em $\operatorname{Aut}(\mathcal{H})$.

42. Use a equação (4.2.11) para obter uma outra prova do teorema 4.2.21.

43. Seja T um triângulo hiperbólico, com lados a, b e c opostos aos ângulos α, β e γ. Mostre que
$$b^2 + c^2 - 2bc \cos \alpha \leq a^2 \leq b^2 + c^2 + 2bc \cos(\beta + \gamma).$$

44. Seja T um triângulo hiperbólico, com lados a, b e c opostos aos ângulos α, β e γ. Mostre que a *Lei dos Senos Hipebólicos*
$$\frac{\operatorname{sen} \alpha}{\operatorname{senh} a} = \frac{\operatorname{sen} \beta}{\operatorname{senh} b} = \frac{\operatorname{sen} \gamma}{\operatorname{senh} c}.$$

45. Seja T um triângulo hiperbólico, com lados a, b e c opostos aos ângulos α, β e γ. Mostre que a *Lei dos Cossenos Hipebólicos II*
$$\cos \alpha = \operatorname{sen} \beta \operatorname{sen} \gamma \cosh a - \cos \beta \cos \gamma.$$

Use isso com $n = 3$ para obter uma outra prova do teorema 4.2.22 (ALA).

46. Seja T um triângulo hiperbólico, com lados a, b e c opostos aos ângulos α, β e γ. Mostre que $a \leq b \leq c$ se, e somente se, $\alpha \leq \beta \leq \gamma$.

47. Mostre que um triângulo hiperbólico é equilátero se, e somente se, $\alpha = \beta = \gamma$. Conclua que $2 \cosh 2^{-1} a \operatorname{sen} 2^{-1} \alpha = 1$.

48. Dados $r \in (0, 1)$ e R um polígono regular em $\mathcal{D}$, com vértices $p_k = r e^{\frac{2k\pi i}{n}}$ e $k = 0, \ldots, n-1$. Expresse o ângulo interior $\alpha(r)$ em função de n e r. Conclua, para n fixado, que $\alpha(r)$ é contínua.

5
Grupos Fuchsianos

O principal objetivo deste capítulo é estudar os geradores dos subgrupos de $\mathsf{Iso}(S)$, com S uma superfície riemanniana.

5.1 Grupos Descontínuos

Nesta seção vamos considerar a teoria básica de grupos descontínuos e obter as fórmulas dos bissetores de Poincaré. Mas, antes vamos rever alguns fatos sobre o grupo $\mathsf{SL}_2(\mathbb{R})$ e/ou $\mathsf{PSL}_2(\mathbb{R}) \simeq \mathsf{Aut}(\mathcal{H})$ via $\mathbb{R}^4$.

A função $T : M_2(\mathbb{R}) \to \mathbb{R}^4$ definida como

$$T(\mathbf{A}) = T(\mathbf{e}_1\mathbf{A} | \mathbf{e}_2\mathbf{A}) = (a,b,c,d), \forall \mathbf{A} = \begin{pmatrix} a & b \\ c & d \end{pmatrix} \in M_2(\mathbb{R}),$$

é um isomorfismo linear. Assim, dados $\mathbf{A}, \mathbf{B} \in M_2(\mathbb{R})$, a função

$$d(\mathbf{A}, \mathbf{B}) = \|T(\mathbf{B}) - T(\mathbf{A})\|$$

define uma métrica sobre $M_2(\mathbb{R})$, de modo que podemos identificar $M_2(\mathbb{R})$ com $\mathbb{R}^4$: $\mathbf{A} = (a\ b\ |\ c\ d) \leftrightarrow \mathbf{a} = (a,b,c,d)$ e $\mathbf{A}_n \to \mathbf{A}$ se, e somente se, $\mathbf{a}_n \to \mathbf{a}$. Neste caso,

$$\langle \mathbf{A}, \mathbf{B} \rangle = \mathsf{tr}(\mathbf{B}^t \mathbf{A}) \quad \text{e} \quad \|\mathbf{A}\|^2 = \mathsf{tr}(\mathbf{A}\mathbf{A}^t).$$

Portanto, $M_2(\mathbb{R})$ é um grupo topológico de Hausdorff e localmente compacto. Observe que as funções $\mu : M_2(\mathbb{R}) \times M_2(\mathbb{R}) \to M_2(\mathbb{R})$ e

$d : M_2(\mathbb{R}) \to \mathbb{R}$ definidas como $\mu(\mathbf{A}, \mathbf{B}) = \mathbf{AB}$ e $d(A) = \det \mathbf{A}$ são contínuas, pois se $\pi_{ij}(\mathbf{A}) = a_{ij}$, então

$$|\pi_{ij}(\mathbf{B}) - \pi_{ij}(\mathbf{A})| = |b_{ij} - a_{ij}| \leq \|\mathbf{B} - \mathbf{A}\|$$

implica que π_{ij} é contínua, de modo que

$$\pi_{ij}(\mathbf{AB}) = \sum_{k=1}^{2} a_{ik} b_{kj} = \sum_{k=1}^{2} \pi_{ik}(\mathbf{A}) \pi_{kj}(\mathbf{B})$$

também o é; d é linear em cada linha, de modo que $\mathsf{GL}_2(\mathbb{R})$ é um aberto em $M_2(\mathbb{R})$, mas não é fechado, pois $d^{-1}(0)$ é fechado e $\mathsf{GL}_2(\mathbb{R}) = M_2(\mathbb{R}) - d^{-1}(0)$.

A função $\tau : \mathsf{GL}_2(\mathbb{R}) \to \mathsf{GL}_2(\mathbb{R})$ definida como $\tau(\mathbf{A}) = \mathbf{A}^{-1}$ é contínua, pois pela Regra de Cramer, $\mathbf{A}^{-1} = (\det \mathbf{A})^{-1} \operatorname{adj}(\mathbf{A})$. Portanto, $\mathsf{GL}_2(\mathbb{R})$ é um grupo topológico de Hausdorff. Em particular, $\mathsf{SL}_2(\mathbb{R})$ é um grupo topológico fechado. pois a função $d : \mathsf{GL}_2(\mathbb{R}) \to \mathbb{R}^\times$ definida como $d(\mathbf{A}) = \det \mathbf{A}$ é contínua e $\mathsf{SL}_2(\mathbb{R}) = d^{-1}(1)$. É importante observar que a função $* : \mathsf{SL}_2(\mathbb{R}) \times \mathbb{R}^2 \to \mathbb{R}^2$ definida como $*(\mathbf{A}, \mathbf{X}) = \mathbf{AX}$ é claramente uma ação contínua, com $\operatorname{Orb}(\mathbf{O}) = \{\mathbf{O}\}$ e $\operatorname{Orb}(\mathbf{E}_1) = \mathbb{R}^2 - \{\mathbf{O}\}$, pois dado $\mathbf{X} = (a,b)^t$, não há perda de generalidade, em supor que $a^2 + b^2 = 1$. Assim, existe uma matriz de rotação $\mathbf{A}_\theta \in \mathsf{SL}_2(\mathbb{R})$ tal que $\mathbf{A}_\theta \mathbf{X} = \mathbf{E}_1$. Logo, pelo teorema 3.1.3, $\mathsf{SL}_2(\mathbb{R})/N$ e $N = \operatorname{Est}(\mathbf{E}_1) = \{\mathbf{I} + b\mathbf{E}_{12} : b \in \mathbb{R}\}$ são conexos, de modo que $\mathsf{SL}_2(\mathbb{R})$ é conexo. Não obstante, $\mathsf{SL}_2(\mathbb{R})$ não é compacto, pois $\mathbb{R}$ pode ser identificado com N. Finalmente, como a função $\psi : \mathbb{C}^2 \to \mathbb{R}^4$ definida como $\psi(w,z) = (\operatorname{Re}(w), \operatorname{Im}(w), \operatorname{Re}(z), \operatorname{Im}(z))$ é um isomorfismo temos que todas as afirmações feitas sobre $\mathbb{R}$ podem ser estendidas de modo natural para $\mathbb{C}$. Por exemplo, $\langle \psi(w), \psi(z) \rangle = \operatorname{Re}(w\bar{z})$ implica que ψ é uma isometria. Neste caso, $\mathbb{C}^2$ e $\mathbb{R}^4$ são grupos homeomorfos. A seguir, apresentamos algumas ações fundamentais de $\mathsf{SL}_2(\mathbb{R})$, que serão muito úteis. Para isto, é muito importante obter explicitamente os geradores de $\mathsf{SL}_2(\mathbb{R})$. Primeiro note que

$$\begin{pmatrix} x & 0 \\ 0 & x^{-1} \end{pmatrix} = \begin{pmatrix} 1 & x^2 - x \\ 0 & 1 \end{pmatrix} \begin{pmatrix} 1 & 0 \\ x^{-1} & 1 \end{pmatrix} \begin{pmatrix} 1 & x - 1 \\ 0 & 1 \end{pmatrix} \begin{pmatrix} 1 & 0 \\ -1 & 1 \end{pmatrix},$$

$$\begin{pmatrix} 1 & 0 \\ y & 1 \end{pmatrix} = \begin{pmatrix} 0 & -1 \\ 1 & 0 \end{pmatrix} \begin{pmatrix} 1 & -y \\ 0 & 1 \end{pmatrix} \begin{pmatrix} 0 & -1 \\ 1 & 0 \end{pmatrix} \begin{pmatrix} -1 & 0 \\ 0 & -1 \end{pmatrix},$$

$$\begin{pmatrix} -1 & 0 \\ 0 & -1 \end{pmatrix} = \begin{pmatrix} 0 & -1 \\ 1 & 0 \end{pmatrix} \begin{pmatrix} 0 & -1 \\ 1 & 0 \end{pmatrix},$$

para todos $x \neq 0$ e y. Segundo dado $\mathbf{A} \in \mathsf{SL}_2(\mathbb{R})$, se $c = 0$, então

$$\begin{pmatrix} a & b \\ 0 & a^{-1} \end{pmatrix} = \begin{pmatrix} a & 0 \\ 0 & a^{-1} \end{pmatrix} \begin{pmatrix} 1 & a^{-1}b \\ 0 & 1 \end{pmatrix}.$$

Se $c \neq 0$, então

$$\begin{pmatrix} a & b \\ c & d \end{pmatrix} = \begin{pmatrix} 1 & c^{-1}a \\ 0 & 1 \end{pmatrix} \begin{pmatrix} 0 & -1 \\ 1 & 0 \end{pmatrix} \begin{pmatrix} c & 0 \\ 0 & c^{-1} \end{pmatrix} \begin{pmatrix} 1 & c^{-1}d \\ 0 & 1 \end{pmatrix}.$$

Portanto, $\mathsf{SL}_2(\mathbb{R})$ é gerado pelas matrizes $\mathbf{T}_b = \mathbf{I} + b\mathbf{E}_{12}$ e $\mathbf{S} = -\mathbf{E}_{12} + \mathbf{E}_{21}$.

Sejam $G = \mathsf{SL}_2(\mathbb{R})$ e $\mathcal{H} = \{z \in \mathbb{C} : \mathsf{Im}(z) > 0\}$. Então $* : G \times \mathcal{H} \to \mathcal{H}$ definida como $*(\mathbf{A}, z) = h_\mathbf{A}(z) = (cz+d)^{-1}(az+b)$ é uma ação contínua. Com efeito, pela equação (4.1.3), $\mathsf{Im}(h_\mathbf{A}(z)) = |cz+d|^{-2}\mathsf{Im}(z)$ implica que $*$ é uma ação. Em particular, $*(\mathbf{T}_b, z) = T_b(z) = z + b$ e $*(\mathbf{S}, z) = S(z) = -z^{-1}$, de modo que a função $h_\mathbf{A} : \mathcal{H} \to \mathcal{H}$ definida como $h_\mathbf{A}(z) = *(\mathbf{A}, z)$ é um homeomorfismo e o resultado segue do lema 3.3.12. Portanto, $\phi : G \to \mathsf{Aut}(\mathcal{H})$ definida como $\phi(\mathbf{A}) = h_\mathbf{A}$ é um homomorfismo de grupos contínuo e

$$G/\{\pm\mathbf{I}\} = \mathsf{PSL}_2(\mathbb{R}) \simeq \mathsf{Aut}(\mathcal{H}), \tag{5.1.1}$$

de modo que $\mathsf{PSL}_2(\mathbb{R})$ é um grupo topológico simples gerado por $T_b(z) = z + b$ e $S(z) = -z^{-1}$ que podemos identificar $\mathsf{Aut}(\mathcal{H})$ de $\mathsf{Iso}(\mathcal{H})$ ($\mathbf{A} \sim \mathbf{B} \leftrightarrow \mathbf{B} = \pm\mathbf{A}$). Neste caso, a ação de $\mathsf{PSL}_2(\mathbb{R})$ sobre $\mathcal{H}$ é fiel. Note que dado $z = a + ib^2 \in \mathcal{H}$, com $b \neq 0$, existe um $h_\mathbf{A} = T_a \circ M_{b^2} \in \mathsf{Aut}(\mathcal{H})$ tal que $h_\mathbf{A}(i) = z$. Por outro lado, pela proposição 4.1.8, a função $\psi : (G/K, \|\cdot\|) \to \mathsf{Orb}(i) = (\mathcal{H}, \rho)$ definida como $\psi(h_\mathbf{A} K) = h_\mathbf{A}(i)$, com $K = \mathsf{Est}(i) \simeq \mathsf{SO}_2(\mathbb{R})$, é um homeomorfismo. De fato, dado $\mathbf{A} \in G$ ou $h_\mathbf{A} \in \mathsf{Aut}(\mathcal{H})$ temos, pelo teorema 4.1.7, que

$$\|\mathbf{A}\|^2 = \|h_\mathbf{A}\|^2 = 2\cosh\rho(i, h_\mathbf{A}(i)), \tag{5.1.2}$$

pois $w = h_\mathbf{A}(i) = (c^2+d^2)^{-1}((ac+bd)+i)$,

$$\cosh\rho(i,w) = 1 + \frac{|w-i|^2}{2\,\mathsf{Im}(w)}$$
$$= \frac{2(c^2+d^2)+(ac+bd)^2+(1-(c^2+d^2))^2}{2(c^2+d^2)}$$

e $(ac+bd)^2+1 = (ac+bd)^2+(ad-bc)^2 = (a^2+b^2)(c^2+d^2)$. Portanto, para cada $r \in \mathbb{R}_+^\times$, $\{\mathbf{A} \in \mathsf{PSL}_2(\mathbb{R}) : \|\mathbf{A}\| \leq r\}$ e $\{h_\mathbf{A} \in \mathsf{Aut}(\mathcal{H}) : \cosh\rho(i,h_\mathbf{A}(i)) \leq 2^{-1}r^2\}$ são compactos. Neste caso obtemos a *decomposição de Iwasawa*[1] $G = KAN$. A função $\phi : K \times A \times N \to G$ definida como $\phi(\mathbf{R}_\theta, \mathbf{M}_r, \mathbf{T}_x) = \mathbf{R}_\theta \mathbf{M}_r \mathbf{T}_x$ é um homeomorfismo. As funções $\phi_\theta : K \to S^1, \phi_\theta(\mathbf{R}_\theta) = e^{i\theta}$, $\phi_r : A \to \mathbb{R}$, $\phi_r(\mathbf{M}_r) = \log r$ e $\phi_x : N \to \mathbb{R}, \phi_x(\mathbf{T}_x) = x$ são homeomorfismos. Portanto, G é homeomorfo a $S^1 \times \mathbb{R}^2$. Como $\tau : \mathbb{C} \to \mathcal{D}$ definida como $\tau(z) = (\sqrt{1+|z|^2})^{-1}z$ possui inversa $\tau^{-1}(w) = (\sqrt{1-|w|^2})^{-1}w$ temos que G é homeomorfo a $S^1 \times \mathcal{D}$ um subconjunto limitado por $S^1 \times S^1$. Note que a Decomposição de Iwasawa pode ser escrita como

$$\mathbf{A} = \begin{pmatrix} a & b \\ c & d \end{pmatrix} = \begin{pmatrix} \cos\theta & \mathrm{sen}\,\theta \\ -\mathrm{sen}\,\theta & \cos\theta \end{pmatrix} \begin{pmatrix} r & 0 \\ 0 & r^{-1} \end{pmatrix} \begin{pmatrix} 1 & x \\ 0 & 1 \end{pmatrix} \quad (5.1.3)$$

se, e somente se, $x = (a^2+c^2)^{-1}(ab+cd), r = \sqrt{a^2+c^2}, \cos\theta = r^{-1}a$ e $\mathrm{sen}\,\theta = r^{-1}c$.

LEMA 5.1.1 *Sejam* $(f_n)_{n\in\mathbb{N}}$ *e* f *em* $\mathsf{PSL}_2(\mathbb{R})$. *Se* $\lim_{n\to\infty} f_n = f$ *em* $\mathsf{PSL}_2(\mathbb{R})$, *então* $\lim_{n\to\infty} f_n(z) = f(z)$, *para todo* $z \in \mathbb{C}_\infty$.

DEMONSTRAÇÃO: Se $\mathbf{A}_n, \mathbf{A} \in \mathsf{SL}_2(\mathbb{R})$ são as representações matriciais de f_n e f, então $\lim_{n\to\infty} \mathbf{B}_n = \lim_{n\to\infty} \mathbf{A}^{-1}\mathbf{A}_n = \mathbf{I}$ e $h_{\mathbf{B}_n}(z) = (c_n z + d_n)^{-1}(a_n z + b_n)$, com $\lim_{n\to\infty} a_n = 1 = \lim_{n\to\infty} d_n$ e $\lim_{n\to\infty} b_n = 0 = \lim_{n\to\infty} c_n$, de modo que $\lim_{n\to\infty}(c_n z + d_n) = 1$ e $\lim_{n\to\infty} h_{\mathbf{B}_n}(\infty) = \infty$ implicam que $\lim_{n\to\infty} h_{\mathbf{B}_n}(z) = z$. Portanto, $\lim_{n\to\infty} f_n(z) = f(z)$, para todo $z \in \mathbb{C}_\infty$. □

---

[1] Kenkichi Iwasawa, 1917–1998, matemático japonês.

Observe que se G for um subgrupo de $\mathsf{PSL}_2(\mathbb{R})$ e $(f_n)_{n\in\mathbb{N}}$ uma sequência infinita de elementos de G tal que os correspondentes pontos fixos λ_n e μ_n convergem para $\lambda, \mu \in \partial\mathcal{H}$, de modo que $\lambda_n = \mu_n$ ou f_n elíptico ou λ_n repulsor e μ_n atrator, então existe uma subsequência $(f_k)_{k\in\mathbb{N}}$ que satisfaz uma das seguintes condições:

1. Existe um $f \in \mathsf{PSL}_2(\mathbb{R})$ tal que $\lim_{k\to\infty} f_k = f$ uniformemente em $\mathcal{H}\cup\partial\mathcal{H}$, ou seja, $\lim_{k\to\infty} f_k(z) = f(z)$, para todo $z \in \mathcal{H}\cup\partial\mathcal{H}$.

2. $\lim_{k\to\infty} f_k(z) = \lambda$, para todo $z \neq \lambda$, e $\lim_{k\to\infty} f_k^{-1}(z) = \mu$, para todo $z \neq \mu$, uniformemente em subconjuntos compactos em $\mathcal{H} \cup \partial\mathcal{H} - \{\lambda\}$ e $\mathcal{H} \cup \partial\mathcal{H} - \{\mu\}$.

Neste caso, diremos que G é um *grupo de convergência*. Se G for discreto, então a condição (1) nunca pode ocorrer, confira teorema a seguir.

Teorema 5.1.2 *Seja $G = \mathsf{SL}_2(\mathbb{R})$. Então as seguintes condições são equivalentes:*

1. *H é um subgrupo discreto de G, ou seja, $\inf\{\|\mathbf{A} - \mathbf{I}\| : \mathbf{A} \in H - \{\mathbf{I}\}\} > 0$;*

2. *O conjunto $F_r = \{\mathbf{A} \in H : \|\mathbf{A}\| \leq r\}$ é finito, para todo $r \in \mathbb{R}_+^\times$;*

3. *Se $(\mathbf{A}_n)_{n\in\mathbb{N}}$ em H e $\lim_{n\to\infty} \mathbf{A}_n = \mathbf{I}$, então existe um $n_0 \in \mathbb{N}$ tal que $\mathbf{A}_n = \mathbf{I}$, para todo $n \in \mathbb{N}$, com $n > n_0$.*

Conclua que qualquer subgrupo discreto de G é contável.

Demonstração: $(1 \Rightarrow 2)$ Suponhamos que H seja discreto. Então H é fechado em G. Assim, $S_r(\mathbf{0}) \cap H$ é discreto e compacto, de modo que $S_r(\mathbf{I}) \cap H$ é finito, para todo $r \in \mathbb{R}_+^\times$. Por outro lado, $\|\mathbf{A}\| \leq \|\mathbf{A} - \mathbf{I}\| + \|\mathbf{I}\|$ implica que $F_r \subseteq S_{r+\sqrt{n}}(\mathbf{I}) \cap H$. Portanto, F_r é finito, para todo $r \in \mathbb{R}_+^\times$. $(2 \Rightarrow 1)$ Suponhamos que F_r seja finito, para todo $r \in \mathbb{R}_+^\times$. Então $\|\mathbf{A} - \mathbf{I}\| \leq \|\mathbf{A}\| + \|\mathbf{I}\|$ implica que $D_r(\mathbf{I}) \cap H$ é um subconjunto de $\{\mathbf{A} \in H : \|\mathbf{A}\| \leq r + \sqrt{n}\}$, de modo que $D_r(\mathbf{I}) \cap H$ é finito, para todo $r \in \mathbb{R}_+^\times$. Assim, $\{\mathbf{I}\}$ é aberto em H. Portanto, pelo teorema 3.2.3, H é discreto. $(1 \Rightarrow 3)$

Suponhamos que G seja discreto e $(\mathbf{A}_n)_{n \in \mathbb{N}}$ qualquer sequência em H convergindo para $\mathbf{I} \in H$. Então existe um $r > 0$ tal que $D_r(\mathbf{I}) = \{\mathbf{I}\}$. Como $\lim_{n \to \infty} \mathbf{A}_n = \mathbf{I}$ temos que existe um $n_0 \in \mathbb{N}$ tal que $\mathbf{A}_n \in D_r(\mathbf{I})$, para todo $n \in \mathbb{N}$, com $n > n_0$. Portanto, $\mathbf{A}_n = \mathbf{I}$, para todo $n \in \mathbb{N}$, com $n > n_0$. ($3 \Rightarrow 1$) Suponhamos, por absurdo, que H não seja discreto. Então existe um $\mathbf{A} \in H$ tal que $\{\mathbf{A}\}$ não é fechado em H. Assim, $D_{n^{-1}}(\mathbf{A}) \neq \{\mathbf{A}\}$, para todo $n \in \mathbb{N}$. Logo, podemos escolher elementos distintos $\mathbf{A}_n \in D_{n^{-1}}(\mathbf{A})$ tais que $\lim_{n \to \infty} \mathbf{A}_n = \mathbf{A}$, de modo que $\lim_{n \to \infty} \mathbf{A}_n^{-1} = \mathbf{A}^{-1}$. Portanto, $\lim_{n \to \infty} \mathbf{A}_n^{-1} \mathbf{A}_{n+1} = \mathbf{I}$, o que é uma contradição. Finalmente, como $H = \bigcup_{n \in \mathbb{N}} F_n = \bigcup_{n \in \mathbb{N}} \{\mathbf{A} \in H : \|\mathbf{A}\| \leq n\}$ temos que ele é contável, digamos $H = \{\mathbf{A}_n : n \in \mathbb{N}\}$, e $\lim_{n \to \infty} \|\mathbf{A}_n\| = +\infty$. $\square$

Note, pelo teorema 5.1.2 que se G for discreto em $\mathrm{PSL}_2(\mathbb{R})$, então existe um $r \in \mathbb{R}_+^\times$ tal que $\|\mathbf{A}\| > r$, para todo $\mathbf{A} \in G - \{\mathbf{I}\}$. Assim, existe uma sequência $(\mathbf{A}_n)_{n \in \mathbb{N}}$ de elementos distintos em G tal que $\lim_{n \to \infty} \mathbf{A}_n = \mathbf{I}$, de modo que $\lim_{n \to \infty} h_{\mathbf{A}_n}(z) = z$, para todo $z \in \mathbb{C}_\infty$. Portanto, pelo lema 5.1.1, G é um grupo de convergência.

Exemplo 5.1.3 Seja $G \neq \{0\}$ um subgrupo discreto de $(\mathbb{C}, +)$. Mostre que ocorre exatamente uma das duas primeiras condições.

1. Existe um $u \in \mathbb{C}$, com $u \neq 0$, tal que $G = u\mathbb{Z}$.

2. Existem $u_1, u_2 \in \mathbb{C}$ linearmente independentes sobre $\mathbb{R}$ tais que $G = \mathbb{Z}[u_1, u_2] = u_1 \mathbb{Z} \oplus u_2 \mathbb{Z}$.

3. Se $\alpha \in \mathbb{R} - \mathbb{Q}$, então $\mathbb{Z}[\alpha] = \mathbb{Z} \oplus \alpha \mathbb{Z} = \{m + n\alpha : m, n \in \mathbb{Z}\}$ é denso em $\mathbb{R}$.

Solução: Como G é discreto temos que existe um $r > 0$ tal que $|z| > r$, para todo $z \in G - \{0\}$, de modo que $F_r = \{z \in G - \{0\} : |z| \leq r\}$ é finito, para todo $r \in \mathbb{R}_+^\times$, e existe um $u_1 \in G$ tal que $0 < |u_1| = \inf\{|z| : z \in G - \{0\}\}$. Consideremos $L = \{tu_1 : t \in \mathbb{R}\}$ em $\mathbb{C}$. (1) Se $G \subseteq L$, então $u_1 \mathbb{Z} \subseteq G$. Se existisse um $z_0 \in G$ tal que $z_0 \notin u_1 \mathbb{Z}$, então $z_0 \neq u_1 n$, para todo $n \in \mathbb{Z}$, de modo que $z_0 = u_1 t_0$, para algum $t_0 \in \mathbb{R} - \mathbb{Z}$. Por outro lado, pelo Princípio de Arquimedes, existe um $m_0 \in \mathbb{Z}$ tal que $t_0 \in (m_0, m_0 + 1)$. Como $z_0, m_0 u_1 \in G$ temos que

$z_0 - m_0 u_1 = (t_0 - m_0)u_1 \in G$, com $0 < |z_0 - m_0 u_1| < |u_1|$, o que é impossível. Portanto, $G = u_1 \mathbb{Z}$. (2) Se $G \nsubseteq L$, então existe um $z \in G - L$ que pode ser escrito como $z = v + tu_1$, com $\mathsf{Re}(v\overline{u}_1) = 0$. Como $|z - tu_1| = |v|$ e $|z|^2 = |v|^2 + t^2 |u_1|^2$ temos que existe um $u_2 \in G - L$ tal que $|u_2| = \inf\{|z - tu_1| : z \in G - L\}$, de modo que $H = u_1 \mathbb{Z} \oplus u_2 \mathbb{Z} \subseteq G$, com u_1 e u_2 linearmente independentes sobre $\mathbb{R}$. Se existisse um $z_0 \in G$ tal que $z_0 \notin H$, então $z_0 \neq u_1 m + u_2 n$, para todos $m, n \in \mathbb{Z}$, de modo que $z_0 = u_1 t_1 + u_2 t_2$, para alguns $t_1, t_2 \in \mathbb{R} - \mathbb{Z}$. Como os elementos de H são vértices de um paralelogramo em $\mathbb{C}$ e $r_j = t_j - \lfloor t_j \rfloor \in [0, 1)$, podemos supor que $0 < |t_1| \leq 2^{-1}$ e $0 < |t_2| \leq 2^{-1}$, pois se $t_2 = 0$, então $z_0 \in L$ e $|z_0| = |u_1 t_1| < |u_1|$ implica que $t_1 = 0$ e $z_0 \in H$, o que é impossível. Assim, $t_1 u_1$ e $t_2 u_2$ são linearmente independentes sobre $\mathbb{R}$, de modo que

$$|z_0| < |u_1 t_1| + |u_2 t_2| \leq 2^{-1}(|u_1| + |u_2|) \leq 2^{-1}(|u_2| + |u_2|) \leq |u_2|$$

implica que $z_0 = 0$, pois $u_2 \in G - L$ é mínimo, o que é impossível. Portanto, $G = u_1 \mathbb{Z} \oplus u_2 \mathbb{Z}$. Note que $|u_1| \leq |u_2| \leq |u_2 \pm u_1|$ e o par $[u_1, u_2]$ chama-se *reduzido* quando $\mathsf{Im}(u_1^{-1} u_2) > 0$. (3) Suponhamos, por absurdo, que $H = \mathbb{Z}[\alpha]$ não seja denso. Então, pelo item (1), $H = u_1 \mathbb{Z}$. Como $1, \alpha \in H$ temos que existem $m, n \in \mathbb{Z}$ tais que $1 = mu_1$ e $\alpha = nu_1$, de modo que $\alpha = m^{-1} n \in \mathbb{Q}$, o que é uma contradição. Portanto, H é denso e $\overline{H} = \mathbb{R}$. □

Já sabemos que um ponto a de um espaço X era um ponto limite de um conjunto A, se para qualquer aberto U contendo a existisse um $x \in U \cap A$ tal que $x \neq a$, de modo que um grupo topológico G, agindo sobre ele mesmo, não é discreto: se existisse uma vizinhança U de $a \in G$ contendo um ponto limite em G, ou seja, existe uma sequência $(g_n)_{n \in \mathbb{N}}$ de elementos distintos em G tal que $\lim_{n \to \infty} g_n a = b$, de modo que $\lim_{n \to \infty} g_n a b^{-1} = e$. Isto motiva o seguinte. Seja G um grupo (discreto) em $\mathsf{PSL}_2(\mathbb{R})$ agindo sobre $\overline{\mathcal{H}}$ e/ou $\mathbb{C}_\infty$. Se uma órbita $\mathsf{Orb}(z_0)$ possui um ponto limite em $\overline{\mathcal{H}}$, então o mesmo acontece com todas as órbitas, pois $g(\mathsf{Orb}(z_0)) = \mathsf{Orb}(z_0)$, para todo $g \in G$. Assim, qualquer órbita possui um ponto limite em $\mathcal{H}$ ou não. Diremos que $w_0 \in \overline{\mathcal{H}}$ é um *ponto limite* de G se existir um $z_0 \in \overline{\mathcal{H}}$ tal que

$D_r(w_0) \cap \text{Orb}(z_0)$ é infinito, para todo $r \in \mathbb{R}_+^\times$, ou seja, existem um $n_0 \in \mathbb{N}$ e uma sequência $(g_n)_{n \in \mathbb{N}}$ de elementos distintos em G tal que $g_n(z_0) \in D_r(w_0)$, para todo $n \in \mathbb{N}$, com $n \geq n_0$ ($\lim_{n \to \infty} g_n(z_0) = w_0$), denotamos por $\mathcal{L}(G)$ o conjunto de todos os pontos limites e chama-se *conjunto limite* de G. É importante notar que as imagens $\{g_n(z_0)\}_{n \in \mathbb{N}}$ não necessitam ser distintas. No entanto, um ponto fixo w_0 de $g \in G$ é um ponto limite de G quando $|\langle g \rangle| = \infty$, pois $g^n(w_0) = w_0 \in D_r(w_0)$, para todo $n \in \mathbb{N}$. Se $w_0 \in \text{Orb}(z_0)$, então existe um $h \in G$ tal que $w_0 = h(z_0)$, de modo que $(h^{-1} \circ g_n)(z_0) \in D_r(w_0)$, para todo $n \in \mathbb{N}$, com $n \geq n_0$. Se $w_0 \notin \text{Orb}(z_0)$, então os $g_n(z_0)$ são distintos, para todo $n \in \mathbb{N}$. Assim, $g_n(z_0) \neq g_{n+1}(z_0)$ em $D_r(w_0)$ implica que $(g_n^{-1} \circ g_{n+1})(z_0)$ em $D_{2r}(w_0)$, com $(g_n^{-1} \circ g_{n+1})(z_0) \neq z_0$. Portanto, em qualquer caso, w_0 é um ponto limite de $\text{Orb}(z_0)$, pois r pode ser escolhido arbitrariamente pequeno. Quando $w_0 \notin \mathcal{L}(G)$, diremos que w_0 é um *ponto ordinário* de G e denotamos por $\mathcal{O}(G)$, ou seja, para qualquer $w_0 \in \mathcal{O}(G)$, existe um disco $D = D_r(w_0)$ em $\mathcal{H}$ tal que $g(D) \cap D = \emptyset$, para todo exceto uma quantidade finita de $g \in G$ e $\mathcal{L}(G) = \overline{\mathcal{H}} - \mathcal{O}(G)$. Em geral, nenhuma órbita $\text{Orb}(z_0)$ pode se acumular em $w_0 \in \mathcal{O}(G)$. Caso contrário, existiria uma sequência $(g_n)_{n \in \mathbb{N}}$ de elementos distintos em G e $z \in \mathcal{H}$ tal que $\lim_{n \to \infty} g_n(z) = w_0$.

Lema 5.1.4 $g(\mathcal{L}(G)) = \mathcal{L}(G)$ e $g(\mathcal{O}(G)) = \mathcal{O}(G)$, *para todo subgrupo G de* $\text{PSL}_2(\mathbb{R})$ *e todo* $g \in G$.

DEMONSTRAÇÃO: A primeira afirmação implica na segunda, pois se $g(\mathcal{O}(G)) \cap \mathcal{L}(G) \neq \emptyset$, então $g^{-1}(\mathcal{L}(G)) \cap \mathcal{O}(G) \neq \emptyset$, o que é impossível, de modo que basta provar uma. Dado $w_0 \in \mathcal{L}(G)$, existe um $z_0 \in \mathcal{H}$ e uma sequência de pontos distintos $(g_n)_{n \in \mathbb{N}}$ em G tal que $\lim_{n \to \infty} g_n(z_0) = w_0$. Assim, $\lim_{n \to \infty} h(g_n(z_0)) = h(w_0)$, para todo $h \in G$, pois h é contínua. Como $(h \circ g_n)_{n \in \mathbb{N}}$ é uma sequência de pontos distintos em G temos que $h(w_0) \in \mathcal{L}(G)$. Logo, $\mathcal{L}(G) \subseteq h(\mathcal{L}(G))$. Usando h^{-1}, obtemos $h^{-1}(\mathcal{L}(G)) \subseteq \mathcal{L}(G)$. Portanto, $h(\mathcal{L}(G)) = \mathcal{L}(G)$, para todo $h \in G$. □

Sejam $T_b(z) = z + 2b$, onde $b \in \mathbb{R}^\times$, e $G = \langle T_b \rangle = \{T_b^n : n \in \mathbb{Z}\}$ um subgrupo de $\text{Aut}(\mathcal{H})$. Então existe um $z_0 \in \mathcal{H}$ e uma vizinhança "disco" $U = D_{|b|/2}(z_0)$ tal que $T_b^n(U) \cap U = \emptyset$, para todo $n \in \mathbb{Z} - \{0\}$. Neste caso, $\mathcal{O}(G) = \mathcal{H}$. Isto motiva o seguinte: um subgrupo G de Aut($\mathcal{H}$) *age descontinuamente* em $z_0 \in \mathcal{H}$ se $\mathcal{L}(G) = \emptyset$, ou seja, se existir um $r > 0$ tal que $\{g \in G : \rho(z_0, g(z_0)) < r\}$ seja finito, ou ainda, para cada $w_0 \in \overline{\mathcal{H}}$ e cada sequência de pontos distintos $(g_n)_{n \in \mathbb{N}}$ em G, não existe um $z_0 \in \mathcal{H}$ tal que $\lim_{n \to \infty} g_n(z_0) = w_0$, de modo que $\mathcal{O}(G) \neq \emptyset$ e aberto (máximo). Neste caso, $\mathcal{O}(G) = \{z \in \mathcal{H} : G \text{age descontinuamente em} z\}$ chama-se *região de descontinuidade*. É importante ressaltar, quando for conveniente, que podemos realizar as provas das propriedades em $\mathcal{D}$ ao invés de em $\mathcal{H}$ e vice-versa.

Proposição 5.1.5 *Seja G um subgrupo de* Aut($\mathcal{H}$) $=$ PSL$_2(\mathbb{R})$ *tal que* $\mathcal{O}(G) \neq \emptyset$.

1. *Qualquer subgrupo H de G é descontínuo sobre $\mathcal{H}$, ou seja, $\mathcal{O}(G) \subseteq \mathcal{O}(H)$ se, e somente se, $\mathcal{L}(H) \subseteq \mathcal{L}(G)$.*

2. $\mathcal{O}(h^{-1}Gh) = h^{-1}(\mathcal{O}(G))$ *e* $\mathcal{L}(h^{-1}Gh) = h^{-1}(\mathcal{L}(G))$*, para todo $h \in$ Iso($\mathcal{H}$).*

Demonstração: (1) Se $w_0 \in \mathcal{L}(H)$, então existe um $z_0 \in \mathcal{H}$ e uma sequência de pontos distintos $(h_n)_{n \in \mathbb{N}}$ em H tal que $\lim_{n \to \infty} h_n(z_0) = w_0$. Em particular, existe uma sequência de pontos distintos $(h_n)_{n \in \mathbb{N}}$ em $H \subseteq G$ tal que $\lim_{n \to \infty} h_n(z_0) = w_0$. Portanto, $w_0 \in \mathcal{L}(G)$ e $\mathcal{L}(H) \subseteq \mathcal{L}(G)$. Note que $\mathcal{L}(G) = \overline{\mathcal{H}} - \mathcal{O}(G)$ implica que $\mathcal{O}(G) \subseteq \mathcal{O}(H)$. (2) Observe que $h(\mathcal{L}(G)) = \overline{\mathcal{H}} - h(\mathcal{O}(G))$, para todo h em Iso($\mathcal{H}$), pois h bijetora. Assim, basta provar que $\mathcal{L}(h^{-1}Gh) = h^{-1}(\mathcal{L}(G))$. De fato, dado $w_0 \in h^{-1}(\mathcal{L}(G))$ ou $h(w_0) \in \mathcal{L}(G)$, existe um $z_0 \in \mathcal{H}$ e uma sequência de pontos distintos $(g_n)_{n \in \mathbb{N}}$ em G tal que $\lim_{n \to \infty} g_n(z_0) = h(w_0)$. Como h é sobrejetora temos que existe um $u_0 \in \mathcal{H}$ tal que $h(u_0) = z_0$. Por outro lado, h injetora implica que existe uma sequência de pontos distintos $(h^{-1} \circ g_n \circ h)_{n \in \mathbb{N}}$ em G tal que $\lim_{n \to \infty}(h^{-1} \circ g_n \circ h)(u_0) = w_0$. Portanto, $w_0 \in \mathcal{L}(h^{-1}Gh)$. A recíproca $\mathcal{L}(h^{-1}Gh) \subseteq h^{-1}(\mathcal{L}(G))$ é análogo. □

Teorema 5.1.6 *Sejam G um subgrupo de $\mathsf{Aut}(\mathcal{H}) = \mathsf{PSL}_2(\mathbb{R})$. Se H for um subgrupo G tal que $\mathcal{O}(H) \neq \emptyset$ e $[G : H] = |G/H| < \infty$. Entãp $\mathcal{O}(G) \neq \emptyset$.*

DEMONSTRAÇÃO: Suponhamos que $\mathcal{O}(H) \neq \emptyset$ e seja $\{f_1, \ldots, f_r\}$ um sistema de representantes de H em G. Então $G = \bigcup_{k=1}^{r} H f_k$. Se $w_0 \in \mathcal{L}(G)$, então existe um $z_0 \in \mathcal{H}$ e uma sequência de pontos distintos $(g_n)_{n\in\mathbb{N}}$ em G tal que $\lim_{n\to\infty} g_n(z_0) = w_0$. Pondo $g_n = h_n \circ f_{k_n}$, onde $h_n \in H$ e $1 \leq k_n \leq r$, de modo que algum f_{k_n} ocorre uma quantidade infinita em $(g_n)_{n\in\mathbb{N}}$. Seja k um k_n ocorrendo em $\{f_{k_n} : n \in \mathbb{N}\}$. Então, se necessário, selecionando e reenumerando, obtemos uma subsequência de pontos distintos $(p_m)_{m\in\mathbb{N}}$ em H tal que $\lim_{m\to\infty} p_m(f_k(z)) = w_0$, de modo que $w_0 \in \mathcal{L}(H)$. Assim, $\mathcal{L}(G) \subseteq \mathcal{L}(H)$. Portanto, pelo item (1) da proposição 5.1.5, $\mathcal{L}(H) = \mathcal{L}(G)$. □

Teorema 5.1.7 *Sejam G um subgrupo de $\mathsf{Aut}(\mathcal{H}) = \mathsf{PSL}_2(\mathbb{R})$ e $z_0 \in \mathcal{H}$. Então $\mathcal{O}(G) \neq \emptyset$ se, e somente se, o conjunto $C_r = \{g \in G : \rho(z_0, g(z_0)) \leq r\}$ for finito, para todo $r \in \mathbb{R}_+^\times$. Conclua que G é contável. Além disso,*

1. *Dado $z_0 \in \mathcal{H}$, $\mathsf{Est}(z_0) = \{g \in G : g(z_0) = z_0\}$ é finito e cíclico. Além disso, existe uma vizinhança U_{z_0} de z_0 tal que $U_{z_0} \cap g U_{z_0} = \emptyset$, para todo $g \in G - \mathsf{Est}(z_0)$, e $g U_{z_0} = U_{z_0}$, para todo $g \in \mathsf{Est}(z_0)$.*

2. *Dado $z_0 \in \mathcal{H}$, $\mathsf{Orb}(z_0)$ é discreto e fechado em $\mathcal{H}$. Conclua que existe um $r \in \mathbb{R}_+^\times$ tal que $\rho(z_0, g(z_0)) > 4r$, para todo $g \in G - \mathsf{Est}(z_0)$.*

DEMONSTRAÇÃO: Note que o disco fechado $F_r = \overline{D_r}(z_0)$ é compacto e $gF_r \cap F_r \neq \emptyset$ significa que: existe um $z \in gF_r \cap F_r$ tal que $\rho(z_0, z)) \leq r$ e $\rho(g(z_0), z) \leq r$ se, e somente se, $\rho(z_0, g(z_0)) \leq 2r$. Suponhamos que $\mathcal{O}(G) \neq \emptyset$. Então $\{g \in G : gF_r \cap F_r \neq \emptyset\}$ é finito e $C_r = \{g \in G : \rho(z_0, g(z_0)) \leq 2r\}$ também o é, para todo $r \in \mathbb{R}_+^\times$. Reciprocamente, suponhamos que C_r seja finito, para todo $r \in \mathbb{R}_+^\times$. Então dado um compacto K em $\mathcal{H}$, existe um $r \in \mathbb{R}_+^\times$ tal que $K \subseteq F_r$, pois K é limitado. Assim,

$$G_K \subseteq \{g \in G : gF_r \cap F_r \neq \emptyset\} = \{g \in G : \rho(z_0, g(z_0)) \leq 2r\}$$

é finito. Portanto, $\mathcal{O}(G) \neq \emptyset$. (1) $\mathsf{Est}(z_0) = \{g \in G : \{z_0\} \cap g(\{z_0\}) \neq \emptyset\}$ é um subgrupo finito de G. Como $\mathsf{Est}(z_0)$ é um subgrupo de $\{h \in \mathsf{Aut}(\mathcal{H}) : h(z_0) = z_0\}$ temos, pela proposição 4.1.8, que $\mathsf{Est}(z_0) = h^{-1}\mathsf{SO}_2(\mathbb{R})h \cap G$ é finito. Por outro lado, como $\mathsf{SO}_2(\mathbb{R}) \simeq \mathbb{R}/\mathbb{Z}$ temos que qualquer subgrupo finito em $\mathsf{SO}_2(\mathbb{R})$ é cíclico. Portanto, $\mathsf{Est}(z_0)$ é cíclico. (2) De $\rho(g(z_0), z_0) \leq \rho(g(z_0), z) + \rho(z, z_0)$, para todo $z \in \mathcal{H}$, temos que $\{g \in G : \rho(z, g(z_0)) \leq r\}$ é finito, para todo $r \in \mathbb{R}_+^\times$, de modo que a família $\mathcal{S} = \{\{g(z_0)\} : g \in G\}$ é localmente finita. Portanto, $\mathsf{Orb}(z_0) = \{g(z_0) : g \in G\}$ é discreto e fechado em $\mathcal{H}$. Como $\mathsf{Orb}(z_0)$ é discreto temos que existe um $r > 0$ tal que $\rho(z_0, g(z_0)) > 4r$, para todo $g \in G - \mathsf{Est}(z_0)$. $\square$

Antes de apresentarmos alguns exemplos simples de grupos descontínuos, vamos ver um resultado que relaciona pontos limites e pontos fixos.

Lema 5.1.8 *Seja $f \in G = \mathsf{PSL}(\mathbb{R}) - \{I\}$ não elíptico. Se existirem $z_0 \in \mathbb{C}$ e uma sequência crescente $(n_k)_{k \in \mathbb{N}}$ tal que $\lim_{k \to \infty} f^{n_k}(z_0) = \lambda$, então $f(\lambda) = \lambda$.*

DEMONSTRAÇÃO: Suponhamos que f seja parabólico e α o único ponto fixos de f. Então existe um $g(z) = -(z - \alpha)^{-1}$ em $\mathsf{Aut}(H)$ tal que $g(\alpha) = \infty$ e $h = g \circ f \circ g^{-1}$ satisfaz $h(\infty) = \infty$, ou seja, f é conjugado a $h(z) = T_b(z) = z + 2b$, onde $b \in \mathbb{R}^\times$, de modo que $\lim_{k \to \infty} h^{n_k}(f(z)) = \lim_{k \to \infty}(z + 2n_k b) = \infty$, para todo $z \in \mathbb{C}$. Como $h \circ g = g \circ f$ temos que $\lim_{k \to \infty} f^{n_k}(z) = g^{-1}(\lim_{k \to \infty} h^{n_k}(g(z))) = g^{-1}(\infty) = \alpha$. Mas, $\lim_{k \to \infty} f^{n_k}(z_0) = \lambda$ implica que $\alpha = \lambda$. Suponhamos que f seja hiperbólico, então f possui dois pontos fixos $\lambda_1, \lambda_2 \in \mathbb{R}_\infty$, com $\lambda_1 < \lambda_2$. Assim, existe um $g(z) = -(z - \lambda_2)^{-1}(z - \lambda_1)$ tal que $g(\lambda_1) = 0$, $g(\lambda_2) = \infty$ e $h = g \circ f \circ g^{-1}$ satisfaz $h(0) = 0$ e $h(\infty) = \infty$, ou seja, f é conjugada a $h(z) = M_a(z) = a^2 z$, onde $a \in \mathbb{R}_+ - \{0, 1\}$, de modo que $\lim_{k \to \infty} h^{n_k}(z) = \lim_{k \to \infty}(a^{2n_k} z) = 0$, para todo $z \in \mathbb{C} - \{0\}$ e $0 < a < 1$ ou $\lim_{k \to \infty} h^{n_k}(z) = \infty$, para todo $z \in \mathbb{C} - \{0\}$ e $a > 1$. Logo, $\lim_{k \to \infty} f^{n_k}(z) = \lambda_1$ quando $0 < a < 1$ ou $\lim_{k \to \infty} f^{n_k}(z) = \lambda_2$ quando $a > 1$. Portanto, $\lambda \in \{\lambda_1, \lambda_2\}$. $\square$

(1) Note que $G = \mathsf{PSL}_2(\mathbb{C})$ não é descontínuo sobre $\mathbb{C}$, pois dados $z_1, z_2 \in \mathbb{C}$, existem elementos $g(z) = -(z-z_1)^{-1}$ e $h(z) = -(z-z_2)^{-1}$ em G tais que $g(z_1) = \infty = h(z_2)$ e $(h^{-1} \circ g)(z_1) = z_2$, de modo que G age transitivamente sobre $\mathbb{C}$ e $\mathsf{Orb}(z) = \mathbb{C}$ implica que $z \in \mathcal{L}(G)$. Em particular, qualquer subgrupo transitivo H de G não é descontínuo sobre $\mathbb{C}$. Não obstante, $\mathsf{PSL}_2(\mathbb{R})$ não é transitivo e nem descontínuo sobre $\mathbb{C}$.

(2) Qualquer grupo finito G e/ou $G = \mathbb{Z}_n$ é sempre descontínuo sobre $\mathcal{H}$.

(3) Seja $G = \langle g \rangle = \{g^n : n \in \mathbb{Z}\}$ um subgrupo cíclico de $\mathsf{PSL}(\mathbb{R})$. (i) Se g for elíptico, digamos $g(z) = e^{2i\pi\theta}z$, então pode ocorrer dois casos: se $\theta = q^{-1}p \in \mathbb{Q}$, com $\mathsf{mdc}(p,q) = 1$, então $g^q = I$ e G é finito. Portanto, $\mathcal{O}(G) = \mathbb{C}$ e G é descontínuo sobre $\mathbb{C}$. Se $\theta \notin \mathbb{Q}$, então $e^{2i\pi m\theta}$ são distintos, para todo $m \in \mathbb{Z}$. Assim, pelo item (3) do Exemplo 5.1.3, existe uma sequência crescente $(m_k)_{k \in \mathbb{N}}$ em $\mathbb{Z}$ tal que $\lim_{k \to \infty} e^{2i\pi m_k \theta} = 1$ em S^1 (compacto). Assim, $\lim_{k \to \infty} g^{m_k}(z) = z$, para todo $z \in \mathbb{C}_\infty$. Portanto, $\mathcal{L}(G) = \mathbb{C}_\infty$ e $\mathcal{O}(G) = \emptyset$. (ii) Se g for não elíptico, então g^m são distintos, para todo $m \in \mathbb{Z}$, de modo que um ponto fixo de g é um ponto fixo de g^m. Logo, $\lim_{n \to \infty} g^n(z) = \lambda$, de modo que $g(\lambda) = \lambda$. Portanto, $\mathcal{L}(G) = \{\lambda_1, \lambda_2\}$, com $g(\lambda_i) = \lambda_i$.

(4) O grupo $G = \mathsf{SL}_2(\mathbb{Z})$ é descontínuo sobre $\mathcal{H}$, mas não sobre $\mathbb{R}_\infty$, pois G é claramente discreto. Por outro lado, existe uma sequência de pontos distintos $g_n(z) = ((n+1)z - n)^{-1}(z-1)$, para todo $n \in \mathbb{N}$, em G tal que $\lim_{n \to \infty} g_n(0) = 0$, ou seja, $g_n[0,1] \cap [0,1] \neq \emptyset$, para todo $n \in \mathbb{N}$, ou $\mathsf{Orb}(0) = \mathbb{Q}_\infty$. Concluímos que um subgrupo de $\mathsf{PSL}(\mathbb{R})$ induz uma ação sobre $\partial \mathcal{H}$. No entanto, mesmo se as órbitas em $\mathcal{H}$ seja discretas, isso não significa que as órbitas para essa ação sobre $\partial \mathcal{H}$ seja discreta.

Teorema 5.1.9 *Seja G um subgrupo de $\mathsf{Aut}(\mathcal{H}) = \mathsf{PSL}_2(\mathbb{R})$. Então $\mathcal{O}(G) \neq \emptyset$ se, e somente se, G é discreto. Conclui-se ademais que se G for discreto, então $\mathcal{L}(G) \subseteq \mathbb{R}_\infty$.*

Demonstração: Suponhamos, por absurdo, que G não seja discreto. Então, pelo teorema 5.1.2, existe uma sequência de pontos distintos $(g_n)_{n \in \mathbb{N}}$ em G tal que $\lim_{n \to \infty} g_n = I$. Assim, pelo lema 5.1.1,

$\lim_{n\to\infty} g_n(z) = z$, para todo $z \in \mathcal{H}$, o que é uma contradição. Portanto, G é discreto. Reciprocamente, suponhamos que G seja discreto, mas exista um $w_0 = x_0 + iy_0 \in \mathcal{L}(G)$, com $y_0 > 0$. Então existe um $z_0 \in \mathbb{C}$ e uma sequência de pontos distintos $(g_n)_{n\in\mathbb{N}}$ em G tal que $\lim_{n\to\infty} g_n(z_0) = w_0$. Note que $z_0 \in \mathcal{H}$, pois G deixa invariantes $\mathcal{H}$ e $\mathbb{R}_\infty$. Por outro lado, pela proposição 4.1.8, $\mathrm{Orb}(i) = \mathcal{H}$ implica que existe um $g \in G$ tal que $g(i) = z_0$ e $\lim_{n\to\infty} g_n(g(i)) = w_0$. Pondo $h_n(z) = (g^{-1} \circ g_n \circ g)(z) = (c_n z + d_n)^{-1}(a_n z + b_n)$, obtemos $\lim_{n\to\infty} h_n(i) = w_1$, com $w_1 = g^{-1}(w_0) \in \mathcal{H}$. Observe que $h_n \in H = g^{-1} G g$ e $\mathcal{L}(H) = g^{-1}(\mathcal{L}(G))$ implicam que basta provar em $\mathcal{L}(H)$. Como

$$\lim_{n\to\infty} \mathrm{Im}(h_n(i)) = \lim_{n\to\infty} \frac{1}{c_n^2 + d_n^2} = \mathrm{Im}(w_1),$$

$$\lim_{n\to\infty} |h_n(i)|^2 = \lim_{n\to\infty} \frac{a_n^2 + b_n^2}{c_n^2 + d_n^2} = |w_1|^2$$

temos que existem $r_1 > 0$ e $n_0 \in \mathbb{N}$ tal que $|c_n|, |d_n| \leq |c_n + d_n| < r_1$, para todo $n \geq n_0$, de modo que $(c_n)_{n\in\mathbb{N}}$ e $(d_n)_{n\in\mathbb{N}}$ são limitadas em $\mathbb{R}$ e, de modo análogo, $(a_n)_{n\in\mathbb{N}}$ e $(b_n)_{n\in\mathbb{N}}$ são limitadas em $\mathbb{R}$. Isto implica que a sequência $(h_n)_{n\in\mathbb{N}}$ é limitada em H, de modo que existe uma subsequência $(h_{n_k})_{k\in\mathbb{N}}$ convergindo em H e H não é discreto. Logo, G não é discreto. Portanto, $\mathcal{O}(G) \neq \emptyset$. O caso, existe um $w_0 = x_0 + iy_0 \in \mathcal{L}(G)$, com $y_0 < 0$, é tratado de modo análogo. Portanto, $\mathcal{L}(G) \subseteq \mathbb{R}_\infty$. $\square$

Com o proposito de classificar se um dado subgrupo de $\mathrm{Aut}(\mathcal{H})$ é discreto e/ou é descontínuo sobre $\mathcal{H}$ vamos estudar detalhadamente o seguinte resultado.

Proposição 5.1.10 (Forma Normal) *Sejam $z_1, z_2 \in \mathbb{C}_\infty$ pontos fixos de $f \in \mathrm{GM}_2^1(\mathbb{C})$.*

1. *Se $w = f(z)$ e $z_1 \neq z_2$, então f pode ser escrita sob a forma*

$(w-z_2)^{-1}(w-z_1) = \kappa(z-z_2)^{-1}(z-z_1)$, *para algum* $\kappa \in \mathbb{C}-\{0,1\}$,

ou $Re^{i\beta} = |\kappa|e^{i\theta} r e^{i\alpha} = |\kappa| r e^{i(\alpha+\theta)}$ se, e somente se, $R = |\kappa| r$ e $\beta = \alpha + \theta$.

2. Se $w = f(z)$ e $z_1 = z_2$ *finito, então f pode ser escrita sob a forma* $(w - z_1)^{-1} = (z - z_1)^{-1} + \kappa$, *para algum* $\kappa \in \mathbb{C} - \{0\}$.

Conclua que

$$f'(z) = \kappa \left(\frac{w - z_2}{z - z_2}\right)^2 = \frac{1}{\kappa}\left(\frac{w - z_1}{z - z_1}\right)^2 \quad ou \quad f'(z) = \left(\frac{w - z_1}{z - z_1}\right)^2,$$

de modo que $f'(z_1) = \kappa$ *e* $f'(z_2) = \kappa^{-1}$ *e* $dw = \kappa dz$, *em* z_1.

DEMONSTRAÇÃO: (1) Note, pelo lema 2.1.7, que existe um $g(z) = (z - z_2)^{-1}(z - z_1)$ tal que $g(z_1) = 0$ e $g(_2) = \infty$, de modo que $h(z) = (g \circ f \circ g^{-1})(z) = \alpha z$, onde $\alpha \in \mathbb{C} - \{-1, 0, 1\}$. Por outro lado, como $g^{-1}(z) = (-z + 1)^{-1}(-z_2 z + z_1)$ temos que

$$\alpha = (g \circ f)(g^{-1}(1)) = (g \circ f)(\infty) = g(c^{-1}a) = \frac{a - cz_1}{a - cz_2} = \kappa.$$

Portanto, $(g \circ f)(z) = (h \circ g)(z)$, ou seja,

$$(f(z) - z_2)^{-1}(f(z) - z_1) = \kappa(z - z_2)^{-1}(z - z_1).$$

O número κ chama-se o *multiplicador* de f. Se $c = 0$ e $\text{tr}(f)^2 \neq 4$, então $w - z_1 = \kappa(z - z_1)$, com $z_1 = (d - a)^{-1}b$, $z_2 = \infty$ e $\kappa = d^{-1}a$. (2) De modo análogo, com $g(z) = -(z - z_1)^{-1}$. Note, geometricamente, que se r for constante, então $|(w - z_2)^{-1}(w - z_1)| = c_1$ representa um círculo Γ_r com centro no segmento $L_{z_1 z_2}$, de modo que z_1 e z_2 são pontos inversos em relação a Γ_r. Se α for constante, então $\arg((w - z_2)^{-1}(w - z_1)) = c_2$ representa um círculo Γ_α que passa por z_1 e z_2, de modo que $f(\Gamma_r) = \Gamma_r, f(\Gamma_\alpha) = \Gamma_\alpha$ e Γ_r é ortogonal a Γ_α. □

Seja $\mathbf{A} \in \mathsf{PSL}_2(\mathbb{C})$ a representação matricial de $f \in \mathsf{GM}_2^1(\mathbb{C})$. Então, pela proposição 5.1.10 e depois de alguns cálculos, $\kappa + \kappa^{-1} = \text{tr}(\mathbf{A})^2 - 2$ ou de outro modo $\kappa^2 - (\text{tr}(\mathbf{A})^2 - 2)\kappa + 1 = 0$ e

$\sqrt{\kappa} + (\sqrt{\kappa})^{-1} = \text{tr}(\mathbf{A})$, que depende somente de $a + d$ e as raízes são recíprocas. Note, indutivamente, que

$$\begin{cases} f^n(z) = \dfrac{(\kappa^n z_2 - z_1)z + (1 - \kappa^n)z_1 z_2}{(\kappa^n - 1)z + z_2 - \kappa^n z_1} \\ \quad \text{ou} \\ f^n(z) = \dfrac{(1 + ncz_1)z - ncz_1^2}{ncz + 1 - ncz_1}, \end{cases} \qquad (5.1.4)$$

para todo $n \in \mathbb{Z}$. Quando $|\kappa| \neq 1$, o determinante da representação matricial de f^n é $k^n(z_1 - z_2)^2$ e depois de normalizada, obtemos o círculo isométrico

$$\Gamma_{f^n} = \left\{ z \in \mathbb{C} : \left| z - \frac{k^{\frac{n}{2}} z_1 - k^{-\frac{n}{2}} z_2}{k^{\frac{n}{2}} - k^{-\frac{n}{2}}} \right| = \left| \frac{z_1 - z_2}{k^{\frac{n}{2}} - k^{-\frac{n}{2}}} \right| \right\}. \qquad (5.1.5)$$

Pondo $\kappa = re^{i\theta}$, com $r > 0$ e $0 \leq \theta < 2\pi$, obtemos (i) f é elíptico se, e somente se, $r = 1$ e $\theta \neq 0$. (ii) f é hiperbólico se, e somente se, $r \neq 1$ e $\theta = 0$. (iii) f é loxodrômico se, e somente se, $r \neq 1$ e $\theta \neq 0$. (iv) f é parabólico se, e somente se, $\kappa = 1$ e $|\text{tr}(f)| = 2$. Portanto, pelo teorema 4.2.13, se $|\kappa| = 1$, então os pontos fixos de f^n estão sobre Γ_{f^n}. Em particular, se f for periódico, então existem somente um número finito e distintos de Γ_{f^n}. Se $r \neq 1$ e $\theta = 0$, então um ponto fixo de f está no interior de Γ_{f^n}, quando $n > 0$, e o outro no exterior $\Gamma_{f^{-n}}$. Se f é parabólico, então o único ponto fixo de f está sobre Γ_f e todos os Γ_{f^n} são tangentes a ele. As mesmas afirmações valem para $\Gamma_{f^{-1}}$. De posse destes fatos vamos considerar cada caso separadamente:

(a) Se 0 e ∞ forem os pontos fixos de f, então $f(z) = \alpha^2 z$, onde $\alpha \in \mathbb{C} - \{-1, 0, 1\}$, de modo que $f^n(z) = \alpha^n z$, para todo $n \in \mathbb{N}$. Observe que $f^n(0) = 0$ e $f^n(\infty) = \infty$. Assim, para cada $z \in \mathbb{C} - \{0, \infty\}$, obtemos

$$\begin{cases} f^n(z) \to 0 & \text{se } |\alpha| < 1, \\ |f^n(z)| = |z| & \text{se } |\alpha| = 1, \\ f^n(z) \to \infty & \text{se } |\alpha| > 1. \end{cases} \qquad (5.1.6)$$

É importante observar que se $|\alpha| = 1$, então α é uma raiz n-ésima da unidade ou não: se $f(z) = e^{\frac{2i\pi}{n}}z$, então $f^n = I$ (tr$(f) = 2\cos(n^{-1}m\pi)$, com mdc$(m,n) = 1$), de modo que f é periódico. Caso contrário, se $\alpha = e^{2i\pi x}$, onde $x \notin \mathbb{Q}$, então o subconjunto $X = \{f^n(z) : n \in \mathbb{Z}\}$ infinito é denso ao longo de um círculo com centro 0 e raio $r = |z|$. Por outro lado, se $z_1, z_2 \in \mathbb{C}$, com $z_1 \neq z_2$, são os pontos fixos de f, então existe um $g(z) = (z-z_2)^{-1}(z-z_1)$ tal que $g(z_1) = 0, g(z_2) = \infty$ e $h = g \circ f \circ g^{-1}$ satisfaz $h(0) = 0$ e $h(\infty) = \infty$. Assim, se $|\alpha| < 1$ ou $|\alpha| > 1$, então $\lim_{n\to\infty} f^n(z) = z_1$, para todo $z \neq z_2$, ou $\lim_{n\to\infty} f^n(z) = z_2$, para todo $z \neq z_1$. Se $|\alpha| = 1$, digamos $\alpha = e^{i\theta}$, então $\lim_{n\to\infty} f^n(z)$ não existe, para todo $z \in \mathbb{C} - \{z_1, z_2\}$. Portanto, $f^n(z)$ converge para um dos pontos fixos ou move-se ciclicamente sobre um conjunto finito de pontos ou formam um subconjunto denso ao longo de algum círculo.

(b) Se ∞ for o único ponto fixo de f, então $f(z) = z + 2b$, com $b \neq 0$, de modo que $f^n(z) = z + 2nb$, para todo $n \in \mathbb{N}$. Assim, $\lim_{n\to\infty} f^n(z) = \infty$, para todo $z \in \mathbb{C}$. Por outro lado, se $z_0 \in \mathbb{C}$ é o único ponto fixo de f, então existe um $g(z) = -(z-z_0)^{-1}$ tal que $g(z_0) = \infty$ e $h = g \circ f \circ g^{-1}$ satisfaz $h(\infty) = \infty$. Logo, $\lim_{n\to\infty} h^n(z) = \infty$, para todo $z \in \mathbb{C}$. Como $f^n = g^{-1} \circ h^n \circ g$, para todo $n \in \mathbb{N}$, temos que $\lim_{n\to\infty} f^n(z) = g^{-1}(\lim_{n\to\infty} h^n(g(z))) = g^{-1}(\infty) = z_0$.

Devido a sua importância, neste capítulo, vamos lembrar algumas propriedades da transformação de Cayley $h_0(z) = (z+i)^{-1}(z-i)$. A função $\eta_0 : \mathcal{H} \to \mathcal{D}$ definida como $\eta_0(z) = ih_0(z)$ e $\eta_0^{-1}(w) = -i(w-i)^{-1}(w+i)$ satisfaz as seguintes propriedades, confira figura 5.1:

(i) η_0 é bi-holomorfa, de modo que $(\mathcal{H}, \rho)$ é homeomorfo a $(\mathcal{D}, \rho^*)$, pois dados $w, z \in \mathcal{H}$, $\rho^*(\eta_0(w), \eta_0(z)) = \rho(\eta_0^{-1}(\eta_0(w)), \eta_0^{-1}(\eta_0(z))) = \rho(w,z)$. Alem disso, η_0 é elíptico, com $\eta_0^3 = I$.

(ii) É claro que $\eta_0(\partial\mathcal{H}) = \partial\mathcal{D}$ e $\eta_0(\mathbb{I}) = \mathbb{I}$, em que $\mathbb{I} = i\mathbb{R}$, pois $\eta_0(x) = (x^2+1)^{-1}(2x + (x^2-1)i)$ e $\eta_0(ib) = (1+b)^{-1}(b-1)i$, para todos $b, x \in \mathbb{R}$.

(iii) Sejam $\Gamma = \mathcal{H} \cap S^1, \Omega_1 = \{z \in \mathcal{H} : |z| < 1\}$ e $\Omega_2 = \mathcal{H} - \overline{\Omega}_1$ os semiespaços determinados por Γ. Assim, $\eta_0(\Gamma) = [-1, 1]$, $\eta_0(\Omega_1) = \{w \in \mathcal{D} : \mathsf{Im}(w) < 0\}$ e $\eta_0(\Omega_2) = \{w \in \mathcal{D} : \mathsf{Im}(w) > 0\}$. De fato, se $w = u + iv = \eta_0(z)$, então $z = \eta_0^{-1}(w) = (i-w)^{-1}(iw-1)$. Pondo

$|z|=r$, obtemos

$$|\eta_0^{-1}(w)|=|z|=r \Leftrightarrow 2v=(r^2+1)^{-1}(r^2-1)(u^2+v^2+1).$$

Assim, $r=1$ se, e somente se, $v=0$. O mesmo com $r<1$ e $r>1$.

(iv) $\psi: \text{Aut}(\mathcal{H}) \to \text{Aut}(\mathcal{D})$ definida como $\psi(f)=\eta_0 \circ f \circ \eta_0^{-1}$ é um isomorfismo de grupos, pois qualquer $g \in \text{Aut}(\mathcal{D})$ pode ser escrito sob a forma $g = \eta_0 \circ f \circ \eta_0^{-1}$, para algum $f \in \text{Aut}(\mathcal{H})$, e reciprocamente. Em particular, ψ é η_0-equivalente: $\psi(f)(\eta_0(z)) = \eta_0(f(z))$, para todo $f \in \text{Aut}(\mathcal{H})$ e $z \in \mathcal{H}$.

(v) Seja $f(z)=(cz+b)^{-1}(az+b)$ em $\mathcal{H}$. Então

$$\begin{aligned}g(z)=\psi(f)(z)&=(\beta z+\overline{\alpha})^{-1}(\alpha z+\overline{\beta})\\&=(z(\beta+\overline{\alpha z}))^{-1}(\alpha z+\overline{\beta}),\quad (5.1.7)\end{aligned}$$

em que $2\alpha = a+d+(b-c)i$ e $2\beta = b+c+(d-a)i$, de modo que $|\alpha|^2-|\beta|^2=1$. É claro que $g(\mathcal{D})=\mathcal{D}, |g(z)|=1$, para todo $z \in S^1$, e $|g(0)|=|\overline{\alpha}^{-1}\overline{\beta}|<1$.

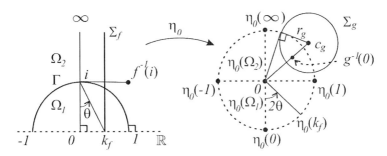

Figura 5.1: Transformação de Cayley.

Dado $f \in \text{Aut}(\mathcal{H})$ e $g=\psi(f) \in \text{Aut}(\mathcal{D})$, com $\beta \neq 0$, já vimos que o círculo isométrico de g era definido como: $\Gamma_g = \{z \in \mathbb{C} : |\beta z+\overline{\alpha}|=1\}$, de modo que g é uma isometria euclidiana sobre os pontos que satisfazem a equação $|g'(z)|=1$. Por outro lado, pelo teorema 4.2.14, Γ_g era dado como o bissetor de Poincaré Σ_g do segmento $L_{0g^{-1}(0)}$ ortogonal a Γ_g. Como $c_g = -\beta^{-1}\overline{\alpha}$ é o centro de Γ_g e $g^{-1}(0) = -\alpha^{-1}\overline{\beta}$ temos que $c_g^{-1} \cdot g^{-1}(0) = |\alpha^{-1}\beta|^2 \in \mathbb{R}$ e $g^{-1}(0) \cdot \overline{c}_g = 1$, de modo que os pontos $0, g^{-1}(0)$ e c_g são colineares.

Além disso, os pontos $g^{-1}(0)$ e c_g são inversos em relação a S^1, pois $|g^{-1}(0)||c_g| = 1$, de modo que existe um $R(z) = \overline{z}^{-1}$ em $\mathsf{Iso}(\mathbb{C})$ tal que $R(c_g) = g^{-1}(0)$. Vamos resumir isto no seguinte resultado:

Proposição 5.1.11 *Sejam* $f(z) = (cz+d)^{-1}(az+b)$ *em* $\mathsf{Aut}(\mathcal{H})$ *e* $g = \psi(f) \in \mathsf{Aut}(\mathcal{D})$. *Então:*

1. $\Gamma_g = \Sigma_g$.

2. $(ab+cd)^2 + 1 = (a^2+c^2)(b^2+d^2)$.

3. $4|\alpha|^2 = 2 + \|f\|^2$ e $4|\beta|^2 = \|f\|^2 - 2$, em que $\|f\|^2 = \|\mathbf{A}\|^2 = 2\cosh(i, f^{-1}(i))$.

4. $c_g = (\|f\|^2 - 2)^{-1}(-2(ab+cd) + \|f\|^2 i)$.

5. Se $c_g^* = g^{-1}(0)$, então $c_g^{-1} \cdot c_g^* = (\|f\|^2 + 2)^{-1}(\|f\|^2 - 2) \in \mathbb{R}$ e $c_g^* \cdot \overline{c}_g = 1$, de modo que c_g^* e c_g são pontos inversos em S^1.

6. $|c_g|^2 = (\|f\|^2+2)^{-1}(\|f\|^2-2)$ e $r_g^2 = |c_g|^2 - 1 = (\|f\|^2-2)^{-1}4$.

7. $\Sigma_{\psi(f)} = \Sigma_{\psi(h)}$ se, e somente se, existir um $m \in \mathsf{SO}_2(\mathbb{R})$ tal que $h = m \circ f$.

Demonstração: (2) Basta notar que $(ab+cd)^2 + 1 = (ab+cd)^2 + (ad-bc)^2$ e o resto fica como um exercício. $\square$

Dado $f \in \mathsf{Aut}(\mathcal{H}) = \mathsf{PSL}_2(\mathbb{R})$ e $g = \psi(f) \in \mathsf{Aut}(\mathcal{D})$, com $\beta \neq 0$. Note, em geral, que o círculo isométrico $\Gamma_f = \{z \in \mathbb{C} : |cz+d| = 1\}$ não é o bissetor de f, um dos motivo que o modelo $\mathcal{D}$ é mais elegante do que $\mathcal{H}$. Mas, pelo item (iv), $\Sigma_f = \eta_0^{-1}(\Sigma_g)$ ou

$$\begin{aligned}\Sigma_f &= \{z \in \mathcal{H} : \rho(z,i) = \rho(z, f^{-1}(i))\} \\ &= \{z \in \mathcal{H} : |z-i| = (a^2+c^2)|z - f^{-1}(i)|\} \\ &= \{z \in \mathcal{H} : (a^2+c^2-1)|z|^2 + 2(ab+cd)\,\mathsf{Re}(z) + b^2 + d^2 = 1\},\end{aligned}$$
(5.1.8)

pois $f^{-1}(i) = (a^2+c^2)^{-1}(-(ab+cd)+i)$. Além disso, pelo teorema 4.2.13, $f(\Gamma_f) = \Gamma_{f^{-1}}$. Vamos apresentar os principais elementos que determinam o bissetor do segmento geodésico $L_{if^{-1}(i)}$ em $\mathcal{H}$, para todo f em $\text{Aut}(\mathcal{H})$.

Teorema 5.1.12 *Seja $f(z) = (cz+d)^{-1}(az+b)$ em $\text{Aut}(\mathcal{H})$. Então:*

1. *Σ_f é um círculo euclidiano se, e somente se, $m_f = a^2 + c^2 \neq 1$. Neste caso, $c_f = -(m_f - 1)^{-1}(ab + cd)$ e $r_f^2 = m_f^{-1}(1 + c_f^2)$ é o centro e o raio de Σ_f.*

2. *Σ_f é uma reta vertical se, e somente se, $a^2 + c^2 = 1$. Neste caso, $x + k_f = 0$ é uma reta vertical, com $k_f = 2^{-1}(ab + cd)$.*

3. *Se $c \neq 0$ e Σ_f é um círculo euclidiano, então $\Gamma_f = \Sigma_f \Leftrightarrow a = d$.*

4. *Se $c = 0$ e Σ_f é uma reta vertical, então $\Gamma_f = \Sigma_f \Leftrightarrow a = d$.*

Demonstração: Primeiro confira a equação (5.1.8). Sejam $g(z) = \psi(f)(z)$ e $c_g^* = g^{-1}(0)$. Então os pontos $i = \eta_0^{-1}(0)$ e $f^{-1}(i) = \eta_0^{-1}(c_g^*)$ são inversos em relação a $\Sigma_f = \eta_0^{-1}(\Sigma_g)$, com centro em $\mathbb{R}_\infty$. (1) Σ_f é um círculo de Apolônio, se, e somente se, $i, f^{-1}(i) = p + iq$ e c_f são colineares, de modo que $\{c_f\} = L_f \cap \mathbb{R}_\infty$, em que $L_f : y = p^{-1}(q-1)x + 1$, e $c_f = -(q-1)^{-1}p$ é o centro, pois $p = -(a^2 + c^2)^{-1}(ab + cd)$ e $q = (a^2 + c^2)^{-1}$. O raio r_f é determinado pela equação $|i - c_f||f^{-1}(i) - c_f| = r_f^2$. (2) Note, pela equação de Σ_f, que é uma reta vertical ($c_f = \infty$) se, e somente se, $a^2 + c^2 = 1$ e $\Sigma_f : x + 2^{-1}(ab + cd) = 0$. (3) Como a distância entre os centros

$$\left| c_f + \frac{d}{c} \right| = \left| \frac{d}{c} - \frac{ab + cd}{a^2 + c^2 - 1} \right| = \frac{|a - d|}{|c||a^2 + c^2 - 1|}$$

temos que $\Gamma_f = \Sigma_f$ se, e somente se, $a = d$. (4) Se $c = 0$ e Σ_f é uma reta vertical, então $\Sigma_f : x + 2^{-1}ab = 0$. Como $ad = 1$ e $a^2 = a^2 + c^2 = 1$ temos que $\Gamma_f = \Sigma_f$ se, e somente se, $a = d$. Quando $\det \mathbf{A} = -1$, obtemos $d = -a$. $\square$

Sejam $f \in \text{Aut}(\mathcal{H}), g = \psi(f) \in \text{Aut}(\mathcal{D})$ e $L = \{tc_g : t \in \mathbb{R}_+\}$ a semirreta que passa por 0 e o centro c_g de Σ_g. Então $\Sigma_g \cap L = \{M\}$ e $S^1 \cap L = \{N\}$. Assim, pela figura 5.1, $|c_g| = |0M| + r_g$ e

$1 = |0M| + |MN|$, de modo que a distância euclidiana é: $\rho_g = |MN| = 1 + r_g - |c_g| > 0$. Portanto, pelo item (6) da proposição 5.1.11, obtemos

$$\rho_g = 1 + \frac{2}{\sqrt{\|f\|^2 - 2}} - \sqrt{\frac{\|f\|^2 - 2}{\|f\|^2 + 2}}.$$

Lema 5.1.13 *Seja G um subgrupo discreto de $\mathsf{Aut}(\mathcal{H})$. Então ρ_f é uma função estritamente decrescente (injetora) de $\|f\|$, para todo $f \in G - \mathsf{Est}(i)$.*

Demonstração: Seja $\sigma : (-\infty, -\sqrt{2}] \cup [\sqrt{2}, \infty) \to \mathbb{R}$ definida como

$$\sigma(x) = 1 + 2\sqrt{(2 + x^2)^{-1}} - \sqrt{(2 + x^2)^{-1}(x^2 - 2)}$$

Como $2 = 2|\det \mathbf{A}| < \|\mathbf{A}\|^2 = \|f\|^2$, com igualdade se $f \in \mathsf{Est}(i)$, e

$$\sigma'(x) = -(2 + x^2)^{-2} 2x (\sqrt{2 + x^2} + 2\sqrt{(x^2 - 2)^{-1}(x^2 + 2)}) < 0$$

temos que ρ_f é estritamente decrescente de $\|f\|$, para todo $f \in G - \mathsf{Est}(i)$. □

Proposição 5.1.14 *Sejam $f(z) = (cz + d)^{-1}(az + b)$ em $\mathsf{Aut}(\mathcal{H})$ e $g = \psi(f)$ em $\mathsf{Aut}(\mathcal{D})$. Então:*

1. *$0 \notin \Sigma_g$ e $i \in \Sigma_g$ se, e somente se, $a^2 + c^2 = 1$.*

2. *i pertence ao interior de $\overset{\circ}{\Sigma}_g$ se, e somente se, $a^2 + c^2 < 1$.*

3. *$-i \in \Sigma_g$ se, e somente se, $b^2 + d^2 = 1$.*

4. *$-i$ pertence ao interior de $\overset{\circ}{\Sigma}_g$ se, e somente se, $b^2 + d^2 < 1$.*

Sejam G um subgrupo discreto de $\mathsf{PSL}_2(\mathbb{R})$ e $g \in G$, onde $a^2, b^2, c^2, d^2 \in \mathbb{N}$. Então $\{-i, i\} \cap \overset{\circ}{\Sigma}_g = \emptyset$. Conclua que se isto vale para todo g, então G não é "cocompacto", ou seja, G contém elemento parabólico (Lema de Shimizu).

DEMONSTRAÇÃO: Já vimos, no teorema 4.2.13, que

$$\Gamma_g = \{z \in \mathbb{C} : |\beta z + \overline{\alpha}| = 1\} = \{z \in \mathcal{D} : \rho(z, 0) = \rho(z, g^{-1}(0))\} = \Sigma_g.$$

(1) $0 \notin \Sigma_g$, pois $|\alpha| \neq 1$. Confira o teorema 5.1.7 e a proposição 5.1.11. □

Vamos finalizar esta seção apresentando um lema de fundamental importância no estudo de elementos parabólicos em subgrupos discretos de $\mathsf{SL}_2(\mathbb{R})$.

LEMA 5.1.15 (LEMA DE SHIMIZU) *Sejam $T(z) = z + \beta$ e $f(z) = (cz + d)^{-1}(az + b)$, com $c \neq 0$ e $\beta \neq 0$, em $\mathsf{Aut}(\mathcal{H})$. O grupo $G = \langle T, f \rangle$ for discreto, então $|c\beta| \geq 1$. Conclua que $0 < |c\beta| < 1$ implica que G não é discreto.*

DEMONSTRAÇÃO: Consideremos a sequência $f_0 = f$ e $f_{n+1} = f_n \circ T \circ f_n^{-1}$. Assim, pondo $f_n(z) = (c_n z + d_n)^{-1}(a_n z + b_n)$ temos, recursivamente, que

$$f_{n+1}(z) = (-c_n^2 \beta z + 1 + a_n c_n \beta)^{-1}((1 - a_n c_n \beta)z + a_n^2 \beta).$$

Em particular, $f_k \neq f_m$ quando $k \neq m$ e $c_{n+1} = -c_n^2 \beta$, de modo que $|c_{n+1}\beta| = |c_n\beta|^2$ implica que $|c_n\beta| = |c_0\beta|^{2^n} = |c\beta|^{2^n}$. Suponhamos que $0 < |c\beta| < 1$. Então $\lim_{n\to\infty} c_n = \beta^{-1} \lim_{n\to\infty}(c_n\beta) = 0$, com $c_n \neq 0$. Como

$$a_{n+1} - 1 = -a_n c_n \beta = (1 - a_n) c_n \beta - c_n \beta$$

temos que $|a_n - 1| \leq |1 - a_0||c\beta|^{2^n} + |c\beta|^{2^n}$, de modo que $\lim_{n\to\infty} a_n = 1$. Portanto, $\lim_{n\to\infty} f_n = T$ implica que G não é discreto, pois $f_n \neq T$. □

Seja G um subgrupo discreto de $\mathsf{Aut}(\mathcal{H})$ contendo um elemento parabólico, digamos $T(z) = z + \beta$, com $\beta \neq 0$. (1) Se $f \in \mathsf{Aut}(\mathcal{H})$, com $f(\infty) \neq \infty$, digamos $f(z) = (cz + d)^{-1}(az + b)$, com $c \neq 0$, então o raio r_f do círculo isométrico Γ_f satisfaz $r_f \leq |\beta| = \rho(z, T(z))$ o comprimento de translação, pois pelo lema 5.1.15, $|c\beta| \geq 1$. (2) Se $\mathcal{H}_\beta = \{z \in \mathcal{H} : \mathsf{Im}(z) > |\beta|\}$ é o horodisco de altura $|\beta|$ centrado em ∞, então $\mathcal{H}_\beta$ é invariante sob f, ou seja, $f(\mathcal{H}_\beta) = \mathcal{H}_\beta$ ou $f(\mathcal{H}_\beta) \cap \mathcal{H}_\beta = \emptyset$, confira a figura 4.4. De fato, pelo teorema 4.2.13, $f(\mathcal{H}_\beta) \subseteq \Gamma_{f^{-1}}$ é o círculo isométrico com centro $c_{f^{-1}} = f(\infty) = c^{-1}a$ e raio $r_{f^{-1}} = |c|^{-1}$. Se $f(\mathcal{H}_\beta) \neq \mathcal{H}_\beta$, então, pelo lema 5.1.15, a distância

$$\left| f(z) - \frac{a}{c} \right| = \frac{1}{|c||cz+d|} \leq \frac{1}{|c|^2 \operatorname{Im}(z)} < \frac{1}{|c|^2 |\beta|} \leq |\beta|,$$

para todo $z \in \mathcal{H}_\beta$. Portanto, $f(\mathcal{H}_\beta) \cap \mathcal{H}_\beta = \emptyset$. Neste caso, o espaço quociente $\mathcal{H}/G$ chama-se "orbifold".

Exercícios

1. Seja $\mathbf{A} \in M_2(\mathbb{R})$. Mostre que $\|\mathbf{A}\| = \operatorname{tr}(\mathbf{A}\mathbf{A}^t)$ é uma norma sobre $M_2(\mathbb{R})$. Além disso:

    (a) $|\det \mathbf{A}|\|\mathbf{A}^{-1}\| = \|\mathbf{A}\|$.

    (b) $|\langle \mathbf{A}, \mathbf{B} \rangle| \leq \|\mathbf{A}\|\|\mathbf{B}\|$.

    (c) $\|\mathbf{AB}\| \leq \|\mathbf{A}\|\|\mathbf{B}\|$.

    (d) $2|\det \mathbf{A}| \leq \|\mathbf{A}\|^2$.

2. Sejam $(\mathbf{A}_n)_{n \in \mathbb{N}}$ e $\mathbf{A}$ em $M_2(\mathbb{R})$. Mostre que $\lim_{n \to \infty} \mathbf{A}_n = \mathbf{A}$ se, e somente se, $\lim_{n \to \infty} a_n = a$ etc.

3. Mostre que $\kappa(w, z) = |(z - \overline{w})^{-1}(z - w)|$ é invariante sob $\operatorname{Aut}(\mathcal{H})$.

4. Seja G um subgrupo de $\mathsf{SL}_2(\mathbb{R})$. Mostre que G é discreto se, e somente se, ele não possui uma sequência convergente (em $\mathsf{SL}_2(\mathbb{R})$) de elementos distintos.

5. Seja G um subgrupo de $\mathsf{SL}_2(\mathbb{R})$. Mostre que as seguintes condições são equivalentes:

    (a) Não existe ponto de acumulação em G;

    (b) G não possui ponto de acumulação em $\mathsf{SL}_2(\mathbb{R})$, ou seja, G é discreto;

    (c) $\mathbf{I}$ é um ponto isolado de G.

6. Sejam $z_0 \in \mathcal{H}$ e $q : \mathsf{SL}_2(\mathbb{R}) \to \mathcal{H}$ definida como $q(\mathbf{A}) = h_{\mathbf{A}}(z_0)$. Mostre que se K for um subconjunto compacto em $\mathcal{H}$, então $K_1 = q^{-1}(K)$ é compacto. Conclua que $q(K_1)$ é compacto.

7. Seja $G = \mathsf{SL}_2(\mathbb{Z})$ um subgrupo de $\mathsf{SL}_2(\mathbb{R})$. Mostre que $\mathcal{L}(G) = \mathbb{R}_\infty$, ou seja, G não age "propriamente" descontínuo sobre $\mathbb{R}_\infty$.

8. Mostre que $G_n = \{\mathbf{A} \in \mathsf{SL}_2(\mathbb{Z}) : a, d \equiv 1 \pmod{n} \text{ e } b, c \equiv 0 \pmod{n}\}$, para cada $n \in \mathbb{N}$, é um subgrupo normal de $\mathsf{SL}_2(\mathbb{Z})$.

5.2 Superfícies riemannianas

Nesta seção vamos considerar o problema: se G for um grupo discreto agindo sobre $\mathcal{H}$ e/ou $\mathcal{D}$, então o espaço quociente $\mathcal{H}/G$ é uma *superfície riemanniana*. Assim, em geral, um modo de identificá-la é encontrando um conjunto fundamental para G em relação a $\mathcal{H}$. Logo, é muito importante estudar de modo clássico os conjuntos fundamentais de grupos simples como motivação para definir o domínio Dirichlet e o domínio Ford estudados no próximo capítulo. Para isto, identificamos $\mathbb{C}$ com $\mathbb{R}^2$ e/ou $\mathbb{R}^{2 \times 1}$, de modo que cada $\mathbf{A} \in M_2(\mathbb{R})$ induz uma transformação linear $T_{\mathbf{A}} : \mathbb{R}^{2 \times 1} \to \mathbb{R}^{2 \times 1}, T(\mathbf{X}) = \mathbf{A}\mathbf{X}$. Em particular, se $\mathbf{A} \in \mathsf{GL}_2(\mathbb{R})$, então $T_{\mathbf{A}}$ é uma mudança de variáveis e T é equivalente a $S : \mathbb{R}^2 \to \mathbb{R}^2$ definida como $S(x, y) = (ax + cy, bx + dy)$, com $[S] = \mathbf{A}$ a matriz mudança de base. Note que $\mathsf{GL}_2(\mathbb{R})$ é isomorfo ao grupo das *transformações lineares homogêneas* $\mathsf{GL}(\mathbb{R}^2)$, a saber, $\mathbf{A} \leftrightarrow T_{\mathbf{A}}$.

Já vimos, no Exemplo 5.1.3, um método aritmético para gerar grupos descontínuos. Seja $G = \{mu_1 + nu_2 : m, n \in \mathbb{Z}\}$ um reticulado em $\mathbb{C}$, onde $u_1^{-1} u_2 \notin \mathbb{R}$. Dados $v_1, v_2 \in G$, existem únicos $a, b, c, d \in \mathbb{Z}$ tais que $v_1 = au_1 + cu_2$ e $v_2 = bu_1 + du_2$ ou em forma matricial $\mathbf{v} = \mathbf{A}\mathbf{u}$, onde $\mathbf{u} = (u_1, u_2)^t$ e $\mathbf{v} = (v_1, v_2)^t$ estão em $\mathbb{C}^{2 \times 1}$. Observe que existe uma única $T : \mathbb{C} \to \mathbb{C}$ definida como $T(u_1) = 1$ e $T(u_2) = i$, de modo que $G = \{\mathbf{G}\mathbf{u} : \mathbf{u} \in \mathbb{Z}^2\}$, com $\mathbf{G}$ a matriz geradora cujas colunas são os vetores u_1 e u_2 ou uma $\mathbb{Z}$-base de G.

Lema 5.2.1 *Seja $G = \{mu_1 + nu_2 : m, n \in \mathbb{Z}\}$ um reticulado em $\mathbb{C}$.*

1. $\{v_1, v_2\}$ é uma $\mathbb{Z}$-base de G se, e somente se, $\mathbf{v} = \mathbf{Au}$, onde $\mathbf{A} \in M_2(\mathbb{Z})$, com $|\det \mathbf{A}| = 1$, e $\mathbf{u} = (u_1, u_2)^t$, $\mathbf{v} = (v_1, v_2)^t \in \mathbb{C}^{2 \times 1}$.

2. $v = au_1 + bu_2 \in G$ é parte de uma $\mathbb{Z}$-base de G se, e somente se, $a = \pm 1$ e $b = 0$ ou $a = 0$ e $b = \pm 1$ ou $\mathsf{mdc}(a,b) = 1$, ou seja, existe um $\mathbf{A} \in M_2(\mathbb{Z})$, com a primeira ou segunda linha (a,b) e $|\det \mathbf{A}| = 1$.

3. Existe uma $\mathbb{Z}$-base $\{v_1, v_2\}$ de G tal que $v_1 = au_1$ e $v_2 = cu_1 + du_2$, onde $a, c, d \in \mathbb{Z}$, com $d > 0$ e $0 \leq c < a$ e $\mathbf{G}' = \mathbf{HG}$.

DEMONSTRAÇÃO: (1) Suponhamos que $\{v_1, v_2\}$ seja uma base de G. Então existe um $\mathbf{B}$ em $M_2(\mathbb{Z})$ tal que $\mathbf{u} = \mathbf{Bv}$. Assim, $\mathbf{u} = \mathbf{BAu}$ se, e somente se, $\mathbf{BA} = \mathbf{I}$. Por outro lado, como $\det \mathbf{B} \det \mathbf{A} = \det(\mathbf{BA}) = 1$ temos que $|\det \mathbf{A}| = 1$. Reciprocamente, se $|\det \mathbf{A}| = 1$, então $\mathbf{A}^{-1}$ existe e $\mathbf{u} = \mathbf{A}^{-1}\mathbf{v}$, de modo que $u_1, u_2 \in G$ e vice-versa. Portanto, $\{v_1, v_2\}$ é uma base de G. (2) Segue do fato bem conhecido: dados $a, b \in \mathbb{Z} - \{-1, 0, 1\}$, $\mathsf{mdc}(a,b) = 1$ se, e somente se, existem $c, d \in \mathbb{Z}$ tais que $ad - b(-c) = 1$. (3) Os conjuntos

$$H = \{m \in \mathbb{Z} : ku_1 + mu_2 \in G, \exists k \in \mathbb{Z}\} \text{ e } K = \{k \in \mathbb{Z} : ku_1 \in G\}$$

são subgrupos de $(\mathbb{Z}, +)$. Assim, existem menores $a, d \in \mathbb{N}$ tais que $w_1 = au_1$ e $w_2 = ku_1 + du_2$, para algum $k \in \mathbb{Z}$. Por outro lado, pelo Algoritmo da Divisão, existem únicos $q, c \in \mathbb{Z}$ tais que $k = qa + c$, com $0 \leq c < a$. Finalmente, escolha $v_1 = w_1$ e $v_2 = w_2 - qw_1 = cu_1 + du_2$. $\square$

Seja $G = \{mu_1 + nu_2 : m, n \in \mathbb{Z}\}$ um reticulado em $\mathbb{C}$. Diremos que G é um *reticulado impróprio* se $u_1 \in \mathbb{R}$ e $u_2 \in i\mathbb{R}$, e vice-versa. Caso contrário, G é um *reticulado próprio*.

Seja $\mathcal{L}_2(\mathbb{R})$ o conjunto de todos os reticulado em $\mathbb{C}$. Então a ação linear e transitiva de $\mathsf{SL}_2(\mathbb{R})$ sobre $\mathbb{C}$, $*(h, z) = h(z)$, induz uma ação transitiva sobre $\mathcal{L}_2(\mathbb{R})$, pois se $h \in \mathsf{SL}_2(\mathbb{R}) = \mathsf{GM}_2^1(\mathbb{R})$, então $h(G) = \{h(z) : z \in G\}$ é um reticulado em $\mathbb{C}$. Como $\mathsf{Est}(\mathbb{Z} \oplus i\mathbb{Z}) = \mathsf{SL}_2(\mathbb{Z})$ é discreto, pois $\|h - I\| \geq 1$, temos, pelo teorema 3.1.3, que $\mathsf{SL}_2(\mathbb{R})/\mathsf{SL}_2(\mathbb{Z})$ é homeomorfo a $\mathcal{L}_2(\mathbb{R})$. Outro modo permutando, se necesário, u_1 e u_2, podemos supor que $\tau = u_1^{-1}u_2 \notin \mathbb{R}$ implica que $\mathsf{Im}(\tau) > 0$ ou $\mathsf{Im}(\tau) < 0$. Seja $\mathcal{M}_2(\mathbb{C}^\times) = \{(u_1, u_2) : \mathsf{Im}(u_1^{-1}u_2) > 0\}$. Então a função $\psi : \mathcal{M}_2(\mathbb{C}^\times) \to \mathcal{L}_2(\mathbb{R})$ definida como $\psi(u_1, u_2) = L(u_1, u_2)$, o reticulado com $\mathbb{Z}$-base $\{u_1, u_2\}$, está bem definida e é sobrejetora. Dado $(u_1, u_2) \in \mathcal{M}_2(\mathbb{C}^\times)$, pondo $v_1 = du_1 + cu_2$ e $v_2 = bu_1 + au_2$, onde $\mathbf{A} \in \mathsf{SL}_2(\mathbb{Z})$, temos, pelo lema 5.2.1, que $\{v_1, v_2\}$ é uma $\mathbb{Z}$-base de $L(u_1, u_2)$. Além disso, fazendo $w = v_1^{-1}v_2$, obtemos

$$w = \frac{v_2}{v_1} = \frac{bu_1 + au_2}{du_1 + cu_2} = \frac{a\tau + b}{c\tau + d} = h_{\mathbf{A}}(\tau),$$

de modo que $(v_1, v_2) \in \mathcal{M}_2(\mathbb{C}^\times)$. Assim, $(u_1, u_2) \sim (v_1, v_2)$ se, e somente se, $w = h_{\mathbf{A}}(\tau)$ se, e somente se, $w \in \mathsf{Orb}(\tau)$. Portanto, $\mathcal{L}_2(\mathbb{R})$ pode ser identificado com $\mathcal{M}_2(\mathbb{C}^\times)/\mathsf{SL}_2(\mathbb{Z})$ via a ação de $\mathsf{SL}_2(\mathbb{Z})$ sobre $\mathcal{M}_2(\mathbb{C}^\times)$. Por outro lado, $\mathbb{C}^\times$ age sobre $\mathcal{M}_2(\mathbb{C}^\times)$ e/ou $\mathcal{L}_2(\mathbb{R})$, a saber, $\lambda(u_1, u_2) = (\lambda u_1, \lambda u_2)$, de modo que o quociente $\mathcal{M}_2(\mathbb{C}^\times)/\mathbb{C}^\times$ pode, via $(u_1, u_2) \leftrightarrow \tau = u_1^{-1}u_2$, ser identificado com $\mathcal{H}$. Pondo $K = \mathsf{PSL}_2(\mathbb{Z})$ o *grupo modular* "não homogêneo", obtemos uma bijeção de $\mathcal{L}_2(\mathbb{R})/\mathbb{C}^\times$ sobre $\mathcal{H}/K$, de modo que os elementos de $\mathcal{H}/K$ podem serem vistos como reticulados em $\mathcal{L}_2(\mathbb{R})$, a menos de homotetia.

Neste ponto é muito importante ver um caso particular do teorema 3.2.1. Sejam X espaço e G um subgrupo do grupo $\mathsf{Homeo}(X)$. Então a função $* : G \times X \to X$ definida como $*(g, x) = g(x)$ é uma ação fiel de G sobre X, pois $g(x) = x$, para todo $x \in X$, implica que $g = I$. Para $x, y \in X$, $x \sim y$ se, e somente se, $y = g(x)$, para algum $g \in G$. Neste caso, as classes de equivalência são as órbitas: $[x] = \mathsf{Orb}(x) = \{g(x) : g \in G\}$ e $X/G = \{\mathsf{Orb}(x) : x \in X\}$. Assim, a projeção $\pi : X \to X/G$ definida como $\pi(x) = \mathsf{Orb}(x)$ é contínua, com a topologia quociente induzida por π, ou seja, V é aberto em X/G se, e somente se, $\pi^{-1}(V)$ for aberto em X. É interessante observar que um subconjunto V em X/G é uma família de "pontos" órbitas, enquanto $\pi^{-1}(V)$ é exatamente a união das órbitas em V. Portanto, um conjunto aberto em X/G é uma família de órbitas cuja união é um aberto em X, de modo que π é aberta. De fato, se U for qualquer aberto em X e $V = \pi(U)$, então $x \in \pi^{-1}(V)$ se, e somente se, $\pi(x) \in V$ se, e somente se, existir um $y \in U$ tal que $\pi(x) = \pi(y)$ se, e somente se, existir um $g \in G$ tal que $x = g(y)$. Assim,

$$\pi^{-1}(V) = \{g(y) : g \in G \quad \text{e} \quad y \in U\} = \bigcup_{g \in G} g(U)$$

é aberto em X, pois cada $g \in G$ é um homeomorfismo, de modo que $\pi(U)$ é aberto em X/G. Portanto, π é contínua, aberta e sobrejetora. No entanto, X/G não é necessariamente de Hausdorff, mesmo que X seja. Além disso, se G age descontinuamente sobre X, então π é um *homeomorfismo local*. De fato, dado $x \in X$, existe uma vizinhança distinguida U em X contendo x tal que $U \cap g(U) = \emptyset$, para todo $g \in G - \{I\}$, ou, equivalentemente, $g(U) \cap h(U) = \emptyset$, para todos $g, h \in G$, com $g \neq h$. Assim, $V = \pi(U) = \pi(g(U))$ é uma vizinhança aberta em X/G, pois U é homeomorfo a $g(U)$ via $x \to g(x)$, $(\pi \circ g)(x) = \text{Orb}(g(x)) = \text{Orb}(x) = \pi(x)$ e π é aberta; $\pi|_{g(U)} : g(U) \to V$ é um homeomorfismo, pois dados $x, y \in g(U)$, digamos $x = g(a)$ e $y = g(b)$, onde $a, b \in U$, se $\pi|_{g(U)}(x) = \pi|_{g(U)}(y)$, então existe um $h \in G$ tal que $y = h(x)$. Como $h^{-1}(g(b)) = x$ temos que $x \in h^{-1}(g(U)) \cap g(U)$, de modo que $h = I$ e $x = y$. Portanto, $\pi|_{g(U)}$ é injetora, para todo $g \in G$. Neste contexto, $\pi^{-1}(V) = \bigcup_{g \in G} g(U)$ implica que π é uma *função de recobrimento* e X é um *espaço de cobertura* de X/G. Em geral, seja $g : X \to Y$ um homeomorfismo local. Diremos que um homeomorfismo $f : X \to X$ é uma *transformação de recobrimento* se $f \circ g = g$. Em particular, $\tau_g : X \to X$ definida como $\tau_g(x) = g(x)$ é uma transformação de recobrimento, pois $\tau_g \circ \pi = \pi$. Vamos resumir isto no seguinte resultado.

TEOREMA 5.2.2 *Seja G um subgrupo em* $\text{Homeo}(X)$ *que age livremente sobre X. Então as seguintes condições são equivalentes.*

1. *G age descontinuamente sobre X :*

2. *$\pi : X \to X/G$ é uma função de recobrimento;*

3. *$\pi : X \to X/G$ é um homeomorfismo local.*

DEMONSTRAÇÃO: Confira o exposto acima. □

Proposição 5.2.3 *Seja G um subgrupo do grupo $\mathsf{Homeo}(X)$ que age descontinuamente sobre X. Se U_1 e U_2 são vizinhanças distinguidas em X tais que $\pi(U_1) \cap \pi(U_2) \neq \emptyset$, então existe um $g \in G$ tal que $g(U_1) \cap U_2 \neq \emptyset$. Além disso, se $X_1 = U_1 \cap g^{-1}(U_2)$ e $X_2 = g(U_1) \cap U_2$, então $\tau_g : X \to X, \tau_g(x) = g(x)$, leva X_1 homeomorficamente em X_2. Neste caso, $\tau_g|_{X_1} = \pi^{-1}|_{X_2} \circ \pi|_{X_1}$.*

DEMONSTRAÇÃO: Primeiro lembre que U_i contém no máximo um ponto de cada órbita em G, pois se existem $x, g(x) \in U_i$, então $g(x) \in U_i \cap g(U_i)$ e $g = I$, de modo que $x = g(x)$. Reciprocamente, se U_i não contém dois elementos distintos de cada órbita em G, então, para qualquer $x \in U_i$ e $g \in G - \{I\}$, tem-se $g(x) \notin U_i$, de modo que $U_i \cap g(U_i) = \emptyset$. Seja $P \in \pi(U_1) \cap \pi(U_2)$. Então existe um $x_1 \in U_1$ e $x_2 \in U_2$ tais que $\pi(x_1) = P = \pi(x_2)$. Assim, existe um $g \in G$ tal que $x_2 = g(x_1)$, de modo que $x_2 \in g(U_1) \cap U_2$ e $g(U_1) \cap U_2 \neq \emptyset$. Afirmação. $g(X_i) \cap X_i = \emptyset$, para todo $g \in G - \{I\}$, e $\pi(X_1) = \pi(X_2)$. De fato, como cada $g \in G$ é injetora temos que

$$g(X_1) \cap X_1 = (g(U_1) \cap U_1) \cap (U_2 \cap g^{-1}(U_2)) = \emptyset \cap \emptyset = \emptyset,$$

de modo que $\pi_i = \pi|_{X_i} : X_i \to \pi(X_i)$ é um homeomorfismo. Como $\tau_g(X_1) = X_2$ temos que $\tau_g|_{X_1} : X_1 \to X_2$ é um homeomorfismo. Finalmente, para cada y em $(\pi_2^{-1} \circ \pi_1)(X_1)$, existe um $x_1 \in X_1$ tal que $y = (\pi_2^{-1} \circ \pi_1)(x_1)$, mas isto implica que $\pi(y) = \pi(x_1)$. Assim, existe um $g \in G$ tal que $y = g(x_1)$, de modo que $\tau_g(x_1) = (\pi_2^{-1} \circ \pi_1)(x_1)$. Logo, $X_2 = (\pi_2^{-1} \circ \pi_1)(X_1)$, ou seja, $\pi(X_1) = \pi(X_2)$. Portanto, $\pi_2^{-1} \circ \pi_1 : X_1 \to X_2$ é holomofa quando τ_g o é. □

É bastante instrutivo e útil considerarmos um caso particular, sejam $X = \mathbb{R}$ e $G = (\mathbb{Z}, +)$ um reticulado em X. Então a função $* : G \times \mathbb{R} \to \mathbb{R}$ definida como $*(n, x) = x + n$ é uma ação fiel, de modo que $T_n : X \to X$ definida como $T_n(x) = x + n$ é um homeomorfismo e $T : G \to \mathsf{Iso}(X)$ definida como $T(n) = T_n$ é um homomorfismo de grupos contínuo e G é isomorfo a $\mathsf{Im}\, T = \{T_n : n \in G\}$ um subgrupo discreto do grupo das translações $\mathcal{T}(X)$. Por outro lado, para $x, y \in X$, $y \in \mathsf{Orb}(x)$ se, e somente se, $y = T_n(x)$ se, e somente se, $y - x \in G$. Assim, o espaço $X/G = \{\mathsf{Orb}(x) : x \in X\} = \{x + G : x \in X\}$. Já vimos que $\mathcal{F}_a = [a, a+1)$ era um conjunto fundamental para G em relação a X, para todo $a \in X$. Em particular, $\Omega = \overset{\circ}{\mathcal{F}}_a = (a, a+1)$ era um domínio fundamental para G em relação a X e $X = \bigcup_{n \in G} T_n(\mathcal{F}_a)$. Assim, para completar a descrição de X/G, temos que dar um significado para "distância" em X/G e, que seja a mesmo que a distância em X. Dados $P = \mathsf{Orb}(x), Q = \mathsf{Orb}(y) \in X/G$, definimos

$$d(P,Q) = d(\pi^{-1}(P), \pi^{-1}(Q))$$
$$= \inf\{|w - z| : \pi(z) = P \text{ e } \pi(w) = Q\}$$
$$= \inf\{|T_m(y) - T_n(x)| : m, n \in G\}.$$

Como cada T_n é uma isometria em X ($|T_m(y) - T_n(x)| = |y - T_{n-m}(x)|$) temos que

$$d(P,Q) = \inf\{|y - T_n(x)| : n \in G\} \leq |y - x|.$$

É fácil verificar que d está bem definida e é uma distância em X/G. Por exemplo, como $\mathsf{Orb}(z)$ é fechada temos que $d(P,Q) = 0$ somente quando $P = Q$. A projeção $\pi : X \to X/G$ definida como $\pi(x) = \mathsf{Orb}(x)$ goza das propriedades acima. Por exemplo, π é uma isometria local, pois $d(P,Q) < 1/2$ implica que $d(\pi(x), \pi(y)) = |y - x|$. Assim, dado $x \in X$, existe um Ω_a contendo x tal que $V_a = \pi(\Omega_a)$ é aberto em X/G e $\pi|_{\Omega_a} : \Omega_a \to V_a$ é uma isometria (homeomorfismo), de modo que X é um espaço de cobertura de X/G. Observe que G age descontinuamente sobre X, pois G é discreto ou (i) dados $x, y \in X$ tais que $y \notin \mathsf{Orb}(x)$, de modo que $0 < 4r = \inf\{|z - y| : z \in \mathsf{Orb}(x)\}$ existe, pois existe somente uma quantidade finita de pontos de $\mathsf{Orb}(x)$ em qualquer conjunto compacto K em X. Pondo $I_1 = D_r(x)$ e $I_2 = D_r(y)$, é fácil verificar que $T_n(I_1) \cap I_2 = \emptyset$, para todo $n \in G$. (ii) Existe um $I = D_{1/4}(x)$, para todo $x \in X$, tal que $I \cap T_n(I) = \emptyset$, para todo $n \in G$, com $n \neq 0$. Por outro lado, dado a função $f : X \to S^1$ definida como $f(x) = e^{i2\pi x}$. Então f é um epimorfismo de grupos contínuo, pois a composição $X \to S^1 \to \mathbb{C} = \mathbb{R}^2, x \mapsto e^{i2\pi x} \mapsto (\cos 2\pi x, \operatorname{sen} 2\pi x)$ o é, e $f(X) = S^1$ implica que f é sobrejetora. Como $f(x) = f(y)$ se, e somente se, $y - x \in G = \ker(f)$ temos que a relação de equivalência sobre X induzida por f é a mesma dada acima e $f^{-1}(z) = \operatorname{Orb}(z)$. Além disso, f é aberta. De fato, é bem conhecido que os intervalos abertos $I = (a, b)$, com $l(I) = b - a > 0$, formam uma base para a topologia usual em X. Se $l(I) > 1$, então $f(I) = S^1$ é aberto em S^1. Se $l(I) = 1$, então $f(I) = S^1 - \{p\}$ é aberto em S^1, pois $\mathbb{C} - \{p\}$ é aberto em $\mathbb{C}$. Se $l(I) < 1$, então $f(I) = S^1 \cap D_1(p)$, onde $p \in S^1$, é um arco sem extremos, que é aberto em S^1. Observe que f não é fechada, pois $F = \{n + n^{-1} : n \in \mathbb{N} - \{1\}\}$ é fechado, mas $f(F) = \{f(n^{-1}) : n \in \mathbb{N}\}$ não é fechado, pois o ponto de acumulação $f(0) \notin f(F)$. Logo, existe uma única $g : X/G \to S^1$ tal que $g \circ \pi = f$, confira o diagrama (a) a seguir. Assim, g está bem definida e bijetora, pois $g(\operatorname{Orb}(x)) = g(\operatorname{Orb}(y))$ se, e somente se, $y - x \in G$ se, e somente se, $\operatorname{Orb}(x) = \operatorname{Orb}(y)$, e g é sobrejetora, pois f e π o são, de modo que g é um homeomorfismo. Vale ressaltar que: dado $z_0 = e^{i\theta_0}$ em S^1, existe um $x_0 = (2\pi)^{-1}\theta_0 \in X$ tal que $f(x_0) = z_0$. Para $\alpha \in (0, \frac{1}{2})$, pondo $I_\alpha = (x_0 - \alpha, x_0 + \alpha)$, temos que $V_\alpha = f(I_\alpha)$ é um aberto em S^1 contendo z_0. É fácil verificar que $f^{-1}(V_\alpha) = \bigcup_{n \in G} T_n(I_\alpha)$ e $f|_{I_\alpha} : I_\alpha \to V_\alpha$ é um homeomorfismo. Portanto, (X, f) é uma cobertura. Finalmente, note que $p : \mathcal{F} = [0, 1) \to S^1$ definida como $p(x) = e^{i2\pi x}$ é uma bijeção contínua, mas não é um homeomorfismo, pois $q = p^{-1} : S^1 \to \mathcal{F}$ definida como $q(e^{i\theta}) = (2\pi)^{-1}\theta$ não é contínua. Com efeito, é claro que $I = [0, 2^{-1})$ é aberto em $\mathcal{F}$, mas $q^{-1}(I) = S^1_+ \cup \{(1, 0)\}$ não é aberto em S^1, pois qualquer vizinhança de $(1, 0)$ contém pontos (x, y), com $y < 0$. Não obstante, $S^1 \simeq \mathbb{R}/\mathbb{Z} \simeq \overline{\mathcal{F}}$ via $e^{2\pi i x} \mapsto \operatorname{Orb}(x) \mapsto x - \lfloor x \rfloor = x \pmod{1}$.

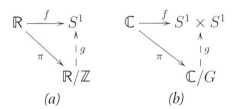

(a)   (b)

Lema 5.2.4 *Sejam X, Y espaços e $f : X \to Y$ uma função.*

1. Se f for contínua, aberta e sobrejetora, então a topologia de Y é a quociente induzida por f.

2. Se f for um homeomorfismo local, então f é aberta. Além disso, $f^{-1}(y)$ é um subespaço discreto de X, para todo $y \in Y$.

DEMONSTRAÇÃO: (1) Dado V em Y, se V for aberto, então $f^{-1}(V)$ é aberto, pois f é contínua. Reciprocamente, se $f^{-1}(V)$ for aberto em X, entãon $f(f^{-1}(V))$ é aberto em Y, pois f é aberta. Como f é sobrejetora temos que $f(f^{-1}(V)) = V$. Portanto, V é aberto em Y se, e somente se, $f^{-1}(V)$ for aberto em X. (2) Dado U aberto em X, para cada $x \in U$, existe um aberto U_x em X contendo x tal que $V_x = f(U_x)$ é um aberto em Y e $f|_{U_x} : U_x \to V_x$ é um homeomorfismo. Pondo $W_x = U \cap U_x$, temos que $f(W_x)$ é um aberto em V_x, de modo que ele é um aberto em Y. Assim, $U = \bigcup_{x \in U} W_x$ implica que $f(U) = \bigcup_{x \in U} f(W_x)$ é um aberto em Y. Finalmente, se $x \in f^{-1}(y)$ fosse um ponto de acumulação, então existiria uma sequência $(x_n)_{n \in \mathbb{N}}$ de pontos distintos em $f^{-1}(y)$ tal que $\lim_{n \to \infty} x_n = x$, de modo que $\lim_{n \to \infty} f(x_n) = f(x) = y$. Por outro lado, existe um aberto U em X contendo x tal que $V = f(U)$ é um aberto em Y e $f|_U : U \to V$ é um homeomorfismo, de modo que existe um $n_0 \in \mathbb{N}$ tal que $x_n \in U$, para todo $n \in \mathbb{N}$, com $n \geq n_0$. Assim, $f(x_n) = y = f(x)$, o que contradiz a injetividade de f. Portanto, $f^{-1}(y)$ é um subespaço discreto de X. □

Seja S uma superfície (variedade) topológica. Uma *carta* de S é um par (α, V), com V um aberto em S e $\alpha : V \to \mathbb{R}^n$ um homeomorfismo sobre $\alpha(V)$. Observe que se $p_i(x_1, \ldots, x_n) = x_i$ e $\alpha_i = p_i \circ \alpha : S \to \mathbb{R}$, então $\alpha(P) = (\alpha_1(P), \ldots, \alpha_n(P))$, para todo $P \in S$. Uma família de cartas $\mathcal{A} = \{(\alpha_r, V_r)\}_{r \in J}$ chama-se um *atlas* de S, quando $S = \bigcup_{r \in J} V_r$. Neste caso, se $V_r \cap V_s \neq \emptyset$, então a função $\alpha_s \circ \alpha_r^{-1} : \alpha_r(V_r \cap V_s) \to \alpha_s(V_r \cap V_s)$ chama-se uma *mudança de coordenadas*. Vamos exibir alguns exemplos. O conjunto $\mathbb{C}$ com a topologia usual é uma superfície, pois $\mathcal{A} = \{(I, \mathbb{C})\}$ é um atlas de $\mathbb{C}$. O exemplo clássico de uma superfície riemanniana não planar é $\mathbb{C}_\infty = \mathsf{PC}_1(\mathbb{C})$, pois se $U = \mathbb{C}$ e $V = \mathbb{C}_\infty^\times$, então $\mathbb{C}_\infty = U \cup V$; $\mathbf{x} : U \to \mathbb{C}, \mathbf{x}(z) = z$ e $\mathbf{y} : V \to \mathbb{C}, \mathbf{y}(z) = z^{-1}$ e $\mathbf{y}(\infty) = 0$ são homeomorfismos tais que $\mathbf{x}(U \cap V) = \mathbb{C}^\times = \mathbf{y}(U \cap V)$ e $\mathbf{y} \circ \mathbf{x}^{-1}$: $\mathbf{x}(U \cap V) \to \mathbf{y}(U \cap V), (\mathbf{y} \circ \mathbf{x}^{-1})(z) = z^{-1}$, é, pelo lema 1.2.1, holomorfa. De modo análogo com $\mathbf{x} \circ \mathbf{y}^{-1}$. Outro modo de ver, se $U = S^2 - \{N\}$ e $V = S^2 - \{S\}$, então $S^2 = U \cup V$; $\pi_1 : U \to \mathbb{C}, \pi_1(z, u) = (1-u)^{-1}z$, e $\pi_2 : V \to \mathbb{C}, \pi_2(z, u) = (1+u)^{-1}\overline{z}$, são homeomorfismos tais que $\pi_1(U \cap V) = \mathbb{C}^\times = \pi_2(U \cap V)$ e $\pi_2 \circ \pi_1^{-1} : \pi_1(U \cap V) \to \pi_2(U \cap V)$, $(\pi_2 \circ \pi_1^{-1})(z) = z^{-1}$, é holomorfa. De modo análogo com $\pi_1 \circ \pi_2^{-1}$.

Seja $G \in \mathcal{L}_2(\mathbb{R})$. Então a função $* : G \times \mathbb{C} \to \mathbb{C}$ definida como $*(u, z) = z + u$, é uma ação fiel, de modo que a função $T_u : \mathbb{C} \to \mathbb{C}$ definida como $T_u(z) = z + u$ é um homeomorfismo. Portanto, a função $T : G \to \mathsf{Iso}(\mathbb{C})$ definida como $T(u) = T_u$ é um homomorfismo de grupos contínuo e G é isomorfo a $\mathsf{Im}\, T = \{T_u : u \in G\}$ um subgrupo discreto do grupo das translações $\mathcal{T}(\mathbb{C})$. Por outro lado, para $w, z \in \mathbb{C}$, $w \in \mathsf{Orb}(z)$ se, e somente se, $w = T_u(z)$ se, e somente se, $w \in z + G$. Assim, $\mathbb{C}/G = \{\mathsf{Orb}(z) : z \in \mathbb{C}\}$ é um espaço quociente induzido por $\pi : \mathbb{C} \to \mathbb{C}/G$ definida como $\pi(z) = z + G$ que é contínua, aberta e sobrejetora. De fato, se U for um aberto em $\mathbb{C}$ e $V = \pi(U)$, então $w \in \pi^{-1}(V)$ se, e somente se, $\pi(w) \in V$ se, e somente se, existir um $z \in U$ tal que $\pi(w) = \pi(z)$ se, e somente se, existir um $u \in G$ tal que $w = T_u(z)$. Assim, $\pi^{-1}(V) = \{T_u(z) : z \in U e u \in G\} = \bigcup_{u \in G} T_u(U)$ é aberto, pois cada $T_u(U)$ é aberto, Em particular, $\pi^{-1}(\mathsf{Orb}(z)) = z + G$ é discreto. O conjunto $\mathcal{F} = \{r_1 u_1 + r_2 u_2 : r_1, r_2 \in [0, 1)\}$ é um conjunto fundamental para G em relação a $\mathbb{C}$, com $G \cap D_r(0) = \{0\}$, com $r < 1$. De fato, dado $z \in \mathbb{C}$, digamos $z = t_1 u_1 + t_2 u_2$. Como $r_i = t_i - \lfloor t_i \rfloor \in [0, 1)$ temos que $z = u + r$ pertence a $G + \mathcal{F}$. Reciprocamente, se $z = v + s \in G + \mathcal{F}$, então $u + r = v + s$ se, e somente se, $u = v$ e $r = s$, pois $0 \leq |r - s| < 1$ e $v - u \in G$, de modo que $\Omega = \overset{\circ}{\mathcal{F}}$ é um domínio fundamental para G em relação a $\mathbb{C}$ e $\mathbb{C} = \bigcup_{u \in G} T_u(\mathcal{F})$. Assim, para cada $z \in \mathbb{C}$, existe um $U_u = T_u(\Omega) = u + \Omega$ contendo z tal que $V_u = \pi(U_u)$ é aberto em $\mathbb{C}/G$ e $\pi|_{U_u} : U_u \to V_u$ é um homeomorfismo, de modo que $\mathbb{C}$ é um espaço de cobertura de $\mathbb{C}/G$. (i) Dados $w_1 = \mathsf{Orb}(z_1), w_2 = \mathsf{Orb}(z_2) \in \mathbb{C}/G$, com $z_2 \notin \mathsf{Orb}(z_1)$. Então $0 < 4r = \inf\{|z_2 - T_u(z_1)| : u \in G\}$ existe, pois G é discreto. Pondo $U_1 = D_r(z_1)$ e $U_2 = D_r(z_2)$ é fácil verificar que $T_u(U_1) \cap U_2 = \emptyset$, para todo $u \in G$, de modo que

$\pi(U_1)$ e $\pi(U_2)$ são vizinhanças abertas disjuntas de w_1 e w_2 em $\mathbb{C}/G$. Assim, $\mathbb{C}/G$ é Hausdorff. (ii) Existe um $U = D_{1/2}(z)$, para todo $z \in \mathbb{C}$, tal que $U \cap T_u(U) = \emptyset$, para todo $u \in G - \{0\}$. Portanto, G age descontinuamente sobre $\mathbb{C}$. Por outro lado, dado a função $f : \mathbb{C} \to S^1 \times S^1$ definida como $f(x_1u_1 + x_2u_2) = (e^{i2\pi x_1}, e^{i2\pi x_2})$. Então, pelo exposto acima, f é um epimorfismo de grupos contínuo. Como $f(w) = f(z)$ se, e somente se, $w - z \in G = \ker(f)$ temos que a relação de equivalência sobre $\mathbb{C}$ induzida por f é a mesma dada acima. Além disso, f é aberta. Logo, existe uma única $g : \mathbb{C}/G \to S^1 \times S^1$ tal que $g \circ \pi = f$, confira o diagrama (b) acima. Assim, g é um homeomorfismo. Portanto, podemos ver o "toro" $\mathbb{T} = \mathbb{C}/G$ como um retângulo fechado com lados opostos identificados, ou seja, identifica as faces $r_j = 0$ com as faces $r_j = 1$ de $\mathcal{F}$, de modo que $\mathbb{T}$ é um espaço de Hausdorff compacto. Finalmente, vamos verificar que $\mathbb{T}$ é uma superfície riemanniana. De fato, dado $P_0 \in \mathbb{T}$, podemos escolher $z_0 \in \pi^{-1}(P_0)$. Como G é discreto e $\mathsf{Est}(z_0) = \{I\}$ temos que $0 < 4\delta = \inf\{|z_0 - T_u(z_0)| = |u| : u \in G - \{0\}\}$ existe, de modo que a família $\mathcal{U}$ de todos os discos $U_\delta = D_\delta(z_0)$ goza das seguintes propriedades: (a) $U_\delta \cap T_u(U_\delta) = \emptyset$, para todo $u \in G - \{I\}$. Caso contrário, existiriam $z \in U_\alpha$ e $u \in G$ tais que $T_u(z) \in U_\alpha$, de modo que

$$|u| = |z - T_u(z)| \leq |z - z_0| + |z_0 - T_u(z)| < \delta + \delta = 2\delta,$$

o que contradiz a escolha de δ. (b) $U_\delta, U'_\delta \in \mathcal{U}$ implicam que U_δ intercepta no máximo um $T_u(U'_\delta)$. Caso contrário, existiriam $z_1, z_2 \in U_\delta$ e $u_1, u_2 \in G$ tais que $T_{u_1}(z_1), T_{u_2}(z_2) \in U'_\delta$, digamos $z'_1 = z_1 + u_1$ e $z'_2 = z_2 + u_2$, onde $z'_1, z'_2 \in U'_\delta$, então $u_1 - u_2 \in G$ e

$$\begin{aligned}|u_1 - u_2| &= |(z'_1 - z_1) - (z'_2 - z_2)| \\ &= |(z'_1 - z'_2) + (z_2 - z_1)| \\ &\leq |z'_1 - z'_2| + |z_2 - z_1| < 2\delta + 2\delta = 4\delta,\end{aligned}$$

de modo que $u_1 = u_2$, pela escolha de δ. Finalmente, se $V_\delta = \pi(U_\delta)$ em $\mathbb{T}$, então $\alpha_\delta = \pi^{-1}|_{U_\delta} : V_\delta \to U_\delta$ é um homeomorfismo e $(\alpha_\delta, V_\delta)$ é uma carta de $\mathbb{T}$. É claro que $\mathbb{T} = \bigcup_{\delta \in \mathbb{R}_+^\times} V_\delta$. Resta provar que se $\beta_\delta = \pi^{-1}|_{U'_\delta} : V'_\delta \to U'_\delta$ e $\alpha_\delta(V_\delta \cap V'_\delta) = U_\delta \cap U'_\delta \neq \emptyset$, então $\beta_\delta \circ \alpha_\delta^{-1} : \alpha_\delta(V_\delta \cap V'_\delta) \to \beta_\delta(V_\delta \cap V'_\delta)$ é holomorfa. De fato, dado $z \in \alpha_\delta(V_\delta \cap V'_\delta)$ e pondo $w = (\beta_\delta \circ \alpha_\delta^{-1})(z)$, obtemos $\pi|_{U'_\delta}(w) = \alpha_\delta^{-1}(z) = \pi|_{U_\delta}(z)$, de modo que $\pi(w) = \pi(z)$. Assim, existe um $u \in G$ tal que $w = T_u(z)$, o qual é independente de z, por (a) e (b). Logo, $T_u = \beta_\delta \circ \alpha_\delta^{-1}$ é holomorfa, confira proposição 5.1.5. Portanto, $\mathcal{A} = (\alpha_\delta, V_\delta)_{\delta \in \mathbb{R}_+^\times}$ é um atlas de $\mathbb{T}$. Note que $\mathbb{T}$ possui uma métrica, a saber, $d(P, Q) = \inf\{|y - T_u(x)| : u \in G\}$. É importante observar que em cada (α_r^{-1}, U_r), $E = 1 = G$ e $F = 0$, de modo que $\mathbb{T}$ comporta-se localmente como $\mathbb{C}$. Vale ressaltar que: pondo $u_1 = |u_1|e^{i\theta_1}$ e $u_2 = |u_2|e^{i\theta_2}$, obtemos $u_1\bar{u}_2 = |u_1||u_2|e^{i\theta}$, com $\theta = \theta_1 - \theta_2$ o menor ângulo entre u_1 e u_2. Note que a transformação $\lambda : \mathbb{C} \to \mathbb{R}^3, \lambda(z) = (x, y, 0)$, é linear implica que $|u_1 \times u_2| = \|\lambda(u_1) \times \lambda(u_1)\| = |u_1||u_2||\operatorname{sen}\theta|$ está bem definido, pois $\lambda(u_1) \times \lambda(u_2) = (x_1y_2 - y_1x_2)\mathbf{e}_3$. Seja T o triângulo, com vértices em $0, u_1$ e u_2. Então o pé da perpendicular baixada de u_2 sobre u_1 implica que a altura de T é $h = |u_2|\operatorname{sen}\theta$ e $\mu(T) = 2^{-1}|u_1||u_2||\operatorname{sen}\theta|$ é a área de T. Portanto, a área do paralelogramo $\mathcal{F}$ é $\mu(\mathcal{F}) = |u_1||u_2||\operatorname{sen}\theta|$. Como $\operatorname{Re}(u_1\bar{u}_2) = |u_1||u_2|\cos\theta$ se aproxima de 0 quando θ está próximo de $\pm 2^{-1}\pi$ temos que $\mu(\mathcal{F})$ é mínima, para todas as escolhas de u_1 e u_2. Neste caso, o *determinante* de G é definido como $\det(G) = |\det \mathbf{G}| = \mu(\mathcal{F}) < \infty$. Note, pelo Lema 5.2.1, que $\det(G)$ é independente da $\mathbb{Z}$-base escolhida para G. Isto motiva o seguinte: se $\mathcal{F}$ for um domínio fundamental fechado para um subgrupo discreto G de $\operatorname{Iso}(\mathcal{H})$ em relação a $\mathcal{H}$, então ele é mensurável e possui uma medida de Borel[2]

$$\mu(\mathcal{F}) = \iint_\mathcal{F} d\mathcal{F} = \iint_\mathcal{F} \frac{1}{y^2} dxdy,$$

que é invariante sob $\operatorname{Iso}(\mathcal{H})$ e, a menos de fator de escala, é única e chama-se *medida de Haar*[3]. Diremos que G é de *covolume* finito se $\mu(\mathcal{H}/G) = \mu(\mathcal{F}) < \infty$. Quando o espaço quociente ou a superfície $\mathcal{H}/G$ for compacto, diremos que $* : G \times \mathcal{H} \to \mathcal{H}$ é

---
[2] Félix Édouard Justin Émile Borel, 1871–1956, matemático francês.
[3] Alfréd Haar, 1885–1933, matemático húngaro.

uma ação cocompacta ou G é um *grupo cocompacto*. Em particular, o reticulado G é um grupo cocompacto e possui covolume finito, $\mu(\mathbb{C}/G) = |\det(G)|$.

Lema 5.2.5 *Sejam X um espaço e $f : X \to Y$ uma função sobrejetora, com Y munido da topologia quociente. Se $h : X \to Z$ satisfaz $h|_{f^{-1}(y)}$ é constante, para todo $y \in Y$, então existe uma $g : Y \to Z$ tal que $h = g \circ f$. Além disso,*

1. *h é contínua se, e somente se, g o é.*

2. *h é aberta se, e somente se, $g(U)$ é um aberto quando $f^{-1}(f(U)) = U$.*

Demonstração: Como, para cada $x \in X$, $f^{-1}(f(x))$ é fibra que contém x e $h|_{f^{-1}(f(x))}$ é constante temos que

$$h(x) = h(f^{-1}(f(x))) = ((h \circ f^{-1}) \circ f)(x).$$

Assim, $g = h \circ f^{-1}$ possui as propriedades desejadas, confira diagrama (a). □

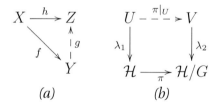

(a)   (b)

Sejam G um subgrupo de $\mathrm{Aut}(\mathcal{D})$ e $\pi : \mathcal{D} \to \mathcal{D}/G, \pi(z) = \mathrm{Orb}(z)$, a projeção. Se U for um aberto em $\mathcal{D}$, então $V = \pi(U)$ é um aberto em $\mathcal{D}/G$ e $\pi|_U : U \to V$ é aberta, de modo que $\pi|_U$ induz a topologia quociente em V, confira diagrama (b), e $\pi \circ \lambda_1 = \lambda_2 \circ \pi|_U$ implica que λ_2 é contínua, de modo que as topologias são as mesmas em V. Por outro lado, se V for um aberto em $\mathcal{D}/G$, então V é homeomorfo a $\pi^{-1}(V)/H$, com $H \subseteq G$ possuindo a relação induzida. De fato, V possui a topologia quociente induzida por $h = \pi|_{\pi^{-1}(V)}$. Seja $p : \pi^{-1}(V) \to \pi^{-1}(V)/H$ a projeção. Então, pelo lema 5.2.5,

$g = h \circ p^{-1}$ possui as propriedades desejadas. Em particular, seja $H = \mathsf{Est}(0) = \{f^k : 0 \leq k < n\}$, com $f(z) = e^{\frac{2\pi}{n}i}z$, um subgrupo cíclico de $\mathsf{Aut}(\mathcal{D})$. Então a função $h : \mathcal{D} \to \mathcal{D}$ definida como $h(z) = z^n$ satisfaz $h|_{\pi^{-1}(\mathsf{Orb}(z))}$ é constante, pois $\pi^{-1}(\mathsf{Orb}(z))$ é discreto em $\mathcal{D}$. Portanto, pelo lema 5.2.5, $g = h \circ \pi^{-1} : \mathcal{D}/H \to \mathcal{D}$ é definida como $g(\pi(z)) = z^n$. Veremos a seguir que podemos transformar $\mathcal{D}/H$ em uma superfície riemanniana se, e somente se, g for holomorfa.

Lema 5.2.6 *Seja $\Delta = D_r(z_0)$ qualquer disco em $\mathbb{C}$. Então existe um h em $\mathsf{PSL}_2(\mathbb{C})$, com $h \neq I$, tal que $h(\Delta) = \mathcal{D}$. Conclua que $f \in \mathsf{Aut}(\mathcal{D})$ se, e somente se, $h \circ f \circ h^{-1} \in \mathsf{Aut}(\Delta)$.*

Demonstração: Observe que existe um $g(z) = (T_{z_0} \circ M_r)(z) = rz + z_0$ em $\mathsf{GM}_2^1(\mathbb{C})$ tal que $g(\mathcal{D}) = \Delta$, pois $g(0) = z_0$ e $|z| < 1$ se, e somente se, $|g(z) - z_0| < r$. Portanto, tome $h = g^{-1}$. Finalmente, a função $\psi : \mathsf{Aut}(\mathcal{D}) \to \mathsf{Aut}(\Delta)$ definida como $\psi(f) = h \circ f \circ h^{-1}$ é um isomorfismo de grupos. □

Teorema 5.2.7 *Sejam Δ qualquer disco em $\mathbb{C}$ e G um subgrupo de $\mathsf{Aut}(\Delta)$ tal que $\mathsf{Est}(z) = \{I\}$, para todo $z \in \mathcal{H}$, e $\mathcal{O}(G) \neq \emptyset$. Então Δ/G é uma superfície riemanniana.*

Demonstração: Note, pelo lema 5.2.6, que podemos supor que $\Delta = \mathcal{H}$. Neste caso, a projeção $\pi : \mathcal{H} \to \mathcal{H}/G$ definida como $\pi(z) = \mathsf{Orb}(z)$ induz a topologia quociente em $\mathcal{H}/G$, pois dados $P = \mathsf{Orb}(z), Q = \mathsf{Orb}(w) \in \mathcal{H}/G$, definimos

$$\rho^*(P, Q) = \inf\{\rho(z, g(w)) : g \in G\}.$$

Portanto, $(\mathcal{H}/G, \rho^*)$ é um espaço métrico, de modo que V é aberto em $\mathcal{H}/G$ se, e somente se $\pi^{-1}(V)$ for aberto em $\mathcal{H}$; π é contínua, aberta, sobrejetora e $\mathcal{H}/G$ é um espaço simplesmente conexo. Afirmação. $\mathcal{H}/G$ é de Hausdorff e π é um homeomorfismo local. De fato, dados $P = \mathsf{Orb}(z), Q = \mathsf{Orb}(w) \in \mathcal{H}/G$, onde $w \notin \mathsf{Orb}(z)$. Como G é discreto temos que $0 < 4r = \inf\{\rho(z, g(w)) : g \in G - \{I\}\}$ existe. Pondo $U_1 = D_r(z)$ e $U_2 = D_r(w)$, obtemos $g(U_1) \cap U_2 = \emptyset$, para todo $g \in G$. Caso contrário, existiria um $z_1 \in U_1$ e $g \in G$ tais que $g(z_1) \in U_2$, de modo que

$$\rho(w, g(z)) \leq \rho(w, g(z_1)) + \rho(g(z_1), g(z))$$
$$= \rho(w, g(z_1)) + \rho(z_1, z) < r + r = 2r$$

o que contradiz a escolha de r. Como π é aberta temos que $\pi(U_1)$ e $\pi(U_2)$ são vizinhanças abertas de P e Q tais que $\pi(U_1) \cap \pi(U_2) = \emptyset$. Portanto, $\mathcal{H}/G$ é de Hausdorff. Dado $P_0 \in \mathcal{H}/G$, podemos escolher $z_0 \in \pi^{-1}(P_0)$. Como G é discreto e $\mathsf{Est}(z_0) = \{I\}$ temos que $0 < 4\delta = 4\delta(z_0) = \inf\{\rho(z_0, g(z_0)) : g \in G - \{0\}\}$ existe, de modo que a família $\mathcal{U}$ de todos os discos $U_\delta = D_\delta(z_0)$ goza das seguintes propriedades: (a) $U_\delta \cap g(U_\delta) = \emptyset$, para todo $g \in G - \{I\}$. (b) $U_\delta, U'_\delta \in \mathcal{U}$ implica que U_δ intercepta no máximo um $g(U'_\delta)$. Caso contrário, existiriam $z_1, z_2 \in U_\delta$ e $g_1, g_2 \in G$ tais que $g_1(z_1), g_2(z_2) \in U'_\delta$, digamos $z'_1 = g_1(z_1)$ e $z'_2 = g_2(z_2)$, onde $z'_1, z'_2 \in U'_\delta$, então $g_2^{-1} \circ g_1 \in G$ e

$$\rho(g_1(z_0), g_2(z_0))$$
$$\leq \rho(g_1(z_1), g_2(z_2)) + \rho(g_2(z_2), g_2(z_0)) + \rho(g_1(z_0), g_1(z_1))$$
$$= \rho(z'_1, z'_2) + \rho(z_2, z_0) + \rho(z_1, z_0) < 2\delta + \delta + \delta = 4\delta,$$

de modo que $g_2^{-1} \circ g_1 = I$ ou $g_1 = g_2$, pela escolha de δ. Pondo $V_\delta = D_\delta(P_0)$. Dado $P \in V_\delta$, existe um $z \in U_\delta$ tal que $P = \pi(z)$, pois $\rho(P_0, P) < \delta$. Se $w \in P$ for outro ponto, então $w = g(z)$, para algum $g \in G - \{I\}$, de modo que

$$\rho(z_0, w) \geq \rho(z_0, g(z_0)) - \rho(g(z_0), g(z)) > 4\delta - \delta = 3\delta > 0$$

e $w \notin U_\delta$. Portanto, $\pi|_{U_\delta} : U_\delta \to V_\delta$ é bijetora. Dados $z, w \in U_\delta$, obtemos

$$\rho(z, g(w)) \geq \rho(z_0, g(z_0)) - \rho(z_0, z) - \rho(g(z_0), g(w))$$
$$= \rho(z_0, g(z_0)) - \rho(z_0, z) - \rho(z_0, w) > 4\delta - \delta - \delta = 2\delta > 0,$$

para todo $g \in G - \{I\}$. Assim,

$$\rho^*(\pi(z), \pi(w)) = \inf\{\rho(z, g(w)) : g \in G\} = \rho(z, w),$$

de modo que $\pi|_{U_\delta}$ é uma isometria. Portanto, $\pi|_{U_\delta}$ é um homeomorfismo. Finalmente, se $V_\delta = \pi(U_\delta)$ em $\mathcal{H}/G$, então $\alpha_\delta = \pi^{-1}|_{U_\delta} : V_\delta \to U_\delta$ é um homeomorfismo e $(\alpha_\alpha, V_\delta)$ é uma carta de $\mathcal{H}/G$. É claro que $\mathcal{H}/G = \bigcup_{\delta \in \mathbb{R}_+^\times} V_\delta$. Resta provar que se $\beta_\delta = \pi^{-1}|_{U_\delta'} : V_\delta' \to U_\delta'$ e $\alpha_\delta(V_\delta \cap V_\delta') = U_\delta \cap U_\delta' \neq \emptyset$, então

$$\beta_\delta \circ \alpha_\delta^{-1} : \alpha_\delta(V_\delta \cap V_\delta') \to \beta_\delta(V_\delta \cap V_\delta')$$

é holomorfa. De fato, dado $z \in \alpha_\delta(V_\delta \cap V_\delta')$ e pondo $w = (\beta_\delta \circ \alpha_\delta^{-1})(z)$, temos que $\pi|_{U_\delta'}(w) = \alpha_\delta^{-1}(z) = \pi|_{U_\delta}(z)$, de modo que $\pi(w) = \pi(z)$. Assim, existe um $g \in G$ tal que $w = g(z)$, o qual é independente de z, por (a) e (b). Logo, $\tau_g = \beta_\delta \circ \alpha_\delta^{-1}$ é holomorfa, confira proposição 5.2.3. Portanto, a família $\mathcal{A} = (\alpha_\delta, V_\delta)_{\delta \in \mathbb{R}_+^\times}$ é um atlas de $\mathcal{H}/G$. □

Seja G um subgrupo de $\mathsf{Aut}(\mathcal{D})$ que age descontinuamente sobre $\mathcal{D}$. Então, pelo item (1) do teorema 5.1.7, $K = \mathsf{Est}(z_0)$, para todo $z_0 \in \mathcal{D}$, é um subgrupo cíclico de ordem $n = n(z_0)$. Além disso, existe um disco $U_r = D_r(z_0)$ tal que $U_r \cap g(U_r) = \emptyset$, para todo $g \in G - H$, e $g(U_r) = U_r$, para todo $g \in H$. Se $n > 1$, então G não age livremente sobre $\mathcal{D}$. Observe, se necessário, que podemos substituir U_r por $\bigcap_{g \in H} g(U_r)$, de modo que $U_r \ni z_0$ seja uma vizinhança aberta na qual G age. Neste caso, obtemos os diagramas: τ_{z_0} e $q : U_r/K \to p(U_r/K)$ são homeomorfismos.

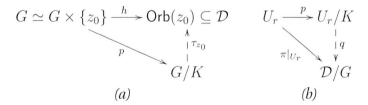

(a) (b)

Lema 5.2.8 *Seja G um subgrupo de $\mathsf{Aut}(\mathcal{D})$ que age descontinuamente sobre $\mathcal{D}$. Então, para qualquer $z \in \mathcal{D}$, existe um $r \in \mathbb{R}_+^\times$ tal que $\pi : \mathcal{D} \to \mathcal{D}/G$ induz um homeomorfismo de $D_r(z)/\mathsf{Est}(z)$ sobre $D_r(w)$.*

Demonstração: Primeiro note que $K = \mathsf{Est}(z)$, para todo $z \in \mathcal{D}$, age sobre qualquer disco $D_r(z)$, de modo que podemos formar o espaço

$D_r(z)/G$, onde $r \in \mathbb{R}_+^\times$. Por outro lado, pelo teorema 5.1.7, existe um $r \in \mathbb{R}_+^\times$ tal que $\rho(z, g(z)) > 4r$, para todo $g \in G - \text{Est}(z)$. Assim, dados $w \in U_r = D_r(z)$ e $g \in G - \text{Est}(z)$, obtemos

$$4r < \rho(z, g(z)) \leq \rho(z, g(w)) + \rho(g(w), g(z)) < \rho(z, g(w)) + r,$$

de modo que $\rho(z, g(w)) > 3r$, para todos $w \in U_r$ e $g \in G - \text{Est}(z)$. Neste caso, dados $u, w \in U_r$, temos que

$$\inf\{\rho(u, g(w)) : g \in G\} = \inf\{\rho(u, g(w)) : g \in K\}$$

e o resultado segue. Observe que $\pi(D_r(z)) = D_r(\pi(z))$. □

Agora estamos pronto para resolver o nosso problema em estender as ideias do teorema 5.2.7 para este caso é que na vizinhança de um ponto fixo elíptico, nunca haverá uma carta de $\mathcal{D}/G$ (π não é injetora nesta vizinhança), pois $g(z_0) = z_0$ implica que $z_0 \in U \cap g(U)$, para toda vizinhança U de z_0, ou seja, cada $z \in \mathcal{D}$ corresponde a um furo em $\mathcal{D}/G$. Em vez disso, existe uma carta de $\mathcal{D}/K$ e a superfície $\mathcal{D}/G$ chama-se *orbifold*. De fato, dado $P_0 \in \mathcal{D}/G$, podemos escolher $z_0 \in \pi^{-1}(P_0) \subseteq \mathcal{D}$. Como G é discreto e $K \neq \{I\}$ temos, pelo item (2) do teorema 5.1.7, que existe um $0 < 4\delta = 4\delta(P_0) = \inf\{\rho(z_0, g(z_0)) : g \in G - K\}$, de modo que a família $\mathcal{U}$ de todos os discos $U_\delta = D_\delta(w) = \{z \in \mathcal{D} : \rho(w, z) < \delta\}$, para cada $w \in P_0$, goza das seguintes propriedades: (a) $g(U_\delta) = U_\delta$, para todo $g \in K$. (b) $U_\delta \cap g(U_\delta) = \emptyset$, para todo $g \in G - K$. Note que $g(z) \neq z$, para todo $z \in U_\delta - \{z_0\}$ e $g \in G$, pois se $g \neq I$ e $g(z) = z$, então, por (a), $g(z_0) = z_0$. Além disso, $\delta(g(P_0)) = \delta(P_0)$, para todo $g \in G$. Por outro lado, se w for o inverso de z em relação a U_δ, então $g(w) = w$. Portanto, $U_\delta - \{z_0\}$ é livre de pontos fixos em G. Pondo

$$\Delta = \Delta(P_0) = \{P \in \mathcal{D}/G : \rho^*(P, P_0) < \delta\}.$$

Então $\pi|_{U_\delta} : U_\delta \to \Delta$ é bijetora, de modo que cada $P \in \Delta$ é obtido exatamente n vezes em U_δ, exceto para P_0, que somente é obtido em z_0. Dados $z, z' \in U_\delta$, $\pi(z) = \pi(z')$ se, e somente se, existir um $h \in K$ tal que $z' = h(z)$. Já sabemos que $g\,\text{Est}(z_0)g^{-1} = \text{Est}(g(z_0))$, para todo $g \in \text{Aut}(\mathcal{D})$, e podemos escolher um $f(z) = (1 - \overline{z}_0 z)^{-1}(z - z_0)$ em $\text{Aut}(\mathcal{D})$ tal que $f(z_0) = 0$, de modo que

$$\rho(z_0, g(z_0)) = \rho(f^{-1}(0), g(f^{-1}(0))) = \rho(0, (f \circ g \circ f^{-1})(0)).$$

Assim, se $K = \langle h \rangle = \{I, h, \ldots, h^{n-1}\}$, então $fKf^{-1} = \text{Est}(0) = \langle R_\theta \rangle$, com $(f \circ h \circ f^{-1})(z) = R(z) = e^{\frac{2\pi}{n}i}$, de modo que a função $\sigma : \mathcal{D} \to \mathcal{D}$ definida como $\sigma(z) = z^n$ satisfaz

$$\sigma(f(h^k(z))) = (f \circ h^k \circ f^{-1})(f(z)))^n = (e^{\frac{2\pi}{n}i}f(z))^n = f(z)^n.$$

Logo, $\sigma(U_\delta) = D_{\delta'}(0) = V_{\delta'}$, com δ' dado pela equação: $\tanh\frac{\delta'}{2} = (\tanh\frac{\delta}{2})^n$. Dados $z, w \in U_\delta$, $\sigma(z) = \sigma(w)$ se, e somente se, existir um $g \in K$ tal que $w = g(z)$, ou seja, $\sigma|_{\text{Orb}(z_0)}$ é constante. Portanto, pelo lema 5.2.5, existe uma única função $\alpha : \Delta \to V_{\delta'}$ tal que $\sigma = \alpha \circ \pi|_{U_\delta}$, de modo que (σ, U_δ) é uma carta de $\mathcal{D}/G$. Vale observe que os pontos críticos de $\pi : \mathcal{D} \to \mathcal{D}/G$ são aqueles que possuem $\text{Est}(z) \neq \{I\}$, os quais são subconjunto discreto de $\mathcal{D}$. Em particular, $\text{Est}(z) = \{I\}$, para todos, exceto uma quantidade contável de $z \in \mathcal{D}$.

Exercícios

1. Seja $f(z) = az + b$ ou $f(\sigma_0(z))$ um elemento em $\text{Iso}(\mathbb{C})$. Mostre que se $a_f = f(1) - f(0) = a$, então a função $\psi : \text{Iso}(\mathbb{C}) \to S^1$ definida como $\psi(f) = a_f$ é um homomorfismo de grupos sobrejetor, com $\ker \psi = \mathcal{T}(\mathbb{C})$ o grupo das translações de $\mathbb{C}$. Conclua que se G é qualquer subgrupo em $\text{Iso}(\mathbb{C})$, então $\mathcal{T}(\mathbb{C})$ é um subgrupo normal em G.

2. Seja $G = \mathcal{T}(\mathbb{C})$ o grupo das translações de $\mathbb{C}$. Mostre que G é isomorfo a $(\mathbb{C}, +)$. Conclua que qualquer subgrupo discreto H em G corresponde a um reticulado em $\mathbb{C}$.

3. Seja $G = O_2(\mathbb{C})$. Mostre que $\phi : \text{Iso}(\mathbb{C}) \to G$ definida como $\phi(R \circ T) = R$ é um homomorfismo de grupos, com $\ker \phi = \mathcal{T}(\mathbb{C})$. Neste caso, mostre que $\text{sgn} : \text{Iso}(\mathbb{C}) \to \{-1, 1\}$ definida como $\text{sgn}(R \circ T) = \det R$ é um homomorfismo de grupos, com $\ker \text{sgn}$ o grupo das isometrias que preservam orientações.

4. Sejam (X, d) um espaço de Hausdorff compacto e G um subgrupo em Homeo(X). Mostre que se G age descontinuamente sobre X, então G é finito.

5. Seja G um reticulado em $\mathbb{C}$. Mostre, via definição, que G age livremente e descontinuamente sobre $\mathbb{C}$.

6. Seja $G = \{mu_1 + nu_2 : m, n \in \mathbb{Z}\}$ um reticulado em $\mathbb{C}$. Mostre que o par $[u_1, u_2]$ é reduzido se, e somente se,

$$\tau = u_1^{-1} u_2 \in \mathcal{F} = \{z \in \mathcal{H} : |\operatorname{Re}(z)| \leq 2^{-1} \text{e} |z| \geq 1\}.$$

7. Sejam $T(z) = z + 1, f(z) = -\overline{z} + i$ agindo sobre $\mathbb{C}$ e $G = \langle T, f \rangle$. É G um grupo abeliano? Calcule Orb(z), para algum $z \in \mathbb{C}$. Calcule um conjunto fundamental e descreva $\mathbb{C}/G$.

8. Seja G um grupo em Iso$(\mathcal{H})$ que age descontinuamente sobre $\mathcal{H}$. Mostre que a função $\psi : \mathcal{H} \to \mathbb{R}$ definida como $\psi(z) = \rho(z, \operatorname{Orb}(z))$ é contínua. Conclua que se $r = \psi(z) > 0$, então não existem $u, v \in D_{r/2}(z)$ tais que $v = g(u)$, para algum $g \in G - \{I\}$, ou seja, $z \in \mathcal{O}(G)$.

9. Sejam Δ um disco em $\mathbb{C}_\infty$ e K um compacto em Δ. Mostre que se g em Iso(Δ) satisfaz $g^{-1}(0), g^{-1}(\infty) \notin \Delta$, então existe um $m > 0$ tal que

$$d_\infty(g(w), g(z)) \leq \frac{m}{\|g\|} d_\infty(w, z),$$

para todos $w, z \in K$ e $\|g\| = \|\mathbf{A}\|$.

5.3 Grupos Fuchsianos

Nesta seção vamos estudar os grupos fuchsianos via as órbitas de pontos em $\mathcal{H}$, as quais devem ser conjuntos discretos, de modo que seus pontos limites fiquem na fronteira.

Lema 5.3.1 *Seja $f(z) = \alpha(z - z_2)^{-1}(z - z_1)$, com $\alpha \neq 0$, em* $\mathsf{GM}_2(\mathbb{C})$.

1. *Se Γ for um círculo, onde $z_1, z_2 \in \Gamma$, então $f(\Gamma) = L$ é uma reta que contém 0.*

2. Se $k > 0$ e $\Gamma_k = \{z \in \mathbb{C} : |z - z_1| = |\alpha|^{-1}k|z - z_2|\}$ os círculos de Apolônio, então $f(\Gamma_k) = S_k$, com $S_k = \partial D_k(0)$.

3. Γ é ortogonal a Γ_k, de modo que L e S_k também o são.

DEMONSTRAÇÃO: (1) Podemos supor, sem perda de generalidade, que $z\bar{z} - 1 = 0$ é a equação de Γ. Como $z = f^{-1}(w) = (w-\alpha)^{-1}(z_2 w - z_1\alpha)$ temos, depois de alguns cálculos, que $f^{-1}(w)\overline{f^{-1}(w)} = 1$ se, e somente se, $\bar{\alpha}(1 - \bar{z}_1 z_2)w + \alpha(1 - z_1\bar{z}_2)\bar{w} = 0$. Portanto, $f(\Gamma)$ é uma reta que passa por 0. (2) Se $z \in \Gamma_k$, então $|f(z)| = k$, pois

$$\left|\alpha \frac{z - z_1}{z - z_2}\right| = |\alpha|\frac{|z - z_1|}{|z - z_2|} = |\alpha|\frac{|\alpha|^{-1}k|z - z_2|}{|z - z_2|} = k.$$

Portanto, $f(\Gamma_k) = S_k$. Observe que z_1 e z_2 são pontos inversos em relação a Γ_k. (3) Seja z_0 o centro de Γ. Então z_0 está sobre à reta L_1 que passa pelo bissetor do segmento $L_{z_1 z_2}$, pois $|z_0 - z_1| = |z_0 - z_2|$. Como o centro de Γ_k é a origem da semirreta $\overline{z_1 z_2}$ e $z_1, z_2 \in \Gamma$ temos que Γ e Γ_k são ortogonais. □

Devido a sua importância nesta seção vamos discutir as inversões ou reflexões numa geodésicas em $\mathcal{H}$ e/ou $\mathcal{D}$ e a classificação geométrica de $\mathsf{PSL}_2(\mathbb{R})$ via pontos fixos, as quais eram conhecidas, pelo lema 2.1.7, em $\mathsf{PSL}_2(\mathbb{C})$. Já vimos, pelo teorema 2.1.4, que qualquer elemento em $\mathsf{GM}_2(\mathbb{C})$ era a composição de um número par de inversões. Um outro modo de provar, seja Γ um círculo, digamos $\Gamma = \{z \in \mathbb{C} : |z - z_0| = r\}$. Então existe um $f \in \mathsf{GM}_2(\mathbb{C})$ tal que $f(\mathbb{R}_\infty) = \Gamma$, por exemplo, $f(z) = (z-i)^{-1}((z_0-r)z - i(z_0+r))$. Assim, $R = f \circ \sigma_0 \circ f^{-1} \in \mathsf{Iso}(\mathbb{C})$ é uma inversão em Γ, de modo que $\sigma_0 \circ R$ está em $\mathsf{GM}_2(\mathbb{C})$ (prove isto!). Portanto, para quaisquer inversões R_1 e R_2 em Γ_1 e em Γ_2, respectivamente, obtemos $R_2 \circ R_1 = (R_2 \circ \sigma_0) \circ (\sigma_0 \circ R_1) \in \mathsf{GM}_2(\mathbb{C})$. Neste caso, exatamente uma das condições pode ocorrer:

(a) Se $\Gamma_1 \cap \Gamma_2 = \{z_1, z_2\}$, então existe um $g(z) = (z-z_2)^{-1}(z-z_1)$ tal que $g(z_1) = 0$ e $g(z_2) = \infty$, de modo que $S_j = g \circ R_j \circ g^{-1}$ satisfaz $S_j(\Gamma_j) = L_j$ uma reta que passa por 0 e ∞, confira o lema 5.3.1. Assim, R_1 e R_2 são reflexões em L_1 e em L_2. Portanto, $(R_2 \circ R_1)(z) = \alpha^2 \bar{z}$, com $|\alpha| = 1$, é uma transformação elíptico, ou seja, uma rotação por um ângulo 2θ em volta de 0, com $\theta = \angle(L_1, L_2)$.

183

(b) Se $\Gamma_1 \cap \Gamma_2 = \{z_1\}$, então existe um $g(z) = (z - z_1)^{-1}$ tal que $g(z_1) = \infty$, de modo que $S_j = g \circ R_j \circ g^{-1}$ satisfaz $S_j(\infty) = \infty$. Assim, $(R_2 \circ R_1)(z) = z + \beta$, com $\beta \neq 0$, é uma transformação parabólico.

(c) Se $\Gamma_1 \cap \Gamma_2 = \emptyset$, então podemos supor, sem perda de generalidade, que $\Gamma_1 = S^1$ e $\Gamma_2 = \{z \in \mathbb{C} : |z| = r\}$, de modo $R_1(z) = \overline{z}^{-1}$ e $R_2(z) = \overline{z}^{-1} r^2$. Portanto, $(R_2 \circ R_1)(z) = r^2 z$ é uma transformação hiperbólico. Para referências futuras vale exibir explicitamente uma rotação euclidiana por um ângulo θ em torno de $z_0 \in \mathbb{C}$, a saber, $R_{z_0,\theta}(z) = e^{i\theta}(z - z_0) + z_0$, e uma inversão euclidiana numa reta L que passa por 0 e possui inclinação α em relação ao eixo positivo dos x, a saber, $R = (R_{0,\alpha} \circ \sigma_0 \circ R_{0,-\alpha})(z) = e^{2i\alpha}\overline{z}$. Portanto, qualquer isometria de $\mathbb{C}$ é da forma $f(z) = e^{i\alpha}z + z_0$ ou $f(z) = e^{i\alpha}\overline{z} + z_0$. Finalmente, se M for uma reta paralela a L e $z_0 \in M$, então $R(z) = e^{2i\alpha}(\overline{z - z_0}) + z_0$ é uma reflexão de deslizamento.

Vamos restringir as afirmações acima a $\mathsf{Iso}(\mathcal{H})$. Já vimos, pelo teorema 4.1.9, que $\mathsf{Iso}(\mathcal{H})$ era gerado por elementos de $\mathsf{Aut}(\mathcal{H})$ e $R_0(z) = -\overline{z} = -\sigma_0(z)$ uma reflexão ou uma "inversão" em $\mathbb{I} = i\mathbb{R}_+$ que inverte orientação. Seja L qualquer reta em $\mathcal{H}$ determinada por $\Gamma = \{z \in \mathbb{C} : |z - z_0| = r\}$, ou seja, $L = \Gamma \cap \mathcal{H}$ e $\Gamma \cap \mathbb{R} = \{z_0 - r, z_0 + r\}$. Então existe um $f \in \mathsf{Aut}(\mathcal{H})$ tal que $f(L) = \mathbb{I}$, a saber, $f(z) = (z - z_0 + r)^{-1}(z - z_0 - r)$. Assim, $R = f^{-1} \circ R_0 \circ f \in \mathsf{Iso}(\mathcal{H})$ é uma inversão em L que deixa retas radiais invariantes, isto é, $R(L) = L$, $R^2 = I$ e $\rho(z, L) = \rho(R(z), L)$. Logo, $R_0 \circ R \in \mathsf{Aut}(\mathcal{H})$ (prove isto!). Portanto, para quaisquer inversões R_1 e R_2 em L_1 e em L_2, respectivamente, obtemos $R_2 \circ R_1 = (R_2 \circ R_0) \circ (R_0 \circ R_1) \in \mathsf{Aut}(\mathcal{H})$. Concluímos que exatamente uma das condições pode ocorrer:

(i) Se $L_1 \cap L_2 \neq \emptyset$ não são paralelas, então $R_2 \circ R_1$ é uma transformação elíptico R_θ. Neste caso, $R_1(z) = e^{i\theta}z$ e $R_2(z) = R_0(z)$, de modo que $R_\theta(L_1) = \Gamma_1$, com $L_1 : te^{i\theta}$ e $t > 0$, e $R_\theta(\mathbb{R}) = \Gamma_2$, em que $\Gamma_1 \cap \Gamma_2 = \{i\}$ é o centro de um círculo.

(ii) Se $L_1 \cap L_2 = \{\infty\}$ são paralelas, então $R_2 \circ R_1$ é uma transformação parabólico T_β. Neste caso, $L_1 = i\mathbb{R}$ e $L_2 = \{z \in \mathbb{C} : \mathsf{Re}(z) = 2^{-1}\beta\}$, de modo que $T_\beta(L_1) = \Gamma_1$ é um círculo com um extremo no centro 0 do horociclo e $T(L_2) = i\mathbb{R}_+$.

(iii) Se $L_1 \cap L_2 = \emptyset$ são ultraparalelas, então $R_2 \circ R_1$ é uma transformação hiperbólico M_α, com $0 < \alpha < 1$ ou $\alpha > 1$, cujo eixo é a reta ortogonal a L_1 e L_2. Neste caso, $M_r(i\mathbb{R}) = S^1, M_r(\Gamma_1) = i\mathbb{R}$ e $M_r(\Gamma_2) = \Gamma$, com $\Gamma \cap \Gamma_1 = \emptyset$. Finalmente, se $R \in \mathsf{Iso}(\mathcal{H})$ inverte orientação, digamos $R(z) = (f \circ R_0)(z)$, onde $f \in \mathsf{Aut}(\mathcal{H})$ ou de outra forma $R(z) = (f \circ \sigma_0)(z) = (c\bar{z} + d)(a\bar{z} + b)$ se, e somente se, $ad - bc = -1$, então os pontos fixos de R são dados pela equação $c|z|^2 - dz - a\bar{z} + b = 0$. Assim, ponto $z = x + iy$, com $y \geq 0$, obtemos

$$(a-d)y = 0 \quad \text{e} \quad c(x^2 + y^2) - (a+d)x + b = 0.$$

Se $y = 0$ e $c \neq 0$, então R possui dois pontos fixos

$$2c\lambda_1 = \mathsf{tr}(R) - \sqrt{(a-d)^2 + 4} \quad \text{e} \quad 2c\lambda_2 = \mathsf{tr}(R) + \sqrt{(a-d)^2 + 4}$$

em $\mathbb{R}_\infty$. Se $y > 0$ e $c \neq 0$, então $a - d = 0$ e $c(x^2 + y^2) - 2dx + b = 0$ é um círculo Γ com o centro em $\mathbb{R}_\infty$, de modo que $R(\Gamma) = \Gamma$ é uma geodésica fixa em $\mathcal{H}$, ou seja, R é uma inversão através de Γ. Avalie o caso $c = 0$ e $f(z) = \alpha R_0(z)$. Portanto, qualquer $f \in \mathsf{Iso}(\mathcal{H})$ é da forma: $f(z) = (cz+d)^{-1}(az+b)$ ou $h(z) = (f \circ \sigma_0(-z))$.

Teorema 5.3.2 *Seja $f \in \mathsf{Aut}\,\mathcal{H} = \mathsf{PSL}_2(\mathbb{R})$ elíptico ou hiperbólico ou parabólico. Então $f = R_2 \circ R_1$, com R_1 e R_2 inversões em "círculos" L_1 e L_2. Além disso,*

1. *Se f for elíptico, então L_1 e L_2 interceptam nos dois pontos fixos de f.*

2. *Se f for parabólico, então L_1 e L_2 interceptam no único ponto fixo de f, ou seja, L_1 e L_2 são tangentes e ortogonais ao horociclo.*

3. *Se f for hiperbólico, então L_1 e L_2 não se interceptam.*

Demonstração: Confira o exposto acima. □

Em vista do teorema 5.3.2, uma rotação hiperbólico por um ângulo 2θ em torno de $i \in \mathcal{H}$, a saber, $R_\theta(z) = (-\mathsf{sen}\,\theta z + \mathsf{cos}\,\theta)^{-1}(\mathsf{cos}\,\theta z + \mathsf{sen}\,\theta)$. Uma inversão hiperbólico em $L_\beta = \{z \in \mathcal{H} : \mathsf{Re}(z) = \beta\}$, a saber, $R(z) = R_0(z) + 2\beta$, ou seja, $R = T_{2x} \circ R_0$. Finalmente, se L está contida no círculo euclidiana Γ, então $R(z) = z_0 + (\overline{z} - z_0)^{-1} r^2 = (-(-\overline{z}) - z_0)^{-1}(-z_0(-\overline{z}) + r^2 - z_0^2) = (f \circ R_0)(z)$, onde $r^{-2} f \in \mathsf{Aut}(\mathcal{H})$. Observe que R nunca será parabólico.

LEMA 5.3.3 *Inversões em geodésicas deixam invariante a métrica hiperbólica.*

DEMONSTRAÇÃO: É claro que $R_0 \in \mathsf{Iso}(\mathcal{H})$ definida como $R_0(z) = -\overline{z}$ deixa invariante a métrica hiperbólica. Suponhamos que R seja uma reflexão e/ou uma inversão através de uma geodésica γ. Então $R_0 \circ R \in \mathsf{Aut}(\mathcal{H})$. Portanto, $R = R_0 \circ (R_0 \circ R)$ deixa invariante a métrica hiperbólica. Por exemplo, se $w = J(z) = z^{-1}$ sobre S^1, então pondo $w = u + iv$ e $z = x + iy$, obtemos

$$du = \frac{(y^2 - x^2)dx - 2xy\,dy}{(x^2 + y^2)^2} \quad \text{e} \quad dv = \frac{-2xy\,dx + (y^2 - x^2)dy}{(x^2 + y^2)^2}.$$

Assim, depois de alguns cálculos, $v^{-2}(du^2 + dv^2) = y^{-2}(dx^2 + dy^2)$. Portanto, $J \in \mathsf{Iso}(\mathcal{H})$. Em geral, $R = T_{z_0} \circ M_{r^2} \circ J \circ T_{-z_0}$. □

Seja f em $\mathsf{Aut}(\mathcal{H}) - \{I\}$, digamos $f(z) = (cz + d)^{-1}(az + b)$. Então $cz + d \neq 0$, para todo $z \in \mathcal{H}$, pois $cz + d = 0$ implica que $z = -c^{-1}d \in \mathbb{R}$, a menos que $c = 0$ e, neste caso, $d = 0$. Além disso, pela proposição 4.2.9, f não tinha pontos fixos em $\mathcal{H}$ e/ou em $\mathcal{D}$ quando $|\mathsf{tr}(f)| \geq 2$.

(a) Se $0 < |\mathsf{tr}(f)| < 2$, então f é elíptico e os pontos fixos são:

$$2c\lambda_1 = a - d + i\sqrt{4 - (a+d)^2} \quad \text{e} \quad \lambda_2 = \overline{\lambda}_1.$$

Assim, $\lambda_1 \in \mathcal{H}$ e $\lambda_2 \notin \mathcal{H}$ quando $c > 0$. Como $|\lambda_1 + c^{-1}d|^2 = |c|^{-2} = |\lambda_1 - c^{-1}a|^2$ temos que $\Gamma_f \cap \Gamma_{f^{-1}} = \{\lambda_1, \lambda_2\}$. Portanto, pelo teorema 4.2.10, f é a composição de uma inversão em Γ_f seguida por uma reflexão no bissetor L_f do segmento $L_{c_f c_{f^{-1}}}$ e $\lambda_1, \lambda_2 \in L$. Além disso, se λ_1 e λ_2 forem inversos em relação ao círculo Γ, então $f(\Gamma) = \Gamma$. Por outro lado, pela proposição 4.1.8, existe um $g \in \mathsf{Aut}(\mathcal{H})$ tal que $g(\lambda_1) = i$ implica que $g(\lambda_2) = \overline{i} = -i$. Assim,

$h = g \circ f \circ g^{-1}$ é tal que $h(i) = i$ e $h(-i) = -i$, de modo que $h_\theta(z) = (-\operatorname{sen}\theta z + \cos\theta)^{-1}(\cos\theta z + \operatorname{sen}\theta)$ ($h'_\theta(i) = e^{2i\theta}$) é uma *rotação hiperbólica* por um ângulo 2θ em torno de i, isto significa que podemos visualizar h_θ através de círculos concêntricos em torno do ponto i, os quais são fixados por h_θ. É importante observar que: se $\theta = 2^{-1}\pi + n\pi$, então $h_\theta(z) = -z^{-1}$, de modo que $h_\theta(2i) = 2^{-1}i$, ou seja, h_θ é uma rotação hiperbólica por um ângulo de $180°$ em torno de i. Se $\theta \neq 2^{-1}\pi + n\pi$, então $h_\theta(0) = \tan\theta \in \mathbb{R}$. Assim, $h_\theta(L_{0i})$ é a geodésica que passa por i com um extremo em $\tan\theta \in \mathbb{R}$. Em geral, $h_\theta(L) = M$, com L e M retas que passam por i; $h_\theta(\Gamma) = \Gamma$, em que Γ é qualquer círculo que é ortogonal a L. Use $f = g^{-1} \circ h \circ g$ para retornar. Note que $\eta_0(\mathbb{R}_\infty) = S^1$ implica que λ_1 e λ_2 são pontos inversos em relação a S^1 em $\operatorname{Aut}(\mathcal{D}) - \{I\}$, ou seja, $\lambda_1\overline{\lambda_2} = 1$. **Conclusão**: f possui um ponto fixo $\lambda_1 \in \mathcal{H}$ e fixa a família de círculos ortogonais a família de geodésias que passam por λ_1. Um tal círculo em $\mathcal{H}$ chama-se um *círculo hiperbólico* com centro em λ_1, o qual pode ser caracterizado como a órbita para o grupo de isometrias elípticas, com ponto fixo λ_1, confira a figura 5.2 (a).

(b) Se $|\operatorname{tr}(f)| > 2$, então f é hiperbólico e os pontos fixos são:

$$2c\lambda_1 = a - d + \sqrt{(a+d)^2 - 4} \quad \text{e} \quad 2c\lambda_2 = a - d - \sqrt{(a+d)^2 - 4}.$$

Assim, $\lambda_1, \lambda_2 \in \mathbb{R}_\infty$. Como $|\lambda_1 + c^{-1}d|^2 > |c|^{-2}$ temos que λ_1 está no exterior de Γ_f e no interior de $\Gamma_{f^{-1}}$, de modo que $\Gamma_f \cap \Gamma_{f^{-1}} = \emptyset$. Portanto, pelo teorema 4.2.10, f é a composição de uma inversão em Γ_f seguida por uma reflexão no bissetor L_f do segmento $L_{c_f c_{f^{-1}}}$. Neste caso, $\lambda_1, \lambda_2 \in L_{c_f c_{f^{-1}}}$ e $2^{-1}(\lambda_1 + \lambda_2) \in L$. Por outro lado, pela proposição 4.1.8, existe um g em $\operatorname{Aut}(\mathcal{H})$ tal que $g(\lambda_1) = 0$ e $g(\lambda_2) = \infty$. Logo, $h = g \circ f \circ g^{-1}$ é tal que $h(0) = 0$ e $h(\infty) = \infty$, de modo que $h(z) = \alpha z = M_\alpha(z)$, com $\alpha > 0$ e $\alpha \neq 1$, é uma *translação vertical*, ou seja, paralela ao eixo dos y. Se $S(z) = -z^{-1}$, então $S \circ M_\alpha \circ S^{-1} = M_{\alpha^{-1}}$, de modo que M_α e $M_{\alpha^{-1}}$ são conjugadas em $\operatorname{PSL}_2(\mathbb{R})$. Não obstante, M_α não é conjugada a M_β se, e somente se, $\beta \notin \{\alpha, \alpha^{-1}\}$. Portanto, f é conjugado a um único M_α. É importante notar que: se $z = re^{i\theta}$, então $h(z) = \alpha re^{i\theta}$ é tal que $\arg(z) = \arg(h(z))$ e $|h(z)| = \alpha|z|$, ou seja, qualquer semirreta através da origem é ampliada por um fator positivo α. Em geral, $h(L) = L$, com L uma semirreta que passa por 0 e ∞, de modo que o semiespaço determinado por L é também fixado; $h(\Gamma_r) = \Gamma_{\alpha r}$, em que Γ_r é um semicírculo com centro 0 e raio r que é ortogonal a L. Neste caso, 0 e ∞ são pontos inversos. Como $f = g^{-1} \circ h \circ g$ temos, pelo lema 5.3.3, que cada L é uma geodésica com extremos em λ_1 e λ_2, de modo que o interior de L é também fixado; cada $f(\Gamma_r)$ é um círculo de Apolônio (geodésica ortogonal a $\mathbb{R}_\infty$). Neste caso, λ_1 e λ_2 são pontos inversos. Comprove isto quando $a = d$ e $bc > 0$. **Conclusão**: f possui dois pontos fixos $\lambda_1, \lambda_2 \in \mathbb{R}_\infty$ e deixa a geodésica L com extremos em λ_1 e λ_2 invariante. A família de círculos que passa por λ_1 e λ_2 é deixada invariante por f. O traço de um tal círculo em $\mathcal{H}$ chama-se *hiperciclo* de f e/ou para L, denotado por E_f, e f gera uma translação ao longo de E_f. Os hiperciclos podem ser caracterizados como as órbitas do grupo de isometrias hiperbólicas, com pontos fixos λ_1 e λ_2, confira a figura 5.2 (b).

(c) Se $|\operatorname{tr}(f)| = 2$, então f é parabólico e o único ponto fixo finito é: $\lambda = \frac{a-d}{2c}$ em $\mathbb{R}_\infty$. Como $|\lambda + c^{-1}d| = |c|^{-1} = |\lambda - c^{-1}a|$ temos que $\Gamma_f \cap \Gamma_{f^{-1}} = \{\lambda\}$. Portanto, pelo teorema 4.2.10, f é a composição de uma inversão em Γ_f seguida por uma reflexão no bissetor L_f do segmento $L_{c_f c_{f^{-1}}}$. Neste caso, $\lambda \in L \cap L_{c_f c_{f^{-1}}}$. Por outro lado, pela proposição 4.1.8, existe um $g = -(z-\lambda)^{-1}$ em $\operatorname{Aut}(\mathcal{H})$ tal que $g(\lambda) = \infty$. Assim, $h = g \circ f \circ g^{-1}$ é tal que $h(\infty) = \infty$ e $h(z) = z + \beta = T_\beta(z)$, para algum $\beta \in \mathbb{R} - \{0\}$, uma *translação horizontal*, ou seja, paralela ao eixo dos x. Se $M = M_{|\beta|^{-1}}(z) = |\beta|^{-1}z$, então $M \circ T_\beta \circ M^{-1} = T_{\pm 1}$. Como T_1 e T_{-1} não são conjugadas em $\operatorname{Aut}(\mathcal{H})$, pois $T_{-1} = R^{-1} \circ T_1 \circ R$, com $R(z) = -z$, temos que cada f possui dois conjugados em $\operatorname{Aut}(\mathcal{H})$. É importante observar que: se $z = x + iy$, então $h(z) = (x + \beta) + iy$, de modo que os segmentos $L_{0h(0)}$ e $L_{zh(z)}$ possuem o mesmo comprimento e direção. Em geral, $h(L_m) = L_m$, em que $L_m = \{z \in \mathcal{H} : \operatorname{Im}(z) = m > 0\}$ é um horociclo centrado em ∞, de modo que o horodisco determinado por L_m é também fixado, confira a figura 4.4; $h(L) = M$, para quaisquer outras retas paralelas L e M, ou seja, h permuta qualquer família de outras retas paralelas. Além disso, $ds = \operatorname{Im}(z)^{-1}dx$ é euclidiana sobre

L_m. Como $f = g^{-1} \circ h \circ g$ temos que $f(L_m)$ é um horociclo centrado em λ, de modo que cada $\text{Orb}(z)$ acumula-se próximo de λ e $f(L)$ é uma geodésica com um dos extremos em λ. Comprove isto quando $b = 0, a = d$ e $c \neq 0$. Vale ressaltar que se $R(z) = \lambda + (\overline{z} - \lambda)^{-1}$, então $(R \circ f)(L_m) = L_m$. **Conclusão**: f possui um único ponto fixo $\lambda \in \mathbb{R}_\infty$. A família de círculos que passa por λ e tangente ao eixo dos x é invariante sob f. Um tal círculo em $\mathcal{H}$ chama-se *horociclo* centrado em $\lambda \in \mathbb{R}_\infty$. Os horociclos podem ser caracterizados como as órbitas para o grupo de isometria parabólicas, com ponto fixo λ, confira a figura 5.2 (c). As afirmações são quase as mesmas em $\text{Aut}(\mathcal{D})$ via $\text{Aut}(\mathcal{D}) = \eta_0 \text{Aut}(\mathcal{H}) \eta_0^{-1}$ e $\mathcal{L}(\text{Aut}(\mathcal{H})) \subseteq \mathbb{R}_\infty$: o caso em que f é hiperbólico ou parabólico os pontos fixos estão sobre S^1, enquanto, o caso elíptico um ponto fixo em $\mathcal{D}$ e outro fora.

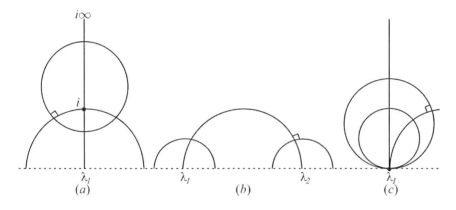

Figura 5.2: Pontos fixos de f.

LEMA 5.3.4 *Sejam $f(z) = az + b$ e $g(z) = \alpha z + \beta$ em $\text{Aut}(H) - \{I\}$, com $a > 0$ e $\alpha > 0$. Então $f \circ g \circ f^{-1} \circ g^{-1}$ é parabólico. Conclui-se ademais que $f \circ g = g \circ f$ se, e somente se, f e g forem parabólicos ou f e g possuem um ponto fixo em comum.*

DEMONSTRAÇÃO: Como $(f \circ g)(z) = a\alpha z + a\beta + b$ e $(g \circ f)(z) = a\alpha z + b\alpha + \beta$ temos que $(f^{-1} \circ g^{-1})(z) = a^{-1}\alpha^{-1}(z - b\alpha - \beta)$ e $(f \circ g \circ f^{-1} \circ g^{-1})(z) = z + (a-1)\beta + b(1-\alpha)$ é parabólico. Observe que $f \circ g = g \circ f$ se, e somente se, $(a-1)\beta = b(\alpha - 1)$.

Quando $a = 1$ temos que f é parabólico. Então necessariamente $\alpha = 1$, ou seja, g é parabólico. Por outro lado, se $a \neq 1 \neq \alpha$, então $z_0 = (1-a)^{-1}b = (1-\alpha)^{-1}\beta$ é o ponto fixo comum. □

Seja G um subgrupo de $\mathsf{PSL}_2(\mathbb{C})$. Diremos que G é um *grupo fuchsiano*[4] se as seguintes condições forem satisfeitas:

1. G é discreto em $\mathsf{PSL}_2(\mathbb{C})$.

2. Existe um disco Δ em $\mathbb{C}$ tal que $g(\Delta) = \Delta$, para todo $g \in G$, $\mathcal{O}(G) = \Delta$, $\mathcal{O}(G) = \mathbb{C} - \overline{\Delta}$ e $\mathcal{L}(G) \subseteq \partial\Delta$, pois $\partial\Delta$ é fechado e $g(\partial\Delta) = \partial\Delta$.

O círculo $\partial\Delta$ chama-se *círculo principal* de G, de modo que o círculo isométrico Γ_g é ortogonal a $\partial\Delta$, para todo $g \in G$. Observe, pelo lema 5.2.6, que podemos supor, sem perda de generalidade, que $\Delta = \mathcal{H}$. Note, pela proposição 4.2.12, que Γ_g é ortogonal ao círculo principal $\mathbb{R}_\infty = \partial\mathcal{H}$, pois $g(\mathbb{R}_\infty) = \mathbb{R}_\infty$ e $g(\mathcal{H}) = \mathcal{H}$, para todo $g \in G$. Assim, G é conjugado a um subgrupo discreto de $\mathsf{Aut}(\mathcal{H}) = \mathsf{PSL}_2(\mathbb{R})$.

Proposição 5.3.5 *Seja G um subgrupo de $\mathsf{PSL}_2(\mathbb{R})$. Então G é fuchsiano se, e somente se, $\mathsf{Orb}(z)$ for discreto, para todo $z \in \mathcal{H}$. Conclua que $\mathcal{L}(G) \subseteq \mathbb{R}_\infty$.*

DEMONSTRAÇÃO: Suponhamos que G seja fuchsiano. Então, pelo teorema 5.1.7, $\mathcal{O}(G) = \mathcal{H}$. Assim, pela proposição 5.1.5, $\mathsf{Orb}(z)$ é discreto, para todo $z \in \mathcal{H}$. Reciprocamente, suponhamos que $\mathsf{Orb}(z)$ seja discreto. Então $D_r(z) \cap \mathsf{Orb}(z) = \{z\}$, para algum $0 < r = \inf\{\rho(z, g(z)) : g \in G - \{I\}\}$. Assim, existe uma vizinhança $U = D_{r/2}(z)$ tal que $U \cap gU = \emptyset$, para todo $g \in G - \{I\}$. Caso contrário, existiriam $w \in U$ e $g \in G$ tais que $g(w) \in U$, de modo que

$$\rho(w, g(w)) \leq \rho(z,w) + \rho(z, g(w)) < \frac{r}{2} + \frac{r}{2} = r,$$

o que contradiz a escolha de r. Portanto, $\mathcal{O}(G) = \mathcal{H}$ e G é fuchsiana. Finalmente, pelo teorema 5.1.9, $\mathcal{L}(G) \subseteq \mathbb{R}_\infty$. □

---
[4] Lazarus Immanuel Fuchs, 1833-1902, matemático alemão.

Com o objetivo de simplificar vamos denotar por $F_g = \{z \in \overline{\mathcal{H}} : g(z) = z\}$ o conjunto dos pontos fixos de $g \in \mathsf{PSL}_2(\mathbb{R})$.

Proposição 5.3.6 *Seja G um subgrupo fuchsiano de $\mathsf{PSL}_2(\mathbb{R}) = \mathrm{Aut}(\mathcal{H})$.*

1. *Qualquer elemento elíptico de G possui ordem finita e $\mathcal{L}(G) = \emptyset$.*
2. *Se G for de ordem infinita, então $\mathcal{L}(G) \neq \emptyset$ e $\mathcal{L}(G) \subseteq \mathbb{R}_\infty$.*
3. *Se $f \in G$ for hiperbólico, então, para cada $g \in G$, $F_g \cap F_f = \emptyset$ ou g é hiperbólico e $F_g \cap F_f \neq \emptyset$.*
4. *Se $f \in G$ for parabólico ou elíptico e para cada $g \in G$, $F_g \cap F_f = \emptyset$, então $f \circ g \circ f^{-1} \circ g^{-1}$ é hiperbólico.*

Demonstração: (1) Seja $f \in G$ um elemento elíptico. Então f fixa uma reta (geodésica) L em $\mathcal{H}$. Assim, escolhendo $\lambda \in L$, obtemos $g(\lambda) = \lambda$, para todo g no subgrupo $H = \{f^n : n \in \mathbb{Z}\}$. Como $H \subseteq \mathsf{Est}(\lambda)$ temos, pelo item (1) do teorema 5.1.7, que H é finito e $\mathcal{L}(G) = \emptyset$.
(2) Como G é discreto temos que ele é contável, de modo que existe pelo menos um $z_0 \in \mathcal{H}$ tal que $f(z_0) \neq z_0$, para todo $f \in G - \{I\}$. Assim, $\mathrm{Orb}(z_0)$ é um conjunto infinito em $\mathcal{H}$. Como $\overline{\mathcal{H}}$ é compacto temos que $\mathrm{Orb}(z_0)$ possui um ponto fixo em $\mathbb{R}_\infty$. Portanto, $\mathcal{L}(G) \neq \emptyset$.
(3) Se f for hiperbólico, então f é conjugada a $M_a(z) = a^2 z$, onde $a \in \mathbb{R} - \{-1, 0, 1\}$. Assim, podemos supor que $\infty \in F_g \cap F_f$ e $g(z) = \alpha z + \beta, \alpha > 0$ ($\alpha = 1$ se, e somente se, g for parabólico). Logo, $h_n(z) = (f^{-n} \circ g \circ f^n)(z) = \alpha z + a^{-2n}\beta$, para todo $n \in \mathbb{N}$. Como G é discreto temos que $\beta = 0$. Portanto, g é hiperbólico e $F_g \cap F_f \neq \emptyset$.
(4) Se f for parabólico, então f é conjugada a $T_\beta(z) = z + \beta$, onde $\beta \in \mathbb{R} - \{0\}$, e $g(z) = (cz+d)^{-1}(az+b)$, com $c \neq 0$, então na forma matricial

$$\mathbf{TAT^{-1}A^{-1}} = \begin{pmatrix} 1 & \beta \\ 0 & 1 \end{pmatrix} \begin{pmatrix} a & b \\ c & d \end{pmatrix} \begin{pmatrix} 1 & -\beta \\ 0 & 1 \end{pmatrix} \begin{pmatrix} d & -b \\ -c & a \end{pmatrix}$$

implica, depois de alguns cálculos, que $\mathrm{tr}(\mathbf{TAT^{-1}A^{-1}}) = 2 + (c\beta)^2 > 2$. Portanto, $f \circ g \circ f^{-1} \circ g^{-1}$ é hiperbólico. O outro caso é tratado de modo análogo. □

É muito instrutivo e útil o seguinte. Se $f \in \mathsf{Aut}(\mathcal{H})$, então f possui dois pontos fixos $z_1, z_2 \in \mathbb{C}_\infty$. Já vimos que qualquer geodésica L juntando z_1 e z_2 é tal que $f(L) = L$, pois $f(z_i) = z_i$, e denotamos por E_f hiperciclo de f e/ou para L. A distância $d_f = \rho(z, f(z))$, onde $z \in E_f$, chama-se o *comprimento da translação* e é independente de z, pois se $z = it$ e $f(z) = \alpha z$, com $\alpha > 0$, então $d_f = \log \alpha$, de modo que $\mathsf{tr}(f) = 2\cosh 2^{-1} d_f$ é invariante por conjugação. Note que $d_f = 0$ quando f for elíptico e $E_f = \emptyset$ quando f for parabólico.

Corolário 5.3.7 *Sejam G um subgrupo fuchsiano de $\mathsf{PSL}_2(\mathbb{R})$ e $f \in G$ hiperbólico. Se existir um $g \in G$ tal que $g(E_f) \neq E_f$, então G contém uma quantidade infinita de elementos hiperbólicos f, com os E_f distintos.*

Demonstração: Note, pela proposição 5.3.6, que $E_{g^{-1} \circ f \circ g} = g(E_f) \neq E_f$ (prove isto!). Afirmação. $S = \{f^n(g(E_f)) : n \in \mathbb{Z}\}$ é infinito. De fato, se $n \neq m$, digamos $n > m$, e $f^m(g(E_f)) = f^n(g(E_f))$, então $f^{n-m}(g(E_f)) = g(E_f)$ implica que o conjunto $S = \{k \in \mathbb{N} : f^k(g(E_f)) = g(E_f)\}$ é não vazio. Assim, pelo *Princípio da Boa Ordenação* (PBO), S contém um menor elemento, digamos $k_0 \in S$ e $f^{k_0}(g(E_f)) = g(E_f)$. Por outro lado, sejam a e b os extremos de E_f. Então $f^{k_0}(g(a)), f^{k_0}(g(b)) \in \{g(a), g(b)\}$, de modo que $f^{k_0}(g(a)) = g(a)$ e $f^{k_0}(g(b)) = g(b)$ ou $f^{k_0}(g(a)) = g(b)$ e $f^{k_0}(g(b)) = g(a)$. Assim, em qualquer caso, $f^{2k_0}(g(a)) = g(a)$ e $f^{2k_0}(g(b)) = g(b)$. Logo, f^{2k_0} fixa E_f e $g(E_f)$, o que é impossível e $k_0 = 0$. □

Proposição 5.3.8 (H. Weyl) [5] *Sejam $\beta \in \mathbb{R}, T_\beta : [0,1] \to [0,1]$ definida como $T_\beta(x) = x + \beta \pmod 1$, com $\beta \pmod 1 = \beta - \lfloor \beta \rfloor$, e $\mathsf{Orb}(x) = \{T_\beta^n(x) : n \in \mathbb{Z}\}$. Então $\mathsf{Orb}(x)$ é densa se, e somente se, $\beta \in \mathbb{R} - \mathbb{Q}$.*

Demonstração: Se $\beta \in \mathbb{Q}$, digamos $\beta = \frac{m}{n}$, com $n > 0$, então $T_\beta^n = I$. Como $T_\beta^n(x) = x$, para todo $x \in [0,1]$, temos que $\mathsf{Orb}(x)$ é finita e fechada. Se $\beta \notin \mathbb{Q}$ e $x \in [0,1]$, então os $T_\beta^n(x)$ são distintos, pois

---
[5] Hermann Klaus Hugo Weyl, 1885–1955, matemático alemão.

$T_\beta^m(x) = T_\beta^n(x)$ implica que $(n-m)\beta \in \mathbb{Z}$ e $m = n$, de modo que Orb(x) é infinita em $[0,1]$. Assim, Orb(x) possui um ponto limite, pois $[0,1]$ é compacto. Logo, dado $r > 0$, existem $m, n \in \mathbb{Z}$ distintos tais que $|T_\beta^n(x) - T_\beta^m(x)| < r$. Pondo $k = k_r = |n - m|$, obtemos $|T_\beta^k(x) - x| < r$, de modo que $T_\beta^k(x), T_\beta^{2k}(x), \ldots$ particiona $[0,1]$ em intervalos de comprimento menor do que r. Escolhendo $r = (2p)^{-1}$, obtemos $T_\beta^{pk}(x) \in (x - r, x + r)$ e $\lim_{p \to \infty} T_\beta^{pk}(x) = x$. Portanto, Orb$(x)$ é densa. Observe que $[0,1] \simeq \mathbb{R}/\mathbb{Z} \simeq S^1$. $\square$

Teorema 5.3.9 *Seja $f \in$ Aut$(\mathcal{H})$ parabólico. Se $g \in$ Aut$(\mathcal{H})$ é tal que $f \circ g = g \circ f$, então $G = \langle f, g \rangle$ for cíclico ou não age descontinuamente sobre $\mathcal{H}$.*

Demonstração: Note, pelo lema 5.3.4, que g é parabólico, a saber, $f(z) = z + a$ e $g(z) = z + b$, onde $a, b \in \mathbb{R}^\times$. Se $b^{-1}a \in \mathbb{Q}$, digamos $b^{-1}a = n^{-1}m$, com mdc$(m, n) = 1$, então $a = dm$ e $b = dn$, para algum $d \in \mathbb{Z}$, e existem $p, q \in \mathbb{Z}$ tais que $pm + qn = 1$ e $pa + qb = d$. Pondo $h(z) = z + d$, obtemos $f = h^m$ e $g = h^n$ implicam que $f^p \circ g^q = h^{mp} \circ h^{nq} = h$. Portanto, $G = <h>$. Se $\beta = b^{-1}a \notin \mathbb{Q}$ e $z_0 \in \mathcal{H}$, então

$$\text{Orb}(z_0) = \{z_0 + ma + nb : m, n \in \mathbb{Z}\}.$$

Por outro lado, pelo Exemplo 5.1.3, $\mathbb{Z} \oplus \beta\mathbb{Z}$ é denso em $\mathbb{R}$ se, e somente se, $a\mathbb{Z} \oplus b\mathbb{Z}$ for denso em $\mathbb{R}$. Como $(m + n\beta) \equiv n\beta \pmod{1}$ temos que $\{n\beta \pmod{1} : n \in \mathbb{Z}\}$ é denso em $[0,1]$. Portanto, pela proposição 5.3.8, Orb(z_0) é densa em $\mathcal{H}$ e, pelo teorema 5.1.7, G não age descontinuamente sobre $\mathcal{H}$. $\square$

Proposição 5.3.10 *Seja G um subgrupo fuchsiano e abeliano de Aut$(\mathcal{H})$. Se G contém um elemento elíptico ou parabólico, então G é cíclico.*

Demonstração: Suponhamos que G contenha um elemento parabólico. Então, pelo teorema 5.3.9, todos os elementos de G são parabólicos com o mesmo ponto fixo. Assim, podemos supor que $f(z) = T_\beta(z) = z+\beta$, onde $\beta \in \mathbb{R}^\times$, para todo $f \in G$. Pondo

$$S = \{\beta \in \mathbb{R}_+^\times : T_\beta \in G\}.$$

Afirmação. $\inf S > 0$. De fato, se $\inf S = 0$, então existe uma sequência de elementos distintos $(\beta_n)_{n\in\mathbb{N}}$ em $\mathbb{R}_+^\times$ tal que $\lim_{n\to\infty} \beta_n = 0$ e $T_{\beta_n} \in G$, de modo que $\lim_{n\to\infty} T_{\beta_n} = I$, o que contradiz a discretividade de G. Fazendo $\beta_0 = \inf S$. Afirmação. $T_{\beta_0} \in G$. De fato, se $T_{\beta_0} \notin G$, então existe uma sequência de elementos distintos $(\beta_n)_{n\in\mathbb{N}}$ em $\mathbb{R}_+^\times$ tal que $\lim_{n\to\infty} \beta_n = \beta_0$ e $T_{\beta_n} \in G$, de modo que $\lim_{n\to\infty}(\beta_{n+1} - \beta_n) = 0$ e $T_{\beta_{n+1}-\beta_n} \in G$ já foi excluído. Dado $f \in G$, $f = T_\beta$ ou $f^{-1} = T_\beta$, para algum $\beta \in S$. Como $0 < \beta_0 \leq \beta$ temos, pelo Princípio de Arquimedes, que exinte um $q \in \mathbb{N}$ tal que $\beta = q\beta_0 + r$, com $0 \leq r < \beta_0$. Se $r > 0$, então $f \circ T_{\beta_0}^{-n} = T_r \in G$, o que contradiz a minimalidade de β_0. Portanto, $r = 0$ e $G = <T_{\beta_0}>$. Suponhamos que G contenha um elemento elíptico. Então, pelo teorema 5.3.9, todos os elementos de G são elípticos com os mesmos pontos fixos. Assim, podemos supor que $f(z) = R_\theta(z) = e^{2i\theta}z$, onde $\theta \in \mathbb{R}$. Pondo $S = \{\theta \in \mathbb{R}_+^\times : R_\theta \in G\}$. Portanto, de modo análogo, obtemos $G = \langle R_{\theta_0} \rangle$. □

Lema 5.3.11 *Sejam $f \in \text{Aut}(\mathcal{H})$ hiperbólico e $g \in \text{Aut}(\mathcal{H})$ tal que $g(E_f) = E_f$. Então $g(F_f) = F_f$, com $F_f = \{x_1, x_2\}$. Além disso,*

1. *Se $F_g = F_f$, então g é hiperbólico, $f \circ g = g \circ f$ e $G = <f, g>$ é cíclico.*

2. *Se $F_g \neq F_f$ e $g(x_i) = x_j$, então g é elíptico de ordem 2, $f \circ g = g \circ f^{-1}$ e $G = <f, g>$ é um grupo diedral.*

Demonstração: Como x_1 e x_2 são os extremos de E_f e $g(E_f) = E_f$ temos que $g(x_i) \in F_f$. (1) Análogo a prova da proposição 5.3.10. (2) Podemos supor que $f(z) = \alpha z$, com $\alpha > 0$ e $\alpha \neq 1$, de modo que $F_f = \{0, \infty\}$. Pondo $g(z) = (cz+d)^{-1}(az+b)$. Como $g(0) = \infty, g(\infty) = 0$ e $ad - bc = 1$ temos que $a = d = 0$ e $c = b^{-1}$, de modo que $g^2 = I$ e $g(ib) = ib$. Por outro lado, f hiperbólico implica que $g \circ f \circ g$ é hiperbólico, de modo que o hiperciclo $E_{g \circ f \circ g} = E_f$ e o comprimento da translação $d_{g \circ f \circ g} = d_f$, com a direção oposta de f. Portanto, $g \circ f \circ g = f^{-1}$ e $G = <f, g>$ é um grupo diedral. □

Teorema 5.3.12 *Qualquer subgrupo fuchsiano e abeliano G de $\mathsf{Aut}(\mathcal{H})$ é cíclico. Conclua que que não existe grupo fuchsiano isomorfo a $\mathbb{Z} \times \mathbb{Z}$.*

Demonstração: Como G é abeliano temos, pela proposição 5.3.10 e pelo lema 5.3.11, que todos os elementos são elípticos, com os mesmos pontos fixos, ou são parabólicos, com o mesmo ponto fixo, ou são hiperbólicos, com o mesmo hiperciclo. □

Seja $f \in \mathsf{Aut}(\mathcal{H})$, digamos $f(z) = (cz+b)^{-1}(az+b)$. Então

$$g(z) = (\eta_0 \circ f \circ \eta_0^{-1})(z) = \frac{\alpha z + \overline{\beta}}{\beta z + \overline{\alpha}} = \frac{\overline{\beta} + \alpha z}{z(\beta + \overline{\alpha}z)},$$

com $2\alpha = a + d + (b-c)i$ e $2\beta = b + c + (d-a)i$, de modo que $|\alpha|^2 - |\beta|^2 = 1$. Assim, depois de alguns cálculos, $1 - |g(z)|^2 = (1 - |z|^2)|f'(z)|$, de modo que $|g(z)| < 1$, para todo $z \in \mathcal{D}$, e $|g(z)| = 1$, para todo $z \in S^1$. Portanto, $g \in \mathsf{Aut}(\mathcal{D})$. Em particular, $|g(0)| = |\overline{\alpha}^{-1}\overline{\beta}| < 1$. Observe que $\lambda \in \mathbb{C}$ é um ponto fixo de g se, e somente se, $\beta\lambda = i\,\mathsf{Im}(\alpha) \pm \sqrt{\mathsf{Re}(\alpha)^2 - 1}$. Portanto, g é elíptico se, e somente se, $|\mathsf{Re}(\alpha)| < 1$ e um ponto fixo λ está em $\mathcal{D}$ e o outro é $\overline{\lambda}^{-1}$ fora de $\mathcal{D}$, ou seja, λ e $\overline{\lambda}^{-1}$ são pontos inversos em relação ao eixo principal S^1. g é hiperbólico se, e somente se, $|\mathsf{Re}(\alpha)| > 1$ e os dois pontos fixos estão sobre o eixo principal S^1. g é parabólico se, e somente se, $|\mathsf{Re}(\alpha)| = 1$ e possui um único ponto fixo sobre o eixo principal S^1. É muito importante ressaltar que g é representada por uma matriz $\mathbf{B} \in \mathsf{SU}_2(\mathbb{C})$. Assim, pondo $\alpha = x_1 + ix_2$ e $\beta = x_3 + ix_4$, podemos identificar o grupo topológico $\mathsf{SU}_2(\mathbb{C})$ com a superfície representada pela equação $x_1^2 + x_2^2 - x_3^2 - x_4^2 = 1$. Em particular, o conjunto solução $G = \{(2n+1, n-1, 2n, n+1); n \in \mathbb{Z}\}$ é um subgrupo discreto de $\mathsf{SU}_2(\mathbb{C})$.

Vamos agora apresentar alguns grupos fuchsianos simples G. Para isto, faça $G = \langle f \rangle = \{f^n : n \in \mathbb{Z}\}$ o subgrupo cíclico de $\mathsf{Aut}(\mathcal{H})$

gerado por f. Antes notamos que se $w = u + iv = \eta_0(z) = (z+i)^{-1}(iz+1)$ e $z = x + iy$, então

$$u = \frac{2x}{x^2 + (y+1)^2} \quad \text{e} \quad v = \frac{x^2 + y^2 - 1}{x^2 + (y+1)^2}.$$

Também $z = \eta_0^{-1}(w) = (w-i)^{-1}(-iw+1)$ implica que

$$x = \frac{2u}{u^2 + (v-1)^2} \quad \text{e} \quad y = \frac{1 - u^2 - v^2}{u^2 + (v-1)^2}.$$

Já vimos que as geodésicas L em $\mathcal{H}$ eram dadas pela equação:

$$a|z|^2 + 2b\,\text{Re}(z) + d = 0 \Leftrightarrow a(x^2 + y^2) + 2bx + d = 0, \qquad (5.3.1)$$

onde $a, b, d \in \mathbb{R}$ e $b^2 > ad$, de modo que as correspondentes geodésicas $\eta_0(L)$ em $\mathcal{D}$ eram dadas pela equação:

$$\alpha|w|^2 + \overline{\beta}w + \beta\overline{w} + \alpha = 0, \qquad (5.3.2)$$

onde $\alpha = a + d \in \mathbb{R}$ e $\beta = 2b - (d-a)i \in \mathbb{C}$, com $|\beta|^2 > \alpha^2$.

(a) Se f for elíptico, então f é conjugada em $\text{Aut}(\mathcal{H})$ a $R_\alpha(z) = \alpha^2 z$, com $\alpha = e^{i\theta}$ e $\text{tr}(R_\alpha)^2 = \alpha^2 + \alpha^{-2} + 2 = 2 + 2\cos(2\theta) < 4$. Mais explicitamente, f possui dois pontos fixos $\lambda_1, \lambda_2 = \overline{\lambda}_1 \in \mathbb{C}$, com $\lambda_1 \in \mathcal{H}$ e $\lambda_2 \notin \mathcal{H}$ quando $c > 0$. Assim, $\lambda_1 = \alpha + i\beta^2$, onde $\beta \in \mathbb{R}^\times$, implica que existe um $g(z) = \beta^{-2}(z - \alpha)$ em $\text{Aut}(\mathcal{H})$ tal que $g(\lambda_1) = i$, de modo que $g(\lambda_2) = \overline{i} = -i$. Logo, $h = g \circ f \circ g^{-1}$ satisfaz $h(i) = i$ e $h(-i) = -i$, ou seja, f é conjugada a $h_\theta(z) = (-\text{sen}\,\theta z + \cos\theta)^{-1}(\cos\theta z + \text{sen}\,\theta)$ uma rotação por um ângulo 2θ em torno de $i \in \mathcal{H}$. Por outro lado, como $R_\theta = \eta_0 \circ h_\theta \circ \eta_0^{-1}$ temos que $R_\theta(z) = e^{2i\theta}z$ é uma rotação por um ângulo 2θ em torno de $0 \in \mathcal{D}$ ou, equivalentemente, é uma reflexão em relação a geodésica $L_\theta : \gamma(t) = te^{i\theta}$, ou seja, cada ponto é movido ao longo de um círculo hiperbólico de centro $i \in \mathcal{H}$. Portanto, pela proposição 5.3.6 e pelo teorema 5.3.12, G é um grupo fuchsiano se, e somente se, $\theta = n^{-1}\pi$, onde $n \in \mathbb{N}$, com $n > 1$. Neste caso, $\mathcal{O}(G) = \mathcal{D}$. Vale ressaltar, de um ponto de vista teórico e didático, que se $\theta \notin \mathbb{Q}$, então o conjunto $A = \{e^{2im\theta} : m \in \mathbb{Z}\}$ é infinito em S^1, pois $e^{2ik\theta} = e^{2im\theta}$ se, e somente se, $(m-k)\theta \in 2\pi\mathbb{Z}$ se, e somente se, $k = m$, de modo que existe uma sequência crescente $(m_k)_{k\in\mathbb{N}}$ em $\mathbb{Z}$ tal que $\lim_{k\to\infty} e^{2im_k\theta} = e^{2i\theta_0}$ em S^1 (compacto). Pondo $f_0(z) = e^{-2i\theta_0}z$, obtemos $\lim_{k\to\infty} f^{m_k}(f_0(z)) = z$, para todo $z \in \mathcal{H}$. Portanto, $G = \{f^n : n \in \mathbb{Z}\}$ é um grupo cíclico infinito tal que $f(S^1) = S^1$, de modo que $\mathcal{O}(G) = \emptyset$. Já sabemos que a função $\psi : [0,1) \to \mathbf{S}^1$ definida como $\psi(t) = e^{2i\pi t}$ é bijetora e $[0,1) = \bigcup_{k=1}^{n} I_k$, com $I_k = [(k-1)n^{-1}, kn^{-1})$ uma partição de $[0,1)$, de modo que $S^1 = \bigcup_{k=1}^{n} \psi(I_k)$, com $\psi(I_k) = \{e^{i\theta} \in S^1 : 2(k-1)n^{-1}\pi \leq \theta < 2kn^{-1}\pi\}$ um arco de círculo. Portanto, o setor circular

$$\mathcal{F} = \{re^{i\theta} \in \mathcal{D} : 0 \leq r < 1 \quad \text{e} \quad 0 \leq \theta < (2\pi)n^{-1}\}$$

é um conjunto fundamental para G em relação a $\mathcal{D}$ delimitado por duas geodésicas, confira figura 4.3 (a) e $\gamma_\theta : [0,1) \to \mathcal{D}$ definida como $\gamma_\theta(t) = te^{2i\theta}$ é uma geodésica em $\mathcal{D}$, com $\rho(0, \gamma_\theta(t)) = \log(1-t)^{-1}(1+t)$, $\lim_{t\to 1^-} \rho(0, \gamma_\theta(t)) = \infty$ e $\lim_{t\to\infty} \rho(0, \gamma_\theta(t)) = 0$. Observe que uma vizinhança de qualquer ponto em $\partial\mathcal{F}$ contém pontos que podem ser levados para o interior de $\mathring{\mathcal{F}}$ por uma rotação por um ângulo $\pm 2\pi/n$. Dado $z_0 = re^{i\theta} \in \mathcal{D}$, com $0 \leq r < 1$ e $0 \leq \theta \leq 2\pi$, a órbita

$$\mathsf{Orb}(z_0) = \{re^{i(\frac{2k\pi}{n}+\theta)} : 0 \leq k < n\}$$

é conjunto discreto e finito. Note que $\eta_0^{-1}(\mathcal{F}) = \{z \in \mathcal{H} : \eta_0(z) \in \mathcal{F}\}$. Pondo $w = u + iv = \eta_0(z) = re^{2i\theta}$ e $|z| = k$, obtemos

$$|\eta_0^{-1}(w)| = |z| = k \Leftrightarrow 2(k^2+1)v = (k^2-1)(u^2+v^2+1).$$

Assim, $k = 1$ se, e somente se, $r \operatorname{sen} 2\theta = 0$ se, e somente se, $r = 0$ e $0 \leq \theta < \pi/n$ ou $\theta = 0$ e $0 \leq r < 1$. Como $r \operatorname{sen} 2\theta > 0$, para todos $0 < r < 1$ e $0 < \theta < \pi/n$, temos que $k > 1$. Portanto, $\eta_0^{-1}(\mathcal{F}) = \{z \in \mathcal{H} : 0 \leq \operatorname{Re}(z) < 1 \text{ e } |z| \geq 1\}$ é um conjunto fundamental para G em relação a $\mathcal{H}$.

(b) Se f for hiperbólico, então f é conjugada em $\mathsf{Aut}(\mathcal{H})$ a $M_\alpha = \alpha^2 z$, com $\alpha > 0$, $\alpha \neq 1$ e $\mathsf{tr}(M_\alpha)^2 = \alpha^2 + \alpha^{-2} + 2 > 4$. Mais explicitamente, f possui dois pontos fixos $x_1, x_2 \in \mathbb{R}_\infty$, com $x_1 < x_2$.

Assim, existe um $g(z) = -(z - x_2)^{-1}(z - x_1)$ tal que $g(x_1) = 0$, $g(x_2) = \infty$ e $h = g \circ f \circ g^{-1}$ satisfaz $h(0) = 0$ e $h(\infty) = \infty$, ou seja, f é conjugada a $h(z) = M_\alpha(z) = \alpha^2 z$, onde $\alpha \in \mathbb{R}$, com $\alpha > 0$ e $\alpha \neq 1$. Neste caso, cada ponto é movido ao longo do hiperciclo E_f, de modo que G é infinito, pois $\{M_\alpha : \alpha > 0\}$ é isomorfo ao grupo multiplicativo $(\mathbb{R}_+^\times, \cdot)$, o qual é isomorfo ao grupo aditivo $(\mathbb{R}, +)$ via $x \to \log x$. Portanto, $\mathcal{O}(G) = \mathcal{H}$ e G é sempre um grupo fuchsiano infinito. Observe que $h \circ g = g \circ f$ e $h^n(z) = \alpha^{2n} z$, para todo $n \in \mathbb{Z}$ implicam que $h^n(g(x_1)) = h^n(0) = 0$ e $h^n(g(x_2)) = h^n(\infty) = \infty$. Logo, para cada $z \in \mathcal{H}$, obtemos $h^n(z) \neq z$, de modo que $\lim_{n \to \infty} f^n(z) = x_1$, para todo $z \neq x_2$, ou $\lim_{n \to \infty} f^n(z) = x_2$, para todo $z \neq x_1$, pois $0 < \alpha < 1$ ou $\alpha > 1$. Portanto, cada órbita $\operatorname{Orb}(z) = \{f^n(z) : n \in \mathbb{Z}\}$ é formado por duas sequências convergentes. Por exemplo, se $n \in \mathbb{Z}_+$ e $\alpha > 1$, então

$$\lim_{n \to \infty} f^n(z) = g^{-1}\left(\lim_{n \to \infty} h^n(g(z))\right)$$
$$= g^{-1}\left(\lim_{n \to \infty} \alpha^{2n} g(z)\right) = g^{-1}(\infty) = x_2$$

e x_2 chama-se *ponto fixo repulsor*. Também $\lim_{n \to \infty} f^{-n}(z) = x_1$ e x_1 chama-se *ponto fixo atrator*. Portanto, concluímos que existem $x_1, x_2 \in \overline{\mathcal{H}}$ e uma sequência $(f_n)_{n \in \mathbb{N}} = (f^n)_{n \in \mathbb{N}}$ de elementos distintos em G tal que $\lim_{n \to \infty} f_n(z) = x_2$, para todo $z \in \overline{\mathcal{H}} - \{x_1\}$ e $\lim_{n \to \infty} f_n^{-1}(z) = x_1$, para todo $z \in \overline{\mathcal{H}} - \{x_2\}$, de modo que G é um grupo de convergência. Note que se $\alpha > 1$, então o anel

$$\mathcal{F} = \{z \in \mathcal{H} : \alpha^{-1} \leq |z| < \alpha\}$$

é um conjunto fundamental para G em relação a $\mathcal{H}$ delimitado por duas geodésicas. Note que $\eta_0(\mathcal{F}) = \{\eta_0(z) : z \in \mathcal{F}\}$. Pondo $w = u + iv = \eta_0(z)$ e $z = x + iy$, obtemos

$$|\eta_0^{-1}(w)|^2 = |z|^2 \geq \alpha^{-2} \Leftrightarrow |w + 1| \geq \alpha^{-1}|w - 1|.$$

Portanto, $\eta_0(\mathcal{F}) = \{w \in \mathcal{D} : \alpha^{-1}|w - 1| \leq |w + 1| < \alpha|w - 1|\}$ é um conjunto fundamental para G em relação a $\mathcal{D}$.

(c) Se f for parabólico, então f é conjugada em $\operatorname{Aut}(\mathcal{H})$ a $T_b = z + 2b$, onde $b \in \mathbb{R} - \{0\}$ e $\operatorname{tr}(T_b)^2 = 4$. Mais explicitamente, f possui um único ponto fixo $x_0 \in \mathbb{R}$. Assim, existe um $g(z) = -(z-x_0)^{-1}$ tal que $g(x_0) = \infty$ e $h = g \circ f \circ g^{-1}$ satisfaz $h(\infty) = \infty$, ou seja, f é conjugada a $h(z) = T_b = z + 2b$, onde $b \in \mathbb{R} - \{0\}$, ou seja, cada ponto é movido ao longo de um horociclo centrado em x_0, de modo que $h^n(z) = z + nb$, para todo $n \in \mathbb{Z}$, implica que $\lim_{n \to \infty} h^n(z) = \infty$, para todo $z \in \mathcal{H}$, e $G = \{h^n : n \in \mathbb{Z}\}$. Assim, $\lim_{n \to \infty} f^n(z) = g^{-1}(\lim_{n \to \infty} h^n(g(z))) = g^{-1}(\infty) = x_0$. Logo, $\mathcal{O}(G) = \mathcal{H}$ e G é sempre um grupo fuchsiano. Neste caso, cada órbita $\text{Orb}(z) = \{f^n(z) : n \in \mathbb{Z}\}$ é formado por duas sequências convergentes. Portanto, concluímos que existe um $x_0 \in \overline{\mathcal{H}}$ e uma sequência $(f_n)_{n \in \mathbb{N}} = (f^n)_{n \in \mathbb{N}}$ de elementos distintos em G tal que $\lim_{n \to \infty} f_n(z) = x_0 = \lim_{n \to \infty} f_n^{-1}(z)$, para todo $z \in \overline{\mathcal{H}} - \{x_0\}$, de modo que x_0 é um ponto fixo "atrator". observe que $\mathcal{F} = \{z \in \mathcal{H} : -|b| \leq \text{Re}(z) < |b|\}$ é um conjunto fundamental para G em relação a $\mathcal{H}$ delimitado por duas geodésicas. Note que $\eta_0(\mathcal{F}) = \{\eta_0(z) : z \in \mathcal{F}\}$. Pondo $w = u + iv = \eta_0(z), z = x + iy$ e $b > 0$, obtemos $-b \leq \text{Re}(z) < b \Leftrightarrow -b(u^2+(v-1)^2) \leq 2u < b(u^2+(v-1)^2)$. Portanto, $\eta_0(\mathcal{F}) = \{w \in \mathcal{D} : |w + b^{-1} + i| \geq b^{-1}$ e $|w - (b^{-1} + i)| > b^{-1}\}$ é um conjunto fundamental para G em relação a $\mathcal{D}$.

Lema 5.3.13 *Seja G um subgrupo de* $\text{PSL}_2(\mathbb{R})$.

1. *Se G contém um elemento elíptico de ordem infinita. Então $\mathcal{L}(G) = \mathbb{R}_\infty$ e G não é fuchsiano.*

2. *Se $f \in G$ for hiperbólico ou parabólico e $\lambda \in F_f \subset \overline{\mathcal{H}}$, então $\lambda \in \mathcal{L}(G)$.*

3. *Se $\mathcal{L}(G) = \{\lambda\}$, então G não contém elementos hiperbólicos.*

DEMONSTRAÇÃO: (1) Seja $f \in G$ elíptico. Então f é conjugado a $R_\theta(z) = e^{2\pi i \theta}z$, onde $\theta \in \mathbb{R} - \mathbb{Q}$, pois f é de ordem infinita. Dado $z \in \mathbb{R} - F_f = \{0, \infty\}$ e U qualquer vizinhança de z. Então $R_\theta^n(U) \cap U \neq \emptyset$, para todo $n \in \mathbb{Z}$, pois $\theta \in \mathbb{R} - \mathbb{Q}$, de modo que $z \in \mathcal{L}(G)$. Como $\mathcal{L}(G)$ é fechado temos que $F_f \subseteq \mathcal{L}(G)$. Portanto, $\mathcal{L}(G) = \mathbb{R}_\infty$ e G não é fuchsiano. (2) Seja $f \in G$ hiperbólico ou parabólico. Então f é conjugado a $h(z) = (T_\beta \circ M_\alpha)(z) = \alpha z + \beta$, com $\alpha > 0$. Seja U qualquer vizinhança de $\lambda \in F_f = \{0, \infty\}$. Então $h^n(U) \cap U \neq \emptyset$, para todo $n \in \mathbb{Z}$, pois os h^n são todos distintos. Portanto, $\lambda \in \mathcal{L}(G)$ e $|\mathcal{L}(G)| \geq 1$. (3) Se G contivesse um elemento hiperbólico f, então f seria conjugado a $M_\alpha(z) = \alpha z$, com $\alpha > 0$ e $\alpha \neq 1$, de modo que $|F_f| = 2$ e, pelo item (2), $F_f \subseteq \mathcal{L}(G)$, o que é impossível. $\square$

Seja G um subgrupo fuchsiano de $\mathsf{Aut}(\mathcal{H})$. Diremos que G é *elementar* se:

(a)´ $G = \langle f \rangle$ é um grupo cíclico e finito, com f elíptico e $|F_f| = 2$.

(b) $G = \langle f \rangle$ é um grupo cíclico e infinito, com f hiperbólico e $|F_f| = 2$.

(c) $G = \langle f \rangle$ é um grupo cíclico e infinito, com f parabólico e $|F_f| = 1$.

(d) $G = \langle f, g \rangle$ é um grupo diedral, com f hiperbólico, g elíptico e E_f o conjunto dos pontos fixos de G.

Teorema 5.3.14 *Seja G um subgrupo fuchsiano de $\mathsf{Aut}(\mathcal{H})$. Então as seguintes condições são equivalentes.*

1. *G é elementar;*

2. *Existe um subgrupo abeliano H de G tal que $[G : H] < \infty$, ou seja, G é virtualmente abeliano;*

3. *G possui uma órbita finita em $\overline{\mathcal{H}}$.*

Demonstração: $(1 \Rightarrow 2)$ Direto da definição. $(2 \Rightarrow 3)$ Como H é discreto e abelinao temos, pelo teorema 5.3.12, que H é cíclico. Assim, existe um $z_0 \in \overline{\mathcal{H}}$ tal que $f(z_0) = z_0$, para todo $f \in H$, e $H \subseteq \mathsf{Est}(z_0)$. Como $[G : H] = [G : \mathsf{Est}(z_0)][\mathsf{Est}(z_0) : H]$ temos, pelo teorema 3.1.3, que $[G : \mathsf{Est}(z_0)] = |\mathsf{Orb}(z_0)| < \infty$. $(3 \Rightarrow 1)$ Primeiro suponhamos que G não contenha elementos hiperbólicos. Então, pelo item (4) da proposição 5.3.6, F_g é o mesmo para todo $g \in G$, de modo que qualquer elemento de G é elíptico ou parabólico. Portanto, já vimos, em qualquer caso, que G é cíclico. Segundo suponhamos que G contenha um elemento hiperbólico f. Então $g(E_f) = E_f$, para todo $g \in G$ ou $g(E_f) \neq E_f$, para algum $g \in G$. Se $g(E_f) = E_f$, para todo $g \in G$, então, pelo lema 5.3.11, G é cíclico ou diedral. Se $g(E_f) \neq E_f$, para algum $g \in G$, então, pelo Corolário 5.3.7, existe pelo menos dois hiperciclos E_f, com os extremos distintos. Afirmação. $|\mathrm{Orb}(z)| = \infty$, para todo $z \in \overline{\mathcal{H}}$. De fato, é claro que $|\mathrm{Orb}(z)| = \infty$, para todo $z \in \overline{\mathcal{H}} - F_f$. Por outro lado, como $g(E_f) = E_{g^{-1} \circ f \circ g}$ não possui pontos extremos em comum com E_f temos que $(g^{-1} \circ f \circ g)^n(\lambda)$ são distintos, para todos $n \in \mathbb{Z}$ e $\lambda \in F_f$, de modo que $|\mathrm{Orb}(\lambda)| = \infty$. Portanto, em qualquer caso, G é elementar. $\square$

Sejam X um espaço e F um subconjunto em X. Já sabemos que F é fechado em X se $\overline{F} = F$ ou $\partial F \subseteq F$ ou $F' \subseteq F$ ($\overline{F} = F \cup F'$), com

$$\overline{F} = \{x \in X : D_r(x) \cap F \neq \emptyset\} \text{ e } F' = \{x \in X : D_r(x) \cap (F - \{x\}) \neq \emptyset\},$$

para todo $r \in \mathbb{R}_+^\times$. Note que F é fechado em X se, e somente se, $A = X - F$ for aberto em X. De fato, F é fechado em X se, e somente se, $\partial F \subseteq F$. Como $\partial F = \partial A$ temos que $\partial A \cap A = \emptyset$ se, e somente se, $\mathring{A} = A$ se, e somente se, A for aberto em X. Além disso, diremos que F é denso em X se, e somente se, $\overline{F} = X$. Assim, F é denso em X se, e somente se, $0 = d(x, F) = \inf\{d(x, a) : a \in F\}$, para todo $x \in X$, pois $x \in \overline{F}$ significa que $x \in F$ ou $x \in \partial F$ e, em qualquer caso, $d(x, F) = 0$. Reciprocamente, se $x \in A = X - F$ e $d(x, F) = 0$, então $x \in \partial F$ e $x \in \overline{F}$. Em particular, $\mathring{A} = \emptyset$ se, e somente se, $F = X - A$ for denso em X. Isto motiva o seguinte: diremos que F é um *conjunto magro* (nowhere dense) em X se $\mathring{\overline{F}} = \emptyset$. Observe, para qualquer conjunto magro F em X, que $A = X - F$ é denso em X. De fato, como $F \subseteq \overline{F}$ temos que $\mathring{F} \subseteq \mathring{\overline{F}}$ e $B = X - \mathring{F} = \overline{A}$. Assim, se $\mathring{\overline{F}} = \emptyset$, então $\mathring{F} = \emptyset$ se, e somente se, $B = X = \overline{A}$. Portanto, A é denso em X. Se F for fechado vale a recíproca. Tudo isso é equivalente a: para qualquer aberto não vazio U em X, existe um aberto não vazio $V \subseteq U$ tal que $V \cap F = \emptyset$. Por exemplo, se A for aberto em X, então ∂A é magro, pois $\partial(\partial A) \subseteq \partial A$ implica que

∂A é fechado, com $\partial \mathring{A} = \emptyset$. Note que $F = \{x\}$ é aberto em X se, e somente se, $\partial F \cap F = \emptyset$ se, e somente se, $x \notin \partial F$ se, e somente se, $d(x, A) > 0$, com $A = X - F$ se, e somente se, x é isolado em F ($x \in F - F'$). Portanto, qualquer conjunto contável sem pontos isolados é magro. Finalmente, diremos que F é um *conjunto perfeito* em X se F for fechado e não possuir pontos isolados, isto é, para cada $x_0 \in F$, existir uma sequência de pontos distintos $(x_n)_{n \in \mathbb{N}}$ em F tal que $\lim_{n \to \infty} x_n = x_0$. Portanto, se F não possuir pontos isolados, então $\overline{F}$ é perfeito.

LEMA 5.3.15 *Seja F um subconjunto não contável de $\mathbb{C}$. Então $F' \neq \emptyset$ em $\mathbb{C}$.*

DEMONSTRAÇÃO: Primeiro note que $z \in F'$ se, e somente se, z não for um ponto isolado de F e $d(z, F) = 0$. Suponhamos, por absurdo, que $F' = \emptyset$. Então, para cada $n \in \mathbb{N}$ e $x_n \in F$, existe um $r_n \in \mathbb{R}_+^\times$ tal que $D_{r_n}(x_n) \cap F = \{x_n\}$. Por outro lado, pela densidade de $\mathbb{Q}[i]$ em $\mathbb{C}$, podemos escolher $q_n \in \mathbb{Q}[i] \cap D_{r_n/2}(x_n)$ tal que a função $\sigma : \mathbb{Q} \to F$ definida como $\sigma(q_n) = x_n$ seja bijetora, de modo que F é contável, o que é uma contradição. $\square$

PROPOSIÇÃO 5.3.16 *Sejam G um subgrupo fuchsiano não elementar de $\mathsf{PSL}_2(\mathbb{R})$. Então G contém uma quantidade infinita de elementos hiperbólico sem pontos fixos em comum. Além disso, se $F \subseteq \overline{\mathcal{H}}$ for fechado e invariante sob G, com $|F| \geq 2$, então G age descontinuamente sobre F e $F_f \subseteq F$, para todo $f \in G$.*

DEMONSTRAÇÃO: Suponhamos, por absurdo, que G não contenha elementos hiperbólicos. Se G contém somente I e elementos elípticos, então G é elementar. Se G contém um elemento parabólico f, então f é conjugada a $T_\beta(z) = z + \beta$, onde $\beta \in \mathbb{R} - \{0\}$. Dado $g(z) = (cz + d)^{-1}(az + b)$ em G, por recorrência, obtemos $T_\beta^n(z) = z + n\beta$ e $(T_\beta^n \circ g)(z) = (cz + d)^{-1}((a + n\beta c)z + b + n\beta d)$. Como $T_\beta^n \circ g$ é não hiperbólico temos que $0 \leq \mathsf{tr}^2(T_\beta^n \circ g) = (a + d + n\beta c)^2 \leq 4$, para todo $n \in \mathbb{N}$, de modo que $c = 0$ e G é elementar. Assim, em qualquer caso, G é elementar, o que é uma contradição. Portanto, G contém um elemento hiperbólico f. Já vimos, no item (b) depois do teorema 5.3.12, que existem $\lambda_1, \lambda_2 \in \overline{\mathcal{H}}$ e uma sequência $(f_n)_{n\in\mathbb{N}} = (f^n)_{n\in\mathbb{N}}$ de elementos distintos em G tal que $\lim_{n\to\infty} f_n(z) = \lambda_2$, para todo $z \in \overline{\mathcal{H}} - \{\lambda_1\}$ e $\lim_{n\to\infty} f_n^{-1}(z) = \lambda_1$, para todo $z \in \overline{\mathcal{H}} - \{\lambda_2\}$. Neste caso, $F_f = \{\lambda_1, \lambda_2\}$ e $\lambda_1 < \lambda_2$. G age descontinuamente sobre F, pois F invariante sob G implica que K é compacto em $\overline{\mathcal{H}}$, para todo $K \subseteq F$ compacto. Finalmente, como $|F| \geq 2$ temos que existe um $z \in F - \{\lambda_1\}$ tal que $f_n(z) \in F$, para todo $n \in \mathbb{N}$, de modo que $\lim_{n\to\infty} f_n(z) = \lambda_2$ e $\lambda_2 \in F$, pois F é fechado. Da mesma forma com λ_1. Portanto, $F_f \subseteq F$. □

Teorema 5.3.17 *Seja G um subgrupo fuchsiano de $\mathsf{PSL}_2(\mathbb{R})$. Então $\mathcal{L}(G)$ é fechado e invariante sob G. Além disso,*

1. $|\mathcal{L}(G)| \leq 2$ *se, e somente se, G é elementar. Além disso, se $|\mathcal{L}(G)| > 2$, então $|\mathcal{L}(G)| = \infty$.*

2. *Se G não é elementar, então:*

    (a) $\mathcal{L}(G)$ é mínimo, ou seja, qualquer órbita é um conjunto denso.

    (b) $\mathcal{L}(G) = \mathsf{Orb}(z)'$, para todo $z \in \overline{\mathcal{H}}$.

    (c) $\mathcal{L}(G)$ é perfeito e não contável.

    (d) $\mathcal{L}(G)$ é um conjunto magro ou $\mathcal{L}(G) = \mathbb{R}_\infty$.

Demonstração: Segue da definição e do lema 5.1.4. (1) Se G for elementar, então é claro que $|\mathcal{L}(G)| \leq 2$. Reciprocamente, suponhamos que G não seja elementar. Então G possui, pelo Corolário 5.3.7, uma quantidade infinita de geodésicas distintas juntando os pontos extremos. Portanto, $\mathcal{L}(G)$ contém uma quantidade infinita de pontos fixos hiperbólicos distintos, ou seja, $|\mathcal{L}(G)| = \infty$. (a) Seja $F \subseteq \mathcal{L}(G)$ fechado e invariante sob G. Então F é infinito, pois G não é elementar. Assim, pela proposição 5.3.16, $\mathcal{L}(G) \subseteq F$. Portanto, $\mathcal{L}(G) = F$. (b) Observe que $|\mathsf{Orb}(z)| = \infty$, para todo $z \in \mathcal{H}$, pois G não é elementar, de modo que $\mathsf{Orb}(z)' \neq \emptyset$ e $\mathsf{Orb}(z) \neq \mathcal{H}$, pois $\mathsf{Orb}(z)$ é discreto. Se $\lambda \in \mathcal{L}(G)$, então existem $z_0 \in \mathcal{H}$ e uma sequência $(f_n)_{n\in\mathbb{N}}$ de elementos distintos em G tal que $\lim_{n\to\infty} f_n(z_0) = \lambda$, ou seja, $f_n(z_0) \in D_r(\lambda)$, para todos $r \in \mathbb{R}_+^\times$ e $n \in \mathbb{N}$, com $n \geq n_0$. Se $\lambda \in \text{Orb}(z_0)$, então existe um $g \in G$ tal que $g(z_0) = \lambda$, de modo que $(g^{-1} \circ f_n)(z_0) \in D_r(\lambda)$, para todo $n \in \mathbb{N}$, com $n \geq n_0$. Se $\lambda \notin \text{Orb}(z_0)$, então os $f_n(z_0)$ são distintos. Assim, se $f_n(z_0) \neq f_{n+1}(z_0)$ em $D_r(\lambda)$, então $(f_n^{-1} \circ f_{n+1})(z_0) \in D_{2r}(\lambda)$, para todo $n \in \mathbb{N}$, com $n \geq n_0$ e $(f_n^{-1} \circ f_{n+1})(z_0) \neq z_0$, de modo que $\lambda \in \text{Orb}(z_0)'$, pois r é arbitrário. Portanto, $\mathcal{L}(G) = \text{Orb}(z_0)'$. (c) Se $\lambda \in \mathcal{L}(G)$, então existem $z_0 \in \mathcal{L}(G) - \{\lambda\}$ e uma sequência $(f_n)_{n \in \mathbb{N}}$ de elementos hiperbólicos distintos em G tal que $\lim_{n \to \infty} f_n(z_0) = \lambda$. Se os $z_n = f_n(z_0)$ forem distintos, então $\lambda \in \mathcal{L}(G)'$. Caso contrário, escolha $\lambda = \lambda_2$ um ponto fixo "atrator" de um elemento não elíptico $g \in G$. Como $\mathcal{L}(G) \geq 3$ temos que existe um $z_1 \in \mathcal{L}(G) - F_g = \{\lambda_1, \lambda_2\}$, com $\lambda_1 \leq \lambda_2$, tal que $\lim_{n \to \infty} g^n(z_1) = \lambda$ e os $w_n = g^n(z_1)$ são distintos. Logo, $\lambda \in \mathcal{L}(G)'$. Portanto, $\mathcal{L}(G)$ não possui pontos isolados, de modo que $\mathcal{L}(G)$ é perfeito e não contável. (d) Se $\mathcal{L}(G) \neq \mathbb{R}_\infty$, então $A = \mathbb{R}_\infty - \mathcal{L}(G)$ é aberto em $\mathbb{R}_\infty$. Assim, para cada $x \in A$, existe um disco $U_r = D_r(x)$ tal que $U_r \subseteq A$ e $gU_r \cap \mathcal{L}(G) = \emptyset$, para todo $g \in G$, pois $\mathcal{L}(G)$ é invariante sob G. Por outro lado, dado um aberto B em $\mathbb{R}_\infty$ tal que $B \cap \mathcal{L}(G) \neq \emptyset$, devemos encontrar um aberto U em $\mathbb{R}_\infty$ tal que $U \subseteq B$ e $U \cap \mathcal{L}(G) = \emptyset$. De fato, se $\lambda \in B \cap \mathcal{L}(G)$, então, pelo item (b), existe uma sequência $(f_n)_{n \in \mathbb{N}}$ de elementos distintos em G tal que $\lim_{n \to \infty} f_n(x) = \lambda$. Logo, existe um $n_0 \in \mathbb{N}$ tal que $f_n(x) \in B$ e $f_n U_r \cap B \neq \emptyset$, para todo $n \in \mathbb{N}$, com $n \geq n_0$. Como $f_n U_r$ é aberto e $f_n(x) \in \mathcal{L}(G)$ temos que existe um aberto U em $\mathbb{R}_\infty$ tal que $U \subseteq B$ e $U \cap \mathcal{L}(G) = \emptyset$. Portanto, $\mathcal{L}(G)$ é um conjunto magro. Os itens (c) e (d) significa que $\mathcal{L}(G)$ é topologicamente um conjunto de Cantor. $\square$

Seja G um subgrupo fuchsiano de $\text{PSL}_2(\mathbb{R})$. Diremos que G é um *grupo de primeira espécie* ou G é um *grupo horociclo* se $\mathcal{L}(G) = \mathbb{R}_\infty$. Caso contrário, G é de *segunda espécie* e $\mathcal{L}(G) \subset \mathbb{R}_\infty$. Neste caso, todos são elementares. Pondo

$$F_G = \left\{ x \in \partial \mathcal{H} : \begin{array}{l} \text{existe um elemento não elíptico} \\ f \in G - \{I\} \text{ tal que } f(x) = x \end{array} \right\}.$$

Então, pelo lema 5.3.13, $\mathcal{L}(G) = \overline{F}_G$ na métrica euclidiana em $\overline{\mathcal{H}}$, pois $\lambda \in \mathcal{L}(G)$ se, e somente se, existirem $z_0 \in \mathcal{H}$ e uma sequência

$(g_n)_{n\in\mathbb{N}}$ de pontos distintos em G tal que $\lim_{n\to\infty} g_n(z_0) = \lambda$, ou seja, $\mathcal{L}(G) = \mathsf{Orb}(z_0)'$. Note que se $\mathcal{L}(G) = \emptyset$, então todo elemento em $G - \{I\}$ é elíptico. Portanto, pelo lema 5.3.11, G é um grupo finito e cíclico.

Exercícios

1. Seja $p(z) = z^2 + \alpha z + \beta \in \mathbb{C}[z]$. Mostre que as raízes de $p(z)$ estão em $\mathbb{C} - \mathbb{R}$ se, e somente se, $\alpha, \beta \in \mathbb{R}$ e $\alpha^2 < 4\beta$. Conclua que 0 e as raízes formam um triângulo equilátero se, e somente se, $\alpha^2 = 3\beta$.

2. Mostre que qualquer transformação parabólica que fixa 0 pertence a família $t_c(z) = (cz+1)^{-1} z$, onde $c \in \mathbb{R}^\times$.

3. Seja $T_\beta(z) = z + \beta$, onde $\beta \in \mathbb{R}$, em $\mathsf{Aut}(\mathcal{H})$. Mostre que $G = \{T_\beta : \beta \in \mathbb{R}\}$ é não fuchsiano.

4. Mostre que um subgrupo G em $\mathsf{Aut}(\mathcal{H})$ age efetivamente sobre $\mathcal{H}$ se, e somente se, G não contém elementos elípticos.

5. Sejam $f, g \in \mathsf{Aut}(\mathcal{H})$. Mostre que se f for hiperbólico e $F_f \cap F_g = \{\lambda\}$, onde $\lambda \in \mathbb{C}_\infty$, então $G = \langle f, g \rangle$ não é discreto.

6. Sejam $f \in G = \mathsf{PSL}_2(\mathbb{C})$ e $C_G(f) = \{g \in G : g \circ f = f \circ g\}$. Mostre que $C_G(f)$ é um subgrupo de G e $C_G(g^{-1} \circ f \circ g) = g^{-1} C_G(f) g$. Além disso:

    (a) Determine $C_G(f)$, se $f(z) = z \pm 1$.

    (b) Determine $C_G(f)$, se $f(z) = \alpha z$, com $\alpha > 0$ e $\alpha \neq 1$.

    (c) Determine $C_G(f)$, se f for elíptico.

7. Sejam $f, g \in \mathsf{Aut}(\mathcal{H}) - \{I\}$ não parabólicos, $F_f \cap F_g = \{\lambda\}$. Mostre que $h = f \circ g \circ f^{-1} \circ g^{-1}$ é parabólico, com $h(\lambda) = \lambda$ e $h \neq I$.

8. Sejam $f, g \in \mathsf{Aut}(\mathcal{H}) - \{I\}$, com f hiperbólico e $F_f = \{\lambda_1, \lambda_2\}$. Se g satisfaz $g(\lambda_1) = \lambda_2$:

    (a) Mostre que $h = f \circ g \circ f \circ g^{-1}$ é hiperbólico.

    (b) Mostre que $h = f \circ g \circ f^{-1} \circ g^{-1}$ é parabólico.

9. Seja G um grupo fuchsiano em $\mathsf{Aut}(\mathcal{H})$ contendo $T(z) = z + 1$. Mostre que $|\mathsf{tr}(T \circ g \circ T^{-1} \circ g^{-1}) - 2| \geq 1$, para todo $g(z) = (cz+d)^{-1}(az+b)$ em G.

10. Sejam $G = \langle f, g \rangle$ um grupo em $\in \mathsf{PSL}_2(\mathbb{R})$, com $f(z) = z + 1$ e $g(z) = -z$. Mostre que G é abeliano, mas não cíclico.

11. Seja G um subgrupo discreto de $\mathsf{SL}_2(\mathbb{R})$. Mostre que hGh^{-1} é discreto, para todo $h \in \mathsf{SL}_2(\mathbb{R})$.

12. Seja H um grupo fuchsiano não abeliano em $G = \mathsf{PSL}_2(\mathbb{R})$. Mostre que $\mathcal{N}_G(H) = \{g \in G : gHg^{-1} = H\}$ é fuchsiano.

13. Mostre que qualquer subgrupo discreto não trivial de $(\mathbb{R}, +)$ é cíclico e infinito. Enquanto, qualquer subgrupo discreto não trivial de $(S^1, \cdot)$ é cíclico e finito.

6
REGIÕES FUNDAMENTAIS

O principal objetivo deste capítulo é provar que cada grupo descontínuo em $\mathbb{C}$ possui uma região fundamental delimitada por arcos circulares.

6.1 Domínios de Dirichlet e de Ford

Nesta seção vamos apresentar dois métodos clássicos para construir regiões fundamentais: o domínio de Dirichlet e o domínio de Ford. Com o objetivo de simplificar a notação uma região fundamental para G em relação a X será simplesmente uma região fundamental para G. Para isto, vamos rever alguns fatos que serão úteis.

Sejam $a \in \mathbb{C}$ e $v \in \mathbb{C} - \{0\}$ um vetor direção. Então

$$L_v = \{a + tv : t \in \mathbb{R}\} = \{z \in \mathbb{C} : \text{Im}(v^{-1}(z - a)) = 0\}$$

é uma reta que passa por a na direção de v. Como $v \neq 0$ é uma direção podemos supor que $|v| = 1$, digamos $v = e^{i\theta}$, onde $\theta \in \mathbb{R}$ é o ângulo entre o eixo dos x e L_v. Se $a = 0$ e $z = re^{i\alpha} \in S_r(0)$, então $v^{-1}z = re^{i(\alpha-\theta)}$, de modo que

$$v^{-1}z \in \mathcal{H}_v = \{z \in \mathbb{C} : \text{Im}(v^{-1}(z - a)) > 0\}$$

se, e somente se, sen$(\alpha - \theta) > 0$ se, e somente se, $0 < \alpha - \theta < \pi$. Portanto, $\mathcal{H}_v$ é o semiespaço à esquerda (acima) de L_v. Em particular,

$\mathcal{H}$ é o semiespaço acima do eixo dos x: $L_0 = \{z \in \mathbb{C} : \text{Re}(z) = 0\} = \mathbb{R}$. Sejam $b = a + re^{i\alpha} \in \Gamma = S_r(a)$ e $L_\theta = \{z \in \mathbb{C} : \text{Im}(e^{-i\theta}(z-b)) = 0\}$. Então L_θ é tangente a Γ em b se, e somente se, $\text{Im}(e^{-i\theta}(z-b)) = 0$ se, e somente se, $\text{sen}(\alpha - \theta) = 0$ ou $\theta = \alpha$ ou $\theta = \alpha - \pi$.

Dado $z \in \mathbb{C}$, com $z \neq z_0$, confira figura 6.1 (a). Assim,

$$\begin{aligned}|z-b|^2 &= |z-z_0||w-z| = |z-z_0|(|w-z_0| - |z-z_0|) \\ &= |z-z_0||w-z_0| - |z-z_0|^2 \\ &= |z-z_0||w-z_0| - (|b-z_0|^2 - |z-b|^2).\end{aligned}$$

Logo, $|z - z_0||w - z_0| = r^2$. Portanto, z e w são pontos inversos através do eixo $S_r(z_0)$ se, e somente se, z e w estão sobre a semirreta $L_v = \{z_0 + tv : t \geq 0\}$, com $v = z - z_0$, e $|z-z_0||w-z_0| = r^2$ ou, equivalentemente, $\arg(w - z_0) = \arg(z - z_0)$ e $|z - z_0||w - z_0| = r^2$. Como $\arg(z - z_0) = -\arg(\overline{z} - \overline{z_0})$ temos que $(w - z_0)(\overline{z} - \overline{z_0}) = r^2$, de modo que

$$w - z_0 = \frac{r^2}{|z-z_0|^2}(z-z_0) \Leftrightarrow R(z) = z_0 + \frac{r^2}{|z-z_0|^2}(z-z_0).$$

Se $0 < k \neq 1$, então o círculo de Apolônio $\Gamma_k = \{u \in \mathbb{C} : |u - w| = k|u-z|\}$ de centro $u_0 \in L_{wz}$ e raio s que passa por z e w é ortogonal a $S_r(z_0)$, pois

$$|u_0 - z_0|^2 = s^2 + r^2 \Leftrightarrow \left|\frac{w - k^2 z}{1 - k^2} - z_0\right|^2 = \frac{k^2|w-z|^2}{|1-k^2|^2} + r^2$$

e use o lema 4.2.3. Em particular, se $z = e^{i\theta}u \in \mathbb{C}$, então $w = e^{i\theta}\sigma_0(u) = e^{i\theta}\overline{u}$ é seu ponto inverso em relação a reta que passa pela origem e faz um ângulo θ com o eixo dos x. Então $\overline{z} = e^{-i\theta}\overline{u}$ implica que $w = e^{2i\theta}\overline{z}$.

Observe, em geral, que a equação unificada do círculo Γ:

$$az\overline{z} + \overline{b}z + b\overline{z} + d = 0 \tag{6.1.1}$$

representava um círculo se $a \neq 0$ e $|b|^2 > 4ad$, de modo que

$$(z + a^{-1}b)(\overline{z} + a^{-1}\overline{b}) = a^{-2}(b\overline{b} - 4ad)$$

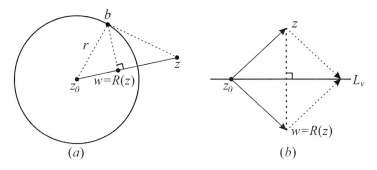

Figura 6.1: Inversão e reflexão.

Como $(w-z_0)(\bar{z}-\overline{z_0}) = r^2$ temos que z e w estão relacionados pela equação:

$$aw\bar{z} + \bar{b}w + b\bar{z} + d = 0 \Leftrightarrow w = R(z) = -\frac{b\bar{z}+d}{a\bar{z}+\bar{b}}. \qquad (6.1.2)$$

Se $a = 0$ e $|b| > 0$, então a equação (6.1.1) representa uma reta em $\mathbb{C}$ e $\bar{b}w + b\bar{z} + d = 0$ ou $w = R(z) = -\bar{b}^{-1}(b\bar{z}+d)$. Dado $z_0 \in \mathbb{C}$, $R(z_0) = z_0$ se, e somente se, $z_0 = -\bar{b}^{-1}(b\bar{z_0}+d)$ se, e somente se, $z_0 \in \Gamma$. Assim, se $z \in \mathbb{C} - \Gamma$ e $u \in \Gamma$, então

$$|u - R(z)| = |R(u) - R(z)|$$
$$= \left| -\frac{b\bar{u}+d}{\bar{b}} + \frac{b\bar{z}+d}{\bar{b}} \right| = \left| \frac{b}{\bar{b}}(\bar{z}-\bar{u}) \right| = |u - z|.$$

Portanto, os pontos z e w são inversos em relação ao eixo $\Gamma = L_v$ se, e somente se, $|u - z| = |u - w|$, para todo $u \in L_v$, ou seja, L_v é o bissetor ortogonal do segmento L_{zw}, confira figura 6.1 (b). Em particular, se $\Gamma = \mathbb{R}_\infty$, então $R(z) = \sigma_0(z) = \bar{z}$. Observe que $\lim_{a\to 0} \Gamma = L_v$. Concluímos que uma reflexão R em relação a L_v é definida como $R(z) = z + tv$, com o parâmetro t determinado de modo que $2^{-1}(z + R(z)) \in L_v$.

Vamos encerar estas observações com mais alguns detalhes já vistos, em algumas partes do texto, em particular, na prova do teorema 2.1.4. Sejam $z_0 \in \mathbb{C}$ e $u \in \mathbb{C}$, com $|u| = 1$. Então $L_u = \{z_0 + tu : t \in \mathbb{R}\}$

é uma reta que passa por z_0 na direção do vetor u. Neste caso, L_u é ortogonal a reta $L_n = \{z_0 + tn : t \in \mathbb{R}\}$, em que $n = iu$, pois $\mathsf{Re}(u\bar{n}) = 0$. Observe que $R(z) = z_0 + e^{i\alpha}(\bar{z} - \bar{z}_0)$ é a reflexão em L_u, com α o ângulo que ela faz com o eixo dos x.

Seja $T_b(z) = z+b$, onde $b \in \mathbb{C} - \{0\}$, uma translação, isto significa geometricamente que: os segmentos $0b$ e $zT_b(z)$ possuem a mesma direção, sentido e distância ($T_b(L) = L$, para qualquer reta L paralela a $0b$. Neste caso, T_b é a translação ortogonal a $L_u = \{z_0 + tu : t \in \mathbb{R}\}$, com $u = ib$. Consideremos qualquer reflexão R_1 em L_u, de modo que $R_1 T_b R_1^{-1}$ é uma translação na direção oposta, a saber, T_{-b}. Portanto, $R_1 T_b = T_{-b} R_1$. Da mesma forma, se R_θ for qualquer rotação em torno de um ponto em L_u, digamos $R_\theta(z) = z_0 + e^{i\theta}(z - z_0)$, então $R_1 R_\theta R_1^{-1}$ é uma rotação em torno do mesmo ponto e na direção oposta, a saber, $R_{-\theta}$, de modo que $R_1 R_\theta = R_{-\theta} R_1$. Agora, seja R_2 qualquer reflexão em L_v. Se L_u for paralela a L_v, então podemos encontrar uma translação T ortogonal a ambas as retas tal que $T(L_u) = L_v$, de modo que $R_2 = T R_1 T^{-1}$. Portanto, $R_2 R_1 = T R_1 T^{-1} R_1 = T R_1 R_1 T = T^2$, ou seja, a composição de duas reflexões em retas paralelas é uma translação ortogonal a elas por duas vezes a distância entre elas, confira a figura 6.2 (a), explicitamente, $T(z) = z + 2d(L_u, L_v)$, de modo que $b = 2d(L_u, L_v)$. Se $L_u \cap L_v = \{z_0\}$, então existe uma rotação R_α em torno de z_0 tal que $R_\alpha(L_u) = L_v$, de modo que $R_2 = R_\alpha R_1 R_{-\alpha}$. Portanto, $R_2 R_1 = R_\alpha R_1 R_{-\alpha} R_1 = R_\alpha R_1 R_1 R_\alpha = R_\alpha^2$, ou seja, a composição de duas reflexões é uma rotação em torno de z_0 por duas vezes o ângulo $\measuredangle(L_u, L_v)$, confira a figura 6.2 (b), explicitamente, $R_\theta(z) = R_{2\alpha}(z)$, de modo que $\theta = 2\alpha$. Finalmente, se T e R são translação e reflexão, então $T \circ R$ e $R \circ T$ são reflexões de deslizamento. Também, $R_\theta \circ R$ e $R \circ R_\theta$ o são. Portanto, qualquer elemento de $\mathsf{GM}_2(\mathbb{C})$ é a composição de no máximo três reflexões em retas.

Dado $f(z) = (cz+d)^{-1}(az+b)$ em $\mathsf{Aut}(\mathcal{H}) - \{I\}$, é fácil verificar que

$$f = T_{c^{-1}a} \circ M_{c^{-2}} \circ S \circ T_{c^{-1}d}.$$

Assim, $\mathsf{Aut}(\mathcal{H})$ é gerado por $M_\alpha(z) = \alpha z$, com $\alpha > 0$ e $\alpha \neq 1$, uma dilatação (contração ou expansão). Note que $M_\alpha(z)$ é uma *translação vertical*, pois $\rho(ki, M_\alpha(ki))$ é constante, para todo $k \in \mathbb{R}_+^\times$;

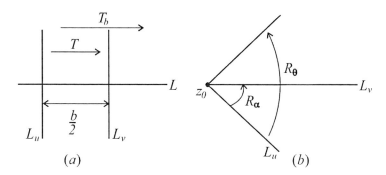

Figura 6.2: Trnaslação e rotação.

$T_\beta(z) = z + 2\beta$, onde $\beta \in \mathbb{R}^\times$, é uma *translação horizontal*, pois $\rho(x, T_\alpha(x))$ é constante, para todo $x \in \mathbb{R}$, e $S(z) = -z^{-1}$ é uma inversão em S^1 seguida por uma reflexão no eixo dos y, ou seja, o grupo $\mathsf{Aut}(\mathcal{H}) = \langle f, S \rangle$, onde $f(z) = \alpha z + \beta$, com $\alpha > 0$, e $S(i) = i$, de modo que a função $\psi : \mathsf{Aut}(\mathcal{H}) \to \mathbb{R}^2 \times S^1$ definida como $\psi(f \circ S) = (\alpha, \beta, e^{i\theta})$ é um homeomorfismo. Neste contexto, $\mathsf{Iso}(\mathcal{H}) = \langle f, R_0 \rangle$, onde $f \in \mathsf{Aut}(\mathcal{H})$ e $R_0(z) = (S \circ \sigma_0)(z)$, com $\sigma_0(z) = \bar{z}$, confira o teorema 4.1.9.

É bastante instrutivo e útil considerarmos um caso detalhado de uma isometria: pondo $w = u + iv = S(z), z = x + iy, b = x_0 + iy_0$ e $w = -|z|^{-2}\bar{z}$, obtemos $u = -(x^2 + y^2)^{-1}x$ e $v = (x^2 + y^2)^{-1}y$. Por outro lado, $z = -|w|^{-2}\bar{w}$ implica que $x = -(u^2 + v^2)^{-1}u$ e $y = (u^2 + v^2)^{-1}v$. Assim, depois de alguns cálculos, temos que a equação de $S(\Gamma)$: $d(u^2 + v^2) - 2x_0 u + 2y_0 v + a = 0$ representa um círculo ou uma reta e, reciprocamente. Neste caso, z e w são pontos inversos em S^1, pois $(0, u; z, w) = -1$, onde $u \in S^1 \cap L$, confira a figura 6.1 (a), $S(0) = \infty$ e $S(\infty) = 0$, de modo que Γ é ortogonal a S^1. Além disso,

1. Se Γ for um círculo com $0 \notin \Gamma$ ($ad \neq 0$), então o círculo $S(\Gamma) \not\ni 0$.

2. Se Γ for um círculo com $0 \in \Gamma$ ($a \neq 0$ e $d = 0$), então a reta $S(\Gamma) \not\ni 0$.

3. Se Γ for uma reta $0 \notin \Gamma$ ($a = 0$ e $d \neq 0$), então o círculo $S(\Gamma) \ni 0$.

4. Se Γ for uma reta com $0 \in \Gamma$ ($a = 0$ e $d = 0$), então a reta $S(\Gamma) \ni 0$.

Portanto, qualquer $f \in \mathsf{Aut}(\mathcal{H})$ leva círculos ou retas em círculos ou retas. Observe que se $u + iv = T_\beta(z)$ e $z = x + iy$, então $u = x + 2\beta$ e $v = y$, de modo que

$$ds^2 = \frac{1}{y^2}dzd\bar{z} = \frac{1}{y^2}(dx^2 + dy^2) = \frac{1}{v^2}(du^2 + dv^2) = \frac{1}{v^2}dwd\bar{w}$$

e a métrica em $\mathcal{H}$ é deixada invariante sob T_β. De modo análogo com M_α e S. Portanto, $(\mathcal{H}, \rho)$ é um espaço de Hausdorff localmente compacto e simplesmente conexo, ou seja, $\mathcal{H}$ é uma superfície riemanniana. Além disso, $\mathcal{H} \cap \partial\mathcal{H} = \emptyset$ implica que $\mathcal{H}$ é aberto.

Dados $p, q \in \mathcal{H}$ e L a única reta em $\mathcal{H}$ que passa por p e q, confira a figura 4.1. (i) Se $p = q$, então $L : \mathsf{Re}(z) = p$. Neste caso, existe um $T(z) = z - p$ tal que $T(L) = i\mathbb{R}_+$. (i) Se $p \neq q$, então L possui pontos extremos no círculo infinito $\mathbb{R}_\infty$, digamos, $x_1 < x_2$, de modo que x_1, p, q e x_2 ocorram nesta ordem ao longo de L. Assim, pela transitividade de $\mathsf{Aut}(\mathcal{H})$, existe um $h(z) = -(z - x_2)^{-1}(z - x_1)$ tal que $h(x_1) = 0$ e $h(x_2) = \infty$, ou seja, $h(L) = i\mathbb{R}_+, h(p) = ie^s$ e $h(q) = ie^t$, com $s < t$. Seja $\gamma : \mathbb{R} \to \mathcal{H}$ a curva definida como $\gamma(t) = ie^t$. Então

$$\cosh(t - s) = \frac{e^{t-s} + e^{s-t}}{2} = \frac{e^{2t} + e^{2s}}{2e^s e^t}$$
$$= 1 + \frac{(e^t - e^s)^2}{2e^s e^t} = \cosh \rho(\gamma(t), \gamma(s)).$$

Portanto, γ é uma geodésica em $\mathcal{H}$, de modo que L também o é. Explicitamente, as geodésicas em $\mathcal{H}$ são: as retas $L_k = \{z \in \mathcal{H} : \mathsf{Re}(z) = k\}$ e os semicírculos $\Gamma : a(x^2+y^2)+2bx+d = 0$, com $b^2 > ad$. Finalmente, qualquer disco fechado $\overline{D}_s(z_0) = \{z \in \mathcal{H} : \rho(z, z_0) \leq s\}$ é compacto. Note que estas mesmas observações vale em $\mathcal{D}$ via $\eta_0(\mathcal{H}) = \mathcal{D}$.

Teorema 6.1.1 *Seja $O_2(\mathbb{R})$ o subgrupo ortogonal em $\mathsf{Iso}(\mathbb{C})$. Então a função $p : \mathsf{Iso}(\mathbb{C}) \to O_2(\mathbb{R})$ definida como $p(g \circ T) = g$ é um* *homomorfismo de grupos, com* $\ker p = \mathcal{T}(\mathbb{C})$ *o subgrupo das translações de* $\mathsf{Iso}(\mathbb{C})$. *Conclua que* $\mathsf{Iso}(\mathbb{C})/\mathcal{T}(\mathbb{C})$ *é isomorfo a* $O_2(\mathbb{R})$.

DEMONSTRAÇÃO: Dado $f \in \mathsf{Iso}(\mathbb{C})$ e consideremos $g(z) = f(z) - f(0)$. Então $g(0) = 0$ e, pelo lema 2.2.1, $g \in O_2(\mathbb{R})$, de modo que $f = g \circ T_u$, com $T_u(z) = z+u$ e $u = f(0)$. Esta representação é única (prove isto!). Assim, a função $p: \mathsf{Iso}(\mathbb{C}) \to O_2(\mathbb{R})$ definida como $p(f) = (g \circ T) = g$ está bem definida, é sobrejetora e claramente um homomorfismo de grupos, com $\ker p = \{f \in \mathsf{Iso}(\mathbb{C}) : p(f) = I\} = \mathcal{T}(\mathbb{C})$. □

Seja G qualquer subgrupo em $\mathsf{Iso}(\mathbb{C})$. O grupo $H = G \cap \mathcal{T}(\mathbb{C})$ chama-se o *grupo das translações* de G e $J = p(G)$ o *grupo de pontos* de G, o qual é um subgrupo em $O_2(\mathbb{R})$. Como $\psi = p|_G : G \to J$ é um homomorfismo de grupos sobrejetor, com $H = \ker \psi$, temos que $G/H \simeq J$. Por exemplo, se $u_1 = 1, u_2 = 2^{-1}(1 + i\sqrt{3})$ e $H = \langle T_{u_1}, T_{u_2} \rangle$, então J é uma cópia do grupo diedral D_6. Não obstante, pode não existir cópia de J dentro de G, confira o exercícia 7 da seção 5.2. Observe que se $L = \mathsf{Orb}(0)$ da ação de H sobre $\mathbb{C}$, então a função $\psi : \mathcal{T}(\mathbb{C}) \to (\mathbb{C}, +)$ definida como $\psi(T) = T(0)$ é claramente um isomorfismo de grupos. Seja K qualquer subgrupo em $\mathcal{T}(\mathbb{C})$. Então $L = \psi(K)$ é um subgrupo em $(\mathbb{C}, +)$. Reciprocamente, seja L qualquer subgrupo em $(\mathbb{C}, +)$, então existe um único subgrupo $K = \{T \in \mathcal{T}(\mathbb{C}) : T(0) \in L\}$ tal que $\psi(K) = L$. Como $d(T_1, T_2) = |T_2(0) - T_1(0)|$ temos que L é um reticulado em $(\mathbb{C}, +)$ se, e somente se, K for um reticulado em $\mathcal{T}(\mathbb{C})$ (subgrupo discreto). Vale ressaltar que a função $\mathsf{sgn} : \mathsf{Iso}(\mathbb{C}) \to \{-1, 1\}$ definida como $\mathsf{sgn}(R \circ T) = \det R$ é claramente um homomorfismo de grupos, com $\ker \mathsf{sgn} = \mathsf{Iso}^+(\mathbb{C})$ o grupo das isometrias que preservam orientações.

LEMA 6.1.2 *Sejam* (X, d) *um espaço,* $\emptyset \neq F \subseteq X$ *compacto e* $x_0 \in X - F$. *Então existe pelo menos um* $m \in F$ *tal que* $d(x_0, m) \leq d(x_0, x)$, *para todo* $x \in F$.

DEMONSTRAÇÃO: Como F é fechado temos que $0 < d = \rho(x_0, F)$. Para cada $n \in \mathbb{N}$, pondo $F_n = \{x \in F : d(x_0, x) \leq d + n^{-1}\}$, de modo que os $F_n \neq \emptyset$ são fechados em X e $F_n \supseteq F_{n+1}$. Assim, pelo

Corolário 3.3.11, existe um $m \in \bigcap_{n \in \mathbb{N}} F_n$ tal que $d(x_0, m) = d = \inf\{d(x_0, x) : x \in F\}$. Observe que a função $f : X \to \mathbb{R}$ definida como $f(x) = \rho(x, F)$ é contínua, de modo que $f(m) \leq f(x)$, para todo $x \in X$. □

Teorema 6.1.3 *Sejam (X, d) um espaço, $\emptyset \neq A, B \subseteq X$ tais que $\overline{A} \cap B = A \cap \overline{B} = \emptyset$. Então existem abertos U e V em X tais que $A \subseteq U, B \subseteq V$ e $U \cap V = \emptyset$.*

Demonstração: A função $\psi : X \to \mathbb{R}$ definida como $\psi(x) = d(x, B) - d(x, A)$ é contínua, pois d o é, e $\psi(x) \neq 0$, para todo $x \in X$, pois $\overline{A} \cap B = A \cap \overline{B} = \emptyset$. Portanto, existem $U = \{x \in X : \psi(x) > 0\}$ e $V = \{x \in X : \psi(x) < 0\}$ abertos em X tais que $A \subseteq U, B \subseteq V$ e $U \cap V = \emptyset$. □

Proposição 6.1.4 *Sejam G um grupo fuchsiano em $\mathsf{Aut}(\mathcal{H})$ e $z_0 \in \mathcal{H} - F_g$, para todo $g \in \mathsf{Aut}(\mathcal{H})$. Então existe um aberto $U = D_r(z_0)$ em $\mathcal{H}$ tal que $U \cap gU = \emptyset$, para todo $g \in G - \{I\}$.*

Demonstração: Como G é discreto temos que $0 < 2r = \inf\{\rho(z_1, g(z_1)) : g \in G - \{I\}\}$ existe. Portanto, $U = D_r(z_0)$ goza das propriedades desejadas. □

Seja G um grupo fuchsiano em $\mathsf{Aut}(\mathcal{H})$. Então, pelo teorema 5.1.7, existe um $z_0 \in \mathcal{H} - F_g$, para todo $g \in G$. Seja $G = \{g_0 = I, g_n : n \in \mathbb{N}\}$ sua enumeração. Então $z_n = g_n(z_0) \in \mathsf{Orb}(z_0)$ são todos distintos. Caso contrário, se $z_n = z_{n+1}$, então $(g_n^{-1} \circ g_{n+1})(z_0) = z_0$, o que é impossível. Assim, $L_{z_0 z_n}$ é um segmento (geodésica) em $\mathcal{H}$, para todo $n \in \mathbb{N}$. Afirmação. A geodésica

$$\Sigma_n(z_0) = \{z \in \mathcal{H} : \rho(z, z_0) = \rho(z, z_n)\} = \{z \in \mathcal{H} : |z - z_0| = k|z - z_n|\}$$

é o bissetor ortogonal de $L_{z_0 z_n}$. De fato, primeiro note que $\Sigma_n(z_0)$ depende somente de z_0 e $z_n = g_n(z_0)$. Assim, se $L_{z_0 z_n} \subset L$, então, pela transitividade de $\mathsf{Aut}(\mathcal{H})$, existe um $g \in \mathsf{Aut}(\mathcal{H})$ tal que

$M = g(L) = \mathcal{H} \cap S^1$, $w_1 = g(z_0) = x + yi$ e $w_2 = g(z_n) = -x + yi$, de modo que $\mathbb{I} = i\mathbb{R}_+$ é o seu bissetor ortogonal, pois

$$\int_{w_1}^{i} \frac{1}{y}|dz| = \int_{i}^{w_2} \frac{1}{y}|dz|.$$

Logo, devemos provar que $\mathbb{I} = L_2 = \{z \in \mathcal{H} : \rho(z, w_1) = \rho(z, w_2)\}$. Seja $\Gamma_1 = \{z \in \mathcal{H} : \rho(z, w_1) = r\}$ tal que $\Gamma_1 \cap \mathbb{I} \neq \emptyset$. Então existe um $R_0(z) = -\bar{z}$ em $\mathsf{Aut}(\mathcal{H})$ tal que $R_0(\mathbb{I}) = \mathbb{I}$ e $\Gamma_2 = R_0(\Gamma_1) = \{z \in \mathcal{H} : \rho(z, w_2) = r\}$, com $\Gamma_2 \cap \mathbb{I} \neq \emptyset$. Logo, dado $u \in \Gamma_1 \cap \Gamma_2 \cap \mathbb{I}$, obtemos $\rho(u, w_1) = \rho(u, w_2)$ e $u \in L_2$. Reciprocamente, dado $u \in L_2$, obtemos $\rho(u, w_1) = \rho(u, w_2)$ e podemos escolher $r > 0$ suficientemente grande tal que $\Gamma_1 \cap \mathbb{I} \neq \emptyset$ e $\Gamma_2 \cap \mathbb{I} \neq \emptyset$, de modo que $u \in \mathbb{I}$, confira a figura 6.3. Finalmente, pelo teorema 4.1.7,

$$\frac{|z - z_0|^2}{4yy_0} = \frac{|z - z_n|^2}{4yy_n} \Leftrightarrow |z - z_0|^2 = \frac{y_0}{y_n}|z - z_n|^2$$

representa um círculo de Apolônio ou uma reta. Note que $w_0 = 2^{-1}(z_0 + z_n)$ implica que $\rho(z_0, z_n) = 2\rho(z_0, \Sigma_n(z_0)) \leq \rho(z_0, z)$, para todo z em $\Sigma_n(z_0)$. Como ρ é contínua temos que a função $\psi : \mathcal{H} \to \mathbb{R}$ definida como $\psi(z) = \rho(z, z_n) - \rho(z, z_0)$ é contínua, de modo que $\Sigma_n(z_0) = \psi^{-1}(0)$ e ψ não muda de sinal em um dos semiespaços $\mathcal{H}_j = \mathcal{H} - \Sigma_n(z_0)$. Caso contrário, se $w_1, w_2 \in \mathcal{H}_1$, com $\psi(w_1) > 0$ e $\psi(w_2) < 0$, então existe uma curva $\gamma : [0,1] \to \mathcal{H}_1$ tal que $\gamma(0) = w_1$ e $\gamma(1) = w_2$. Pondo $\beta = \psi \circ \gamma$ temos, pelo Teorema do Valor Intermediário, que $\psi(\gamma(t_0)) = 0$, para algum $t_0 \in (0,1)$, o que é uma contradição. Portanto, $\psi(z_0) > 0$ e $z_0 \in \mathcal{H}_1 = \psi^{-1}(\mathbb{R}_+^\times) = \{z \in \mathcal{H} : \psi(z) > 0\}$. Por outro lado, $\psi(z_n) < 0$ e $z_n \in \mathcal{H}_2 = \psi^{-1}(\mathbb{R}_-^\times) = \{z \in \mathcal{H} : \psi(z) < 0\}$. Vale ressaltar que: se K for um compacto em $\mathcal{H}$, com $z_n \notin K$, então $\psi|_K$ é contínua, de modo que ψ atinge seu mínimo em um ponto $w_0 \in K$ e $\psi(w_0) \leq \psi(z)$, para todo $z \in K$. Portanto, para $|z_n|$ suficientemente grande, obtemos $K \subset \mathcal{H}_1$ e $K \cap \mathcal{H}_2 = \emptyset$.

Lema 6.1.5 *Sejam G um grupo fuchsiano em $\mathsf{Aut}(\mathcal{H}), z_0 \in \mathcal{H} - F_{z_n}$, para todo $z_n \in G$, e qualquer compacto K em $\mathcal{H}$. Então $\{n \in \mathbb{Z}^\times : K \cap \Sigma_n(z_0) \neq \emptyset\}$ é um conjunto finito.*

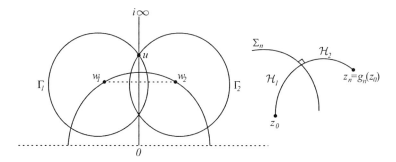

Figura 6.3: Bissetor ortogonal.

DEMONSTRAÇÃO: Como $(\mathcal{H}, \rho)$ é um espaço métrico temos, pela proposição 3.3.14, que K é limitado, ou seja, existe um $r \in \mathbb{R}_+^\times$ tal que $\rho(z_0, z) \leq r$, para todo $z \in K$. Assim, dado $w \in \Sigma_n(z_0)$ tal que $w \in K$, de modo que

$$\rho(z_0, z_n) \leq \rho(z_0, w) + \rho(w, z_n) = 2\rho(z_0, w) \leq 2r.$$

Logo, $z_n \in \overline{D}_{2r}(z_0)$. Portanto, pelo teorema 5.1.2, $\{n \in \mathbb{Z}^\times : K \cap \Sigma_n(z_0) \neq \emptyset\}$ é um conjunto finito. $\square$

Observe, pelo exposto acima, que $\Sigma_n(z_0) = \psi^{-1}(0)$ é fechado em $\mathcal{H}$, $\mathcal{H}_1 = \psi^{-1}(\mathbb{R}_+^\times)$ e $\mathcal{H}_2 = \psi^{-1}(\mathbb{R}_-^\times)$ são semiespaços abertos e limitados por $\Sigma_n(z_0)$, de modo que eles são as componentes conexas de $\mathcal{H} - \Sigma_n(z_0)$.

PROPOSIÇÃO 6.1.6 *Seja Γ um círculo hiperbólico em $\mathcal{H}$. Então $\mathcal{H} - \Gamma$ possui duas componentes conexas e convexas. Conclua que se $z_0 \in \mathcal{H} - F_g$, para todo g em $\text{Aut}(\mathcal{H})$, então z_0 e $g(z_0)$ estão em componentes diferentes e o segmento geodésico $L_{z_0 g(z_0)}$ é ortogonal a Γ.*

DEMONSTRAÇÃO: Seja $\Gamma = \{z \in \mathcal{H} : \rho(z, c) = s\}$ um círculo qualquer. Então, pelo exposto acima, $\mathcal{H}_- = \{z \in \mathcal{H} : \rho(z, c) < s\}$ e $\mathcal{H}_+ = \{z \in \mathcal{H} : \rho(z, c) > s\}$ são as componentes de $\mathcal{H} - \Gamma$. É claro que $\mathcal{H}_\pm$ são conexas e, pelo Exemplo 4.2.1, são convexas. Se $z_0 \neq g(z_0)$, então $\Gamma = \Sigma_g(z_0) = \{z \in \mathcal{H} : \rho(z, z_0) = \rho(z, g(z_0))\}$ é o bissetor do segmento geodésico $L_{z_0 g(z_0)}$. Na métrica euclidiana:

$$\Sigma_g(z_0) = \{z \in \mathcal{H} : |z - g(z_0)| = \sqrt{\text{Im}(z_0)^{-1} \text{Im}(g(z_0))} |z - z_0|\} \quad (6.1.3)$$

que é ortogonal ao segmento geodésico $L_{z_0 g(z_0)}$. □

Sejam G um subgrupo de $\text{Aut}(\mathcal{H})(\text{PSL}_2(\mathbb{R}))$ e $\mathcal{F}$ um conjunto fundamental para G. Então $\mathcal{H} = \bigcup_{g \in G} g\mathcal{F}$. Assim, se para cada $z_0 \in \mathcal{H}$, existir um aberto U em $\mathcal{H}$ contendo de z_0 tal que $U \cap (g_j F) \neq \emptyset$, onde $j \in \{1, \ldots, n\}$, ou seja, U intercepta somente um número finito de cópias de $\mathcal{F}$, então G age descontinuamente sobre $\mathcal{H}$. Portanto, em geral, é mais simples mostrar que um grupo age descontinuamente sobre $\mathcal{H}$, exibindo um conjunto fundamental adequado. Enquanto, o exposto acima nos fornece mais um critério para decidir se um dado grupo G é discreto (descontínuo) ou não. Já vimos que um conjunto fundamental nunca seria um aberto, pois identificamos pontos em sua fronteira. Portanto, por conveniência, vamos modificar um pouco este conceito fazendo:

Seja G um grupo fuchsiano em $\text{Aut}(\mathcal{H})(\text{PSL}_2(\mathbb{R}))$ agindo sobre $\mathcal{H}$ e/ou $\mathcal{D}$. Um subconjunto aberto e conexo $\mathcal{F}$ é uma *região fundamental* para G se

1. $\mathcal{H} = \bigcup_{g \in G} g\overline{\mathcal{F}}$, com $g\mathcal{F} = \{g(z) : z \in \mathcal{F}\}$, ou seja, $|\text{Orb}(z) \cap \overline{\mathcal{F}}| \geq 1$ e $|\text{Orb}(z) \cap \mathcal{F}| \leq 1$, para todo $z \in \mathcal{H}$.

2. $g\mathcal{F} \cap \mathcal{F} = \emptyset$, para todo $g \in G - \{I\}$, ou seja, $\text{Orb}(z) \cap \text{Orb}(w) = \emptyset$, para todos $z, w \in \overset{\circ}{\mathcal{F}}$.

Observe que $g\overline{\mathcal{F}} = \overline{g\mathcal{F}}$, pois g e g^{-1} são contínuas, e dados $z \in \partial\mathcal{F}$ e $r \in \mathbb{R}_+^\times$, obtemos $D_r(z) \cap (\mathcal{H} - \mathcal{F}) \neq \emptyset$, de modo que cada $w \in \mathcal{H} - \mathcal{F}$ é equivalente a um $z \in \mathcal{F}$. A família $\{g\overline{\mathcal{F}} : g \in G\}$ chama-se uma *tesselação* de $\mathcal{H}$. É importante ressaltar que se $\emptyset \neq \mathcal{G} \subset \mathcal{F}$, então $(\mathcal{F} - \mathcal{G}) \cup g\mathcal{G}$, para todo $g \in G$, é também uma região fundamental para G.

É muito instrutivo e útil revermos a construção de uma região fundamental clássica para um reticulado G vista no Capítulo 5. Para isto, consideremos um reticulado $G = u_1 \mathbb{Z} \oplus u_2 \mathbb{Z}$ em $\mathbb{C}$. Então $* : G \times \mathbb{C} \to \mathbb{C}$ definida como $*(u, z) = z + u = T_u(z)$ é uma ação fiel, ou seja, $\text{Est}(z) = \{0\}$. Assim, $q : G \to \mathcal{T}(\mathbb{C})$ definida como $q(u) = T_u$ é um homomorfismo de grupos injetor, de modo que $G \simeq H = \langle T_{u_1}, T_{u_2} \rangle$ um grupo de translações. Já vimos que

$$\mathcal{F} = \{r_1 u_1 + r_2 u_2 : r_1, r_2 \in (0,1)\},$$
$$\text{com} \quad D_r(0) \cap \overline{\mathcal{F}} = \{0\} \quad \text{e} \quad 0 < r < 1.$$

era uma região fundamental para G. Observe que T_{u_1} leva o lado L_{0u_1} do retângulo $\overline{\mathcal{F}}$ de vértices $0, u_1, u_2$ e $u_1 + u_2$ no lado oposto $L_{u_2(u_1+u_2)}$ e T_{u_2} leva o lado L_{0u_2} no lado oposto $L_{u_1(u_1+u_2)}$. Portanto, pelo teorema 3.3.20,

$$\{u \in G : T_u(\overline{\mathcal{F}}) \cap \overline{\mathcal{F}} \neq \emptyset\} = \{T_{u_1}, T_{u_2}\}$$

é um conjunto de geradores. Note, pelo Exemplo 5.1.3, que $|u_1| \leq |u_2| \leq |u_2 \pm u_1|$ e $\operatorname{Im}(u_1^{-1} u_2) > 0$. Assim, existem as seguintes possibilidades:

1. Se $|u_1| < |u_2| < |u_2 - u_1| < |u_2 + u_1|$, então $\mathcal{F}$ é um retângulo oblíquo.

2. Se $|u_1| < |u_2| < |u_2 - u_1| = |u_2 + u_1|$, então $\mathcal{F}$ é um retângulo.

3. Se $|u_1| < |u_2| = |u_2 - u_1| < |u_2 + u_1|$, então $\mathcal{F}$ é (2) centrado em u_2.

4. Se $|u_1| = |u_2| < |u_2 - u_1| = |u_2 + u_1|$, então $\mathcal{F}$ é um quadrado.

5. Se $|u_1| = |u_2| = |u_2 - u_1| < |u_2 + u_1|$, então $\mathcal{F}$ é um hexágono regular centrado em u_1.

Observe que se $|u_1| = |u_2| < |u_2 - u_1| < |u_2 + u_1|$, então $\mathcal{F}$ é um rômbico, de modo que $(u_2 - u_1) \perp (u_2 + u_1)$. Assim, os vetores $u_2 - u_1$ e $u_2 + u_1$ geram um retângulo centrado. Veremos uma outra região fundamental para G devido a Dirichlet:

$$D_G(0) = \bigcap_{u \in G - \{0\}} \mathcal{H}_u(0) = \bigcap_{u \in G - \{0\}} \{z \in \mathbb{C} : |z| < |z - T_u(0)|\},$$

ou seja, $D_G(0)$ é o conjunto de todos os pontos z que estão mais

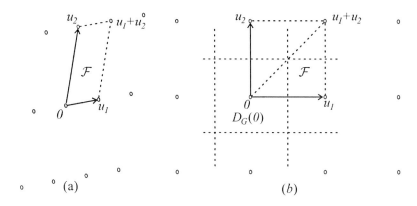

Figura 6.4: Reticulados em $\mathbb{R}^2$.

próximos de z_0 do que de qualquer outro ponto em $\text{Orb}(0) = G$. Isto significa que a distância de z a $T_u(0)$ é maior do que a distância de z a 0. Assim, $|z - T_u(0)| = |z|$ é o bissetor do segmento $L_{0T_u(0)}$. Logo, para cada $u \in G - \{0\}$, $\mathcal{H}_u(0)$ é uma componente conexa, convexa e limitada pela reta $\Sigma_u(0) = \{z \in \mathbb{C} : |z| = |z - T_u(0)|\}$ que contém 0, de modo que $D_G(0)$ é um aberto que contém 0. Como $|u| = 2d(0, \Sigma_u(0)) \leq |z|$, para todo $z \in \Sigma_u(0)$, e $\text{Orb}(0)$ é discreto em $\mathbb{C}$ temos que apenas um número finito de pontos em $\text{Orb}(0)$ podem está a uma distância finita de qualquer ponto v, isto significa que $K \cap \mathcal{H}_u(0)$ é finito, para todo compacto K em $\mathbb{C}$, confira o lema 6.1.5. Neste caso, $\overline{\mathcal{H}}_u(0)$ é limitado por segmentos geodésicos em $\Sigma_u(0)$. Logo, $D_G(0)$ é um *polígono de Dirichlet*, confira a figura 6.4 (b). Afirmação. $D_G(0)$ é uma região fundamental para G. De fato, dado $z \in \mathbb{C}$ e $\text{Orb}(z)$ discreto implica que existe um $z_0 \in \text{Orb}(z) = z + G$ tal que $0 < |z_0| = \inf\{|w| : w \in z + G\}$. Mas, isto implica que $|z_0| < |z_0 - T_u(0)|$, para todo $u \in G - \{0\}$. Assim, $z_0 \in D_G(0)$. Dados z, w em $D_G(0)$. Então $w \notin \text{Orb}(z) = z + G$. Caso contrário, existiria um $u \in G$ tal que $w = T_u(z)$ ou $z = T_{-u}(w)$, de modo que $|z| < |w|$ ou $|w| < |z|$, o que é impossível, pois $|z| = |z - T_u(0)|$ se, e somente se, $z \notin D_G(0)$ ou $z \in \partial D_G(0)$. Finalmente, $\overline{D}_G(0)$ é fechado e $\mathbb{C} = \bigcup_{u \in G} T_u(\overline{D}_G(0))$. Observe que a figura 6.4 (a) gera um hexâgono não regular e $D_G(0) \simeq \mathcal{F}$ via a translação $T : \mathbb{C} \to \mathbb{C}$ tal que $T(0) = 2^{-1}(u_1 + u_2)$. Vale lembrar que um conjunto mensurável

$\mathcal{F} \subseteq \mathcal{H}$ é uma região fundamental para G se $|\operatorname{Orb}(z) \cap \mathcal{F}| = 1$, para todo $z \in \mathcal{H}$.

Proposição 6.1.7 *Sejam G um grupo fuchsiano em $\operatorname{Aut}(\mathcal{H})(\operatorname{PSL}_2(\mathbb{R}))$, $\mathcal{F}_1$ e $\mathcal{F}_2$ regiões fundamentais para G. Se $\mu(\mathcal{F}_1) < \infty$ e $\mu(\partial \mathcal{F}_1) = 0 = \mu(\partial \mathcal{F}_2)$, então $\mu(\mathcal{F}_1) = \mu(\mathcal{F}_2)$.*

Demonstração: Note que $\mu(\mathcal{F}_j) = \mu(\overline{\mathcal{F}}_j)$, pois $\mu(\partial \mathcal{F}_j) = 0$, com $j = 1, 2$. Como cada $g \in G$ é uma isometria temos que $\mu(\mathcal{F}_j) = \mu(g\mathcal{F}_j)$, com $j = 1, 2$. Assim,

$$\overline{\mathcal{F}}_1 \supseteq \overline{\mathcal{F}}_1 \cap \left(\bigcup_{g \in G} g \mathcal{F}_2 \right) = \bigcup_{g \in G} \left(\overline{\mathcal{F}}_1 \cap g \mathcal{F}_2 \right).$$

Como $\mathcal{F}_2$ é aberto temos que $\overline{\mathcal{F}}_1 \cap g\mathcal{F}_2$ são dois a dois disjuntos, de modo que

$$\mu(\mathcal{F}_1) \geq \sum_{g \in G} \mu(\overline{\mathcal{F}}_1 \cap g\mathcal{F}_2) = \sum_{g \in G} \mu(g^{-1}\overline{\mathcal{F}}_1 \cap \mathcal{F}_2) = \sum_{g \in G} \mu(g\overline{\mathcal{F}}_1 \cap \mathcal{F}_2).$$

Sendo $\mathcal{H} = \bigcup_{g \in G} g\overline{\mathcal{F}}_1$ e $\mathcal{F}_2 = \mathcal{H} \cap \mathcal{F}_2$, obtemos $\bigcup_{g \in G} (g\overline{\mathcal{F}}_1 \cap \mathcal{F}_2) = \mathcal{F}_2$, de modo que $\mu(\mathcal{F}_1) \geq \mu(\mathcal{F}_2)$. Portanto, permutando $\mathcal{F}_1$ e $\mathcal{F}_2$, o resultado segue. $\square$

Proposição 6.1.8 *Sejam G um grupo fuchsiano em $\operatorname{Aut}(\mathcal{H})$ e H um subgrupo em G tal que $[G : H] = n$. Se $\mathcal{F}$ for uma região fundamental para G, então $\mathcal{F}_1 = \bigcup_{k=1}^{n} g_k \mathcal{F}$ é uma região fundamental para H. Além disso, se $\mu(\mathcal{F}) < \infty$ e $\mu(\partial \mathcal{F}) = 0$, então $\mu(\mathcal{F}_1) = n\mu(\mathcal{F})$.*

Demonstração: Dado $z \in \mathcal{H}$, existem $g \in G$ e $z_0 \in \overline{\mathcal{F}}$ tal que $z = g(z_0)$. Como $G = \bigcup_{k=1}^{n} H g_k$ temos que existe um $k_0 \in \{1, \ldots, n\}$ tal que $g \in H g_{k_0}$, ou seja, $g = h g_{k_0}$, para algum $h \in H$. Assim, $z = g(z_0) = (h g_{k_0})(z_0) \in h g_{k_0} \overline{\mathcal{F}} \subseteq h \overline{\mathcal{F}}_1$, de modo que $h^{-1}(z) \in \overline{\mathcal{F}}_1$. Logo, $\mathcal{H} = \bigcup_{h \in H} h \overline{\mathcal{F}}_1$. Dado $z \in h\mathcal{F}_1 \cap \mathcal{F}_1$, para algum $h \in H$, obtemos $z, h(z) \in \mathcal{F}_1$. Existe um $r \in \mathbb{R}_+^\times$ tal que $D_r(z) \subseteq \mathcal{F}_1$, pois $\mathcal{F}_1$ é aberto, de modo que $D_r(z) \cap g_{k_i} \mathcal{F} \neq \emptyset$, para algum

$m \leq n$ e $i = 1, \ldots, m$. Por outro lado, $hD_r(z) = D_r(h(z))$ implica que $D_r(h(z)) \cap g_j \mathcal{F} \neq \emptyset$, para algum $j = 1, \ldots, n$, de modo que $D_r(z) \cap (h^{-1} \circ g_j)\mathcal{F} \neq \emptyset$. Assim, $h^{-1} \circ g_j = g_{k_i}$, com $i = 1, \ldots, m$. Logo, $Hg_{k_i} = Hh^{-1} \circ g_j = Hg_j$ implica que $g_{k_i} = g_j$. Portanto, $h = I$ e $h\mathcal{F}_1 \cap \mathcal{F}_1 = \emptyset$, para todo $h \in H - \{I\}$. □

Teorema 6.1.9 *Sejam G um grupo fuchsiano em* $\mathsf{Aut}(\mathcal{H})$ *e $\mathcal{F}$ uma região fundamental convexa e localmente finito para G. Conclua que* $\overline{\mathcal{F}}/G \simeq \mathcal{H}/G$.

1. *Para cada $z \in \partial \mathcal{F}$, existe um $g \in G - \{I\}$ tal que $z \in g\overline{\mathcal{F}} \cap \overline{\mathcal{F}}$.*

2. *$\overline{\mathcal{F}} \cap g\overline{\mathcal{F}}$ é vazio ou um segmento geodésico em $\mathcal{H}$, para todo $g \in G - \{I\}$.*

3. *$\overline{\mathcal{F}} \cap g\overline{\mathcal{F}} \cap h\overline{\mathcal{F}}$ é vazio ou um ponto, para todos $g, h \in G - \{I\}$, com $g \neq h$.*

Demonstração: (1) Observe que $\mathcal{F}$ localmente finita implica que existe um $r \in \mathbb{R}_+^\times$ tal que $D_r(z) \cap g_i \overline{\mathcal{F}} \neq \emptyset$, com $i = 1, \ldots, n$ e $g_1 = I$. Assim, escolhendo r adequadamente, se necessário, podemos supor que $z \in g_i \overline{\mathcal{F}}$, com $i = 1, \ldots, n$. Por outro lado, como $\mathcal{F}$ convexa temos que $\partial \mathcal{F} = \partial \overline{\mathcal{F}}$. Logo, $D_r(z) \cap \overline{\mathcal{F}} = \emptyset$. Portanto, $n > 1$ e existe um $g \in G - \{I\}$ tal que $z \in g\overline{\mathcal{F}} \cap \overline{\mathcal{F}}$. (2) Como $\mathcal{F} \cap g\mathcal{F} = \emptyset$ temos que $g\mathcal{F} \cap \partial \mathcal{F} = \emptyset$ e $g^{-1}\mathcal{F} \cap \partial \mathcal{F} = \emptyset$. Por outro lado, $\overline{\mathcal{F}} = \mathcal{F} \cup \partial \mathcal{F}$ e $g\overline{\mathcal{F}} = g\mathcal{F} \cup g\partial \mathcal{F}$ implicam que $\overline{\mathcal{F}} \cap g\overline{\mathcal{F}} = \partial \overline{\mathcal{F}} \cap \partial \overline{\mathcal{F}}$, para todo $g \in G - \{I\}$, de modo que $\overline{\mathcal{F}} \cap g\overline{\mathcal{F}}$ é convexo em $\partial \mathcal{F}$. Além disso, $\overline{\mathcal{F}} \cap g\overline{\mathcal{F}}$ não pode conter três pontos não colineares. Caso contrário, $\overline{\mathcal{F}} \cap g\overline{\mathcal{F}}$ contém um triângulo não degenerado, de modo que $\mathcal{F} \cap g\mathcal{F} \neq \emptyset$, pois $\mu(\partial \mathcal{F}) = 0$. Portanto, $\overline{\mathcal{F}} \cap g\overline{\mathcal{F}}$ está contido em um segmento geodésico em $\mathcal{H}$. (3) Como $\overline{\mathcal{F}} \cap g\overline{\mathcal{F}} \cap h\overline{\mathcal{F}}$ é convexo, o resultado segue. □

Um *lado* de $\mathcal{F}$ é um segmento geodésico $s \subseteq \partial \mathcal{F}$ de comprimento positivo tal que $s \subseteq g\overline{\mathcal{F}} \cap \overline{\mathcal{F}}$, para algum $g \in G$. Note que $\overline{\mathcal{F}} \cap \langle s \rangle = s$, em que $\langle s \rangle$ é a geodésica gerada por s em $\mathcal{H}$. Um *emparelhamento de lado* em $\mathcal{F}$ é um elemento $g \in G$ tal que $\overline{\mathcal{F}} \cap g\overline{\mathcal{F}}$ seja um lado. Neste contexto, um *vértice* de $\mathcal{F}$ é o único ponto sob a forma $\overline{\mathcal{F}} \cap g\overline{\mathcal{F}} \cap h\overline{\mathcal{F}}$, para todos $g, h \in G - \{I\}$, com $g \neq h$. É muito importante observar que um lado de $\mathcal{F}$ não necessita ser um lado no sentido usual. Não obstante, um segmento geodésico máximo em $\partial \mathcal{F}$ chama-se *aresta* de $\mathcal{F}$. Assim, uma aresta pode ser a união de vários lados em $\mathcal{F}$, ou seja, permitimos que os ângulos interiores de $\mathcal{F}$ nos vértices possa assumir o valor π.

Proposição 6.1.10 *Sejam G um grupo fuchsiano em* $\text{Aut}(\mathcal{H})$ *e $\mathcal{F}$ uma região fundamental convexa e localmente finita para G.*

1. *$\mathcal{F}$ possui apenas uma quantidade contáveis de lados e vértices.*

2. *Apenas uma quantidade finita de lados e vértices podem interceptar qualquer compacto em $\mathcal{H}$.*

3. *$\partial \mathcal{F}$ é a união dos lados de $\mathcal{F}$. Em particular, $\mu(\partial \mathcal{F}) = 0$.*

4. *Cada vértice está exatamente em dois lados e é o ponto extremo comum deles, ou seja, os vértices estão em $\partial \mathcal{H}$*

5. *Quaisquer dois lados interceptam em um vértice, se existir, e este é um ponto extremo deles.*

6. *Se $G = \{g_0 = I, g_n\}_{n \in \mathbb{N}}$ é sua enumeração, então $\lim_{n \to \infty} \text{diam}(g_n \mathcal{F}) = 0$, onde $\text{diam}(A) = \sup\{\rho(z, w) : z, w \in A\}$.*

Demonstração: (1) e (2) Como G é contável temos que $K \cap g_k \mathcal{F} \neq \emptyset$, para $k = 1, \ldots, n$, para todo compacto K em $\mathcal{H}$. (3) Dado $w \in \partial \mathcal{F}$ e $r \in \mathbb{R}_+^\times$, existe um $z \in \mathcal{F}$ tal que $\rho(z, w) < r$ e existe um $u \in \mathcal{H} - \mathcal{F}$ tal que $\rho(u, w) < r$, de modo que existe uma sequência $(w_n)_{n \in \mathbb{N}}$ em $\partial \mathcal{F}$ tal que $\lim_{n \to \infty} w_n = w$. Assim, $\overline{D}_s(w) \cap g_i \overline{\mathcal{F}} \neq \emptyset$, com $s > 0$ e $i = 1, \ldots, n$, de modo que existe um $g \in G$ e uma quantidade infinita de $n \in \mathbb{N}$ tal que $w_n \in \overline{\mathcal{F}} \cap g\overline{\mathcal{F}}$. Portanto, $\overline{\mathcal{F}} \cap g\overline{\mathcal{F}}$ é um lado contendo w. (4) Segue do item (3) do teorema 6.1.9. Uma prova direto, seja $s_g = \overline{\mathcal{F}} \cap g\overline{\mathcal{F}}$ e $z \in \mathring{s}_g$. Então existe um triângulo T_1 com vértice s e lado s_g, de modo que $\mathring{T}_1 \subseteq \mathcal{F}$. Da mesma forma, existe um triângulo

T_2 com vértice s e lado s_g, de modo que $\mathring{T}_2 \subseteq g\mathcal{F}$. Assim, um vértice não pode ser o ponto interior de um lado. Portanto, $\overline{\mathcal{F}} \cap g\overline{\mathcal{F}} \cap h\overline{\mathcal{F}}$ é vazio ou um ponto, para todos $g, h \in G - \{I\}$, com $g \neq h$. (5) Similar a (4). (6) Se $\lim_{n \to \infty} \operatorname{diam}(g_n\mathcal{F}) \neq 0$, então existem uma subsequência $(n_k)_{k\in\mathbb{N}}$ e $z_k, w_k \in g_{n_k}\mathcal{F}$ tais que $\lim_{k\to\infty} z_k = z$ e $\lim_{k\to\infty} w_k = w$, com $z \neq w$. Como $\mathcal{F}$ é localmente finita temos que $z, w \in \mathbb{R}_\infty$ (ou $|z| = 1 = |w|$), de modo que $g_{n_k}\mathcal{F}$ possui um ponto limite sobre a geodésica que passa por z e w, o que contradiz o fato de $g_{n_k}\mathcal{F}$ ser localmente finita. □

Pondo $G^* = \{g \in G : \overline{\mathcal{F}} \cap g\overline{\mathcal{F}} \text{ é um lado de } \mathcal{F}\}$ e $S = \{s : s \text{ é um lado de } \mathcal{F}\}$, a função $\psi : G^* \to S$ definida como $\psi(g) = \overline{\mathcal{F}} \cap g\overline{\mathcal{F}}$ é bijetora. Por exemplo, dados $g, h \in H$, se $\psi(g) = \psi(h)$, então $\overline{\mathcal{F}} \cap g\overline{\mathcal{F}} = \overline{\mathcal{F}} \cap h\overline{\mathcal{F}}$. Assim, pelo item (5) da proposição 6.1.10, $g = h$. Por outro lado, como ψ^{-1} existe temos, para qualquer $s \in S$, que existe um único $g_s \in G^*$ tal que $s = \overline{\mathcal{F}} \cap g_s\overline{\mathcal{F}}$, de modo que $g_s^{-1}(s) = g_s^{-1}\overline{\mathcal{F}} \cap \overline{\mathcal{F}} = s'$ é um lado em $\mathcal{H}$. Note que $s' = g_s^{-1}(s)$ significa que $g_{s'} = g_s^{-1}$. Portanto, a função $\phi : S \to S$ definida como $\phi(s) = s'$ é bijetora e chama-se o *emparelhamento de lado* em $\mathcal{F}$, pois $(s')' = g_{s'}^{-1}(s') = g_s(s') = s$, ou seja $\phi^2 = I$, e o único g_s chama-se *transformação de emparelhamento* gerada por s. Neste caso, se $g^{-1}\overline{\mathcal{F}}$ e $g\overline{\mathcal{F}}$ forem adjacentes ao longo s, então g leva o par $(g^{-1}\overline{\mathcal{F}}, \overline{\mathcal{F}})$ sobre o par $(\overline{\mathcal{F}}, g\overline{\mathcal{F}})$ ($s \leftrightarrow g(s)$), de modo que $g = g_s$. Além disso, $\mathcal{F} = \bigcup_{s \in S}\{s, s'\}$ é uma partição, podendo ocorrer $s = s'$.

Seja G um grupo fuchsiano em $\operatorname{Aut}(\mathcal{H})$. Dados $z_0 \in \mathcal{H}$ e $g \in G - \{I\}$, digamos $g(z) = (cz + d)^{-1}(az + b)$ e $g^{-1}(z) = (-cz + a)^{-1}(dz - b)$, definimos

$$\mathcal{H}_g(z_0) = \{z \in \mathcal{H} : \rho(z_0, z) < \rho(g(z_0), z)\}$$
$$= \{z \in \mathcal{H} : \rho(z_0, z) < \rho(z_0, g^{-1}(z))\},$$

pois $z \in \mathcal{H}_g(z_0)$ se, e somente se, $z_0 \in \mathcal{H}_{g^{-1}}(z)$. Como cada $h \in G$ é uma isometria temos que $h\mathcal{H}_g(z_0) = \mathcal{H}_{hgh^{-1}}(h(z_0))$. Observe, para cada $g \in G$ fixado, que $\mathcal{H}_g(z_0)$ é o conjunto de todos os pontos que estão mais próximo de z_0 do que de qualquer outro ponto em $\operatorname{Orb}(z_0)$.

Pela proposição 6.1.6, $\mathcal{H}_g(z_0)$ é um semiespaço aberto conexo e convexo contendo z_0 cuja fronteira é o bissetor

$$\Sigma_g(z_0) = \left\{ z \in \mathcal{H} : \left|\frac{g(z) - z_0}{z - z_0}\right| = \frac{1}{|cz + d|} = \sqrt{|f'(z)|} \right\} \quad (6.1.4)$$

que é também a fronteira de $\mathcal{H}_{g^{-1}}(g(z_0))$, confira a figura 6.3. É muito importante ressaltar que $\rho(z_0, g(z_0)) = 2\rho(z_0, \Sigma_g(z_0)) \leq \rho(z_0, z)$, para todo $z \in \Sigma_g(z_0)$. Se $\mathsf{Est}(z_0) = \{I\}$, definimos o *domínio de Dirichlet* para G, com centro em z_0, como

$$D_G(z_0) = \bigcap_{g \in G - \{I\}} \mathcal{H}_g(z_0).$$

É claro que $D_G(z_0)$ é convexo, $z_0 \in D_G(z_0)$ e $\mathsf{Orb}(z_0)$ discreto (não contém pontos limites de $\mathcal{H}$) implica que $D_G(z_0)$ contém uma vizinhança de z_0, confira a proposição 6.1.4. Além disso, como $\operatorname{senh}^2 \alpha$ é estritamente crescente em $\mathbb{R}$ temos que

$$D_G(z_0) = \left\{ z \in \mathcal{H} : \frac{|z - z_0|^2}{\mathsf{Im}(z)} < \frac{|g(z) - z_0|^2}{\mathsf{Im}(g(z))}, \forall\, g \in G \right\}.$$

Portanto,

$$D_G(z_0) = \left\{ z \in \mathcal{H} : \left|\frac{g(z) - z_0}{z - z_0}\right| > \frac{1}{|cz + d|}, \forall\, g \in G \right\}. \quad (6.1.5)$$

Se $\mathsf{Est}(z_0) \neq \{I\}$, definimos o domínio de Dirichlet para G, com centro em z_0, como $D_G(z_0) = \mathcal{F}_{z_0} \cap (\bigcap_{g \in G - \mathsf{Est}(z_0)} \mathcal{H}_g(z_0))$, em que $\mathcal{F}_{z_0}$ é uma região fundamental para $\mathsf{Est}(z_0)$. É muito importante observar que as regiões de Dirichlet sempre existem, pois um grupo fuchsiano G é contável e qualquer elemento $g \in G - \{I\}$ possui no máximo dois fixos pontos em $\mathcal{H}$. Portanto, existe pelo menos um $z_0 \in \mathcal{H}$ tal que $g(z_0) \neq z_0$, para todo $g \in G - \{I\}$. Neste caso, pelo teorema 5.1.7, $\mathsf{Est}(z_0)$ é um grupo finito e cíclico gerado por um elemento elíptico em G.

Teorema 6.1.11 *Sejam G um grupo fuchsiano em $\mathsf{Aut}(\mathcal{H})$ e $z_0 \in \mathcal{H} - F_g$, para todo $g \in G - \{I\}$. Então $D_G(z_0)$ é uma região fundamental para G. Conclua que se $\mu(D_G(z_0)) < \infty$, então $D_G(z_0)$ é um polígono.*

DEMONSTRAÇÃO: Para cada $z \in \mathcal{H}$, já vimos que podemos escolher um $w_0 \in \text{Orb}(z)$ tal que $\rho(z_0, w_0) \leq \rho(g(w_0), z_0) = \rho(w_0, g^{-1}(z_0))$, para todo $g \in G$, de modo que $w_0 \in \overline{D}_G(z_0)$. Portanto, $\mathcal{H} = \bigcup_{g \in G} g\overline{D}_G(z_0)$. Dado $z \in D_G(z_0)$, o compacto $K = D_r(z)$ intercepta, pelo lema 6.1.5, $D_G(z_0)$ apenas um número finito de $\Sigma_g(z_0)$. Como $z \notin \Sigma_g(z_0)$ temos que existe um $r \in \mathbb{R}_+^\times$ tal que $K \cap \Sigma_g(z_0) = \emptyset$, para todo $g \in G - \{I\}$, de modo que $K \subset \mathcal{H}_g(z_0)$, pois $K \subset \mathcal{H} - \mathcal{H}_g(z_0)$ é impossível uma vez que $z \in D_G(z_0)$. Assim, $K \subset D_G(z_0)$ e $D_G(z_0)$ é aberto. Dado $z \in D_G(z_0)$, obtemos $\rho(z_0, z) < \rho(g^{-1}(z_0), z)$, para todo $g \in G$. Como $\rho(z_0, z) = \rho(g(z_0), g(z))$ e $\rho(g^{-1}(z_0), z) = \rho(z_0, g(z))$ temos que $\rho(g(z_0), g(z)) < \rho(z_0, g(z))$, de modo que $g(z) \notin D_G(z_0)$, ou seja, $gD_G(z_0) \cap D_G(z_0) = \emptyset$, para todo $g \in G - \{I\}$. □

COROLÁRIO 6.1.12 *Sejam G um grupo fuchsiano em $\text{Aut}(\mathcal{H})$, $z_0 \in \mathcal{H} - F_g$, para todo $g \in G - \{I\}$ e $\mathcal{F} = D_G(z_0)$ um domínio de Dirichlet para G.*

1. *Qualquer geodésica que passa por $z, w \in \overline{\mathcal{F}}$ está contida em $\overline{\mathcal{F}}$. Neste caso, existe uma aresta contida em $\overline{\mathcal{F}}$.*

2. *Para qualquer compacto K em $\mathcal{H}$, $\{g \in G : K \cap g\overline{\mathcal{F}} \neq \emptyset\}$ é finito, ou seja, $\mathcal{F}$ é o interior de um conjunto convexo e $\bigcup_{g \in G} g\mathcal{F}$ é localmente finita.*

3. *$\partial \mathcal{F}$ é formada por segmentos geodésicos contidos em $\Sigma_g(z_0)$, com $g \neq I$.*

DEMONSTRAÇÃO: (1) Como $\Sigma_g(z_0)$ é uma geodésica em $\mathcal{H}$ temos que qualquer geodésica que passa por $z, w \in \overline{\mathcal{H}}_g(z_0)$ está contida em $\overline{\mathcal{H}}_g(z_0)$, de modo que está contida em $\overline{\mathcal{F}}$. (2) Podemos supor que K é conexo, pois $\mathcal{H}$ o é. Como

$$|\{g \in G : K \cap g\overline{\mathcal{F}} \neq \emptyset\}| = |\{g \in G : hK \cap g\overline{\mathcal{F}} \neq \emptyset\}|,$$

para todo $h \in G$, temos que $K \cap \overline{\mathcal{F}} \neq \emptyset$, pois, se necessário, podemos substituir hK por K. Afirmação. Se $K \cap g\overline{\mathcal{F}} \neq \emptyset$, para todo $g \in G - \{I\}$, então $K \cap \Sigma_g(z_0) \neq \emptyset$. De fato, como $\overline{\mathcal{F}} = \bigcap_{g \in G - \{I\}} \overline{\mathcal{H}}_g(z_0)$

temos que $K \cap \overline{\mathcal{H}}_g(z_0) \neq \emptyset$ e $K \cap g\overline{\mathcal{H}}_{g^{-1}}(z_0) \neq \emptyset$, para todo $g \in G - \{I\}$. Por outro lado, $\overline{\mathcal{H}}_g(z_0) = \mathcal{H}_g(z_0) \cup \Sigma_g(z_0)$, $g\overline{\mathcal{H}}_{g^{-1}}(z_0) = g\mathcal{H}_{g^{-1}}(z_0) \cup \Sigma_g(z_0)$ e a união disjunta $\mathcal{H} = \mathcal{H}_g(z_0) \cup g\mathcal{H}_{g^{-1}}(z_0) \cup \Sigma_g(z_0)$ implicam que $K \subseteq \mathcal{H}_g(z_0) \cup g\mathcal{H}_{g^{-1}}(z_0)$ não pode ocorrer. Caso contrário, $K \subseteq \mathcal{H}_g(z_0)$ ou $K \subseteq g\mathcal{H}_{g^{-1}}(z_0)$, pois K é conexo, o que contradiz o fato de $K \cap \overline{\mathcal{H}}_g(z_0) \neq \emptyset$ e $K \cap g\overline{\mathcal{H}}_{g^{-1}}(z_0) \neq \emptyset$, para todo $g \in G - \{I\}$. Portanto, segue do lema 6.1.5. □

TEOREMA 6.1.13 *Sejam G um grupo fuchsiano em $\mathsf{Aut}(\mathcal{H})$ e $\mathcal{F} = D_G(z_0)$ um domínio de Dirichlet para G. Se $\overline{\mathcal{F}}$ for compacto em $\mathcal{H}$, então*:

1. *Existem $g_1, \ldots, g_n$ em G tal que $\overline{\mathcal{F}}$ pode ser determinada por um número finito de desigualdades: $\rho(z_0, z) \leq \rho(g_i(z_0), z)$, com $i = 1, \ldots, n$.*

2. *G é um grupo finitamente gerado.*

DEMONSTRAÇÃO: (1) Como $\overline{\mathcal{F}}$ é compacto temos que existe um $r \in \mathbb{R}_+^\times$ tal que $\rho(z_0, z) \leq r$, para todo $z \in \overline{\mathcal{F}}$. Consideremos $g \in G$ tal que $\rho(z_0, z) = \rho(g(z_0), z)$, para pelo menos um $z \in \overline{\mathcal{F}}$. Assim, existem apenas um número finito de tais z, pois $\mathcal{F}$ é não vazio, aberto e conexo implica que $\overline{\mathcal{F}} \neq \mathcal{F}$, de modo que

$$\rho(z_0, g(z_0)) \leq \rho(z_0, z) + \rho(g(z_0), z) \leq 2r$$

é satisfeita apenas por um número finito de $g \in G - \{I\}$, pois G é discreto. Neste caso, $\rho(z_0, z) = \rho(g_i(z_0), z)$, com $i = 1, \ldots, n$. Afirmação. $\overline{\mathcal{F}}$ é determinada por $\rho(z_0, z) \leq \rho(g_i(z_0), z)$, com $i = 1, \ldots, n$. De fato, suponhamos, por absurdo, que exista um $w_0 \in \mathcal{H}$ tal que $\rho(z_0, w_0) \leq \rho(g_i(z_0), w_0)$, com $i = 1, \ldots, n$, mas $w_0 \notin \overline{\mathcal{F}}$. Pondo $K = \{z \in \mathcal{H} : \rho(z_0, z) \leq \rho(g_i(z_0), z), i = 1, \ldots, n, \text{ e } \rho(z_0, z) \leq r_1\}$, com $r_1 = \rho(z_0, w_0) + r$. É claro que K é compacto, $w_0 \in K$ e $\overline{\mathcal{F}} \subset K$. Dado $w_1 \in K$, consideremos a curva $\gamma : [0, 1] \to \mathcal{H}$ tal que $\gamma(0) = w_0, \gamma(1) = w_1$ e

$$\rho(\gamma(t_1), \gamma(t_2)) = (t_2 - t_1)\rho(z_0, w_1), \forall t_1, t_2 \in [0, 1], t_1 \leq t_2.$$

Como $\rho(g_i(z_0), w_1) \geq \rho(z_0, w_1)$ e $\rho(w_1, \gamma(t)) = (1-t)\rho(z_0, w_1)$ temos que

$$\rho(g_i(z_0), \gamma(t)) \geq \rho(g_i(z_0), w_1) - \rho(w_1, \gamma(t)) \geq t\rho(z_0, w_1) = \rho(z_0, \gamma(t)),$$

de modo que $\gamma(t)) \in K$ implica que K é conexo. Veremos que $\overline{\mathcal{F}}$ é aberto e fechado em K. Com efeito, $\overline{\mathcal{F}}$ pode ser determinado em K por um número infinito de desigualdades $\rho(z_0, z) < \rho(g(z_0), z)$, onde $g \in G - \{I, g_1, \ldots, g_n\}$. Mas, todas exceto um número finito delas vale em K, pois elas satisfazem $\rho(z_0, g(z_0)) > 3r_1$, para todo $g \in G$. Assim, apenas um número finito delas determinam $\overline{\mathcal{F}}$ em K, de modo que $\overline{\mathcal{F}}$ é aberto. Portanto, $\overline{\mathcal{F}} = K$, o que é uma contradição. (2) Dado um aberto e limitado U em $\mathcal{H}$ tal que $\overline{\mathcal{F}} \subseteq U$. Afirmação. $\overline{U} = \bigcup_{i=1}^n g_i\overline{\mathcal{F}}$. De fato, caso contrário, existiria uma sequência $(w_k)_{k \in \mathbb{N}}$ de elementos em $\overline{U}$ tal que $w_k = g_k(z_k)$, onde $z_k \in \overline{\mathcal{F}}$ e $g_k \in G$ distintos. Como $\overline{U}$ e $\overline{\mathcal{F}}$ são compactos temos, passando a uma subsequência, se necessário, que $\lim_{k \to \infty} w_k = w$ e $\lim_{k \to \infty} z_k = z$, de modo que $\lim_{k \to \infty} g_k(z) = w$, o que contradiz a discretividade de G. Pondo $H = \langle g_1, \ldots, g_n \rangle$ e $\mathcal{H}_1 = \bigcup_{h \in H} h\overline{\mathcal{F}}$, de modo que $\mathcal{H}_1$ contém junto com cada $g\overline{\mathcal{F}}$ também uma vizinhança hV, ou seja, $\mathcal{H}_1$ é aberto. Logo, $g\mathcal{H}_1 = \bigcup_{h \in H} gh\overline{\mathcal{F}}$, para todo $g \in G$, é aberto e $\mathcal{H} = \bigcup_{g \in G} g\mathcal{F}_1$. Se $g_1\mathcal{H}_1 \neq g_2\mathcal{H}_1$, então $\mathcal{H}$ é a união de dois conjuntos abertos e disjuntos, a saber, $\mathcal{H} = (\bigcup_{g \in H} g\mathcal{F}_1) \cup (\bigcup_{g \in G-H} g\mathcal{F}_1)$, o que contradiz a conexividade de $\mathcal{H}$, de modo que $\mathcal{H} = \mathcal{H}_1 = \bigcup_{h \in H} h\overline{\mathcal{F}}$. Portanto, para qualquer $g \in G$, obtemos $g\overline{\mathcal{F}} \subseteq \mathcal{H}_1$, de modo que $g\mathcal{F} = g_1\mathcal{F}$, para algum $h \in H$. Mas, isto implica que $g = h$ e $G = H$. □

Seja $\mathcal{F} = D_G(z_0)$. Então, pelo item (3) da proposição 6.1.10, $s_g = \overline{\mathcal{F}} \cap g\overline{\mathcal{F}}$ e $\langle s_g \rangle = \Sigma_g(z_0)$, para todo $g \in G - \{I\}$. Neste caso, $z \in \mathring{s}_g$ se, e somente se, $\rho(z, g(z_0)) = \rho(z, z_0) < \rho(z, h(z_0))$, para um único $g \in G$ e todo $h \in G$, com $g \neq h$. No entanto, os pontos extremos de s_g em $\mathcal{H}$ devem está em mais de um bissetor e chamam-se *vértices ordinários* de $\mathcal{F}$. Por outro lado, pelo teorema 6.1.13,

$$G^* = \{g \in G : \overline{\mathcal{F}} \cap g\overline{\mathcal{F}} \neq \emptyset\} = \{g_1, \ldots, g_n\}$$

é um conjunto de geradores em G. Observe, pela proposição 6.1.10, que $\mathcal{F}$ é o interior de um conjunto convexo, $\partial \mathcal{F} \subseteq \bigcup_{g \in G-\{I\}} \Sigma_g(z_0)$ e

$$\partial \mathcal{F} \cap \mathcal{H} = \{z \in \mathcal{H} : z \in \overline{\mathcal{H}}_g(z_0), \forall g \in G, \text{ e } z \in \Sigma_h(z_0), \exists h \in G\}$$

é uma união contável de arestas $s_{ij} = g_i\overline{\mathcal{F}} \cap g_j\overline{\mathcal{F}}$. Novamente, pelo item (4) da proposição 6.1.10, $s_{ij} \cap s_{ik} = \emptyset$ ou $s_{ij} \cap s_{ik} = \{v_i\}$ quando $j \neq k$ e o ângulo interior α_i entre s_{ij} e s_{ik} em v_i existe. Além disso,

$$\begin{aligned} &hD_G(z_0) \\ &= \{h(z) \in \mathcal{H} : \rho(z_0, z) < \rho(g(z_0), z), \forall g \in G - \{I\}\} \\ &= \{h(z) \in \mathcal{H} : \rho(h(z_0), h(z)) < \rho(h(g(z_0)), h(z)), \forall g \in G - \{I\}\} \\ &= \{w \in \mathcal{H} : \rho(h(z_0), w) < \rho(h(g(z_0)), w), \forall g \in G - \{I\}\} \\ &= \{w \in \mathcal{H} : \rho(h(z_0), w) < \rho((hgh^{-1})(h(z_0)), w), \forall g \in G - \{I\}\} \\ &= D_G(h(z_0)), \end{aligned}$$

pois g percorre G como hgh^{-1} percorre, de modo que $D_G(z_0) \cap hD_G(z_0) = \emptyset$, para todo $h \in G - \{I\}$. Podemos resumir o exposto em um procedimento (algoritmo) para determinar $D_G(z_0)$:

1. Escolhe $z_0 \in \mathcal{H}$ tal que $g(z_0) \neq z_0$, para todo $g \in G - \{I\}$;

2. Para cada $g \in G - \{I\}$, determine o segmento $L_{z_0 g(z_0)}$;

3. Escolhe $\Sigma_g(z_0)$ para ser o bissetor ortogonal de $L_{z_0 g(z_0)}$;

4. Faça $\mathcal{H}_g(z_0)$ igual a componente limitada por $\Sigma_g(z_0)$ que contém z_0;

5. Finalmente, faça $D_G(z_0) = \bigcap_{g \in G-\{I\}} \mathcal{H}_g(z_0)$.

Exemplo 6.1.14 Sejam $T(z) = z + 1$ em $\text{Aut}(\mathcal{H})$ e $G = \{T^n : n \in \mathbb{Z}\}$. Determine uma região fundamental para G.

Solução: É claro que G é um grupo fuchsiano. Como $T^n(z) = z + n \neq z$, para todo $n \in \mathbb{Z} - \{0\}$, podemos escolher $z_0 = i$, de modo que $z_n = i + n \in \text{Orb}(i)$. Assim, pela equação (4.1.2) ou por substituição direta em $L_n : \alpha(x^2 + y^2) + 2\beta x + \gamma = 0$, onde

$\alpha, \beta, \gamma \in \mathbb{R}$ e $\beta^2 > \alpha\gamma$, obtemos $L_{iz_n} \subset L_n$. Neste caso, $\alpha + \gamma = 0$ e $\alpha n^2 + \alpha + 2\beta n + \gamma = 0$ implicam que $\alpha n(n + 2\beta) = 0$ se, e somente se, $\alpha = 0$ ou $\alpha \neq 0$ e $2\beta = -n$. Logo, $L_n = i\mathbb{R}_+$ ou $L_n : \alpha(x^2 + y^2) - nx - \alpha = 0$, com $n^2 + 4\alpha^2 > 0$, de outro modo, $L_n : (x - n/2\alpha)^2 + y^2 = (n^2 + 4\alpha^2)/4\alpha^2$. Segue, da equação (6.1.3), que $\Sigma_n(i) = \{z \in \mathcal{H} : \text{Re}(z) = 2^{-1}n\}$ é o bissetor ortogonal de L_{iz_n}. Neste caso, $\mathcal{H}_n(i) = \{z \in \mathcal{H} : \text{Re}(z) < 2^{-1}n\}$, quando $n > 0$, ou $\mathcal{H}_n(i) = \{z \in \mathcal{H} : \text{Re}(z) > -2^{-1}n\}$, se $n < 0$. Finalmente, como $\mathcal{H}_n(i) \subset \mathcal{H}_{n+1}(i)$ e $\mathcal{H}_{-n-1}(i) \subset \mathcal{H}_{-n}(i)$, para todo $n \in \mathbb{N}$, temos que

$$D_G(i) = \bigcap_{n \in \mathbb{Z}-\{0\}} \mathcal{H}_n(i) = \mathcal{H}_1(i) \cap \mathcal{H}_{-1}(i) = \{z \in \mathcal{H} : |\text{Re}(z)| < 2^{-1}\}.$$

Note que $s_T = \overline{D_G(i)} \cap T\overline{D_G}(i) = \{z \in \mathcal{H} : \text{Re}(z) = 2^{-1}\}$ e $s_{T^{-1}} = T^{-1}(s_T)$ são arestas. Já vimos, no Exemplo 3.1.4, que $\mathring{\mathcal{F}} = \{z \in \mathcal{H} : 0 < \text{Re}(z) < 1\}$ era uma outra região fundamental para G. Observe, pela Fórmula de Gauss-Bonnet, que $\mu(D_G(i)) = \mu(\mathring{\mathcal{F}}) = \pi$, pois $\mathring{\mathcal{F}}$ é um triângulo ideal, de modo que o covolume é finito, pois $\mu(\mathcal{H}/\mathcal{F}) < \infty$, e $\mathcal{H}/G$ é uma superfície riemanniana. $\square$

Seja $G = \text{PSL}_2(\mathbb{Z})$. Então, pelo teorema 5.1.2, G é um subgrupo discreto em $\text{SL}_2(\mathbb{R})$. Portanto, pelo teorema 5.1.7, G é descontínuo sobre $\mathcal{H}$, ou seja, G é um grupo fuchsiano em $\text{SL}_2(\mathbb{R})$. Seja $g(z) = (cz + d)^{-1}(az + b)$ em G. Note que $ad - bc = 1$ significa que $a = 0$ e $c \neq 0$ ou $a \neq 0$ e $c = 0$ ou $\text{mdc}(a, c) = 1$. Se $a = 0$, então $b = \pm 1$ e $c = \mp 1$, de modo que $g = ST^{-d}$ ou $g = ST^d$, com $T(z) = z + 1$ e $S(z) = -z^{-1}$. Se $c = 0$, então $a = d = \pm 1$, de modo que $g = T^{-b}$ ou $g = T^b$. Veremos a seguir que $G = \langle S, T \rangle$. Como $(TS)(z) = z^{-1}(z - 1)$ e $(ST)(z) = -(z + 1)^{-1}$ temos que $S(i) = i, (TS)(\omega) = \omega$ e $(ST)(-\omega^{-1}) = -\omega^{-1}$, com $\omega = 2^{-1}(-1 + i\sqrt{3})$, ou seja, $\text{Est}(i) = \langle S \rangle, \text{Est}(\omega) = \langle TS \rangle$ e $\text{Est}(-\omega^{-1}) = \langle ST \rangle$. É fácil verificar que $S^2 = I = (TS)^3$. Vamos construir agora o exemplo mais famoso de uma região fundamental para G, a saber,

$$\mathcal{F} = \{z \in \mathcal{H} : |\text{Re}(z)| < 2^{-1} \text{ e } |z| > 1\}.$$

Teorema 6.1.15 $\mathcal{F}$ *é um domínio de Dirichlet para* G.

DEMONSTRAÇÃO: Vimos, pelo exposto acima, que $z_0 = ki \in \mathcal{H}$, com $k > 1$, satisfazia $g(z_0) \neq z_0$, para todo $g \in G - \{I\}$. Assim, pela equação (4.1.2) ou por substituição direta em $L_g : \alpha(x^2+y^2)+2\beta x+\gamma = 0$, onde $\alpha, \beta, \gamma \in \mathbb{R}$ e $\beta^2 > \alpha\gamma$, obtemos $L_{z_0 T(z_0)}, L_{z_0 T^{-1}(z_0)}, L_{z_0 S(z_0)} \subset L_g$. Neste caso, $\alpha k^2 + \gamma = 0$ e $\alpha k^2 + \alpha + 2\beta + \gamma = 0$ implicam que $\alpha + 2\beta = 0$. Logo, $L_T : x^2 + y^2 - x - k^2 = 0$, com $1 + 4k^2 > 0$, de outro modo, $L_T : (x - 1/2)^2 + y^2 = (1 + 4k^2)/4$. Segue, da equação (6.1.3), que $\Sigma_T(z_0) = \{z \in \mathcal{H} : \text{Re}(z) = 2^{-1}\}$ é o bissetor ortogonal de $L_{z_0 T(z_0)}$. Neste caso, $\mathcal{H}_T(z_0) = \{z \in \mathcal{H} : \text{Re}(z) < 2^{-1}\}$. Da mesma forma, obtemos

$$\mathcal{H}_{T^{-1}}(z_0) = \{z \in \mathcal{H} : \text{Re}(z) > 2^{-1}\} \text{ e } \mathcal{H}_S(z_0) = \{z \in \mathcal{H} : |z| > 1\}.$$

Portanto, $D_G(z_0) \subseteq \mathcal{H}_T(z_0) \cap \mathcal{H}_{T^{-1}}(z_0) \cap \mathcal{H}_S(z_0) = \mathcal{F}$. Afirmação. $D_G(z_0) = \mathcal{F}$. De fato, suponhamos, por absurdo, que $D_G(z_0) \subseteq \mathcal{F}$, mas $D_G(z_0) \neq \mathcal{F}$. Então existem $z_1 \in D_G(z_0) \subseteq \mathcal{F}$ e $g \in G - \{I\}$ tal que $w_1 = g(z_1) \in \mathcal{F}$, de modo que $w_1 \in \text{Orb}(z_1)$. Pondo $w = g(z) = (cz + d)^{-1}(az + b)$ em $G - \{I\}$, com $cd \neq 0$, obtemos $\text{Im}(g(z)) = |cz + d|^{-2} \text{Im}(z)$. Como $z_1 = x + yi \in \mathcal{F}$ temos que $2x > -1$ e $|z_1| > 1$, de modo que

$$|cz_1+d|^2 = c^2|z_1|^2+2xcd+d^2 > c^2-|cd|+d^2 = (|c|-|d|)^2+|cd| \geq 1$$

se, e somente se, $\text{Im}(w_1) < \text{Im}(z_1)$. Por outro lado, de modo análogo com $z_1 = g^{-1}(w_1) = (-cw_1 + d)^{-1}(dw_1 - b)$, obtemos $\text{Im}(z_1) < \text{Im}(w_1)$, impossível. Note que $s_{T^{-1}} = \mathcal{F} \cap T^{-1}\mathcal{F} = \{z \in \mathcal{H} : \text{Re}(z) = -2^{-1} \text{ e } |z| > 1\}$, $s_T = T(s_{T^{-1}})$ e $s_S = \mathcal{F} \cap S\mathcal{F} = \{z \in \mathcal{H} : |\text{Re}(z)| < 2^{-1} \text{ e } |z| = 1\}$ são arestas. Enquanto, $s_{T^{-1}} \cap s_S = \{\omega\}$ e $s_T \cap s_S = \{-\omega^{-1}\}$ são vértices. Observe, pela Fórmula de Gauss-Bonnet, que $\mu(\mathcal{F}) = \pi/3$, de modo que o covolume é finito, pois $\mu(\mathcal{H}/\mathcal{F})) < \infty$ e $\mathcal{H}/G$ é uma superfície riemanniana. $\square$

Lema 6.1.16 *Para cada* $z \in \mathcal{H}$ *fixado.*

1. *O conjunto* $\{(c, d) \in \mathbb{Z}^2 : |cz + d| \leq 1\}$ *é finito.*

2. *O conjunto* $\{w \in \text{Orb}(z) : \text{Im}(w) \geq \text{Im}(z)\}$ *é finito.*

DEMONSTRAÇÃO: (1) Dados $w, z \in \mathcal{H}$. Então $w \in \text{Orb}(z)$ se, e somente se, existir um $g(z) = (cz+d)^{-1}(az+b)$ em $G = \text{PSL}_2(\mathbb{Z})$ tal que $w = g(z)$, de modo que $\text{Im}(w) \geq \text{Im}(z)$ se, e somente se, $|cz+d| \leq 1$. Como $|cz+d|^2 = (cx+d)^2 + c^2y^2$ temos que $c^2y^2 \leq 1$ e $|c| \leq y^{-1}$ implica que existe apenas um número finito de c. Para cada c fixado, a equação $(cx+d)^2 + c^2y^2 \leq 1$ implica que existe apenas um número finito de d. Portanto, $\{(c,d) \in \mathbb{Z}^2 : |cz+d| \leq 1\}$ é finito. (2) Por conveniência, chamamos $\text{Im}(z) = y > 0$ a altura de $z = x + iy$. Pelo item (1), existem apenas um número finito de pares (c,d) tais que a altura $\text{Im}(g(z)) \geq \text{Im}(z)$. Em particular, existe apenas um número finito de pontos $w \in \text{Orb}(z)$ tais que $\text{Im}(w) \geq \text{Im}(z)$, ou seja, $\{w \in \text{Orb}(z) : \text{Im}(w) \geq \text{Im}(z)\}$ é finito. □

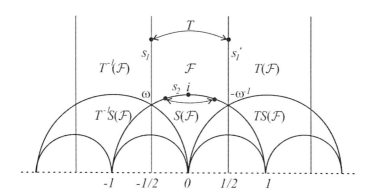

Figura 6.5: Parte de uma tesselação de $\mathcal{H}$.

TEOREMA 6.1.17 *Seja* $G = \text{PSL}_2(\mathbb{Z})$. *Então* $G = \langle S, T \rangle$.

DEMONSTRAÇÃO: Seja $H = \langle S, T \rangle$. Então $\mathcal{H} = \bigcup_{h \in H} h\overline{\mathcal{F}}$. De fato, dado $z \in \mathcal{H}$, existe, pelo teorema 6.1.15, um $k \in \mathbb{Z}$ tal que $z_1 = T^k(z)$ e $|\text{Re}(z_1)| \leq 2^{-1}$. Se $z_1 \in \mathcal{F}$, acabou. Caso contrário, use S em $|z_1| < 1$ implica que $\text{Im}(S(z_1)) > \text{Im}(z_1) = \text{Im}(z)$. Assim, existe um $m \in \mathbb{Z}$ tal que $z_2 = T^m(S(z_1))$ e $|\text{Re}(S(z_2))| \leq 2^{-1}$. Se $z_2 \in \mathcal{F}$, acabou. Caso contrário, continuando este processo, pelo item (2) do lema 6.1.16, em um número finto de passo chegamos a $h(z) \in \mathcal{F}$, para algum $h \in H$. Por outro lado, dados $z \in \overset{\circ}{\mathcal{F}}$, por exemplo, $z = 2i$, e $g \in G$, existe um $h \in H$ tal que $h(z) = g(z)$, ou seja, $(h^{-1}g)(z) = z$. Logo, pelo exposto antes do teorema 6.1.15, obtemos $h^{-1}g = I$, pois $z \in \overset{\circ}{\mathcal{F}}$. Portanto, $g \in H$. $\square$

É muito importante, de um ponto de vista teórico e didático, apresentar uma prova construtiva do teorema 6.1.17. Antes vamos lembrar que: dados $a, c \in \mathbb{N}$, com $a > c$, existem únicos $q, r \in \mathbb{N}$ tais que $a = qc + r$, com $0 \le r < c$. Então $\mathsf{mdc}(a, c) = \mathsf{mdc}(c, r)$. Pondo $a_1 = c, r_1 = r$, e repete até que o resto seja 0, pois os restos formam uma sequência decrescente de números não negativos, de modo que este processo termina. Dado $g(z) = (cz + d)^{-1}(az + b) \in G$. Então

$$(Sg)(z) = -\frac{cz + d}{az + b} \quad \text{e} \quad (T^k g)(z) = \frac{(a + kc)z + b + kd}{cz + d},$$

para todo $k \in \mathbb{Z}$. Portanto, multiplicando à esquerda por S e, em seguida, por um T^k apropriado, podemos tornar a entrada inferior esquerda positiva e menor da representação matricial. Continuando, chegamos eventualmente a

$$(T^{n_k} S^{m_k} \cdots T^{n_1} S^{m_1} g)(z) = d_k^{-1}(a_k z + b_k) = g_k(z),$$

onde $m_1, \ldots, m_k, n_1, \ldots, n_k \in \mathbb{Z}$, com $m_i = 0, 1$. Como $a_k d_k = 1$ temos que $g_k = T^{-b_k}$ ou $g_k = T^{b_k}$. Mais explicitamente, $ad - bc = 1$ significa que $a = 0$ e $c \ne 0$ ou $a \ne 0$ e $c = 0$ ou $\mathsf{mdc}(a, c) = 1$. Se $a = 0$, então $b = \pm 1$ e $c = \mp 1$, de modo que $g = ST^{-d}$ ou $g = ST^d$. Suponhamos que $ac \ne 0$ e $\mathsf{mdc}(a, c) = 1$. Então o algoritmo de fatoração da representação matricial de g corresponde a $\mathsf{mdc}(|a|, |c|) = 1$. Assim, não há perda de generalidade, em supor que $c \ge 1$ e $c \le |a|$, de modo que existem únicos $q, r \in \mathbb{Z}$ tais que $|a| = qc + r$, com $0 \le r < c$. Se $a > 0$ ou $a < 0$, então

$$(ST^{-q}g)(z) = (rz + k_1)^{-1}(-cz - d)$$
$$\text{ou} \quad (ST^q g)(z) = (rz - k_2)^{-1}(-cz - d).$$

Logo, em qualquer caso, obtemos

$$(ST^{-q}g)(z) = (c_1 z + d_1)^{-1}(a_1 z + b_1), \text{ com } |c_1| \leq |a_1| \text{ e } |a_1| < |a|$$

Continuando este processo, em um número finito de passos, teremos

$$g_k(z) = (c_k z + d_k)^{-1}(a_k z + b_k), \text{ com } a_k = \pm 1 \text{ e } c_k = 0,$$

que já sabemos. Se $|a| < |c|$, então basta aplicar S para reduzir ao caso já visto. Por exemplo, se $g(z) = (2z-1)^{-1}(15z-8) \in G$, então $15 = 2 \cdot 7 + 1$ e

$$(T^{-7}g)(z) = (2z-1)^{-1}(z-1) \text{ e } (ST^{-7}g)(z) = (z-1)^{-1}(-2z+1).$$

Da mesma forma, $|-2| = 2 = 2 \cdot 1 + 0$ implica que $(T^2 ST^{-7}g)(z) = -(z-1)^{-1}$ e $(ST^2 ST^{-7}g)(z) = z - 1 = T^{-1}(z)$. Portanto, $g = T^7 ST^{-2} ST^{-1}$ ou $g = ThT^{-1}$, com $h = T^6 ST^{-2} S$.

O método dos bissetores visto acima não está bem adequado para a construção real de regiões fundamentais. Por isto, apresentaremos um método "ótimo" devido a Ford[1] baseado no círculo isométrico, ou seja, ele é de característica euclidiano ao invés de hiperbólico. Para isto, vamos primeiro rever alguns algumas relações entre horociclos, círculos isométricos e bissetores ortogonais necessários em regiões fundamentais não limitadas.

Seja L_m o horociclo em $\mathcal{H}$ centrado em ∞. Então $\Gamma_x = f(L_m)$ é o horociclo em $\mathcal{H}$ centrado em $x \in \mathbb{R}_\infty$, para todo $f \in \text{PSL}_2(\mathbb{R})$ tal que $f(\infty) = \infty$. De fato, se $|\text{tr}(f)| = 2$ e $c \neq 0$, então f é parabólico e $x_0 = (2c)^{-1}(a-d) \in \mathbb{R}_\infty$ é um ponto fixo de f. Por outro lado, existe um $g(z) = ((x-x_0)^2 + y^2)^{-1}(x_0 - x + iy)$, em que $g^{-1}(z) = z^{-1}(x_0 z - 1)$, tal que $g(x_0) = \infty, g^{-1}(\infty) = x_0$, de modo que

$$g^{-1}(L_m) = \{x + iy \in \mathcal{H} : (x-x_0)^2 + (y-(2m)^{-1})^2 = (2m)^{-2}\} = \Gamma_{x_0}$$

e $h = g \circ f \circ g^{-1}$ é tal que $h(\infty) = \infty$ e $h(z) = z + \beta$, onde $\beta \in \mathbb{R} - \{0\}$. Assim, $h(L_m) = L_m$. Como $f = g^{-1} \circ h \circ g$ temos que $\Gamma_{x_0} = f(L_m)$.

---
[1] Lester Randolph Ford Jr., 1927–2017, matemático americano.

Portanto, $f(x) = x$ e f é parabólico se, e somente se, $f(\Gamma_x) = \Gamma_x$. Observe, pela proposição 4.2.11, que Γ_x é ortogonal a qualquer geodésica L em $\mathcal{H}$ tendo um extremo no ponto x. Finalmente, se $M_\alpha(z) = \alpha z$, onde $\alpha \in \mathbb{R}_+ - \{0,1\}$, então $M_\alpha(L_m) = L_{\alpha m}$ é um horociclo em $\mathcal{H}$ centrado em ∞ e se $S(z) = -z^{-1}$, então $S(L_m)$ é um horociclo em $\mathcal{H}$ centrado em 0. Neste caso, temos que $\lim_{m \to 0} S(L_m) = L_0$, pois a inclinação da reta tangente a $S(L_m)$ em 0 é $a_m = 0$. É muito importante ressaltar que se $\mathcal{H}_m = \{z \in \mathcal{H} : \mathsf{Im}(z) > m\}$, então $T_\beta(\mathcal{H}_m) = \mathcal{H}_m, M_\alpha(\mathcal{H}_m) = \mathcal{H}_{\alpha m}$ e

$$S(\mathcal{H}_m) = \{w \in \mathcal{H} : u^2 + (v - (2m)^{-1})^2 > (2m)^{-2}\}$$

é o exterior de $S(L_m) = \{w \in \mathcal{H} : u^2 + (v - (2m)^{-1})^2 = (2m)^{-2}\}$.

Proposição 6.1.18 *Sejam G um grupo em $\mathsf{Aut}(H)$ e Γ_x o horociclo em $\mathcal{H}$ centrado em x. Então $f(x) = x$ e f é parabólico em G se, e somente se, $f(\Gamma_x) = \Gamma_x$.*

Demonstração: Confira o exposto acima. □

Lema 6.1.19 *Sejam $z_1, z_2 \in \mathcal{H}$, com $z_1 \neq z_2$, e Γ_{x_0} um horociclo em $\mathcal{H}$ centrado em $x_0 \in \mathbb{R}_\infty$. Então $z_1, z_2 \in \Gamma_{x_0}$ se, e somente se, o bissetor ortogonal de $L_{z_1 z_2}$ possui extremo em x_0.*

Demonstração: Seja $\Sigma = \{z \in \mathcal{H} : \rho(z, z_1) = \rho(z, z_2)\}$ o bissetor ortogonal de $L_{z_1 z_2}$. Se $z_1, z_2 \in \Gamma_{x_0}$, então existe um elemento parabólico $g \in \mathsf{Aut}(H)$ tal que $g(\Gamma_x) = \Gamma_x$ e $g(z_1) = z_2$. Seja R a reflexão na geodésica que passa por z_1 e x_0. Então $S = g \circ R$ é uma reflexão em Σ tal que $S(z_1) = g(R(z_1)) = g(z_1) = z_2$. Portanto, Σ é o bissetor ortogonal de $L_{z_1 z_2}$. Reciprocamente, seja S uma reflexão em Σ. Então $g = S \circ R \in \mathsf{Aut}(H)$. Como $g(\Gamma_x) = \Gamma_x$ e $g(z_1) = S(R(z_1)) = S(z_1) = z_2$ temos que $z_1, z_2 \in \Gamma_{x_0}$. □

Corolário 6.1.20 *Sejam Γ_{x_0} um horociclo em $\mathcal{H}$ centrado em $x_0 \in \mathbb{R}_\infty$ e L uma geodésica em $\mathcal{H}$ com extremo em x_0. Então $\Gamma_{x_0} \cap L = \{z_0\}$.*

DEMONSTRAÇÃO: Suponhamos, por absurdo, que $\Gamma_{x_0} \cap L = \{z_1, z_2\}$, com $z_1 \neq z_2$. Então, pelo lema 6.1.19, o bissetor ortogonal Σ de $L_{z_1 z_2}$ possui extremo em x_0, o que contradiz o fato de Σ e L serem ultraparalelas. Pondo $w \in \Gamma_{x_0}$ e M a geodésica em $\mathcal{H}$ que passa por w e x_0. Por outro lado, existe um $g \in \text{Aut}(H)$ tal que $g(M) = L$, de modo que $\Gamma_{x_0} \cap L = \{g(w)\}$. □

Neste momento é muito importante revermos a ação de um grupo fuchsiano G em $\text{Aut}(H)$ sobre $\partial \mathcal{H} = \mathbb{R}_\infty$. Já sabemos que $x \in \mathbb{R}_\infty$ é um *cúspide* de G se x for um ponto fixo de um elemento parabólico em G. Para cada $x \in \mathbb{R}_\infty$, pondo $P_x = \{g \in \text{Est}(x) : g$ é parabólico ou $g = \pm I\}$. Assim, pela transitividade de $\text{Aut}(H)$ sobre $\mathbb{R}_\infty$ temos que existe um $g \in \text{Aut}(H)$ tal que $g(x) = \infty$, de modo que $\text{Est}(x) = g\,\text{Est}(\infty)g^{-1}$ e $P_x = gP_\infty g^{-1}$. Portanto,

$$\text{Est}(\infty) = \{T_\beta \circ M_{\alpha^2} : \alpha, \beta \in \mathbb{R}, \text{ com } \alpha^2 + \beta^2 \neq 0\}$$
$$\text{e} \quad P_\infty = \{\pm T_\beta : \beta \in \mathbb{R}\}.$$

Isto implica que se $g \in \text{Aut}(H) - \{\pm I\}$ possui pelo menos um ponto fixo em $\mathbb{R}_\infty$, então g é parabólico ou hiperbólico, confira teorema 4.2.10. Note que $P_\infty \simeq \mathbb{R}$.

Seja G um grupo fuchsiano em $\text{Aut}(H)$ que contém elementos parabólicos que fixam ∞, digamos $T(z) = z + \beta$, onde $\beta \in \mathbb{R}^\times$. Pondo $G_0 = \langle T \rangle = \{T^n : n \in \mathbb{Z}\}$ e $\text{Orb}(\infty) = \{g(\infty) : g \in G\}$. Se $g(z) = (cz + d)^{-1}(az + b)$ em $G - G_0$, então $c \neq 0$ e o círculo isométrico $\Gamma_g = \{z \in \mathcal{H} : |cz + d| = 1\}$ existe, com centro $c_g = -c^{-1}d = g^{-1}(\infty)$ e raio $r_g = |c|^{-1}$. Note que Γ_g é o único círculo tal que $|g(w) - g(z)| = |w - z|$, para todos $z, w \in \Gamma_g$, pois se Γ for outro círculo que goze dessa propriedade, então $\Gamma = \Gamma_g$. Caso contrário, existiria um $z \in \Gamma - \Gamma_g$ e uma sequência $(z_n)_{n \in \mathbb{N}}$ em Γ tal que $\lim_{n \to \infty} z_n = z$, de modo que

$$\lim_{z_z \to z} \left| \frac{g(z_n) - g(z)}{z_n - z} \right| = 1,$$

ou seja, $|g'(z)| = 1$ e $z \in \Gamma_g$, o que é impossível. Vale observar que: (a) ∞ não é ponto limite do conjunto $\{c_g : g \in G - G_0\} \subseteq$

Orb(∞), de modo que ele é limitado. (b) $\mathcal{L}(G) = \text{Orb}(\infty)'$. (c) $r_g \leq |\beta| = \rho(z, T(z))$ o comprimento de translação horizontal, pois, pelo lema 5.1.15, $|c\beta| \geq 1$, de modo que $\Gamma_g \subseteq D_{|\beta|}(0)$. Neste caso, em qualquer sequência de círculos isométricos $(\Gamma_{g_n})_{n \in \mathbb{N}}$ temos que $\lim_{n\to\infty} r_{g_n} = 0$, ou seja, não existe uma sequência $(g_n)_{n \in \mathbb{N}}$, com os c_n distintos e $\lim_{n\to\infty} c_n = c$. (d) Se $g \neq h$, então $\Gamma_g \neq \Gamma_h$, pois se $\Gamma_g = \Gamma_h$, então $h^{-1}g \in G_0$, o que é impossível. Como $g^{-1}(w) = (-cw + a)^{-1}(dw - b)$ e $c \neq 0$ temos que $\Gamma_{g^{-1}}$ existe e é um círculo isométrico com centro $c_{g^{-1}} = c^{-1}a = g(\infty)$ e raio $r_{g^{-1}} = |c|^{-1} = r_g$. Sejam $I_g = \mathring{\Gamma}_g$ o interior de Γ_g e $E_g = \mathcal{H} - \overline{I}_g$ o exterior de Γ_g. Então, pelo teorema 4.2.13, $g(\Gamma_g) = \Gamma_{g^{-1}}, g(I_g) = E_{g^{-1}}$ e $g(E_g) = I_{g^{-1}}$. Observe que $g|_{I_g}$ é uma expansão, pois se $z \in I_g$, então $|z + c^{-1}d| < |c|^{-1}$, de modo que $|g'(x)| = |cz + d|^{-2} > 1$. Enquanto, $g|_{E_g}$ é uma contração, pois $|g'(x)| < 1$.

Seja $\mathcal{H}_m = \{z \in \mathcal{H} : \text{Im}(z) > m\}$ o horodisco determinado pelo horociclo L_m. Então $\mathcal{H}_m$ não é necessariamente invariante sob G. Para ver isto, pelo teorema 4.2.13, $g(L_m) \subseteq \Gamma_{g^{-1}} = g(\Gamma_g)$ é um horociclo em $\mathcal{H}$ centrado em $g(\infty) = c^{-1}a$. De fato, dado $z \in L_m$, temos que $g(z) \in g(L_m)$, de modo que $|z + c^{-1}d| = m$ implica que $|g(z) - c^{-1}a| = m^{-1}c^{-2}$ é um diâmetro. Assim, $g(L_m)$ é um círculo euclidiano de centro $\left(\frac{a}{c}, \frac{1}{c^2 m}\right)$ e raio $\frac{1}{c^2 m}$. Portanto, se $c \neq 0$ e $m \geq r_f$, então $L_m \cap g(L_m) = \emptyset$, confira a figura 4.4. Agora, dado $g \in G - G_0$ temos, pelo teorema 4.2.13, que $g(\mathcal{H}_m) \subseteq I_{g^{-1}} = g(E_g)$. Por outro lado, se $g(\mathcal{H}_m) \neq \mathcal{H}_m$, então, pelo lema 5.1.15, a distância

$$\left|g(z) - \frac{a}{c}\right| = \frac{1}{|c||cz+d|} \leq \frac{1}{|c|^2 \text{Im}(z)} < \frac{1}{|c|^2 |m|} \leq |m|,$$

para todo $z \in \mathcal{H}_m$. Logo, $g(\mathcal{H}_m) \cap \mathcal{H}_m = \emptyset$. Não obstante, $g(\mathcal{H}_m) = \mathcal{H}_m$, para todo $g \in G_0$, e $g(\mathcal{H}_m) \cap \mathcal{H}_m = \emptyset$, para todo $g \in G - G_0$.

Lema 6.1.21 *Sejam G um grupo fuchsiano em* $\text{Aut}(H)$ *e* $x \in \mathbb{R}_\infty$ *um cúspide de G, ou seja, $G_0 \neq \emptyset$. Então existe um horodisco $\mathcal{H}_m$ em $\mathcal{H}$ centrado em x tal que $g(\mathcal{H}_m) \cap \mathcal{H}_m = \emptyset$, para todo $g \in G - G_0$. Conclua que se $y \in \partial \mathcal{H}_m$, então $\text{Orb}(y) \cap \mathcal{H}_m = \emptyset$, para todo $g \in G - G_0$.*

DEMONSTRAÇÃO: Sejam $T(z) = z + \beta$, onde $\beta \in \mathbb{R}_+^\times$, tal que $G_0 = \langle T \rangle$ e $g \in G - G_0$, digamos, $g(z) = (cz + d)^{-1}(az + b)$. Então $c \neq 0$ e, pelo lema 5.1.15, $|c\beta| \geq 1$, de modo que $|cz + d|^2 = (c\operatorname{Re}(z) + d)^2 + c^2 \operatorname{Im}(z)^2 \geq c^2 \operatorname{Im}(z)^2$ implica que

$$\operatorname{Im}(g(z)) = \frac{\operatorname{Im}(z)}{|cz + d|^2} \leq \frac{\operatorname{Im}(z)}{c^2 \operatorname{Im}(z)^2} \leq \frac{\beta^2}{\operatorname{Im}(z)}.$$

Portanto, existe um $\mathcal{H}_m = \{z \in \mathcal{H} : \operatorname{Im}(z) > m = \beta^2\}$. $\square$

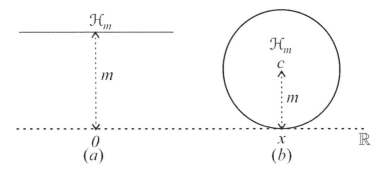

Figura 6.6: Sistema fundamental de vizinhanças.

Finalmente, é fácil verificar que $V_m(\infty) = \mathcal{H}_m$ ($V_m(x) = \mathcal{H}_m$) é um sistema fundamental de vizinhanças abertas de ∞ (x), confira a figura 6.6. Portanto, podemos estender a topologia de $\mathcal{H}$ para $\overline{\mathcal{H}}$. De fato, se $\psi : \mathcal{H} \to \mathcal{D} - \{0\}$ é definida como $\psi(z) = e^{2\pi i z}$ e fizermos $\psi(\infty) = 0$, onde $\infty \in \overline{\mathcal{H}}$, então $V_m = \psi^{-1}(D_r(0))$, com $r = e^{-2\pi m}$. Portanto, obtemos uma topologia sobre $\mathcal{H} \cup \{\infty\}$, de modo que ψ seja contínua.

Já vimos, no Exemplo 6.1.14, que

$$\mathcal{F}_\infty = \{z \in \mathcal{H} : t < \operatorname{Re}(z) < t + |\beta|\},$$

para todo $t \in \mathbb{R}^\times$, era uma região fundamental para G_0 e que qualquer $g \in G - G_0$ possui um círculo isométrico. Isto motiva a seguinte definição. O *domínio de Ford* para G é definido como

$$\mathcal{F}_G = \mathcal{F}_\infty \cap \left(\bigcap_{g \in G - G_0} E_g \right),$$

ou seja, $\mathcal{F}_G$ consiste na parte de $\mathcal{F}_\infty$ que está no exterior de cada círculo isométrico.

Teorema 6.1.22 $\mathcal{F}_G$ *é uma região fundamental para G.*

Demonstração: Suponhamos que $z \in \mathcal{F}_G$ e $g \in G$. Se $g \in G_0$, então $g(z) \notin \mathcal{F}_\infty$, de modo que $g(z) \notin \mathcal{F}_G$. Caso contrário, $z \in E_g$, de modo que $g(z) \in I_{g^{-1}}$ implica que $g(z) \notin \mathcal{F}_G$. Assim, $z \in g\mathcal{F}_G \cap \mathcal{F}_G$ se, e somente se, $z, g^{-1}(z) \in \mathcal{F}_G$. Mas, $g^{-1}(z) \in I_g$ e $I_g \cap \mathcal{F}_G = \emptyset$. Portanto, $g\mathcal{F}_G \cap \mathcal{F}_G = \emptyset$, para todo $g \in G - \{I\}$. Dado $z \in \mathcal{H}$. Como r_g é limitado temos que existe um $k \in \mathbb{R}_+^\times$ tal que $z \in \overline{\mathcal{F}}_G$ se $z \in \overline{\mathcal{F}}_\infty$ e $\mathsf{Im}(z) > k$. Afirmação. $z \in \mathcal{F}_G$ ou existe um $g \in G$ tal que $\mathsf{Im}(g(z)) > \mathsf{Im}(z)$. De fato, se $z \notin \mathcal{F}_G$, então $z \in I_g$, para algum $g(z) = (cz+d)^{-1}(az+b)$ em $G - G_0$, de modo que $|cz+d| < 1$ se, e somente se, $\mathsf{Im}(g(z)) > \mathsf{Im}(z) > k$. Assim, indutivamente, obtemos uma sequência $(g_n)_{n \in \mathbb{N}}$ de elementos de $G - G_0$ tal que $\mathsf{Im}(g_n(z)) < \mathsf{Im}(g_{n+1}(z))$ e $g_n(z) \in \overline{\mathcal{F}}_\infty$, para todo $n \in \mathbb{N}$. Se $\mathsf{Im}(g_p(z)) > k$, para algum $p \in \mathbb{N}$, então $g_p(z) \in \overline{\mathcal{F}}_G$. Caso contrário, $\lim_{n \to \infty} g_n(z) = z_0 \in \overline{\mathcal{F}}_\infty$, com $\mathsf{Im}(z_0) > 0$, ou seja, $z_0 \in \mathsf{Orb}(z)'$, de modo que $z_0 \in \mathcal{H}$ e qualquer vizinhança de z_0 contém infinitos $g_n(z)$, o que contradiz a descontinuidade de G. $\square$

Pondo $\mathcal{F} = \mathcal{F}_G$, é muito importante observar, em geral, que $g\mathcal{F}$ não é limitado por círculos isométricos, pois a imagem de um círculo isométrico nem sempre é um círculos isométrico de um elemento em G. Como $\mathcal{F}$ é um aberto temos que qualquer $z_0 \in \partial\mathcal{F}$ satisfaz $z_0 \notin \mathcal{F}$. Mas, para qualquer $r \in \mathbb{R}_+^\times$, existe um aberto $U = D_r(z_0)$ tal que $U \cap \mathcal{F} \neq \emptyset$. Por outro lado, se $z_0 \in \mathcal{O}(G)$, então $z_0 \notin \overset{\circ}{\Gamma}_f$, para algum $f \in G$. De fato, o número de Γ_f em uma vizinhança de z_0 é finito. Caso contrário, z_0 seria um ponto limite de seus centros. Assim, podemos encontrar um $\varepsilon \in \mathbb{R}_+^\times$ suficientemente pequeno tal que $D_\varepsilon(z_0) \cap \Gamma_f = \emptyset$, para todo $f \in G$. Então $z_0 \in \mathcal{F}$ e não em $\partial\mathcal{F}$, o que é uma contradição. Portanto, $z_0 \in \Gamma_f$, para pelo menos um $f \in G$. Não obstante, se $z_0 \in \mathcal{L}(G)$, então z_0 pode ou não está em um Γ_f, mas se não, para qualquer $r \in \mathbb{R}_+^\times$, obtemos $D_r(z_0) \cap \Gamma_f \neq \emptyset$, para pelo menos um $f \in G$. Em qualquer caso, um lado em $\mathcal{F}$ é um arco em Γ_f.

Lema 6.1.23 *Sejam G um grupo fuchsiano em $\text{Aut}(H)$, $\mathcal{F}_G$ um domínio de Ford para G e $\lambda \in \mathcal{L}(G)$. Então, para qualquer $r \in \mathbb{R}_+^\times$, $D_r(\lambda) \cap \mathcal{F}_G$ é um conjunto infinito. Conclua que $\mathcal{F}_G \cap g\mathcal{F}_G \subseteq \Gamma_{g^{-1}}$, para todo $g \in G - G_0$.*

DEMONSTRAÇÃO: Como λ é um ponto limite em $G_0 \subseteq \text{Est}(\infty)$ e qualquer conjunto infinito de círculos isométricos contém círculos euclidianos de raio suficientemente pequeno r temos que qualquer vizinhança de λ contém um número infinito de Γ_g, onde $g \in G$. Por outro lado, como $g^{-1}\mathcal{F}_G \subseteq \Gamma_g$ temos que o resultado segue. □

Exemplo 6.1.24 Seja $G = \text{PSL}_2(\mathbb{Z})$. Determine o domínio de Ford $\mathcal{F}_G$ para G.

SOLUÇÃO: Como $T(z) = z + 1$ é um elemento em G temos, pelo Exemplo 6.1.14, que $\mathcal{F}_\infty = \{z \in \mathcal{H} : |\text{Re}(z)| < 2^{-1}\}$ é uma região fundamental em $\mathcal{H}$ relativo a $G_0 = \langle T \rangle$, de modo que

$$\mathcal{F}_G = \mathcal{F}_\infty \cap \left(\bigcap_{g \in G - G_0} E_g \right) = \{z \in \mathcal{H} : |\text{Re}(z)| < 2^{-1} \text{ e } |z| > 1\}$$

é nossa região desejada. De fato, dado $g(z) = (cz+d)^{-1}(az+b)$, com $c \neq 0$, em $G - G_0$. Como $c_g = -c^{-1}d$ e $r_g = |c|^{-1} \leq 1$, pois $c \in \mathbb{Z}$, temos que $r_g = 1$ é o valor máximo, de modo que $r_g = 1$ se, e somente se, $|c| = 1$ e $\Gamma_g \cap \mathcal{F}_\infty = \{-\omega^{-1}, \omega\}$ quando $c_g \in \{-1, 0, 1\}$. Assim, $r_g \leq 2^{-1}$, para todo $c \in \mathbb{Z} - \{-1, 0, 1\}$, de modo que $\Gamma_g \cap \mathcal{F}_\infty = \emptyset$, confira a figura 6.5. □

Sejam $G = \text{PSL}_2(\mathbb{Z})$ e $z_0 = 2i \in \mathcal{H}$. Então $T(z_0) = z_0 + 1$ e $T^{-1}(z_0) = z_0 - 1$, de modo que as retas $x = \pm 2^{-1}$ são os bissetores de $\mathcal{H}_{T^{\pm 1}}(z_0)$. Enquanto, $S(z_0) = 2^{-1}i$ implica que S^1 é o bissetor de $\mathcal{H}_S(z_0)$. Por outro lado, seja $g \in G$ elíptico. Então a parte imaginária de um ponto fixo z satisfaz a equação: $2|c|\,\text{Im}(z) = \sqrt{4 - (a+d)^2}$. Como $|a+d| < 2$ e $a + d \in \mathbb{Z}$ temos que $2|c|\,\text{Im}(z) \leq 2$, de modo que $|c| \leq 1$, ou seja, $c \in \{-1, 0, 1\}$ implica que $g(z) = S(z), g(z) = (TS)(z) = z^{-1}(z-1)$ e $g(z) = (ST)(z) = -(z+1)^{-1}$. Portanto,

239

$D = D_G(z_0) \subseteq \mathcal{F}_G = \mathcal{F}$. Afirmação. $D = \mathcal{F}$. Com efeito, se $\mathcal{F} - D \neq \emptyset$, então $\mathcal{F} - \overline{D} \neq \emptyset$, pois se $u \in \mathcal{F} - D$, então existe um $r \in \mathbb{R}_+^\times$ tal que $K = \overline{D}_r(u) \subseteq \mathcal{F}$. Assim, pelo lema 6.1.5, apenas um número finito de bissetores que passam por u interceptam K, de modo que uma região determinada por eles contém D. Logo, $\mathcal{F} - \overline{D} \neq \emptyset$, ou seja, podemos escolher $z \in \mathcal{F} - \overline{D}$. Neste caso, existe um $w \in \overline{D}$ tal que $w = g(z)$, para algum $g \in G$, de modo que $w \neq z$ e $w \in \overline{\mathcal{F}}$. Como $g(z) \notin \partial \mathcal{F}$, para todo $g \in G$, temos que $w \in \mathcal{F}$. Assim, $z, w \in \mathcal{F}$, com $w \neq z$ e $w = g(z)$, para algum $g \in G$, o que é uma contradição.

Vamos apresentar uma classe de subgrupos normais do grupo modular $\mathsf{SL}_2(\mathbb{Z})$ e/ou $\mathsf{PSL}_2(\mathbb{Z})$. Seja $\mathbb{Z}_n$ o grupo dos inteiros de módulo $n \geq 1$. Então a projeção $p : \mathbb{Z} \to \mathbb{Z}_n$ induz um homomorfismo de grupos sobrejetor $\psi : \mathsf{SL}_2(\mathbb{Z}) \to \mathsf{SL}_2(\mathbb{Z}_n)$ definido como

$$\psi \begin{pmatrix} a & b \\ c & d \end{pmatrix} = \begin{pmatrix} p(a) & p(b) \\ p(c) & p(d) \end{pmatrix}.$$

De fato, é fácil verificar que ψ é um homomorfismo de grupos. Par ver que ψ é sobrejetora. Dado $\mathbf{B} = \alpha \mathbf{E}_{11} + \beta \mathbf{E}_{12} + \gamma \mathbf{E}_{21} + \delta \mathbf{E}_{22} \in \mathsf{SL}_2(\mathbb{Z}_n)$. Então

$$\alpha \delta - \beta \gamma \equiv 1 \pmod{n} \Leftrightarrow \alpha \delta - \beta \gamma - kn = 1, \exists k \in \mathbb{Z},$$

ou seja, $\mathsf{mdc}(\gamma, \delta, n) = 1$. Como $\mathsf{mdc}(\gamma, \delta, n) = \mathsf{mdc}(\gamma, \mathsf{mdc}(\delta, n))$ temos que existe um $p \in \mathbb{Z}$ tal que $\mathsf{mdc}(\gamma, \delta + pn) = 1$, pois $\mathsf{mdc}(\delta, n) = q\gamma + r$, com $0 \leq r < |\gamma|$, implica que $\mathsf{mdc}(\gamma, \mathsf{mdc}(\delta, n)) = \mathsf{mdc}(\gamma, r)$. Podemos, também, supor que $\mathsf{mdc}(\gamma, \delta) = 1$, de modo que existem $r, s \in \mathbb{Z}$ tais que $r\gamma + s\delta = 1$ e $k = b\gamma - a\delta$. Assim, existe um $\mathbf{A} = (\alpha + an)\mathbf{E}_{11} + (\beta + bn)\mathbf{E}_{12} + \gamma \mathbf{E}_{21} + \delta \mathbf{E}_{22}$ em $\mathsf{SL}_2(\mathbb{Z})$ tal que $\psi(\mathbf{A}) = \mathbf{B}$, pois $\det \mathbf{A} = (\alpha + an)\delta - (\beta + bn)\gamma = 1$. Portanto, pelo Teorema de Isomorfismo, $\mathsf{SL}_2(\mathbb{Z})/K_n \simeq \mathsf{SL}_2(\mathbb{Z}_n)$, com $K_n = \ker \psi$.

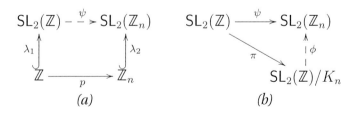
(a) (b)

Como $|\mathsf{SL}_2(\mathbb{Z})| = [\mathsf{SL}_2(\mathbb{Z}) : K_n]|K_n|$ temos que K_n é infinito e chama-se *subgrupo de congruência principal de nível* n. É importante observar que a função $\phi : \mathsf{SL}_2(\mathbb{Z})/\mathsf{Est}(\infty) \to C_{(c,d)}/\{\pm 1\}$ definida como $\phi(\mathbf{A}) = (c,d) = \mathbf{L}_2$, com $C_{(c,d)} = \{(c,d) : \mathsf{mdc}(c,d) = 1\}$, é bijetora. Pode ser provado que

$$\iota(n) = [\mathsf{SL}_2(\mathbb{Z}) : K_n] = n^3 \prod_{p|n}\left(1 - \frac{1}{p^2}\right), \qquad (6.1.6)$$

com p um divisor primo de n. Seja

$$L_n = \ker \psi = \{\mathbf{A} \in \mathsf{SL}_2(\mathbb{Z}) : \psi(\mathbf{A}) = \pm\mathbf{I} \pmod{n}\}.$$

um subgrupo normal de $\mathsf{SL}_2(\mathbb{Z})$. Então $G_n = L_n/\{\pm\mathbf{I}\}$ é um subgrupo normal de $G = \mathsf{PSL}_2(\mathbb{Z}) \simeq \mathsf{Aut}(\mathcal{H})$. Pondo $\nu(n) = [G : G_n]$. Se $n = 2$, então $L_2 = K_2$, pois $\mathbf{I} \equiv -\mathbf{I} \pmod 2$, de modo que $\nu(2) = \iota(2) = 6$. Se $n > 2$, então $[L_n : G_n] = 2$, de modo que $\nu(n) = 2^{-1}\iota(n)$. Finalmente, se $n = 1$, então $\nu(1) = 1$.

Lema 6.1.25 *Se $n > 1$, então o subgrupo G_n de $G = \mathsf{PSL}_2(\mathbb{Z})$ não contém elementos elípticos.*

Demonstração: Seja $g \in \mathsf{SL}_2(\mathbb{Z})$ elíptico, digamos $f(z) = (cz+d)^{-1}(az+b)$. Então a parte imaginária de um ponto fixo z de g satisfaz a equação: $2|c|\mathsf{Im}(z) = \sqrt{4 - (a+d)^2}$. Como $|a+d| < 2$ e $a + d \in \mathbb{Z}$ temos que $2|c|\mathsf{Im}(z) \leq 2$, de modo que $|c| \leq 1$, ou seja, $c \in \{-1, 0, 1\}$ implica que $g = \pm S, g = \pm TS$ ou $g = \pm ST$. É fácil verificar que nenhuma delas é congruente a I módulo $n > 1$. Portanto, o resultado segue, pois F_n é um subgrupo normal de $\mathsf{SL}_2(\mathbb{Z})$. □

Neste momento vale ressaltar algumas observações sobre G_2. (i) $f \in G_2$, digamos $f(z) = (cz + d)^{-1}(az + b)$, se, e somente se, $a, d \in 2\mathbb{Z} + 1, b, c \in 2\mathbb{Z}$ e $ad - bc = 1$. (ii) Dados $f, g \in G_2 - \{I\}$, se f, g e $f \circ g$ são parabólicos, com $z_1 \in F_f$ e $z_2 \in F_g$, então existe um $h \in G_2$ tal que $h(z_1) = 0$ e $h(z_2) = \infty$, de modo que $(h \circ f \circ h^{-1})(0) = 0$ e $(h \circ g \circ h^{-1})(\infty) = \infty$. Assim, podemos supor que $f(0) = 0$ e $g(\infty) = \infty$. Se $f(0) = 0$, então $b = 0$ e $ad = 1$

implica que $a = d = \pm 1$ e, a menos de sinal, $f(z) = (cz+1)^{-1}z$, onde $c \in 2\mathbb{Z} - \{0\}$. Se $g(\infty) = \infty$, então $c = 0$ e $ad = 1$ implica que $a = d = \pm 1$ e, a menos de sinal, $g(z) = z + b$, onde $b \in 2\mathbb{Z} - \{0\}$. Como $(f \circ g)(z) = (cz + 1 + bc)^{-1}(z+b)$ e $|\operatorname{tr}(f \circ g)| = 2$ temos que $2 + bc = \pm 2$ implica que $c = 0$ ou $bc = -4$. Se $c = 0$, então $f = I$, o que é impossível. Portanto, a menos de sinal, $f(z) = (-2z+1)^{-1}z$ e $g(z) = z + 2$. (iii) Observe, pela proposição 6.1.8, que se $k = \nu(n)$ e $\mathcal{F}$ for uma região fundamental para $G = \operatorname{PSL}_2(\mathbb{Z})$, então $\mathcal{F}_n = \mathcal{F} \cup g_1\mathcal{F} \cup \cdots \cup g_k\mathcal{F}$ é uma região fundamental para G_n.

Exemplo 6.1.26 Determine um domínio de Ford $\mathcal{F}_2$ para G_2.

Solução: Pelo exposto acima $g(z) = T^2(z) = z + 2$ em G_2 implica, pelo Exemplo 6.1.14, que $\mathcal{F}_\infty = \{z \in \mathcal{H} : |\operatorname{Re}(z)| < 1\}$ é uma região fundamental para $G_0 = \langle T^2 \rangle$, de modo que

$$\mathcal{F}_2 = \mathcal{F}_\infty \cap \left(\bigcap_{g \in G_2 - G_0} E_g \right) = \{z \in \mathcal{H} : |\operatorname{Re}(z)| < 1 \text{ e} |z \pm 2^{-1}| > 2^{-1}\}$$

é nossa região desejada. De fato, se $g \in G_2 - G_0$, então $c \neq 0$. Como $c_g = -c^{-1}d$ e $r_g = |c|^{-1} < 1$, pois $c \in 2\mathbb{Z} - \{0\}$, temos que $r_g = 2^{-1}$ é o valor máximo, de modo que $r_g = 2^{-1}$ se, e somente se, $|c| = 2$. Note que $|\pm 2z + d| = 1$, com d ímpar, implica que $\Gamma_g \cap \mathcal{F}_{G_2} = \emptyset$, a menos que $d = \pm 1$, de modo que $g(z) = (2z+1)^{-1}z$ ou $g(z) = (-2z+1)^{-1}z$. Em qualquer caso, $\Gamma_g \cap \mathcal{F}_\infty = \{-1, 1\}$. Por outro lado, como $r_g \leq 3^{-1}$, para todo $c \in 2\mathbb{Z} - \{-2, 0, 2\}$, temos que $\Gamma_g \cap \mathcal{F}_\infty = \emptyset$. Uma outra prova, pelo lema 6.1.25, $g_0 = I, g_1 = T, g_2 = S, g_3 = TS, g_4 = ST$ e $g_5 = T^{-1}ST$ não pertencem a G_2, com $k = 1, 2, 3, 4, 5$, de modo que

$$\mathcal{F}_2 = \mathcal{F} \cup g_1\mathcal{F} \cup g_2\mathcal{F} \cup g_3\mathcal{F} \cup g_4\mathcal{F} \cup g_5\mathcal{F}$$

é um domínio de Ford em $\mathcal{H}$ relativa a G_2. □

Teorema 6.1.27 Sejam $f(z) = z + 2, g(z) = (2z+1)^{-1}z$ em G_2. Então $G_2 = \langle f, g \rangle$, ou seja, G_2 é gerado por elementos parabólicos.

DEMONSTRAÇÃO: Confira o lema 6.1.16 e a prova do teorema 6.1.22. □

LEMA 6.1.28 *Seja* Γ *qualquer círculo euclidiano em* $\mathcal{H}$, *com centro* $z_0 = a + bi$ *e raio* r. *Então o centro hiperbólico é* $a + i\sqrt{r^2 - b^2}$ *e raio hiperbólico* s *é dado pela relação* $r = b \tanh s$ *e, vice-versa.*

DEMONSTRAÇÃO: Como $L = \{z \in \mathcal{H} : \text{Re}(z) = a\}$ é tanto euclidiano quanto hiperbólica, e reflexão em L deixa Γ invariante ($R(z) = -\overline{z} + 2a = T_{2a}(R_0(z))$), temos que o centro hiperbólico pertence a L, de modo que $L \cap \Gamma = \{a + (b-r)i, a + (b+r)i\}$ implica que

$$s = \frac{1}{2}\rho(a + (b+r)i, a + (b-r)i) = \frac{1}{2}\log\left(\frac{b+r}{b-r}\right).$$

Assim, $(b-r)^{-1}(b+r) = e^{2s}$ se, e somente se, $b \tanh s = r$. Por outro lado, o centro hiperbólico $a + si$ satisfaz

$$\rho(a + si, a + (b+r)i) = \rho(a + si, a + (b-r)i)$$

$$\Leftrightarrow \log\left(\frac{b+r}{s}\right) = \log\left(\frac{s}{b-r}\right)$$

de modo que $s^2 = b^2 - r^2$ e o centro hiperbólico é $a + \sqrt{b^2 - r^2}i$. □

Vamos finalizar esta seção fazendo algumas observações sobre o relacionamento entre os domínios de Dirichelt e Ford. Seja G um grupo fuchsiano em $\text{Aut}(\mathcal{H})$. Então $H = \psi(G)$ é um grupo fuchsiano em $\text{Aut}(\mathcal{D})$, com $g = \psi(f) = \eta_0 \circ f \circ \eta_0^{-1}$. Dado $z_0 \in \mathcal{H} - F_f$, para todo $f \in G - \{I\}$, e $D = D_G(z_0)$ um domínio de Dirichelt para G centrado em z_0. Então $\mathcal{F} = \eta_0(D)$ é um domínio de Dirichelt para H centrado em $w_0 = \eta_0(z_0)$. Por outro lado, existe um $h(z) = (1 - \overline{w}_0 z)^{-1}(z - w_0)$ em $\text{Aut}(\mathcal{D})$ tal que $h(z_0) = 0$, Portanto, $h(\mathcal{F})$ é um domínio de Dirichelt em $\mathcal{D}$ centrado em 0. Veja que esse processo é reversível. Sejam $\mathcal{F}_H$ um domínio de Ford para H e $\mathcal{F} = \mathcal{D} \cap \mathcal{F}_H$. Então $\mathcal{F} = D_H(0)$. De fato, se $g(z) = (\beta z + \overline{\alpha})^{-1}(\alpha z + \overline{\beta})$ em $\text{Aut}(\mathcal{D})$, com $\beta \neq 0$ e $g(0) \neq 0$, então, pelo teorema 4.2.14,

$$\Gamma_g = \{z \in \mathcal{D} : |\beta z + \overline{\alpha}| = 1\}$$
$$= \{z \in \mathcal{D} : \rho(z,0) = \rho(z, g^{-1}(0))\} = \Sigma_g(0).$$

Outra prova é usando o exercício 10 a seguir. De fato, pondo $z_0 = 0$ e $z \in \mathcal{F}$, obtemos $d = |z| < \delta = |g(z)|$, para todo $g \neq I$. Por outro lado, $\sigma : (0,1) \to \mathbb{R}$ definida como $\sigma(t) = \rho(0,t)$ é, pelo teorema 4.2.4, estritamente crescente (injetora). Assim, $\rho(0,z) < \rho(0, g(z))$, para todo $g \in H - \{I\}$. Portanto, $\mathcal{F} = D_H(0)$.

Exercícios

1. Dado $z \in \mathcal{H}$. Mostre que $|\text{Re}(z)| < 2^{-1}$ e $|z| > 1 \Leftrightarrow |z| > 1$ e $|z \pm 1| > |z|$.

2. Sejam X um espaço e G um grupo em $\text{Iso}(X)$. Mostre que se X possui uma região fundamental $\mathcal{F}$ para G, então G é discreto.

3. Seja $\alpha : S^n \to S^n$ definida como $\alpha(\mathbf{x}) = -\mathbf{x}$. Mostre que $G = \{I, \alpha\}$ é um grupo discreto em $\text{Iso}(S^n)$. Conclua que o hemisfério sul $\mathcal{F} = S^n_-$ é uma região fundamental para G.

4. Sejam X um espaço e G um grupo em $\text{Iso}(X)$. Mostre que se $\mathcal{F}$ for uma região fundamental para G, então $g\overline{\mathcal{F}} \cap \overline{\mathcal{F}} \subset \partial \mathcal{F}$, para todo $g \in G$.

5. Sejam X um espaço, $x \in X$ e G um grupo em $\text{Iso}(X)$. Mostre que se $\mathcal{F}$ for uma região fundamental para G e $g(x) = x$, para algum $g \in G - \{I\}$, então g é conjugado a um $h \in G$ tal que $h(y) = y$, para algum $y \in \partial \mathcal{F}$.

6. Seja G um grupo fuchsiano em $\text{Aut}(\mathcal{H})$. Mostre que se $\mathcal{F}$ for uma região fundamental para G e $g \in G$ for elíptico, então g é conjugado a um $h \in G$ tal que $h(y) = y$, para algum $y \in \partial \mathcal{F}$.

7. Mostre que os vértices de um domínio de Dirichlet $\mathcal{F} = D_G(z_0)$ são pontos isolados em $\mathcal{H}$.

8. Sejam G um grupo fuchsiano em $\text{Aut}(\mathcal{H})$ e $\mathcal{F}$ uma região fundamental para G. Mostre que se $x \in \mathcal{F} \cap \mathbb{R}_\infty$ for um vértice de duas arestas distintas e $g(x) = x$, para algum $g \in G - \{I\}$, então x é um cúspide de G.

9. Seja G um grupo fuchsiano em $\mathsf{Aut}(\mathcal{H})$. Mostre que se $x \in \mathbb{R}_\infty$ for um cúspide de G, então para cada compacto em $\mathcal{H}$, existe um horodisco $\mathcal{H}_x$ tal que $g(\mathcal{H}_x) \cap K = \emptyset$, para todo $g \in G$.

10. Sejam $f \in \mathsf{Aut}(\mathcal{D})$ e $\Gamma = S_r(z_0)$ tal que $f(\Gamma) = \Gamma$. Pondo $d = |z - z_0|$ e $\delta = |f(z) - z_0|$.

    (a) Se $z \in \Gamma_f$ ou $z \in \Gamma$, então $\delta = d$.
    (b) Se $z \in I_f \cap \mathcal{D}$, então $\delta < d$.
    (c) Se $z \in E_f \cap \mathcal{D}$, então $\delta > d$.

11. Sejam $S(z) = 2z$ em $\mathsf{Aut}(\mathcal{H})$ e $G = \{S^n : n \in \mathbb{Z}\}$. Determine uma região fundamental para G. Para cada $x \in \mathbb{R}$, verifique se a seguinte faixa $\mathcal{F}_x = \{z \in \mathcal{H} : x + i(2|x| + 1) < \mathsf{Im}(z) < x + i(2|x| + 2)\}$ é uma região fundamental convexa localmente finita para G.

12. Sejam $f(z) = (z+1)^{-1}(2z+1)$ em $\mathsf{Aut}(\mathcal{H})$ e $G = \{f^n : n \in \mathbb{Z}\}$. Determine um domínio de Ford para G.

6.2 DD-domínio e DF-domínio

Nosso objetivo nesta seção é descrever os grupos discretos com um domínio fundamental de Dirichlet-Ford e ou um Domínio duplo Dirichlet. Neste caso, a análise mais precisa de uma região

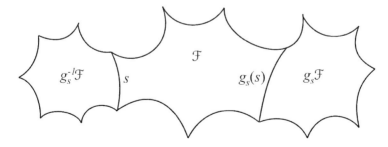

Figura 6.7: g_s leva $g_s^{-1}\mathcal{F}$ sobre $\mathcal{F}$ e s' em s.

fundamental envolve uma decompoção de sua fronteira em lados que são emparelhados por meio de transformações, de modo que uma "ótima" região fundamental nos leva a uma representação do grupo por geradores e relações. Para isto, vamos acrescentar mais algumas terminologias em relação à emparelhamento de lado em um grupo fuchsiano G em $\text{Aut}(\mathcal{H})$ e/ou $\text{PSL}_2(\mathbb{R})$. Seja $\mathcal{F}$ uma região fundamental convexa e localmente finita para G. Então, pelo teorema 6.1.9 e pela proposição 6.1.10, um lado s em $\mathcal{F}$ gera uma geodésica $L = \langle s, \rangle = \Sigma_g$. Os pontos de fronteira para s em L chamam-se extremos para o lado s. O número de tais pontos é $0, 1$ ou 2. A função $\phi : S \to S, \phi(s) = s'$ é uma involusão tal que $g_s(s') = s$ ou $g_{s'}(s) = s'$, de modo que $\mathcal{F} = \bigcup_{s \in S} \{s, s'\}$ é uma partição, ou seja, $s \simeq s'$ se, e somente se, existir um único $g_s \in G$ tal que $g_s(s') = s$. Neste caso, $s \simeq s'$ se, e somente se, $s' \simeq s$ e g_s é uma reflexão na reta L em $\mathcal{F}$. Observe que se $\mathcal{F} = D_G(z_0)$ for um domínio de Dirichlet para G, então $s = g_s^{-1}\overline{\mathcal{F}} \cap \overline{\mathcal{F}} \subseteq \Sigma_g(z_0)$, para algum $g_s \in G^*$, e $g_s(s) = \overline{\mathcal{F}} \cap g_s\overline{\mathcal{F}}$ é outro lado em $\mathcal{F}$, confira a figura 6.7.

Lema 6.2.1 *Sejam G um grupo fuchsiano em* $\text{Aut}(\mathcal{H})$ *e $\mathcal{F}$ uma região fundamental convexa localmente finita para G.*

1. *Se $s = g_s^{-1}\overline{\mathcal{F}} \cap \mathcal{F}$, então $g_s(s) = \overline{\mathcal{F}} \cap g_s\overline{\mathcal{F}}$.*

2. *Se g_s for uma transformação de emparelhamento de lado em $\mathcal{F}$, então g_s^{-1} também o é e, vice-versa.*

3. *Pondo $G^* = \{g : g \text{ é um emparelhamento de lado em } \mathcal{F}\}$. Então $g \in G^*$ se, e somente se, $g^{-1} \in G^*$.*

Demonstração: Confira o exposto acima. □

Teorema 6.2.2 *Sejam G um grupo fuchsiano em $\text{Aut}(\mathcal{H})$ e $\mathcal{F}$ uma região fundamental convexa localmente finita para G. Suponhamos, para cada lado s em $\mathcal{F}$, que exista um $g \in G$ que emparelha s com algum lado s' em $\mathcal{F}$, ou seja, $\mathcal{F}$ é exata. Então G^* gera G, ou seja, para cada $g \in G$, $g = g_{k_1} \cdots g_{k_n}$, onde $g_{k_i} \in G^*$.*

Demonstração: Basta provar, pelo item (2) do teorema 6.1.13, que se $\overline{\mathcal{F}} \cap g\overline{\mathcal{F}} \neq \emptyset$, onde $g \in G - \{I\}$, então $g \in \langle g_s \rangle$. De fato, como $\mathcal{F}$ é localmente finita temos, para cada $z \in \overline{\mathcal{F}} \cap g\overline{\mathcal{F}}$, que existe um disco aberto $U = D_r(z)$ em $\mathcal{H}$ e $g_0 = I, g_1, \ldots, g_n \in G$, com $g = g_i$ para algun $i > 0$, tais que

$$z \in g_0\overline{\mathcal{F}} \cap g_1\overline{\mathcal{F}} \cap \cdots \cap g_n\overline{\mathcal{F}}, U \subseteq g_0\overline{\mathcal{F}} \cup g_1\overline{\mathcal{F}} \cup \cdots \cup g_n\overline{\mathcal{F}}$$

e $U \cap g\overline{\mathcal{F}} = \emptyset$, para todo $g \in G - \{g_0, g_1, \ldots, g_n\}$. Assim, pelo item (3) da proposição 6.1.10, a fronteira $\partial\mathcal{F}$ em U consiste apenas de um lado ou de dois lados adjacentes com extremo em z. Logo, reenumerando, se necessário, cada par da lista $g_0\overline{\mathcal{F}} = \overline{\mathcal{F}}, g_1\overline{\mathcal{F}}, \ldots, g_n\overline{\mathcal{F}}, \overline{\mathcal{F}} = g_0\overline{\mathcal{F}}$ possui um lado em comum, por exemplo, $g_i\overline{\mathcal{F}} \cap g_{i+1}\overline{\mathcal{F}}$, de modo que $\overline{\mathcal{F}} \cap g_i^{-1}g_{i+1}\overline{\mathcal{F}}$, com $i > 0$, é um segmento geodésico de comprimento positivo, ou seja, um lado em $\mathcal{F}$. Assim, $g_i^{-1}g_{i+1} \in G^*$, com $i > 0$. Portanto, $g = g_i \in \langle g_s \rangle$. $\square$

Sejam G um grupo fuchsiano em $\mathrm{Aut}(\mathcal{H})$ e $\mathcal{F}$ uma região fundamental convexa localmente finita e exata para G. Dado $z \in \partial\mathcal{F}$, existe um $g \in G$ tal que $z \in \overline{\mathcal{F}} \cap g\overline{\mathcal{F}}$. Então, pela prova do teorema 6.2.2, existem $g_i \in G$, com $i = 0, 1, \ldots, n$, e se $g(z) \in \partial\mathcal{F}$, então $z \in g^{-1}\partial\mathcal{F}$, de modo que $g = g_i$, para algum $i = 1, \ldots, n$, ou seja, existe um caminho através da tesselação de $z \in \mathcal{F}$ a $g(z) \in g\mathcal{F}$. Consideremos o conjunto de cópias de $\mathcal{F}$ que se interceptam ao redor de um de seus vértices $z \in \mathcal{F}$, de modo que existem $g_i \in G$ tais que $z \in g_i\mathcal{F}$ para todo $i = 0, \ldots, n$, pois $\mathcal{F}$ é localmente finito. Assim, se enumerarmos as regiões ciclicamente (no sentido horário ou anti-horário) ao redor de z, então, eventualmente voltamos para onde começamos, ou seja, obtemos a lista $g_0\mathcal{F} = \mathcal{F}, g_1\mathcal{F}, \ldots, g_n\mathcal{F} = g_0\mathcal{F} = \mathcal{F}$, com $g_n = g_0 = I$. Portanto, obtemos o procedimento

1. $I = g_0 = g_n = (g_0^{-1}g_1)(g_1^{-1}g_2)\cdots(g_{n-1}^{-1}g_n)$.

2. $g_{i-1}^{-1}g_i \in G^*$, com $i = 1, \ldots, n$.

Pondo $h_i^{-1} = g_i^{-1}g_{i+1}$, com $i = 0, \ldots, n-1$, obtemos $I = g_n = h_0^{-1}h_1^{-1}\cdots h_{n-1}^{-1}$ ou, equivalentemente, $h_{n-1}\cdots h_1 h_0 = I$. Dados $z, w \in \mathcal{F}$. Diremos que z é *equivalente* a w sobre G^*, em símbolos $z \sim w$, se $z = w$ ou existem $z_i \in \mathcal{F}$, com $i = 1, \ldots, n$, tais que $z = z_1 \simeq z_2 \simeq \cdots \simeq z_n = w$, lembrando que $u \simeq v$ significa que existe um lado s em $\mathcal{F}$ tal que $u \in s, v \in s'$ e $v = g_s^{-1}(u)$, onde $g_s \in G^*$. É fácil verificar que " $\sim$ " é um relação de equivalência (de vértices) sobre $\mathcal{F}$ ou um relação de equivalência (de transformações de emparelhamentos) sobre G^*. A classe $\mathcal{C} = [z]$ chama-se um *ciclo* de G^* e $\mathcal{C} = \mathcal{F} \cap \mathrm{Orb}(z)$ é finito, digamos $\mathcal{C} = \{z_1, \dots, n_n\}$, de modo que $z_1 = g_i(z_i)$, com $g_i(\mathcal{F}) = \mathcal{F}_i$. Portanto, se $n \geq 2$ e $g_1 \cdots g_n = I$ é uma relação, então $\bigcup_{i=n-1}^{0} g_{n-1} \cdots g_i \overline{\mathcal{F}}$ é uma vizinhança do vértice inicial z_1 em s_1 e $\bigcup_{i=n-1}^{0} g_{n-1} \cdots g_i \mathcal{F}$ é uma união disjunta, confira a figura 6.8. Note que se um vértice em $\mathcal{C}$ é um ponto fixo de um elemento em G, o mesmo é verdade para qualquer outro vértice, pois se $g(z) = z$, então $(hgh^{-1})(h(z)) = h(z)$, de modo que $h\,\mathsf{Est}(z)h^{-1} = \mathsf{Est}(h(z))$. Assim, $|\mathcal{C}| = |\,\mathsf{Est}(z_i)|$, com $i = 1, \dots, n$. Além disso, a transformação que fixa um ponto comum é necessariamente elíptica, pois cada vizinhança de um ponto fixo não elíptico contém um número infinito de pontos equivalentes. Neste caso, diremos $\mathcal{C}$ é um *ciclo elíptico* se todos os seus vértices são pontos fixos, com $n > 1$ e $n \neq \infty$. Caso contrário, um *ciclo acidental*, com $n = 1$ hiperbólico ou $n = \infty$ parabólico. Finalmente, se $s_i = g_i^{-1}\overline{\mathcal{F}} \cap \overline{\mathcal{F}}$ e $z_i = s_i \cap s_{i+1}$, então $\theta_i = \sphericalangle(s_i, s_{i+1})$ é o ângulo interior no vértice z_i. Portanto, $\theta(\mathcal{C}) = \sum_{i=1}^{n} \theta_i$ chama-se a *soma dos ângulos* do ciclo $\mathcal{C}$.

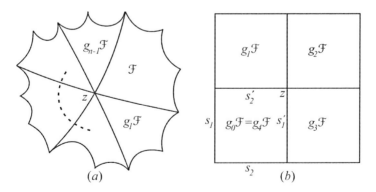

Figura 6.8: Uma vizinhança de um vértice inicial em $\mathcal{H}(\mathbb{C})$.

TEOREMA 6.2.3 *Sejam G um grupo fuchsiano em $\text{Aut}(\mathcal{H})$ e $\mathcal{F}$ uma região fundamental convexa localmente finita e exata para G. Se $\mathcal{C}$ for qualquer ciclo em $\mathcal{F}$, então $\theta(\mathcal{C}) = 2\pi/|\mathcal{C}|$.*

DEMONSTRAÇÃO: Confira [A. F. Beardon, Theorem 9.3.5]. □

Em vista do teorema 6.2.3 vamos apresentar um procedimento para determinar um conjunto de geradores e relações para um grupo fuchsiano. Para isto, sejam G um grupo fuchsiano, com $|G| > 2$, em $\text{Aut}(\mathcal{H})$, $\mathcal{F}$ uma região fundamental convexa localmente finita e exata para G, $\mathcal{T} = \{g\mathcal{F} : g \in G\}$ uma tesselação de $\mathcal{H}$ e $r = \emptyset$ em $\partial \mathcal{H}$ ou r é um lado de algum elemento em $\mathcal{T}$. Primeiro note que se $g_{n-1} \cdots g_1 g_0 = I$ for uma relação, então $g_0 g_{n-1} \cdots g_1 = I, g_1 g_0 g_{n-1} \cdots g_2 = I, \ldots$ também o são, pois $g_0 g_{n-1} \cdots g_1 = g_0(g_{n-1} \cdots g_1 g_0)g_0^{-1}, \ldots$ Tome s um dos dois lados de um elemento $\mathcal{F}$ em $\mathcal{T}$ contendo r. Então, indutivamente, obtemos as sequências

$$s_1, s_2, \ldots \text{ e } \mathcal{F}_1, \mathcal{F}_2, \ldots$$

tais que, para cada i,

1. $\mathcal{F}_i \in \mathcal{T}$ e s_i é um lado em $\mathcal{F}_i$.

2. $\mathcal{F}_1 = \mathcal{F}$ e $s_1 = s$.

3. se $n > 1$, então r é um lado em s_i.

4. Se s_i e s_{i+1} são lados adjacentes em $\mathcal{F}_i$, então $\mathcal{F}_i \cap \mathcal{F}_{i+1} = s_{i+1}$.

5. $r = \bigcap_{i=1}^{n} \mathcal{F}_i$, para algum $n > 1$.

Note, pelo teorema 6.2.3, que esse procedimento para, pois a primeira repetição da sequência ocorre no primeiro $\mathcal{F}_{n+1}$ tal que $\sum_{i=1}^{n+1} \theta_i > 2\pi$. Neste caso, $(s_1, \ldots, s_n)$ chama-se ciclo de lados. Pondo $g_i = g_{s_i}$, o ciclo de transformações de lados $(g_1, \ldots, g_n)$ possui ordem n, de modo que $G = \langle g_1, \ldots, g_n | (g_1 \cdots g_n)^n = I \rangle$ é uma *apresentação* de G. Observe que se $n > 1$, então $g = g_1 \cdots g_n$ é uma rotação em torno de um vértice.

Vamos considerar um exemplo simples de visualizar. Seja $G = \mathbb{Z} \oplus i\mathbb{Z}$ um reticulado em $\mathbb{C} = \mathbb{R}^2$. Então G age sobre $\mathbb{C}$ por translações horizontal e vertical $T_1(z) = z + 1$ e $T_i(z) = z + i$. Já sabemos que $\mathcal{F} = \{x + iy \in \mathbb{C} : x, y \in (0,1)\}$ é uma região fundamental convexa localmente finita e exata para G e claramente $T_{\pm 1}$ e $T_{\pm i}$ são as transformações de emparelhamentos, pois

$$s_1 = T_{-1}\overline{\mathcal{F}} \cap \overline{\mathcal{F}} = \{it : t \in [0,1]\},$$

$s_1' = \{1 + it : t \in [0,1]\}, s_2 = \{t : t \in [0,1]\}, s_2' = \{t + i : t \in [0,1]\}$ implicam que $T_1(s_1) = s_1'$ e $T_i(s_2) = s_2'$. Neste caso, $s_1 \simeq s_1'$ e $s_2 \simeq s_2'$, confira a figura 6.8 (b). Portanto, $G^* = \{T_1^m T_i^n : m, n \in \mathbb{Z}\}$. Inciamos em $z = 1 + i \in \partial\mathcal{F}$, obtemos (1) $g_0 = I$. (2) $g_1 = T_i$. (3) $g_2 = T_i T_1$, pois g_1^{-1} leva o par (adjacente) $(g_1\mathcal{F}, g_2\mathcal{F})$ sobre o par $(\mathcal{F}, g_1^{-1}g_2\mathcal{F})$. Como o quadrado à direita de $\mathcal{F}$ é $T_1\mathcal{F}$ temos que $g_2 = T_i T_1$. (4) $g_3 = T_i T_1 T_{-i}$, pois g_2^{-1} leva o par $(g_2\mathcal{F}, g_3\mathcal{F})^t$ sobre o par $(\mathcal{F}, g_2^{-1}g_3\mathcal{F})^t$. Como o quadrado abaixo de $\mathcal{F}$ é $T_{-i}\mathcal{F}$ temos que $g_3 = T_i T_1 T_{-i}$. (4) $I = g_0 = g_4 = T_i T_1 T_{-i} T_{-1}$, pois g_3^{-1} leva o par $(g_4\mathcal{F}, g_3\mathcal{F})$ sobre o par $(g_4^{-1}g_3\mathcal{F}, \mathcal{F})$. Como o quadrado à esquerda de $\mathcal{F}$ é $T_{-1}\mathcal{F}$ temos que $g_4 = T_i T_1 T_{-i} T_{-1}$. Portanto, $G = \langle T_1, T_i | T_1 T_i = T_i T_1 \rangle$. Vale observar que: $z_1 = 1 + i = \overline{\mathcal{F}} \cap g_1\overline{\mathcal{F}} \cap g_2\overline{\mathcal{F}}$ implica que $z_2 = g_1^{-1}(z_1) = 1$, $z_3 = g_2^{-1}(z_2) = 0$ e $z_4 = g_3^{-1}(z_3) = z_1$, em símbolos, $z_1 \xrightarrow{T_{-1}} z_2 \xrightarrow{T_{-i}} z_3 \xrightarrow{T_1} z_4 \xrightarrow{T_i} z_1$.

É muito importante revermos os resultados vistos nos Capítulos anteriores relacionados. Dado $z_0 \in \mathcal{D}$, existe um $h(z) = (1 - \overline{z_0}z)^{-1}(z - z_0)$ em $\mathsf{Aut}(\mathcal{D})$ tal que $h(z_0) = 0$. Assim, vamos restringir a $g \in \mathsf{Aut}(\mathcal{D})$, com $g(0) \neq 0$ e $g(\infty) \neq \infty$, de modo que

$$\Sigma_g = \Sigma_g(0) = \{z \in \mathcal{D} : \rho(z, 0) = \rho(z, g^{-1}(0))\}$$

é o bissetor do segmento geodésico $L_{0g^{-1}(0)}$ em $\mathcal{D}$. Note, para qualquer $f(z) = (cz + d)^{-1}(az + b)$ em $\mathsf{Aut}(H)$, que $g = \psi(f)$ em $\mathsf{Aut}(\mathcal{D})$, é dada explicitamente como

$$g(z) = \psi(f)(z) = (\eta_0 \circ f \circ \eta_0^{-1})(z) = \frac{\alpha z + \overline{\beta}}{\beta z + \overline{\alpha}}$$

$$\text{e} \quad g^{-1}(z) = \frac{\overline{\alpha}z - \overline{\beta}}{-\beta z + \alpha},$$

com $2\alpha = (a+d) + (b-c)i, 2\beta = b+c+(d-a)i$ e $|\alpha|^2 - |\beta|^2 = 1$. Vamos resumir, no teorema 6.2.4 e na proposição 6.2.5, as fórmulas explícitas para Σ_g.

Teorema 6.2.4 (4.2.14) *Sejam $g \in \mathsf{Iso}(\mathcal{D}), \Gamma_g = \{z \in \mathbb{C} : |\beta z + \overline{\alpha}| = 1\}$ e $\alpha\beta \neq 0$.*

1. *$0, c_g^* = g^{-1}(0) = -\alpha^{-1}\overline{\beta}$ e $c_g = g^{-1}(\infty) = -\beta^{-1}\overline{\alpha}$ estão em uma semirreta com origem em 0 e $c_g^* \cdot \overline{c}_g = 1$. Conclua que c_g^* e c_g são inversos em S^1.*

2. *$\Gamma_g = \Sigma_g$. Conclua que o segmento geodésico $L_{0g^{-1}(0)}$ é ortogonal a Σ_g.*

Proposição 6.2.5 (5.1.11) *Sejam $f(z) = (cz+d)^{-1}(az+b)$ em $\mathsf{Aut}(\mathcal{H})$ e $g = \psi(f)$ em $\mathsf{Aut}(\mathcal{D})$, com $\alpha\beta \neq 0$. Então:*

1. *$\Sigma_g = \Gamma_g = \{z \in \mathbb{C} : |\beta z + \overline{\alpha}| = 1\}$.*

2. *$(ab+cd)^2 + 1 = (a^2+c^2)(b^2+d^2)$.*

3. *$4|\alpha|^2 = 2 + \|f\|^2$ e $4|\beta|^2 = \|f\|^2 - 2$, em que $\|f\|^2 = \|\mathbf{A}\|^2 = 2\cosh(i, f^{-1}(i))$.*

4. *$c_g = g^{-1}(\infty) = (\|f\|^2 - 2)^{-1}(-2(ab+cd) + \|f\|^2 i)$.*

5. *Se $c_g^* = g^{-1}(0)$, então $c_g^{-1} \cdot c_g^* = (\|f\|^2 + 2)^{-1}(\|f\|^2 - 2) \in \mathbb{R}$ e $c_g^* \cdot \overline{c}_g = 1$, de modo que c_g^* e c_g são pontos inversos em S^1.*

6. *$|c_g|^2 = (\|f\|^2 + 2)^{-1}(\|f\|^2 - 2)$ e $r_g^2 = |c_g|^2 - 1 = (\|f\|^2 - 2)^{-1} 4$.*

7. *$\Sigma_{\psi(f)} = \Sigma_{\psi(h)}$ se, e somente se, existir um $m \in \mathsf{Est}(i)$ tal que $h = m \circ f$.*

Note, pela proposição 6.2.5, que dados f, f_1 em $\mathsf{Aut}(\mathcal{H})$ e $g = \psi(f), g_1 = \psi(f_1)$ em $\mathsf{Aut}(\mathcal{D})$. Se $\Sigma \in \{\mathbb{R}_\infty, \Sigma_{g_1}\}, z_0 \in \Sigma_g \cap \Sigma_{g_1}$ e θ o *ângulo diedral* interior entre eles em z_0, então $\beta = \pi - \theta$ é o ângulo exterior e, pela equação (1.1.7),

$$\cos\theta = (\Sigma_g, \Sigma_{g_1}) = \frac{|c_g - c_{g_1}|^2 - (r_g^2 + r_{g_1}^2)}{2r_g r_{g_1}}$$
$$= (\Sigma_g, \mathbb{R}_\infty) = \frac{|b^2 + d^2 - (a^2 + c^2)|}{2\sqrt{\|g\|^2 - 2}} = \frac{d(c_f, \mathbb{R}_\infty)}{r_g}. \quad (6.2.1)$$

Dado $f \in \text{Aut}(\mathcal{H})(\text{PSL}_2(\mathbb{R}))$ e $g = \psi(f) \in \text{Aut}(\mathcal{D})$, com $\alpha\beta \neq 0$. Note, em geral, que o círculo isométrico $\Gamma_f = \{z \in \mathbb{C} : |cz + d| = 1\}$ não é o bissetor de f. Mas, $\Sigma_f = \eta_0^{-1}(\Sigma_g)$, pois $\eta_0 : \mathcal{H} \to \mathcal{D}$ é uma isometria, $\eta_0^{-1}(0) = i$ e $\eta_0^{-1}(\psi(f^{-1}(0)) = f^{-1}(i)$. É muito importante observar que se $g_1 = \psi(f_1)$, então $g_1(\Sigma_{\psi(f_1^{-1}ff_1)}) = \Sigma_g(f_1(0))$. Além disso, pelo teorema 4.2.13, $f(\Gamma_f) = \Gamma_{f^{-1}}$. Neste caso, $\Sigma_f = \{z \in \mathcal{H} : \rho(z, i) = \rho(z, f^{-1}(i))\}$ ou

$$\Sigma_f = \{z \in \mathcal{H} : (a^2 + c^2 - 1)|z|^2 + 2(ab + cd)\,\text{Re}(z) + b^2 + d^2 = 1\}. \quad (6.2.2)$$

Vamos resumir, no teorema 6.2.6, as fórmulas explícitas para o bissetor ortogonal Σ_f do segmento geodésico $L_{i f^{-1}(i)}$ em $\mathcal{H}$, para todo f em $\text{Aut}(\mathcal{H})$.

TEOREMA 6.2.6 (5.1.12) *Seja $f(z) = (cz + d)^{-1}(az + b)$ em $\text{Aut}(\mathcal{H})$. Então:*

1. *Σ_f é um círculo euclidiano se, e somente se, $m_f = a^2 + c^2 \neq 1$. Neste caso, $c_f = -(m_f - 1)^{-1}(ab + cd)$ e $r_f^2 = m_f^{-1}(1 + c_f^2)$ é o centro e o raio de Σ_f.*

2. *Σ_f é uma reta vertical se, e somente se, $a^2 + c^2 = 1$. Neste caso, $x + k_f = 0$ é uma reta vertical, com $k_f = 2^{-1}(ab + cd)$.*

3. *Se $c \neq 0$ e Σ_f é um círculo euclidiano, então $\Gamma_f = \Sigma_f \Leftrightarrow a = d$.*

4. *Se $c = 0$ e Σ_f é uma reta vertical, então $\Gamma_f = \Sigma_f \Leftrightarrow a = d$.*

PROPOSIÇÃO 6.2.7 (5.1.14) *Sejam $f(z) = (cz + d)^{-1}(az + b)$ em $\text{Aut}(\mathcal{H})$ e $g = \psi(f)$ em $\text{Aut}(\mathcal{D})$.*

1. $0 \notin \Sigma_g$ e $i \in \Sigma_g$ se, e somente se, $a^2 + c^2 = 1$.

2. $i \in \overset{\circ}{\Sigma}_g$ se, e somente se, $a^2 + c^2 < 1$ e $-i \in \Sigma_g$ se, e somente se, $b^2 + d^2 = 1$. Além disso, $-i \in \overset{\circ}{\Sigma}_g$ se, e somente se, $b^2 + d^2 < 1$.

Sejam G um grupo discreto de $\mathsf{PSL}_2(\mathbb{R})$ e $g \in G$, onde $a^2, b^2, c^2, d^2 \in \mathbb{N}$. Então $\{-i, i\} \cap \overset{\circ}{\Sigma}_g = \emptyset$. Conclua que se isto vale para todo g, então G não é cocompacto, ou seja, G contém elemento parabólico, confira o Lema de Shimizu.

Dado $f = (cz + d)^{-1}(az + b)$ em $\mathsf{PSL}_2(\mathbb{C})$ tal que $f^2 \neq I$, $\mathsf{tr}(f) = a + d \in \mathbb{R}$. Sejam $\Gamma_f = \{z \in \mathcal{H} : |cz + d| = 1\}$ e $\Gamma_{f^{-1}} = \{z \in \mathcal{H} : |cz - a| = 1\}$ tais que $L_{c_f c_{f^{-1}}} \cap \Gamma_f = \{z\}$ e $L_{c_f c_{f^{-1}}} \cap \Gamma_{f^{-1}} = \{w\}$. Então, pelo item (4) do teorema 4.2.13,

$$z + c_f = c_{f^{-1}} - w = (c|(a+d)|)^{-1}(a+d) \quad \text{e} \quad f(z) = w.$$

Além disso, $f = S_f \circ R_f$, com $S_f = R_0 \circ T_{c_{f^{-1}} - c_f}$, ou seja, f é a composição de uma inversão R_f em Γ_f seguida por uma reflexão S_f no bissetor L_f do segmento $L_{c_f c_{f^{-1}}}$. Em particular, se Γ for um círculo com centro em L_f que é ortogonal a Γ_f, então $f(\Gamma) = \Gamma$. Vamos restringir isto para $\mathsf{Aut}(\mathcal{H})$. Neste caso, (i) Se f for elíptico, então f possui um ponto fixo $\lambda_1 \in \mathcal{H}$, $\Gamma_f \cap \Gamma_{f^{-1}} = \{\lambda_1\}$ e $\Gamma = S_s(\lambda_1)$ é um círculo hiperbólico. (ii) Se f for hiperbólico, então f possui dois pontos fixos $\lambda_1, \lambda_2 \in \partial \mathcal{H}$ e $\Gamma_f \cap \Gamma_{f^{-1}} = \emptyset$. (iii) Se f for parabólico, então f possui um ponto fixo $\lambda_1 \in \partial \mathcal{H}$ e $\Gamma_f \cap \Gamma_{f^{-1}} = \{\lambda_1\}$.

Dados $a, b \in \mathbb{R}_+^*$, se $R_0(z) = -\overline{z}$ é uma reflexão em $L_0 = i\mathbb{R}_+$ e $R_1(z) = -\overline{z} + b$ é uma reflexão em $L = \{z \in \mathcal{H} : \mathsf{Re}(z) = 2^{-1}b\}$, então $(R_1 \circ R_0) = z + b = T_b(z)$. Por outro lado, se $S_0(z) = \overline{z}^{-1}$ é uma reflexão em S^1 e $S_1(z) = \overline{z}^{-1}a$ é uma reflexão em $S_{\sqrt{a}}$, então $(S_1 \circ S_0) = az = M_a(z)$. Agora, dados $z, w \in \mathcal{H}$, com $z \neq w$. Então $\cosh \rho(z, w) = 1 + 2|(z, w; \overline{z}, \overline{w})|$ implica que $\cosh \rho(f(z), f(w)) = \cosh \rho(z, w)$, para todo $f \in \mathsf{Aut}(\mathcal{H})$. Neste caso, qualquer reflexão em uma geodésica Γ em $\mathcal{H}$ é um elemento em $\mathsf{Aut}(\mathcal{H})$. De fato, pela transitividade de $\mathsf{Aut}(\mathcal{H})$, existe um g em $\mathsf{Aut}(\mathcal{H})$ tal que $g(\Gamma) = i\mathbb{R}_+$, de modo que $R_0(z) = -\overline{z}$ é um elemento em $\mathsf{Aut}(\mathcal{H})$. Assim, $R = g^{-1} \circ R_0 \circ g$ é um elemento em

Aut($\mathcal{H}$) tal que $R(\Gamma) = \Gamma$, $R^2 = I$ e $\rho(z,\Gamma) = \rho(R(z),\Gamma)$, para todo $z \in \mathcal{H}$, de modo que $R \circ R_0 \in$ Aut($\mathcal{H}$). Concluímos que R é a restrição de uma inversão euclidiana em Γ a $\mathcal{H}$. Observe que se $R(z) = (S \circ R_0)(z) = \overline{z}^{-1}$ é uma inversão em S^1 seguida por uma reflexão no eixo dos y, com $S(z) = -z^{-1}$ e $R_0(z) = -\overline{z}$, então $R(\mathcal{H}) = \mathcal{H}$ implica que $R \in$ Aut($\mathcal{H}$). Portanto, pelo teorema 2.2.15, qualquer $f \in$ Aut($\mathcal{H}$) (Aut($\mathcal{D}$)), com $f^2 \neq I$, pode ser escrita sob a forma $f = R_2 \circ R_1$, em que R_i denota uma reflexão em uma geodésica Γ_i em $\mathcal{H}$. Isto motiva o seguinte. Seja G um grupo fuchsiano em Aut($\mathcal{H}$). Diremos que G é um *grupo de reflexões* se o domínio de Dirichlet $\mathcal{F} = D_G(z_0)$ for convexo localmente finito (exato) e qualquer transformação de emparelhamento for uma reflexão, ou seja, para cada lado s em $\mathcal{F}$, existir um único $g_s \in G$ tal que $s = g_s\overline{\mathcal{F}} \cap \overline{\mathcal{F}}$, de modo que g_s seja uma reflexão em $\langle s \rangle = \Sigma_{g_s}(z_0)$. Portanto, G é um subgrupo do grupo de Coxeter: $\langle R_1, \ldots, R_n | (R_i R_j)^{n_{ij}} = I \rangle$, com $n_{ii} = 1$ e $n_{ij} \geq 2$, se $i \neq j$. Pode ocorrer $n_{ij} = \infty$, ou seja, $(R_i R_j)^{n_{ij}}$ não existe. Diremos que um ângulo α é um *submúltiplo* de um ângulo β se, e somente se, existir um $k \in \mathbb{N}$ tal que $\alpha = \beta/k$ ou $\alpha = \beta/\infty = 0$.

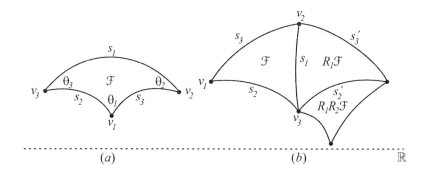

Figura 6.9: Triângulo hiperbólico em $\mathcal{H}$.

É muito instrutivo e útil considerarmos um caso particular. Dado uma região "triangular" $\mathcal{F}$ em $\mathcal{H}$, com vértices v_j, ângulos $\theta_j = \pi/n_j$ e lados s_j opostos aos ângulos, confira a figura 6.9 (a), com $2 \leq n_j \leq \infty$ e $1/\infty = 0$, confira o Corolário 4.2.23. Seja R_j a reflexão na geodésica em $\mathcal{H}$ contendo s_j. Então $K = \langle R_1, R_2, R_3 \rangle$ é um subgrupo de Iso($\mathcal{H}$)

que não é fuchsiano, pois $R_j \notin \text{Aut}(\mathcal{H})$. Por isto, vamos considerar $G = K \cap \text{Aut}(\mathcal{H})$, de modo que $[K : G] = 2$, pois se $R \in K - G$. então $RR_1 \in \text{Aut}(\mathcal{H})$ e $RR_1 \in K$. Assim, $RR_1 \in G$ e $R = (RR_1)R_1 \in GR_1$. Observe que $R_1\mathcal{F}$ é uma região triangular, com lados $R_1(s_1) = s_1, s_2' = R_1(s_2)$ e $s_3' = R_1(s_3)$. Como $(R_1 R_2 R_1^{-1})(s_2') = s_2'$ temos que $R_1 R_2 R_1^{-1}$ é uma reflexão em uma geodésica em $\mathcal{H}$ contendo s_2', de modo que $R_1 R_2 R_1^{-1}$ leva $R_1\mathcal{F}$ em $R_1 R_2 \mathcal{F}$, confira a figura 6.9 (b). Continuando esse processo, as regiões triangulares em torno de v_3 são: $\mathcal{F}, R_1\mathcal{F}, R_1 R_2 \mathcal{F}, R_1 R_2 R_1 \mathcal{F}, \ldots, (R_1 R_2)^{n_3 - 1} R_1 \mathcal{F}$. Como $(R_1 R_2)(v_3) = v_3$ temos que $R = R_1 R_2$ pode ser vista como uma rotação hiperbólica em torno de v_3 através de um ângulo $2\pi/n_3$, de modo que $R^{n_3} = I$. É fácil verificar que $\{g\mathcal{F} : g \in K\}$ é uma tesselação em $\mathcal{H}$. Por outro lado, seja $z \in \mathcal{F}$. Então $g(z) \in g\mathcal{F}$, para todo $g \in K$, de modo que eles formam conjuntos discretos. Assim, $\text{Orb}(z) = \{g(z) : g \in G\}$ é discreta. Portanto, pela proposição 5.3.5, $G = \langle R, S | R^{n_3} = S^{n_1} = (RS)^{n_2} = I, S = R_3 R_2 \rangle$ é um grupo fuchsiano chamado *grupo triangular*, com uma região fundamental $\mathcal{F}_1 = \mathcal{F} \cup R_1 \mathcal{F}$.

Proposição 6.2.8 *Sejam G um grupo discreto em $\text{Aut}(\mathcal{H})$ e $\mathcal{F}$ uma região fundamental convexo localmente finito e exata para G. Se G for um grupo de reflexões em $\mathcal{F}$, então todos os seus ângulos diedrais são submúltiplos de π. Conclua que se g_{s_1} e g_{s_2} forem reflexões em lados adjacentes s_1 e s_2 em $\mathcal{F}$ e $\theta(s_1, s_2) = \pi/n$, então $(g_{s_1} g_{s_2})^n = I$.*

Demonstração: Como s_1 e s_2 são lados adjacentes em $\mathcal{F}$ temos que (s_1, s_2) é um ciclo de lados. Se $\theta(s_1, s_2) = 0$, então $g_{s_1} g_{s_2}$ é uma translação e (s_1, s_2) é um ciclo acidental, de modo que $g_{s_1} g_{s_2}$ possui ordem infinita. Se $\theta(s_1, s_2) > 0$, então, pelo teorema 6.2.3, existe um $n \in \mathbb{N}$ tal que $2\theta(s_1, s_2) = 2\pi/n$ e (s_1, s_2) é um ciclo elíptico. Portanto, $(g_{s_1} g_{s_2})^n = I$. □

Teorema 6.2.9 *Seja $\mathcal{F}$ uma região fundamental convexo localmente finito exata em $\mathcal{H}$ tal que $\mu(\mathcal{F}) < \infty$ e todos os seus ângulos diedrais são submúltiplos de π. Se o grupo G for gerado por reflexões em lados $\mathcal{F}$, então G é discreto em $\text{Aut}(\mathcal{H})$.*

DEMONSTRAÇÃO: Confira [J. G. Ratcliffe, Theorem 7.1.3]. □

Sejam $f(z) = (cz+d)^{-1}(az+b)$ e $f(z) = (-cz+a)^{-1}(dz-b)$ em $\mathsf{Aut}(\mathcal{H})$. (a) Se $c=0$, então f é parabólico quando $a=d$ ou uma rotação e expansão, a saber, $f(z) = z_0 + d^{-1}a(z-z_0)$, com $z_0 = (d-a)^{-1}b$, quando $a \neq d$. (b) Se $c \neq 0$, então $\Gamma_f = \{z \in \mathcal{H} : |cz+d| = 1\}$ e $\Gamma_{f^{-1}} = \{z \in \mathcal{H} : |cz-a| = 1\}$ existem, de modo que $|f(w) - f(z)| = |w-z|$, para todos $z, w \in \Gamma_f$. Em particular, se R_f for uma reflexão em Γ_f, então $|R_f(w) - R_f(z)| = |w-z|$, para todos $z, w \in \Gamma_f$, e também com $R = f \circ R_f$. Mais explicitamente, como $R_f(z) = c_f + (\bar{z} - \bar{c}_f)^{-1} r_f^2$ temos que $R(z) = c_{f^{-1}} - (\bar{z} - \bar{c}_f) r_f^2$. Portanto, em qualquer caso, $\mathsf{Aut}(\mathcal{H}) = \langle f, S \rangle$, com $f(z) = az+b$, onde $a, b \in \mathbb{R}$, com $a > 0$, e $S(i) = i$. Neste contexto, $\mathsf{Iso}(\mathcal{H}) = \langle g, \sigma_0 \rangle$, onde $g \in \mathsf{Aut}(\mathcal{H})$ e $\sigma_0(z) = \bar{z}$, confira o teorema 4.1.9. Vale observar que $f^2 = I$ se, e somente se, $\Gamma_f = \Gamma_{f^{-1}}$. De fato, $f = f^{-1}$ se, e somente se, $c(a+b)z^2 + (d^2 - a^2)z - b(a+d) = 0$, para todo $z \in \mathcal{H}$, de modo que $c \neq 0$, $d = -a$ e b qualquer. Portanto, $f = R \circ R_f$, ou seja, a composição de uma inversão R_f em Γ_f seguida por uma reflexão R.

LEMA 6.2.10 *Sejam G um grupo discreto em $\mathsf{Aut}(\mathcal{H})$ e $f(z) = (cz+d)^{-1}(az+b)$ em G tal que $f \neq I$. Então as seguintes condições são equivalentes:*

1. $a = d$;

2. $f = R_0 \circ R_f$, com $R_0(z) = -\bar{z}$ "ortogonal" e R_f uma reflexão em Σ_f;

3. Σ_f é o bissetor do segmento geodésico $L_{kif^{-1}(ki)}$, para todo $k \in \mathbb{R}_+^\times$;

4. Existe um $k_0 \in \mathbb{R}_+^\times - \{1\}$ tal que Σ_f é o bissetor do segmento geodésico $L_{k_0 i f^{-1}(k_0 i)}$.

DEMONSTRAÇÃO: $(1 \Rightarrow 2)$ Suponhamos que $a = d$. Então, pelo teorema 6.2.6, $\Sigma_f = \Gamma_f$. Se $c \neq 0$, então Σ_f é um círculo euclidiano e a reflexão R_f em Σ_g é definida como $R_f(z) = c_f + (\bar{z} - \bar{c}_f)^{-1} r_f^2 = R_0(f(z))$, pois $|c_f| = |c_{f^{-1}}|$ e R_0 é linear sobre $\mathbb{R}$, confira a prova do item (4) do teorema 4.2.13. Se $c = 0$, então Σ_f é uma reta vertical $x + 2^{-1}ab = 0$ e $a^2 = 1$. Neste caso, a reflexão R_f em Σ_f é definida como $R_f(z) = -\overline{z} - ab = R_0(f(z))$. Portanto, em qualquer caso, $f = R_0 \circ R_f$. $(2 \Rightarrow 1)$ Suponhamos que $f = R_0 \circ R_f$, em que $R_0(z) = -\overline{z}$ e R_f uma reflexão em Σ_f. Se $c_f \neq 0$, então Σ_f é um círculo euclidiano de centro c_f e raio r_f, de modo que

$$f(z) = (R_0 \circ R_f)(z) = R_0 \left(\frac{c_f \overline{z} + (r_f^2 - c_f^2)}{\overline{z} - c_f} \right) = \frac{-c_f z + (c_f^2 - r_f^2)}{z - c_f},$$

de modo que $a = d$. Se $c_f = 0$, então Σ_f é uma reta vertical $x = x_0$, de modo que $R_f(z) = -\overline{z} + 2x_0$ e $f(z) = (R_0 \circ R_f)(z) = z - 2x_0$ implica que $a = d$. Portanto, em qualquer caso, $a = d$. $(2 \Rightarrow 3)$ Suponhamos que $f = R_0 \circ R_f$, em que $R_0(z) = -\overline{z}$ e R_f uma reflexão em Σ_f. Então dado $z \in \Sigma_f$,

$$\rho(z, f^{-1}(ki)) = \rho(z, (R_f \circ R_0)(ki))$$
$$= \rho(z, R_f(ki)) = \rho(R_f(z), ki) = \rho(z, ki).$$

Portanto, Σ_f é o bissetor do segmento geodésico $L_{kif^{-1}(ki)}$, para todo $k \in \mathbb{R}_+^\times$. $(3 \Rightarrow 4)$ É claro. $(4 \Rightarrow 1)$ Suponhamos que exista um $k_0 \in \mathbb{R}_+^\times - \{1\}$ tal que Σ_f seja o bissetor do segmento geodésico $L_{k_0 i f^{-1}(k_0 i)}$. Note, para todo $z \in \Sigma_f$ e $k \in \mathbb{R}_+^\times$, que $\rho(z, ki) = \rho(z, f^{-1}(ki)) = \rho(f(z), ki)$, implica, pela equação (6.1.4), que $|f(z) - ki|^2 = |f'(z)||z - ki|^2$. Pondo $f(z) = u + vi, z = x + yi$, e depois de alguns cálculos, obtemos

$$(|f'(z)| - 1)k^2 + |f'(z)|(1 - |f'(z)|)y^2 = u^2 - |f'(z)|x^2,$$

pois $v - |f'(z)|y = 0$, de modo que $(|f'(z)| - 1)(k_0^2 - 1) = 0$, pois 1 e k_0 são soluções da equação. Logo, $|f'(z)| = 1$, para todo $z \in \Sigma_f$ e $\Sigma_f = \Gamma_f$. Portanto, pelo teorema 6.2.6, $a = d$. $\square$

Seja G um grupo fuchsiano em $\text{Aut}(\mathcal{H})$. Se existirem $z_0, z_1 \in \mathcal{H}$, com $z_0 \neq z_1$, tais que $\mathcal{F} = D_G(z_0) = D_G(z_1)$, diremos que $\mathcal{F}$ é um *domínio duplo de Dirichlet* para G e denotamos por DD-domínio. Se existir um $z_0 \in \mathcal{H}$ tal que $\mathcal{F} = \mathcal{F}_G = D_G(z_0)$, diremos que $\mathcal{F}$ é um *domínio de Dirichlet-Ford* para G e denotamos por DF-domínio. Por exemplo, pelos Teoremas 6.1.15 e 6.1.22, $G = \mathsf{PSL}_2(\mathbb{Z})$ é tanto um DD-domínio quanto um DF-domínio.

Vamos lembrar que se $\mathcal{F}_G$ for um domínio de Ford para um grupo fuchsiano em $\mathsf{Aut}(\mathcal{H})$, então $G = \langle \mathsf{Est}(\infty), g | g\mathcal{F}_G \cap \mathcal{F}_G \neq \emptyset \rangle$. Assim, pelo teorema 4.2.13, temos que $g(\Gamma_g) = \Gamma_{g^{-1}}$, para todo $g \in G - \mathsf{Est}(\infty)$, de modo que $g\mathcal{F}_G \cap \mathcal{H}_G \subseteq \Gamma_{g^{-1}}$. Dados $z_0 \in \mathcal{H}$ e $g \in G$, temos, pela proposição 4.1.8, que $\mathsf{Est}(i) = \mathsf{SO}_2(\mathbb{R})$ e $g\,\mathsf{Est}(z_0)g^{-1} = \mathsf{Est}(g^{-1}(z_0))$. Sejam $K = \{g \in G : c(g) = 0\}$ e $H = gGg^{-1}$, para todo $g \in K$. Então $\mathsf{Est}(i) = \{h \in H : h(i) = i\} = \mathsf{Est}(g^{-1}(i))$. Assim, se $\mathsf{Est}(g^{-1}(i)) = \{I\}$ em G, então $\mathsf{Est}(i) = \{I\}$ em H. Por outro lado, pela transitividade de K, existe um $g \in K$ tal que $\mathsf{Est}(g^{-1}(i)) = \{I\}$. Além disso, se $g(z) = z + b$, onde $b \in \mathbb{R}^\times$, é um elemento de G, então gGg^{-1} também contém um elemento parabólico. Portanto, não há perda de generalidade, em considerar um grupo conjugado a G cujo $\mathsf{Est}(i) = \{I\}$.

Proposição 6.2.11 *Seja $g_k(z) = (c_k z + d_k)^{-1}(a_k z + b_k)$ em $\mathsf{Aut}(\mathcal{H})$ tal que $a_k = d_k$, com $k = 1, \ldots, n$. Então $G = \langle g_1, \ldots, g_k \rangle$ é um grupo fuchsiano se, e somente se, todos os ângulos diedrais $(\Sigma_{g_k}, \Sigma_{g_l})$ forem submúltiplos de π. Conclua que G é um subgrupo de um grupo discreto K em $\mathsf{Aut}(\mathcal{H})$ tal que $[K : G] = 2$.*

Demonstração: Primeiro note que como $a_k = d_k$, com $k = 1, \ldots, n$, temos, pelo lema 6.2.10, que $\Sigma_{g_k} = \Gamma_{g_k}$, de modo que $r_{g_k} = r_{g_k^{-1}}$ e $|c_{g_k}| = |c_{g_k^{-1}}|$, mas $c_{g_k^{-1}} = -c_{g_k}$. Assim, se $\Sigma = i\mathbb{R}_+$ e $\Sigma \cap \Sigma_{g_k} \neq \emptyset$, então $\Sigma \cap \Sigma_{g_k^{-1}} \neq \emptyset$ implica que $2(\Sigma, \Sigma_{g_k}) = (\Sigma_{g_k}, \Sigma_{g_k^{-1}})$. Suponhamos que G seja um grupo fuchsiano e $\mathcal{F}$ uma região fundamental convexa localmente finita para G, com lados $s \subseteq \Sigma$ e $s_{g_k} \subseteq \Sigma_{g_k}$, em que $c_{g_k} \geq 0$, para $k = 1, \ldots, n$. Então, pelo lema 6.2.10, $K = \langle R_0, R_k | c_{g_k} \geq 0 \rangle$, com R_k uma reflexão em Σ_{g_k}, é um grupo de reflexões discreto em $\mathcal{F}$. Logo, pela proposição 6.2.8, todos os ângulos diedrais de $\mathcal{F}$ são submúltiplos de π. Portanto, pela construção de $\mathcal{F}$, isso implica que todos os ângulos diedrais $(\Sigma_{g_k}, \Sigma_{g_l})$ são submúltiplos de π. Reciprocamente, suponhamos que todos os ângulos diedrais $(\Sigma_{g_k}, \Sigma_{g_l})$ sejam submúltiplos de π. Então (Σ, Σ_{g_k}) é um submúltiplo de π e no caso elíptico temos que $(\Sigma, \Sigma_{g_k}) = 2^{-1}\pi$. Seja $\mathcal{F}$ como antes. Assim, pelo teorema 6.2.9, $K = \langle R_0, R_k | c_{g_k} \geq 0 \rangle$ é um grupo de reflexões discreto em Aut($\mathcal{H}$) contendo G. Portanto, G é um grupo fuchsiano. Finalmente, G é um subgrupo do grupo discreto K em Aut($\mathcal{H}$) tal que $[K : G] = 2$. □

Teorema 6.2.12 *Seja G um grupo fuchsiano de covolume finito em* Aut($\mathcal{H}$) *que é finitamente gerado. Então $\mathcal{F}$ é um DF-domínio centrado em $z_0 = i$ para G se, e somente se, cada transformação de emparelhamento $g(z) = (cz + d)^{-1}(az + b)$ em G satisfaz $a = d$. Conclua que se $K = \langle R_0, G \rangle$, então $[K : G] = 2$.*

Demonstração: Suponhamos que $\mathcal{F}$ seja um DF-domínio centrado em $z_0 = i$ para G e que $G^* = \{g : g$ é um emparelhamento de lado em $\mathcal{F}\}$. Então existe uma bijeção $\phi : G^* \to G^*$ tal que $g \in G^*$, onde $g \in G - \text{Est}(\infty)$, implica que $\Gamma_g = \Sigma_{\phi(g)}$. Como $\mathcal{F}$ é um domínio de Ford temos que $\mathcal{F} \cap g^{-1}\mathcal{F} = \Gamma_g$ e $\phi(g) \in G^*$. Por outro lado, como $\mathcal{F}$ é um domínio de Dirichlet temos que $\mathcal{F} \cap g^{-1}\mathcal{F} = \Sigma_g$. Assim, $\Sigma_g = \Gamma_g$. Portanto, pelo teorema 6.2.6, $a = d$. Note que $\Sigma_g = \Sigma_{\phi(g)}$ implica, pela proposição 6.2.5, que existe um $h \in \text{Est}(i)$ tal que $\phi(g) = h \circ g$. Reciprocamente, suponhamos, para qualquer transformação de emparelhamento $g(z) = (cz + d)^{-1}(az + b)$ em G, que $a = d$. Então, pelo teorema 6.2.3, $\Sigma_g = \Gamma_g$ tal que Σ_g não seja uma reta euclidiano. Neste caso, os elementos em G^* fora de um círculo isométrico estão em $G^* \cap \text{Est}(\infty)$ e consiste apenas de dois elementos, digamos g_0 e g_0^{-1}. Pondo $g(z) = \phi(g_0)(z) = (cz + d)^{-1}(az + b)$, temos que $\Sigma_g : x + 2^{-1}(ab + cd) = 0$ é uma reta e $a^2 + c^2 = 1$. Como G possui covolume finito temos que g_0 é parabólico, digamos $g_0(z) = z - b_0$, onde $b_0 \in \mathbb{R}^\times$, de modo que $\phi(g_0^{-1}) = (\phi(g_0))^{-1}$ implica que $d^2 + c^2 = 1$. Assim, $a^2 = d^2$. Se $c \neq 0$, então $\infty \in \Sigma_g$ e $g(\infty) = c^{-1}a$, de modo que $c^{-1}a = 2^{-1}(ab + cd)$, pois $g(\Sigma_g) = \Sigma_{g^{-1}}$. Se $a = 0$, então $g_0 \in \text{Est}(i)$. Se $a \neq 0$ e $a = -d$, então $g^2 = I$ e $\Sigma_g = \Sigma_{g^{-1}}$. Logo, em qualquer caso, nos leva a uma contradição. Neste caso, $c = 0$ e $a^2 = d^2 = 1 = ad$ implica que $a = b = 1$ e $b_0 = b$, de modo que

$a = d$, para todo $g \in G^*$. Portanto, pela Proposião 6.2.11, $K = \langle R_0, G \rangle$ é um grupo de reflexões discreto em $\text{Aut}(\mathcal{H})$ tal que $[K : G] = 2$. □

Corolário 6.2.13 *Seja G um grupo fuchsiano em $\text{Aut}(\mathcal{H})$ finitamente gerado. Então as seguintes condições são equivalentes.*

1. *G possui um DD-domínio $\mathcal{F}$;*

2. *G possui um domínio de Dirichlet $\mathcal{F}$, com uma semigeodésica cujos pontos são centros de $\mathcal{F}$.*

3. *G possui um domínio de Dirichlet $\mathcal{F}$ tal que cada transformação de emparelhamento $g(z) = (cz + d)^{-1}(az + b)$ em G satisfaz $a = d$;*

4. *G é um subgrupo de reflexões de grupo fuchsiano em $\text{Aut}(\mathcal{H})$;*

5. *G possui um DF-domínio $\mathcal{F}$;*

Demonstração: $(1 \Leftrightarrow 2 \Leftrightarrow 3)$ Segue do lema 6.2.10. $(3 \Rightarrow 4)$ Segue da proposição 6.2.11. $(5 \Leftrightarrow 3)$ Segue do teorema 6.2.12. Assim, resta provar que $(4 \Rightarrow 5)$ Vamos escolher uma região fundamental convexa localmente finita e exata $\mathcal{F}$ para G, com um lado $s \subseteq \Sigma = i\mathbb{R}_+$. Assim, $R_0(z) = -\bar{z}$ é uma reflexão em Σ. Por outro lado, sejam $s_i \subseteq \Sigma_i$ um lado em $\mathcal{F}$ e R_i uma reflexão em Σ_i. Pondo $g_i = R_0 R_i$, obtemos $\Sigma_i = \Sigma_{g_i}$. Portanto, o resultado segue do lema 6.2.10 e do teorema 6.2.12. □

Observe que nossa prova permite que $\text{Est}(i) \neq \{I\}$, pois $S^1 \cap \mathcal{H}$ é o círculo isométrico de algum $g \in G$ e isso pode ser parte da fronteira de uma região fundamental para $\text{Est}(i)$.

Devido a sua importância vamos rever uma construção do círculo isométrico Γ_g, para qualquer $g(z) = (cz + d)^{-1}(az + b)$ em $\text{Aut}(\mathcal{H})$, com $c \neq 0$. Então, pelo lema 6.1.21, existe um único horociclo $L_m = \{z \in \mathcal{H} : \text{Im}(z) = m > 0\}$ em $\mathcal{H}$ centrado em ∞ tal que $g^{-1}(L_m) \cap L_m = \emptyset$, de modo que $g^{-1}(L_m)$ é um horociclo em $\mathcal{H}$ centrado em $g^{-1}(\infty)$. Logo, a semirreta L em $g^{-1}(\infty)$ é ortogonal a L_m e a $g^{-1}(L_m)$. Portanto, Γ_g é o único círculo isométrico do ponto de tangência e ortogonal a L, confira a figura 4.4. Note que se $g(x) = x, g(\infty) = \infty$ e $z \in \Gamma_x$ o horociclo centrado em x, então $g(z) \in \mathring{\Gamma}_x$ ou $g^{-1}(z) \in \mathring{\Gamma}_x$.

Exercícios

1. Dado $\lambda \in \mathbb{C} - \{-1, 0, 1\}$. Mostre que existe exatamente duas matrizes $\mathbf{P}$ em $\mathsf{PSL}_2(\mathbb{C})$ tal que $\mathsf{tr}(\mathbf{A}) = 2$, em que $\mathbf{A} = \mathbf{M}_\lambda \mathbf{P}$,

$$\mathbf{P} = \begin{pmatrix} p & q \\ -q & 2-p \end{pmatrix} \quad \text{e} \quad \mathbf{M}_\lambda = \begin{pmatrix} \lambda & 0 \\ 0 & \lambda^{-1} \end{pmatrix}.$$

Conclua que qualquer elemento não parabólicos em $\mathsf{PSL}_2(\mathbb{C})$ é o produto de dois elementos parabólicos, ou seja, $\mathsf{PSL}_2(\mathbb{C})$ é gerado por elementos parabólicos. Além disso,

   (a) Mostre que qualquer elemento hiperbólico em $\mathsf{PSL}_2(\mathbb{R})$ é o produto de dois elementos parabólicos em $\mathsf{PSL}_2(\mathbb{R})$.

   (b) Mostre que qualquer elemento elíptico em $\mathsf{PSL}_2(\mathbb{C}) \cap \mathsf{Aut}(\mathcal{D})$ é o produto de dois elementos parabólicos em $\mathsf{Aut}(\mathcal{D})$.

   (c) Mostre que $\mathsf{PSL}_2(\mathbb{R})$ é gerado por elementos parabólicos. Conclua que $\mathsf{PSL}_2(\mathbb{R})$ é um grupo livre de torsão.

2. Sejam $G = \mathsf{PSL}_2(\mathbb{Z})$ um grupo fuchsiano em $\mathsf{Aut}(\mathcal{H})$ e $\mathcal{F} = D_G(z_0)$ um domínio de Dirichlet para G, com $z_0 = ki$ e $k > 1$. Mostre que $\mathcal{F}$ é simétrica em $i\mathbb{R}_+$.

3. Sejam G um grupo fuchsiano em $\mathsf{Aut}(\mathcal{H})$ e $\mathcal{F} = D_G(z_0)$ um domínio de Dirichlet para G. Mostre que $\overline{\mathcal{F}} = \bigcap_{g \in G - \{I\}} g\overline{\mathcal{H}}_g(z_0)$.

4. Sejam G um grupo fuchsiano em $\mathsf{Aut}(\mathcal{H})$ e $\mathcal{F} = D_G(z_0)$ um domínio de Dirichlet para G. Mostre que se $H \subseteq G - \{I\}$ e $\mathcal{F}_H = \bigcap_{g \in G - \{I\}} g\mathcal{H}_g(z_0)$ satisfaz $|\mathsf{Orb}(z) \cap \mathcal{F}_H| \leq 1$, para todo $z \in \mathcal{H}$, então $\mathcal{F} = \mathcal{F}_H$.

5. Sejam G um grupo fuchsiano em $\mathsf{Aut}(\mathcal{H})$ sem elementos elípticos. Mostre que $\mathcal{H}/G$ é uma superfície riemanniana.

6. Sejam G um grupo fuchsiano em Aut($\mathcal{H}$) e $\mathcal{F}$ uma região fundamental convexa e localmente finito para G. Mostre que $p : \overline{\mathcal{F}}/G \to \mathcal{H}/G$ é um homeomorfismo.

7. Sejam G um grupo fuchsiano em Aut($\mathcal{H}$) e $\mathcal{F}$ uma região fundamental convexa e localmente finito para G. Mostre que $\mathcal{H}/G$ é compacto se, e somente se, $\mathcal{F}$ for limitada (compacto).

8. Seja G um grupo fuchsiano cíclico em Aut($\mathcal{H}$). Mostre que $\mathcal{H}/G$ não é compacto.

9. Seja G um grupo fuchsiano em Aut($\mathcal{H}$). Mostre que se G for cocompacto (G possui uma região fundamental compacta para G), então G não contém elementos parabólicas.

10. Sejam G um grupo fuchsiano em Aut($\mathcal{H}$) e $\mathcal{F}$ uma região fundamental convexa e localmente finito para G. Mostre que se $G^* = \{g \in G : g\overline{\mathcal{F}} \cap \overline{\mathcal{F}} \neq \emptyset\}$, então $G = \langle G^* \rangle$.

6.3 Algoritmo DAFC

Nosso objetivo nesta seção é descrever um algoritmo "ótimo" para obter regiões fundamentais para uma classe especial de subgrupos discretos (grupos fuchsianos).

Teorema 6.3.1 *Seja G um grupo discreto em* $\mathsf{PSL}_2(\mathbb{C})$ *de covolume finito. Então existe um $z_0 \in \mathcal{D}$ tal que o domínio de Dirichlet $D_G(z_0)$ para G possui somente um número finito de lados, ou seja, G é geometricamente finito.*

Demonstração: Confira [J. Elstrodt, *et al.*, Theorem 2.7]. □

Sejam $f(z) = (cz+d)^{-1}(az+b)$ em $\mathsf{PSL}_2(\mathbb{R})$ e $\|f\|^2 = a^2 + b^2 + c^2 + d^2$. Então $\|kf\|^2 = \|f\|^2$, para todo $k \in \mathbb{R}^\times$, e a função $\phi : \mathsf{PSL}_2(\mathbb{R}) \to \mathbb{R}$ definida como $\phi(f) = \|f\|^2$ é contínua. Assim, para cada $r \in \mathbb{R}^\times_+$, o conjunto

$$F_r(f) = \{f \in \mathsf{PSL}_2(\mathbb{R}) : \phi(f) \leq r\}$$

é uma vizinhança de I em $\mathsf{PSL}_2(\mathbb{R})$. Por outro lado, pela equação (5.1.2), $\|f\|^2 = 2\cosh(i, f^{-1}(i))$. Portanto, F_r é compacto. Em particular, se G for um grupo discreto em $\mathsf{PSL}_2(\mathbb{R})$, então, pelo teorema 5.1.2, $F_r(f)$ é finito em G, para todo $r \in \mathbb{R}_+^\times$.

Vale lembrar que $\eta_0(z) = (z+i)^{-1}(iz+1), \eta_0(\mathcal{H}) = \mathcal{D}$ e $\eta_0(i\mathbb{R}_1) = S^1$, ou seja, η_0 é o produto de uma reflexão em torno do eixo dos x seguido por uma inversão em S^1. Mais explicitamente, $(\eta_0 \sigma_0 \eta_0^{-1})(z) = -\bar{z}^{-1}$ é uma inversão em S^1. Por outro lado, $\psi(f) = \eta_0 f \eta_0^{-1} \in \mathsf{Aut}(\mathcal{D})$, para todo $f \in \mathsf{Aut}(\mathcal{H})$. Neste caso, sejam $f(z) = (cz+d)^{-1}(az+b)$ em $\mathsf{Aut}(\mathcal{H}) - \mathsf{Est}(i), g = \psi(f) \in \mathsf{Aut}(\mathcal{D})$ e $L = \{tc_g : t \in \mathbb{R}_+\}$ a semirreta que passa por 0 e o centro

$$c_g = (2 - \|f\|^2)^{-1}(2(ab+cd) - \|f\|^2 i)$$

de Σ_g. Então $\Sigma_g \cap L = \{M\}$ e $S^1 \cap L = \{N\}$. Assim, pela figura 5.1, obtemos $|c_g| = |OM| + r_g$ e $1 = |OM| + |MN|$, de modo que a distância euclidiana é: $\rho_g = |MN| = 1 + r_g - |c_g| > 0$. Portanto, pela proposição 6.2.5,

$$\rho_g = 1 + \frac{2}{\sqrt{\|f\|^2 - 2}} - \sqrt{\frac{\|f\|^2 - 2}{\|f\|^2 + 2}}.$$

Em particular, se G for um grupo discreto em $\mathsf{Aut}(\mathcal{H})$ ou em $\mathsf{Aut}(\mathcal{D})$, então, pelo lema 5.1.13, a função $\phi : G - \mathsf{Est}(i) \to \mathbb{R}$ definida como $\phi(f) = \rho_f$ é estritamente decrescente em $\|f\|$ e $F_r(f) = \{f \in G : \|f\| \leq r\}$ é finito em G, para todo $r \in \mathbb{R}_+^\times$, de modo que podemos ordenar as imagens $\psi(f)$ em uma sequência decrescente dos r_i, onde $i \in \mathbb{N}$. Observe que se $R = \overset{\circ}{\Sigma}_g \cap \mathcal{D}$, então $\mu(R)$ é uma função de ρ_f.

Agora estamos pronto para exibir o nosso *algoritmo de Dirichlet de covolume finito-$DAFC$* (Dirichlet Algorithm of Finite Covolume). Para isto, seja G um grupo discreto em $\mathsf{Aut}(\mathcal{H})$ de covolume finito (G possui uma região fundamental $\mathcal{F}$ tal que $\mu(\mathcal{F}) < \infty$) tal que $\mathsf{Est}(0) = \{g = \psi(f) \in \psi(G) : g(0) = 0\} = \{I\}$. Dado $g = \psi(f) \in \mathsf{SL}_2(\mathbb{C})$, definimos $D_f = \overline{D}_{r_g}(c_g) \cap \overline{\mathcal{D}}$, ou seja, o fechado determinado pelo círculo $\Sigma_g = \Gamma_g$. Para cada $n \in \mathbb{N}$, vamos definir, recursivamente, $\mathcal{D}_n$ como:

$$\mathcal{D}_1 = \bigcup_{f \in G - \{I\}} \{D_f : \|f\|^2 = r_1\}$$

e, para cada $n > 1$, definimos

$$\mathcal{D}_n = \left(\bigcup_{i=1}^{r_{n-1}} \mathcal{D}_i \right) \bigcup_{f \in G - \{I\}} \left\{ D_f : \|f\|^2 = r_n \text{ e } D_f \nsubseteq \bigcup_{i=1}^{r_{n-1}} \mathcal{D}_i \right\}.$$

Observaremos, nos exemplos a seguir, que podemos considerar a sequência $(r_i)_{i \in \mathbb{N}}$ em $\mathbb{N}$ ou a sequência $(k_i)_{i \in \mathbb{N}}$ em $\mathbb{N}$, com $k_i = \lfloor r_i \rfloor$. É importante notar que afirmaremos o algoritmo sob a condição de que $\mathsf{Est}(0) = \{I\}$ em $\mathsf{Aut}(\mathcal{D})$. Não obstante, veremos que podemos adequar esse algoritmo para os casos em que $\mathsf{Est}(0) \neq \{I\}$.

Teorema 6.3.2 (DAFC) *Seja G um grupo discreto em $\mathsf{Aut}(\mathcal{H})$ ou em $\mathsf{PSL}_2(\mathbb{R})$ de covolume finito, com $\mathsf{Est}(0) = \{I\}$ em $\mathsf{Aut}(\mathcal{D})$ e $\eta_0(i) = 0$. Então o algoritmo cálcula em um número finito de passos em $\mathcal{H}$ um domínio de Dirichlet para um subgrupo finito de G de índice finito:*

1. *Calcule $\mathcal{D}_1, \mathcal{D}_2, \ldots$ nesta ordem.*

2. *Escolha o primeiro n_0 tal que $\partial \mathcal{D} \subseteq \mathcal{D}_{n_0}$.*

3. *Faça $\mathcal{F} = \mathcal{D} - \mathcal{D}_{n_0}$ um domínio de Dirichlet em $\mathcal{D}$ centrado em 0.*

4. *Faça $\mathcal{F}_1 = \eta_0^{-1}(\mathcal{F}) = \bigcap_{f \in G^*} \mathcal{H}_{f^{-1}}(i)$, com $G^* = \{f \in G : D_f \in \mathcal{F}_{n_0}\}$, um domínio de Dirichlet em $\mathcal{H}$ centrado em i. A interseção não é redundante.*

Conclua que $H = \langle G^* \rangle$ é um subgrupo de G tal que $[G : H] < \infty$.

Demonstração: Primeiro observe que $F_n = \{D_f : \|f\|^2 = n\}$ é finito, para todo $n \in \mathbb{N}$. De fato, se $\|f_1\| = \|f_2\|$ e $g_k = \psi(f_k)$, então, pela proposição 6.2.5, $|c_{g_1}| = |c_{g_2}|$ e $|c_{g_1}^*| = |g_1^{-1}(0)| = |g_2^{-1}(0)| = |c_{g_2}^*| = s$. Por outro lado, como $\overline{D}_s(0)$ é compacto em $\mathcal{D}$ e G é discreto temos que F_n é finito. Assim, os conjuntos $\mathcal{D}_i$ são finitos e calculáveis em um número finito de passos. Como G possui covolume finito temos, pelo teorema 6.3.1, que o domínio de Dirichlet $\mathcal{F}$ para G possui somente um número finito de lados, de modo que o algoritmo para depois de um número finito de passos, digamos $n_0 \geq 1$. Pondo $G^* = \{f \in G : D_f \in \mathcal{D}_{n_0}\}$, obtemos o domínio de Dirichlet em $\mathcal{H}$ centrado em i: $\mathcal{F}_1 = \eta_0^{-1}(\mathcal{F}) = \bigcap_{f \in G^\times} \mathcal{H}_{f^{-1}}(i)$ que, pelo lema 5.1.13, a interseção não é redundante. Finalmente, Lema 6.2.1 e o teorema 6.2.2, $H = \langle G^* \rangle$ é um subgrupo de G tal que $[G:H] < \infty$. □

Vale observar que o domínio fundamental calculado pelo $DAFC$ não é necessariamente o domínio fundamental para G. De fato, o algoritmo **para** tão logo ele encontre um domínio fundamental de volume finito. Pelo método de Poincaré, isso somente garante que estamos lidando com um domínio fundamental de um subgrupo de índice finito em G. Não obstante, podemos adaptar o nosso algoritmo para o grupo G.

Teorema 6.3.3 (DAFC Ampliado) *Sejam G um grupo discreto em $\mathsf{Aut}(\mathcal{H})$ ou em $\mathsf{PSL}_2(\mathbb{R})$ de covolume finito e $\mathcal{F}_1 = \eta_0^{-1}(\mathcal{F}) = \eta_0^{-1}(\mathcal{D} - \mathcal{D}_{n_0})$ um domínio de Dirichlet em $\mathcal{H}$ determinado pelo $DAFC$. Então o algoritmo finito determina um domínio de Dirichlet para G.*

1. *Calcule o número finito de vértices v_j em $\mathcal{F}_1$.*

2. *Calcule $2\cosh k = r_{n_0}, r = \max\{\{\frac{k}{2}\} \cup \{\rho(i, v_j) : v_j \text{ é um vértices em } \mathcal{F}_1\}\}$ e $n = 2\cosh(2r)$.*

3. *$\hat{\mathcal{F}} = \eta_0^{-1}(\mathcal{D} - \mathcal{D}_n)$ é um domínio de Dirichlet para G.*

Conclua que $G = \langle f | D(f) \in \mathcal{D}_n \rangle$.

Demonstração: Como $2\cosh \rho(i, f^{-1}(i)) = 2\cosh\rho(i, f(i)) = \|f\|^2$ temos que

$$k = \max\{\rho(i, f^{-1}(i)) : \|f\|^2 \leq r_{n_0}\}.$$

Portanto, pelo exposto nas seções acima, temos que $\hat{\mathcal{F}} = \eta_0^{-1}(\mathcal{D} - \mathcal{F}_n)$ é um domínio de Dirichlet para G. □

É muito importante ressaltar que se $K = \text{Est}(i) \neq \{I\}$, então primeiro devemos determinar um domínio fundamental $\mathcal{F}_0$ para K. Como o domínio fundamental é determinado pela interseção de alguma construção, com base em um domínio fundamental de Dirichlet, com $\mathcal{F}_0$, podemos modificar o $DAFC$ de forma que ele não **pare** quando toda a fronteira de $\mathcal{D}$ for coberta por diferentes $\mathcal{D}_n$, com $n \geq 2$, mas antes. Na verdade, ponha $V = \partial \mathcal{F}_0 \cap \partial \mathcal{D}$. Além disso, a definição do $\mathcal{F}_n$ deve ser adaptada de tal forma que se considere apenas os D_f, quando $f \in G - \psi(K)$, e não em todo o grupo G. Portanto, encontraremos um domínio fundamental para um subgrupo de índice finito em G, bem como um conjunto de gerador para este subgrupo, permitindo que o $DAFC$ pare quando $V \subseteq \mathcal{D}_{n_0}$. Como saída obtemos $H = \langle K, f_1, \ldots, f_{n_0} \rangle$ um subgrupo de G tal que $[G : H] < \infty$.

Vamos finalizar esta seção apresentado uma proposta de programa que tem como "input" dados algébricos e como "output" um domínio fundamental e geradores de um grupo dado.

Preliminares. Dado G um grupo discreto (fuchsiano) em $\text{Aut}(\mathcal{H})$ ($\text{PSL}_2(\mathbb{R})$) de covolume finito. Seja $f(z) = (cz + d)^{-1}(az + b)$ em G, com $f \neq I$. Então obtemos o sistema: $ad - bc = 1$ e $\|f\|^2 = a^2 + b^2 + c^2 + d^2$, com duas variáveis livres. Como usual analisaremos os casos: $c = 0$ e $c \neq 0$. (a) Se $c = 0$, então $ad = 1$ e $b^2 = \|f\|^2 - (a^2 + a^{-2})$, com $a^2 + a^{-2} \geq 2$. (b) Se $c \neq 0$, então $b = c^{-1}(ad - 1)$ e a outra variável é dada pela relação $\|f\|^2 = a^2 + b^2 + c^2 + d^2 \geq 2$, pois $a^2 + d^2 \geq 2ad$ e $b^2 + c^2 \geq -2bc$. Por outro lado, como $g(z) = \psi(f)(z) = (\beta z + \overline{\alpha})^{-1}(\alpha z + \overline{\beta})$ em $\psi(G)$, em que

$$\alpha = \frac{1}{2}(a + d + (b - c)i) \quad \text{e} \quad \beta = \frac{1}{2}(b + c + (d - a)i)$$

satisfaz que $|\alpha|^2 - |\beta|^2 = 1$, temos que

$$c_g = \frac{1}{\|f\|^2 - 2}\left(2(ab + cd) - \|f\|^2 i\right), \quad |c_g|^2 = \frac{\|f\|^2 + 2}{\|f\|^2 - 2}$$

$$\text{e} \quad |r_g|^2 = \frac{4}{\|f\|^2 - 2}.$$

Finalmente, ordenamos $\|f\| = r_n = n \geq 2$. Por exemplo, seja $G = \mathsf{PSL}_2(\mathbb{Z})$ um grupo fuchsiano em $\mathsf{SL}_2(\mathbb{Z})$.

1. Se $n = 2$ e $c = 0$, então $ad = 1, b = 0$ e $a^2 + d^2 = 2$. Se $c \neq 0$, então $b = c^{-1}(ad-1)$ e $a^2 + b^2 + c^2 + d^2 = 2$ implica que $a = d = 0$ e $bc = -1$. Portanto, $S(z) = -z^{-1} = -|z|^2\bar{z}$, pois $S \neq I$.

2. Se $n = 3$ e $c = 0$, então $ad = 1$ e $a^2 + b^2 + d^2 = 3$ implica que $a = d = \pm 1$ e $b = \pm 1$, de modo que $T_1(z) = z + 1$ e $T_{-1}(z) = z - 1$. Se $c \neq 0$, então $b = c^{-1}(ad - 1)$ e $a^2 + b^2 + c^2 + d^2 = 3$ implica que $a = 0, d \neq 0$ e $bc = -1$ ou $a \neq 0, d = 0$ e $bc = -1$, de modo que $f_1(z) = -(z+1)^{-1}$ ou $f_2(z) = z^{-1}(z-1)$. Note que $f_1 = ST_1, f_2 = T_1 S$ e $(ST_1)^{-1} = T_{-1}S$. Neste caso, $f_1^3 = I = f_2^3$ são elementos elípticos como S.

Vamos verificar que isso é suficiente para determinar a região fundamental para G e seus geradores. Note que $g(z) = \psi(S)(z) = -z$ implica que $g(0) = 0$ e $g^2 = I$, de modo que $K_g = \mathsf{Est}(0) = \{I, g\}$. Por outro lado, $c = 1$ e $a = d$ implica que $\Gamma_S = \Sigma_S = S^1$, de modo que $D_S = \overline{\mathcal{D}}$. Assim, $K = \psi^{-1}(K_g) = \{I, S\}$ e $\mathcal{F}_0 = \{z \in \mathcal{H} : |z| > 1\}$ é a região fundamental para K. Observe que $g(z) = \psi(T_1)(z) = (z + 1 - i)^{-1}((1+i)z + 1)$ implica que $\Gamma_g = \{z \in \mathcal{H} : |z + 1 - i| = 1\}$ e $D_{T_1} = \overline{D}_1(-1+i) \cap \overline{\mathcal{D}}$. Da mesma forma $D_{T_{-1}} = \overline{D}_1(1+i) \cap \overline{\mathcal{D}}$, D_{f_1} e D_{f_2}, continue. Um modo alternativo, como $c = 0$ e $a = d = \pm 1$ temos que Γ_{T_1} é a reta vertical $x + 2^{-1}(ab + cd) = 0$ ou $x = -2^{-1}$. Da mesma forma $\Gamma_{T_{-1}} : x = 2^{-1}$. Assim, $\mathcal{F}_1 = \mathcal{H}_{T_{-1}} \cap \mathcal{H}_{T_1} = \{z \in \mathcal{H} : |\mathsf{Re}(z)| < 2^{-1}\}$. Portanto, $\mathcal{F} = \mathcal{F}_0 \cap \mathcal{F}_1$ é um domínio fundamental para G e $G = \langle S, T_1 \rangle$. Neste caso, G não é cocompacto, pois G contém elementos parabólicos. Não obstante, G é de covolume finito, pois $\mu(\mathcal{F}) = \pi/3$, confira a figura 6.5.

Soluções e Sugestões

1.1.1. É bem conhecido que T é completamente determinada por $a = T(1)$ e $b = T(i)$. Assim,
$$T(z) = xa + yb = \frac{z + \overline{z}}{2}a + \frac{z - \overline{z}}{2i}b = \alpha z + \beta \overline{z},$$
com $\alpha = 2^{-1}(a - bi)$ e $\beta = 2^{-1}(a + bi)$. A recíproca é clara. Para concluir veja a representação matricial de T.

1.1.2. (a) Como $f_\mathbf{P} : M_2(\mathbb{R}) \to M_2(\mathbb{R})$ definida como $f_\mathbf{P}(\mathbf{X}) = \mathbf{PXP}^{-1}$ é claramente um automorfismo de álgebras temos que $T_\mathbf{P} = f_\mathbf{P} \circ T_\mathbf{I}$ possui as propriedades desejadas.

(b) Já vimos que T é completamente determinada por $\mathbf{A} = T(1)$ e $\mathbf{B} = T(i)$. Assim, $\mathbf{A}^2 = \mathbf{A}$, $\mathbf{AB} = \mathbf{BA} = \mathbf{B}$ e $\mathbf{B}^2 = -\mathbf{A}$. Logo, $\mathbf{A} \neq \mathbf{O}$, pois $T \neq O$ implica que T é injetora, de modo que existe um $\mathbf{X} \in \mathbb{R}^2$ tal que $\mathbf{C} = \mathbf{AX} \neq \mathbf{O}$. Então é fácil verificar que $\mathbf{AC} = \mathbf{C}$, $\mathbf{A}(\mathbf{BC}) = \mathbf{BC}$ e $\mathbf{B}^2\mathbf{C} = -\mathbf{C}$ implicam que $\mathbf{C}$ e $\mathbf{BC}$ são LI. Pondo $\mathbf{P}$ a matriz cujas colunas são $\mathbf{C}$ e $\mathbf{BC}$, obtemos $\mathbf{PA} = \mathbf{A}$ implica que $\mathbf{A} = \mathbf{I}$ e $\mathbf{BP} = \mathbf{PJ}$ implica que $T(1) = \mathbf{I} = T_\mathbf{P}(1)$ e $T(i) = \mathbf{PJP}^{-1} = T_\mathbf{P}(i)$.

1.1.3. Como $T(\mathbb{R}) \subseteq \mathbb{R}$ temos que $T(x) = x$, para todo $x \in \mathbb{R}$. Assim, $T(z) = x + yT(i)$. Mas, $-1 = T(-1) = T(i^2) = (T(i))^2$ implica que $T(i) = i$ ou $T(i) = -i$ e o resultado segue.

1.1.4. Cálculo direto.

1.1.5. Basta notar que $|z|^2 = |x|^2 + |y|^2 \leq (|x| + |y|)^2$. Por outro lado, como $(|x| - |y|)^2 \geq 0$ temos que $|z|^2 \geq 2|x||y|$, de modo que $2|z|^2 \geq 2|x||y| + |z|^2 = (|x| + |y|)^2$. Portanto, $|x| + |y| \leq \sqrt{2}|z|$.

1.1.6. Como $\operatorname{Re}(iz) = -\operatorname{Im}(z)$ temos que $|\operatorname{Re}(w\bar{z})|^2 + |\operatorname{Re}(iw\bar{z})|^2 = |w\bar{z}|^2 = |w|^2|z|^2$.

1.1.7. Como $|\operatorname{Re}(iw\bar{z})|^2 \geq 0$ temos, pelo exercício 6, que $|\operatorname{Re}(w\bar{z})| \leq |w||z|$. Note que $|\operatorname{Re}(w\bar{z})| = |w||z|$ se, e somente se, $0 = \operatorname{Re}(iw\bar{z}) = -\operatorname{Im}(w\bar{z})$.

1.1.8. Desenvolva $|w+z|^2 = (w+z)(\bar{w}+\bar{z})$ e use o exercício 7. Observe que $\operatorname{Re}(w\bar{z}) = |w||z|$ se, e somente se, $w\bar{z} \geq 0$.

1.1.9. $|z|^2 \operatorname{Re}(c) = \operatorname{Re}(cz\bar{z}) = 0$ se, e somente se, $\operatorname{Re}(c) = 0$.

1.1.10. Eleve ao quadrado o lado esquerdo e use o exercício 7.

1.1.11. (a) Sejam $w = |w|e^{i\theta_1}$ e $z = |z|e^{i\theta_2}$, com $\theta_1 = \arg(w)$ e $\theta_2 = \arg(z)$. Então $w\bar{z} = |w||z|\cos\theta + |w||z|\operatorname{sen}\theta i$, com $\theta = \theta_2 - \theta_1$.

(b) Cálculo direto.

(c) Note que $-iz = |z|e^{i(\theta_2 - \frac{\pi}{2})}$ e $\operatorname{sen}\theta = \cos(\theta - \frac{\pi}{2})$ implicam que $\langle w, -iz \rangle = |w||z|\operatorname{sen}\theta$ está bem definido. Uma outra prova. Já vimos que a função $\lambda : \mathbb{C} \to \mathbb{R}^3$ definida como $\lambda(z) = (x, y, 0)$ era um monomorfismo linear. Então $\lambda(w) \times \lambda(z) = (ux - yv)\mathbf{e}_3$, de modo que $|w \times z| = |\lambda(w) \times \lambda(z)| = |\operatorname{Im}(w\bar{z})|$ tem sentido.

(d) Veja que o pé da perpendicular baixada de z sobre w implica que a altura do triângulo $h = |z|\operatorname{sen}\theta$.

1.1.12. Seja z_0 uma solução. Então $\alpha z_0 + \beta \bar{z}_0 + \gamma = 0$, de modo que $\overline{\alpha}\bar{z}_0 + \overline{\beta} z_0 + \overline{\gamma} = 0$. Assim, $(|\alpha|^2 - |\beta|^2)z_0 = \beta\overline{\gamma} - \overline{\alpha}\gamma$. Portanto, $|\alpha| \neq |\beta|$. Se $|\alpha| = |\beta|$ e $\beta\overline{\gamma} - \overline{\alpha}\gamma = 0$ uma reta de soluções.

1.1.13. Sendo $|z| = |-z| = |\bar{z}| = |-\bar{z}|$, basta considerar $z = re^{i\theta}$, onde $\theta = \arg(z) \in [0, \frac{\pi}{2}]$. Observe que $|z|$ assume seu valor máximo implica que $|z|^{-1}$ assume seu valor mínimo. Assim, podemos supor que $|z| \geq |z|^{-1}$. Logo, $a^2 = (r - r^{-1})^2 + 4\cos^2\theta$, de modo que $(r - r^{-1})^2 \leq a^2$. Portanto, o maior valor é em $z = i2^{-1}(a + \sqrt{a^2 + 4})$ e o menor valor é em $z = i2^{-1}(a - \sqrt{a^2 + 4})$.

1.1.14. Cálculo direto.

1.1.15. Basta notar que $\operatorname{Im}(z\bar{b}) = 0$.

1.1.16. Pela lei da tricotomia temos que $d > 0$ ou $d = 0$ ou $d < 0$. Se $d > 0$, então todos os círculos passam por $(0, -\sqrt{d})$ e $(0, \sqrt{d})$. Se $d = 0$, então todos os círculos passam por $O = (0,0)$ e são tangentes ao eixo dos y O. Se $d < 0$, então $d = -k^2$, para algum $k \in \mathbb{R}^\times$. Assim, $(x+t)^2 + y^2 = t^2 - k^2$, de modo que $t^2 = k^2$ ou $t^2 > k^2$. Se $t^2 = k^2$, então existem apenas duas soluções $(-k, 0)$ e $(k, 0)$. Se $t^2 > k^2$, então o sistema é ortogonal ao feixe de círculos que passam por $(-k, 0)$ e $(k, 0)$ (prove isto!).

1.1.17. Quando $k = 1$, é o bissetor do segmento $L_{z_1 z_2}$. Quando $k \neq 1$, o *círculo de Apolônio*[2] Γ de centro $z_0 = (1 - k^2)^{-1}(z_1 - k^2 z_2)$ e raio $r = (1 - k^2)^{-1} k |z_1 - z_2|$, com $|z_0 - z_1| = r^2 |z_0 - z_2|$. Neste caso, z_1 e z_2 são pontos inversos em relação a Γ.

1.1.18. (a) Note que o ângulo interno do triângulo $z_1 p z_2$ é dividido em três partes, com a parte do meio igual a θ, de modo que os ângulos das outras são iguais a $\frac{\pi}{2} - \theta$. Logo $\frac{\pi}{2} - \theta + \theta + \frac{\pi}{2} - \theta = \pi - \theta$. Agora use a Lei dos Cossenos. Uma outra prova é dada pelo o produto inverso dado pela equação (1.1.7).

(b) Sejam j fixado, L_j a reta que passa por z_j e os pontos de interseções $u_0, v_0 \in \Gamma_j$. Então $|p - v_0| = |p - z_j| + r_j$ ou $|p - u_0| = |p - z_j| - r_j$ e vice-versa. Portanto, em qualquer caso, $f_j(p) = |p - z_j|^2 - r_j^2$, pois os triângulos puu_0 e pvv_0 são semelhantes. Neste caso, a equação representa um círculo concêntrico com Γ_j e $(2r_j)^{-1} f_j(p) = (|v_0 - u_0|^{-1} |p - v|) |p - u|$. Uma outra prova. Seja Γ o círculo com centro p e raio $|p - u_0||p - v_0| = |p - z_j|^2 - r_j^2$. Então Γ é ortogonal a Γ_j em u, pois a reta que passa por z_j e u é tangente a Γ e ortogonal a Γ_j em u. Assim, pelo item (a), $|p - z_j|^2 = f(p) + r_j^2$.

(c) Lembre-se que $z = z_1 + (z_2 - z_1)t$, para todo $t \in \mathbb{R}$, é a reta dada. Note que $f_1(z) = f_2(z)$ se, e somente se, $|z - z_1| = |z - z_2|$. Portanto, as retas são ortogonais.

1.1.19. Basta notar que $\arg(w) = 2\arg(z)$ se, e somente se, $\overline{w}z^2$ é real e positivo.

1.1.20. Sejam $\mathbb{C} = \mathbb{R}^2 \oplus \{0\}$ e $\mathcal{D} = D_1(0) = \{z \in \mathbb{C} : |z| < 1\}$. Então $f = p|_{S_-^2} : S_-^2 \to \mathcal{D}$ é tal que $f(S_-^2) = \mathcal{D}$, pois $(z, u) \in S_-^2$ se, e somente se, $|z|^2 + u^2 = 1$ e $u < 0$. Estas condições significam que: $|z| < 1$ e $u = -\sqrt{1 - |z|^2}$. Assim, $(z, u) \in S_-^2$ se, e somente se, $(z, u) = (z, -\sqrt{1 - |z|^2})$, de modo que f é bijetora, com inversa $g(z) = f^{-1}(z) = (z, -\sqrt{1 - |z|^2})$, de modo que $g(\mathcal{D}) = S_-^2$. Finalmente, $h(z) = (\pi \circ g)(z) = \pi(z, -\sqrt{1 - |z|^2}) = (1 + \sqrt{1 - |z|^2})^{-1} z$ é

---
[2] Apolônio de Perga, 262–190 a.C., matemático e astrônomo grego.

bijetora, com $h(0) = 0$, $\lim_{|z| \to 1^-} |h(z)| = 1$ e inversa $h^{-1}(z) = (g^{-1} \circ \pi^{-1})(z) = (1 + |z|^2)^{-1} 2z$. Neste caso, $h(\mathcal{D}) = \pi(g(\mathcal{D})) = \pi(S_-^2) = \mathcal{D}$.

1.1.21. Seja $\pi^{-1}(z) = (x_1, y_1, u_1)$. Então $\pi^{-1}(\bar{z}) = (x_1, -y_1, u_1)$, $\pi^{-1}(-z) = (-x_1, -y_1, u_1)$ e $\pi^{-1}(\bar{z}^{-1}) = (x_1, y_1, -u_1)$.

1.1.22. Direto da definição.

1.1.23. Sejam $P = (x_1, y_1, u_1)$ e $Q = (x_2, y_2, u_2)$. Então
$$w + z = \frac{x_1 + iy_1}{1 - u_1} + \frac{x_2 + iy_2}{1 - u_2} = \frac{x_3 + iy_3}{1 - u_3},$$
em que $x_3 = x_1(1 - u_2) + x_2(1 - u_1)$, $y_3 = y_1(1 - u_2) + y_2(1 - u_1)$ e $u_3 = u_1 + u_2 - u_1 u_2$. Note que $P + Q = \pi^{-1}(\pi(P) + \pi(Q))$ é a soma sobre S^2.

1.1.24. Pela prova do lema 1.1.1 ou direto da equação (1.1.2), obtemos
$$|z|^2 - \frac{2}{k}x + 1 = 0 \Leftrightarrow \left(x - \frac{1}{k}\right)^2 + y^2 = \frac{1 - k^2}{k^2}$$
um círculo sobre $\mathbb{C}_\infty$.

1.1.25. Pela prova do lema 1.1.1, a imagem $\pi^{-1}(\Gamma)$ está sobre o plano $\Pi : x_1 + 2u_1 = 1$. Mais explicitamente,
$$x_1^2 + y_1^2 + \left(\frac{1 - x_1}{2}\right)^2 = 1 \Leftrightarrow 5x_1^2 + 4y_1^2 - 2x_1 - 3 = 0$$
é um círculo. Novamente, a imagem $\pi^{-1}(\Gamma)$ está sobre o plano $\Pi : x_1 + y_1 + u_1 = 1$, de modo que $x_1^2 + x_1 y_1 + y_1^2 - x_1 - y_1 = 0$.

1.1.26. Isto é o caso geral do exercício 25. De fato, $ax + by + c = 0$ implica que a imagem $\pi^{-1}(\Gamma)$ está sobre o plano Π:
$$a\frac{x_1}{1 - u_1} + b\frac{y_1}{1 - u_1} + c = 0 \Leftrightarrow ax_1 + by_1 + c(1 - u_1) = 0,$$
a qual é um círculo contendo $N = (0, 0, 1)$, pois $d(O, \Pi) = \sqrt{(a^2 + b^2 + c^2)^{-1} c^2}$ implica que $|\Pi \cap S^2| > 1$. Da mesma forma, $(x - a)^2 + (y - b)^2 = r^2$ implica que a imagem $\pi^{-1}(\Gamma)$ está sobre o plano Π:
$$2ax_1 + 2by_1 + (a^2 + b^2 - r^2 - 1)u_1 = a^2 + b^2 - r^2,$$

a qual é um círculo, pois $d(O, \Pi) \leq 2^{-1}$.

1.1.27. Observe que os triângulos NPQ e Nwz estão sobre o mesmo plano, confira figura 1.1. Como $d(N,w) = \sqrt{1+|w|^2}$ e $d(N,P) = 2(\sqrt{1+|w|^2})^{-1}$; $d(N,z) = \sqrt{1+|z|^2}$ e $d(N,P) = 2(\sqrt{1+|z|^2})^{-1}$ temos que eles são semelhantes com fator de escala $2(\sqrt{1+|w|^2}\sqrt{1+|z|^2})^{-1}$. Portanto, $d_\infty(w,z) = d(P,Q)$. Vamos provar apenas que

$$d_\infty(v,z) \leq d_\infty(v,w) + d_\infty(w,z).$$

É fácil verificar que $|w-z|^2 = |1-\bar{z}w|^2 + (|z|^2-1)(|w|^2-1)$ e

$$(z-v)(1+w\overline{w}) = (w-v)(1+z\overline{w}) + (z-w)(1+v\overline{w}).$$

Assim,

$$|z-v|(1+|w|^2) \leq |w-v||1+z\overline{w}| + |z-w||1+v\overline{w}|.$$

Por outro lado, como $(1+wz)(1+\overline{w}z) \leq (1+|w|^2)(1+|z|^2)$ temos que

$$|1+z\overline{w}|^2 \leq (1+|w|^2)(1+|z|^2) \quad \text{e} \quad |1+v\overline{w}|^2 \leq (1+|v|^2)(1+|w|^2).$$

Logo,

$$|z-v|(1+|w|^2) \leq [|w-v|(1+|z|^2) + |z-w|(1+|v|^2)](1+|w|^2).$$

Portanto, $d_\infty(v,z) \leq d_\infty(v,w) + d_\infty(w,z)$. Note que $0 \leq d_\infty(w,z) \leq 2$, pois pela desigualdade de Cauchy-Schwarz

$$|z-w| = |1 \cdot z + (-1)w| = |\langle (z,-1), (1,\overline{w}) \rangle| \leq \sqrt{|z|^2 + (-1)^2}\sqrt{|1|^2 + |\overline{w}|^2}.$$

1.1.28. O círculo de Apolônio

$$|z-z_1| = \left(\sqrt{1+|z_2|^2}\right)^{-1} \left(\sqrt{1+|z_2|^2}\right) |z-z_2|.$$

Em particular, uma reta quando $|z_1| = |z_2|$ e o círculo $|z-z_1| = \sqrt{1+|z_1|^2}$ quando $z_2 = \infty$.

1.1.29. Considere a reta L em $\mathbb{R}^3$ que passa por $P = (\bar{z}_1, 0)$ e S, $L = \{S + t(P-S) : t \in \mathbb{R}\} = \{(tx, -ty, t-1) : t \in \mathbb{R}\}$, e o resultado segue, confira figura 1.1. Note que $(\pi_1 \circ \pi^{-1})(z) = z^{-1} = J(z)$.

1.1.30. Direto ou use translação.

1.1.31. Se Γ_1 for um grande círculo, então Γ é o equador. Se Γ_1 não for um grande círculo, então use o exercício 26 e confira a solução do exercício 21.

1.2.1. Basta notar, pela equação (1.1.4), que

$$\frac{2}{1+r^2}|z-w| \leq d_\infty(w,z) \leq 2|z-w|,$$

para todos $w, z \in \Omega$. Dados $w, z \in \mathbb{C}$, é fácil verificar que

$$2|z-w| \leq d_\infty(w,z)\sqrt{1+|w|^2}(1+|w|+2|z-w|)$$

e $(1+|w|)^2 \leq 2(1+|w|^2)$. Use isto e $d_\infty(w,z) < d_\infty(w,\infty)$ para provar que

$$2|z-w| \leq \frac{1}{d_\infty(w,\infty) - d_\infty(w,z)} \cdot \frac{d_\infty(w,z)}{d_\infty(w,\infty)}.$$

1.2.2. Sejam $c \in \mathbb{C}$ um ponto limite de $\partial\Omega$ e $U = D_r(c) - \{c\}$ qualquer r-vizinhança de c. Então existe pelo menos um $d \in \partial\Omega \cap U$. Por outro lado, existe um $s > 0$ tal que $V = D_s(d) \subseteq U$, de modo que existe um $w \in \Omega$ e $z \notin \Omega$ tais que $w, z \in V$, pois $d \in \partial\Omega$. Portanto, existe um $u \in \Omega$ e $v \notin \Omega$ tais que $u, v \in U$ isto implica que $c \in \partial\Omega$ e $\partial\Omega$ é fechado.

1.2.3. Dado $n \in \mathbb{Z}$, existe um $r = 1$ tal que $D_r(n) \cap \mathbb{Z} = \{n\}$, ou seja, $\mathbb{Z}$ não possui pontos limites. Portanto, $\overline{\mathbb{Z}} = \mathbb{Z}$ não é fechado em $\mathbb{C}$. Note que existe uma sequência (z_n), com $z_n = n > 0$, em $\mathbb{Z}$ tal que $\lim_{n\to\infty} z_n = \infty$, pois $\lim_{n\to\infty} \pi^{-1}(z_n) = N$. Mas, $\infty \notin \mathbb{Z}$. Portanto, $\mathbb{Z}$ é fechado em $\mathbb{C}_\infty$.

1.2.4. Como π é contínua e S^2 é compacto temos que $\pi(S^2) = \mathbb{C}_\infty$ é compacto. A função identidade $I : (\mathbb{C}, d) \to (\mathbb{C}_\infty, d_\infty)$ é um homeomorfismo. De fato, se $\lim_{n\to\infty} |z_n - z_0| = 0$, então

$$\lim_{n\to\infty} \left\| \pi^{-1}(z_n) - \pi^{-1}(z_0) \right\| = 0,$$

pois π^{-1} é contínua. Por outro lado, se $\lim_{n\to\infty} d_\infty(z_n, z_0) = 0$, então

$$\lim_{n\to\infty} \left\| \pi^{-1}(z_n) - \pi^{-1}(z_0) \right\| = 0,$$

pois π^{-1} é contínua, de modo que,

$$\lim_{n\to\infty} |z_n - z_0| = \lim_{n\to\infty} \left|\pi\left(\pi^{-1}(z_n)\right) - \pi\left(\pi^{-1}(z_0)\right)\right| = 0.$$

1.2.5. Por exemplo, $\mathbb{C}$ é completo, pois se $z_n = x_n + iy_n$ for uma sequência de Cauchy em $\mathbb{C}$, então x_n e y_n são sequências de Cauchy em $\mathbb{R}$, pois $|x_n|, |y_n| \leq |z_n|$, de modo que $\lim_{n\to\infty} x_n = x$ e $\lim_{n\to\infty} y_n = y$ em $\mathbb{R}$. Portanto, pelo exercício 5 da seção 1.1, $\lim_{n\to\infty} z_n = x + iy$. Agora, confira o exercício 4. Finalmente, se (z_n) for uma sequência em $\mathbb{C}$ tal que $\lim_{n\to\infty} z_n = \infty$ se, e somente se, $\lim_{n\to\infty} d_\infty(z_n, \infty) = 0$. Assim, pela equação (1.1.4), isto é equivalente a $\lim_{n\to\infty} |z_n| = +\infty$. Portanto, qualquer aberto não vazio de $\mathbb{C}_\infty$ contém pontos de $\mathbb{C}$, ou seja, $\overline{\mathbb{C}} = \mathbb{C}_\infty$.

1.2.6. Observe, pela equação (1.1.2), que $k \leq u$ implica que $|z|^2 \geq (1-k)^{-1}(1+k)$.

1.2.7. Se $T(z) = u + iv, z = x + iy, \alpha = a + ib$ e $\beta = c + id$, então $u = ax - by + c$ e $v = bx + ay + d$.

(a) $|z - c| = r$ se, e somente se $|\alpha z - \alpha c| = r|\alpha|$ se, e somente se $|\alpha z + \beta - (\alpha c + \beta)| = r|\alpha|$. Portanto, $T(S_r(c)) = \{w \in \mathbb{C} : |w - (\alpha c + \beta)| = r|\alpha|\}$. Note que se a reta $L = \{z \in \mathbb{C} : \text{Re}(az + b) = 0\}$, então $T(L) = \{w \in \mathbb{C} : \text{Re}(\alpha^{-1}aw + b - \alpha^{-1}a\beta) = 0\}$.

(b) Como $T(0) = 1 + i$ temos que $\beta = 1 + i$. Por outro lado, $r|\alpha| = |\alpha| = 2$ implica que $T(z) = \alpha z + 1 + i$, com $|\alpha| = 2$.

(c) Como $|-2 + 2i| > 2$ temos que nenhum α e β existem.

1.2.8. Já vimos que a equação de $S_r(c)$ é $|z|^2 - \bar{c}z - c\bar{z} = r^2 - |c|^2$, com $|c|^2 - 4(|c|^2 - r^2) > 0$.

(a) Se $c = 0$, então substituindo z na equação por w^{-1} ou dividindo por $|z|^2$, temos $|w| = r^{-1}$. Portanto, $J(S_r(0)) = S_{\frac{1}{r}}(0)$.

(b) Se $c \neq 0$ e $r \neq |c|$, então substituindo z na equação por w^{-1}, teremos $(r^2 - |c|^2)|w|^2 + \overline{cw} + cw = 1$, ou seja,

$$\left|w - \frac{\bar{c}}{|c|^2 - r^2}\right| = \frac{r}{||c|^2 - r^2|}.$$

(c) Se $c \neq 0$ e $r = |c|$, então substituindo z na equação por w^{-1}, $\overline{cw} + cw = 1$ ou $\text{Re}(cw) = 2^{-1}$. Observe que $c = a + ib$ e $w = u + iv$ implicam que $2au - 2bv - 1 = 0$.

(d) Direto. Uma outra prova, escrevendo $w = u + iv, z = x + iy, w = |z|^{-1}\overline{z}$ e $z = |w|^{-1}\overline{w}$ implicam que

$$u = \frac{x}{x^2+y^2}, \quad v = -\frac{y}{x^2+y^2}, \quad x = \frac{u}{u^2+v^2} \text{ e } y = -\frac{v}{u^2+v^2},$$

de modo que (a,b) no z-plano é levado em $((a^2+b^2)^{-1}a, -(a^2+b^2)^{-1}b)$ no w-plano e vice-versa.

1.2.9. (a) $\Rightarrow$ (b): Suponhamos que T preserva ângulo. Então T é injetora e $\alpha = T(1) \in \mathbb{C}^\times$. Pondo $\beta = \alpha^{-1}T(i)$, obtemos $0 = \langle 1, i \rangle = \langle T(1), T(i) \rangle = \langle \alpha, \alpha\beta \rangle = |\alpha|^2 \operatorname{Re}(\beta)$, de modo que $\beta = it$, para algum $t \in \mathbb{R}$. Assim, $T(z) = \alpha(x + ity)$ e $\langle T(1), T(z) \rangle = |\alpha|^2 x$. Por outro lado, com $w = 1$,

$$|x+iy||\alpha|^2 x = |1||z|\langle T(1), T(z)\rangle = |T(1)||T(z)|\langle 1, z\rangle = |\alpha|^2 |x + ity| x,$$

de modo que $|x+iy| = |x+ity|$, quando $x \neq 0$. Logo, $t = -1$ ou $t = 1$. Portanto, $T(z) = \alpha z$ ou $T(z) = \alpha \overline{z}$, para todo $z \in \mathbb{C}$.

(b) $\Rightarrow$ (c): Como $\langle w, z\rangle = \langle \overline{w}, \overline{z}\rangle$ temos que $\langle T(w), T(z)\rangle = |\alpha|^2 \langle w, z\rangle$, para todos $w, z \in \mathbb{C}$. O escalar $\kappa = |\alpha|^2$ chama-se *fator de similaridade* de T.

(c) $\Rightarrow$ (a): Como $|T(z)| = \sqrt{\kappa}|z|$, para todo $z \in \mathbb{C}$, temos que o resultado segue.

1.2.10. Seja S_c outra. Então, subtraindo, obtemos

$$\lim_{\mathbf{h}\to \mathbf{0}} (T_c - S_c) \cdot \mathbf{h} \|\mathbf{h}\|^{-1} = 0$$

Fixado $\mathbf{u} \in \mathbb{R}^2$ e pondo $\mathbf{h} = t\mathbf{u}$ e fazendo $t \to 0$, obtemos $(T_c - S_c) \cdot \mathbf{u} = \mathbf{0}$, de modo que $T_c = S_c$, pois $\mathbf{u}$ é arbitrário.

1.2.11. Dado $c \in \Omega$, obtemos

$$\lim_{h\to 0}(f(c+h) - f(c)) = \lim_{h\to 0}\frac{h(f(c+h)-f(c))}{h} = 0 \cdot f'(c) = 0.$$

Portanto, f é contínua. Por exemplo, a função $f: \mathbb{C} \to \mathbb{C}$ definida como $f(z) = \overline{z}$ é claramente contínua. Mas, $u_x = 1 \neq -1 = v_y$ implica que f não é holomorfa.

1.2.12. Basta mostrar que f é contínua em ∞. Seja $p(z) = z^n + a_{n-1}z^{n-1} + \cdots + a_1 z + a_0$. Então

$$|z|^n - |a_{n-1}z^{n-1} + \cdots + a_1 z + a_0| \leq |p(z)|.$$

Por outro lado, pondo $M = \max\{|a_{n-1}|, \ldots, |a_1|, |a_0|\}$ temos, para todo z, com $|z| \geq 1$, que $|a_{n-1}z^{n-1} + \cdots + a_1 z + a_0| \leq nM|z|^{n-1} \leq nM|z|^n$. Dado $\varepsilon > 0$, devemos encontrar um $\delta > 0$ tal que $|z| > \delta$ implica que $|p(z)| > \varepsilon$. Como

$$|p(z)| \geq |z|^n - |a_{n-1}z^{n-1} + \cdots + a_1 z + a_0| \geq |z|^n(1 - nM) > \varepsilon$$

temos que escolher um $\delta > \max\{1, \sqrt[n]{(1 - nM)^{-1}\varepsilon}\}$.

1.2.13. Seja n o grau de $p(z)$. Se $n = 0$, então f é não injetora. Se $n \geq 2$, então para cada $c \in \mathbb{C}$ temos, pelo Teorema Fundamental da Álgebra, que a equação $p(z) - c = 0$ possui pelo menos duas soluções, de modo que $p(z) \neq (z-a)^n$ ou $p(z) = (z-a)^n$. Se $p(z) \neq (z-a)^n$, então tome $c = 0$ e f é não injetora. Se $p(z) = (z-a)^n$, então tome $c = 1$ e

$$S = \{a + e^{\frac{2ik\pi}{n}} : 0 \leq k < n\}$$

é o conjunto solução da equação $p(z) = 1$, de modo que f não é injetora. Portanto, $n = 1$ e f é bijetora.

1.2.14. Dado $c \in \Omega$, existe um $r > 0$ tal que $D_r(c) \subseteq \Omega$. Para cada $z \in D_r(c)$, considere a curva $\gamma : [0, 1] \to D_r(c)$ definida como $\gamma(t) = (1 - t)c + tz$. Então $\eta = f \circ \gamma$ é uma curva e, pela Regra da Cadeia, $\eta'(t) = f'(\gamma(t)) \cdot \gamma'(t) = 0$, para todo $t \in [0, 1]$. Assim, pelo Teorema do Valor Médio, $f(z) = \eta(1) = \eta(0) = f(c)$. Pondo $U = \{z \in \Omega : f(z) = f(c)\}$, de modo que U é aberto. De fato, dado $d \in U$, existe um $s > 0$ tal que $D_s(d) \subseteq \Omega$. Então $|z| < s$ implica que $[d, d+z] \subset D_s(d)$. Logo, pela Desigualdade do Valor Médio, $|f(d+z) - f(d)| = 0$, de modo que $f(d+z) = f(d) = f(c)$ e $d+z \in U$ ou $D_s(d) \subseteq U$. Por outro lado, $\Omega - U$ é aberto, pois f é contínua. Como Ω é conexo e $c \in U$ temos que $U = \Omega$ e f é constante.

1.2.15. Sendo $du = u_x dx + u_y dy = 0$ e $dv = v_x dx + v_y dy = 0$, vemos que as inclinações das retas tangentes as curvas, onde $f'(c) \neq 0$, são: $m = \frac{dy}{dx} = -\frac{u_x(c)}{u_y(c)}$ e $n = \frac{dy}{dx} = -\frac{v_x(c)}{v_y(c)}$. Como $u_x(c) = v_y(c)$ e $v_x(c) = -u_y(c)$ temos que $m \cdot n = -1$. Uma outro prova, já vimos que

$$\det J_f(x, y) = |f'(c)|^2 = u_x(c)^2 + v_x(c)^2 = u_x(c)^2 + u_y(c)^2 = v_x(c)^2 + v_y(c)^2,$$

de modo que os gradientes $\nabla u = (u_x(c), u_y(c))$ e $\nabla v = (v_x(c), v_y(c))$ são não nulos e ortogonais às curvas, pois $du = \langle (u_x(c), u_y(c)), (dx, dy) \rangle = 0$. Observe que

$f'(z) = z^{-2}(z+1)(z-1)$. Assim, f é conforme em $\Omega = \mathbb{C} - \{-1, 0, 1\}$. Seja $z = re^{i\theta}$, com $r > 0$ e $0 \leq \theta \leq 2\pi$. Então $u + iv = re^{i\theta} + r^{-1}e^{-i\theta}$, de modo que

$$u = (r + r^{-1})\cos\theta = a\cos\theta \text{ e } v = (r - r^{-1})\operatorname{sen}\theta = b\operatorname{sen}\theta.$$

Logo, depois de alguns cálculos, com $r = r_0$ o círculo e θ constante, obtemos

$$\frac{u^2}{a^2} + \frac{v^2}{b^2} = 1 \text{ e } \frac{u^2}{4\cos^2\theta} - \frac{v^2}{4\operatorname{sen}^2\theta} = 1.$$

Estas equações mostram que qualquer círculo $|z| = r < 1$ no z-plano é levado sobre uma elipse no w-plano. Enquanto, o círculo $|z| = 1$ no z-plano é levado sobre o segmento $u = 2\cos\theta$ e $v = 0$, onde $0 \leq \theta \leq 2\pi$, ou $[-2, 2]$ no w-plano. Por outro lado, qualquer segmento radial $z(t) = te^{i\theta}$, onde $0 < t < 1$ e $\theta = \theta_0$ constante, no z-plano é levado sobre um ramo de hipérbole no w-plano. Como qualquer círculo $|z| = r$ intercepta ortogonalmente o segmento radial $z(t) = te^{i\theta}$ temos que qualquer elipse é ortogonal a toda hipérbole.

1.2.16. Observe que

$$\frac{d\sigma}{ds} = \lim_{z \to z_1} \frac{d_\infty(z, z_1)}{|z - z_1|} = \frac{2}{1 + |z|^2} = 1 - u,$$

de modo que $d\sigma^2 = \kappa(z)(dx^2 + dy^2) = \kappa(z)ds^2$ ou $ds = (1-u)^{-1}d\sigma$. Mais explicitamente, sejam γ qualquer curva diferenciável sobre $\mathbb{C}_\infty$, $z_0 = \gamma(t_0)$ e $\eta(t) = (\pi^{-1} \circ \gamma)(t)$ a "projeção estereográfica" de γ sobre S^2. Então, pela Regra da Cadeia, $\eta'(t_0) = (\pi^{-1})'(z_0) \cdot \gamma'(t_0)$ e o resultado segue. Como $d\sigma^2 = \lambda(z)(dx^2 + dy^2)$ temos que ela preserva ângulo.

1.2.17. Como $d_\infty(z, z_0) = d_\infty(w, z_0)$ e $d_\infty(z, -\overline{z}_0^{-1}) = d_\infty(w, -\overline{z}_0^{-1})$ temos que

$$\left|\frac{w - z_0}{1 + \overline{z}_0 w}\right| = \left|\frac{z - z_0}{1 + \overline{z}_0 z}\right|.$$

Por outro lado, z e w estão sobre os círculos que passam por z_0 e $-\overline{z}_0^{-1}$, os quais interceptam-se em um ângulo θ implicam que

$$\arg\left(\frac{w - z_0}{w + \overline{z}_0^{-1}}\right) - \arg\left(\frac{z - z_0}{z + \overline{z}_0^{-1}}\right) = \theta$$

e o resultado segue.

2.1.1. Cálculo direto.

2.1.2. Sejam z_1, z_2 e z_3 tais pontos. Então a equação quadrática

$$(a_1 z + b_1)(c_2 z + d_2) = (a_2 z + b_2)(c_1 z + d_1)$$

possui três raízes distintas, de modo que $a_1 c_2 = a_2 c_1, a_1 d_2 + b_1 c_2 = a_2 d_1 + b_2 c_1$ e $b_1 d_2 = b_2 d_1$. A primeira e a terceira dessas condições implicam que $a_2 = k a_1$ e $c_2 = k c_1$; $b_2 = m b_1$ e $d_2 = m d_1$. Assim, substituindo na segunda condição, obtemos

$$m(a_1 d_1 - b_1 c_1) = k(a_1 d_1 - b_1 c_1).$$

Portanto, $k = m$, pois $a_1 d_1 - b_1 c_1 \neq 0$. Uma outra prova. Como $h_{\mathbf{A}_1} \circ h_{\mathbf{A}_2^{-1}} = h_{\mathbf{A}_1 \mathbf{A}_2^{-1}}$ temos que $h_{\mathbf{A}_1 \mathbf{A}_2^{-1}}(z_j) = z_j$, de modo que $h_{\mathbf{A}_1 \mathbf{A}_2^{-1}} = I$.

2.1.3. Seja $h_{\mathbf{A}}(z) = (cz + d)^{-1}(az + b)$. Então $h_{\mathbf{A}}^{-1}(z) = (-cz + a)^{-1}(dz - b)$. Assim, $h_{\mathbf{A}}^2(z) = z$ ou $h_{\mathbf{A}}^{-1}(z) = h_{\mathbf{A}}(z)$, para todo $z \in \mathbb{C}$, se, e somente se,

$$(a + d)(cz^2 + (d - a)z - b) = 0,$$

para todo $z \in \mathbb{C}$, se, e somente se, $a + d = 0$ ou $b = c = 0$ e $a = d$. Falso em geral, pois $\mathbf{A}^2 = \mathbf{I}$, implica que $\det \mathbf{A} = \pm 1$. Se $\det \mathbf{A} = 1$, então, pela equação (2.1.6), $\text{tr}(\mathbf{A})\mathbf{A} = 2\mathbf{I}$, de modo que $\text{tr}(\mathbf{A})^2 = 4$ ou $\text{tr}(\mathbf{A}) = \pm 2$. Assim, obtemos duas soluções $\mathbf{A} = \pm \mathbf{I}$. Se $\det \mathbf{A} = -1$, então $\text{tr}(\mathbf{A})\mathbf{A} = \mathbf{O}$ implica que $\text{tr}(\mathbf{A})^2 = 0$ ou $\text{tr}(\mathbf{A}) = 0$. Reciprocamente, qualquer matriz $\mathbf{A}$, com $\text{tr}(\mathbf{A}) = 0$ e $\det \mathbf{A} = -1$ é uma solução. Portanto, $\mathbf{A}^2 = \mathbf{I}$ se, e somente se, $\mathbf{A} = \pm \mathbf{I}$ ou $a^2 + bc = 1$ e $d = -a$.

2.1.4. Existe uma transformação de Möbius $g(z) = z^{-1}$ tal que $g(0) = \infty$. Assim, $(g \circ f \circ g^{-1})$ é tal que $(g \circ f \circ g^{-1})(\infty) = \infty$, de modo que $(g \circ f \circ g^{-1})(z) = dz + c$, com $d \neq 0$, ou seja, $f(z) = (cz + d)^{-1} z$. A recíproca é clara.

2.1.5. Se $f(0) = 0$ e $f(\infty) = \infty$, então $c = b = 0$, de modo que $f(z) = d^{-1} a z$. A recíproca é clara.

2.1.6. (a) Se $c \neq 0$, então $f(z_1) = z_1, f(z_2) = z_2, f(\infty) = c^{-1} a$ e a razão cruzada é invariante sob f implicam que

$$(w, z_1; z_2, c^{-1}a) = (z, z_1; z_2, \infty) \Leftrightarrow \frac{w - z_1}{w - z_2} \frac{c^{-1}a - z_1}{c^{-1}a - z_2} = \frac{z - z_1}{z - z_2}.$$

Assim,
$$\frac{w-z_1}{w-z_2} = \kappa\frac{z-z_1}{z-z_2}, \quad \text{para algum} \quad \kappa = \frac{a-cz_2}{a-cz_1} \in \mathbb{C} - \{0,1\}.$$

Se $c=0$, então $f(z) = d^{-1}(az+b)$ e $z_1 = (d-a)^{-1}b, z_2 = \infty$, de modo que o resultado segue. Observe que $\kappa + \kappa^{-1} = (\det \mathbf{A})^{-1}(\text{tr}(\mathbf{A})^2 - 2\det \mathbf{A})$.

(b) Se $c \neq 0$, então $z_1 = (2c)^{-1}(a-d), f(\infty) = c^{-1}a, f(z_1) = z_1, f(-c^{-1}d) = \infty$ e a razão cruzada é invariante sob f implicam que

$$(w, c^{-1}a; z_1, \infty) = (z, \infty; z_1, -c^{-1}d) \Leftrightarrow \frac{w - c^{-1}a}{w - z_1} = -\frac{c^{-1}d + z_1}{z - z_1}.$$

Logo, somando -1 a ambos os membros e observando que $z_1 - c^{-1}a = \mp c^{-1}$ e $z_1 + c^{-1}d = \pm c^{-1}$, obtemos

$$\frac{1}{w-z_1} = \frac{1}{z-z_1} + \kappa, \quad \text{para algum} \quad \kappa = \pm c \in \mathbb{C} - \{0\}.$$

Se $c=0$, então $z_1 = \infty$, de modo que $f(z) = z \pm \kappa$, com $\kappa \neq 0$.

2.1.7. Use o teorema 2.1.3 ou direto: se $\alpha|z|^2 + 2\,\text{Re}(\overline{\beta}z) + \gamma = 0$ é a equação do círculo Γ em $\mathbb{C}_\infty$, então substituindo $z = f^{-1}(w)$ e, depois de alguns cáculos, obtemos
$$\alpha_1|w|^2 + \overline{\beta}_1 w + \beta_1 \overline{w} + \gamma_1 = 0$$
com
$$\begin{cases} \alpha_1 = \alpha|d|^2 - 2\,\text{Re}\left(\overline{\beta}\overline{c}d\right) + \gamma|c|^2 \in \mathbb{R}, \\ \beta_1 = -\alpha d\overline{b} + \beta a\overline{d} + \overline{\beta}b\overline{c} - \gamma a\overline{c} \in \mathbb{C}, \\ \gamma_1 = \alpha|b|^2 - 2\,\text{Re}\left(\overline{\beta}\overline{a}b\right) - \gamma|a|^2 \in \mathbb{R}, \end{cases}$$
que é a equação do círculo $f(\Gamma)$ em $\mathbb{C}_\infty$. Agora, use a definição do produto inverso.

2.1.8. (a) Sejam $\mathbf{B} = \mathbf{A} - \lambda_1 \mathbf{I}$ e $\mathbf{C} = \mathbf{A} - \lambda_2 \mathbf{I}$. Então, pela equação (2.1.6), $\mathbf{BC} = \mathbf{O}$, de modo que $\mathbf{BA} = \lambda_2 \mathbf{B}$ e $\mathbf{CA} = \lambda_1 \mathbf{C}$. Assim, indutivamente, $\mathbf{BA}^n = \lambda_2^n \mathbf{B}$ e $\mathbf{CA}^n = \lambda_1^n \mathbf{C}$, para todo $n \in \mathbb{N}$. Como $\mathbf{B} - \mathbf{C} = (\lambda_2 - \lambda_1)\mathbf{I}$ temos que $(\lambda_2 - \lambda_1)\mathbf{A}^n = (\mathbf{B} - \mathbf{C})\mathbf{A}^n = \lambda_2^n \mathbf{B} - \lambda_1^n \mathbf{C}$.

(b) Seja $\mathbf{C} = \mathbf{A} - \lambda_1 \mathbf{I}$. Então, pela equação (2.1.6), $\mathbf{C}^2 = \mathbf{O}$, de modo que $\mathbf{C}^k = \mathbf{O}$, para todo $k \in \mathbb{N}$. com $k \geq 2$. Assim, pelo Teorema Binomial, $\mathbf{A}^n = \lambda_1^n \mathbf{I} + n\lambda_1^n \mathbf{C}$.

2.1.9. Use o exercício 8. Uma prova direta. $f^2 = I$. Os autovalores de g são -1 e 1. Assim, pela fórmula de recorrência, $g^2 = I$. Outro modo de ver, por hipótese, $h_{\mathbf{A}}$ possui dois pontos fixos distintos. Assim, pelo exercício 6, $\kappa + \kappa^{-1} = 1$, de modo que $\kappa^2 - \kappa + 1 = 0$ e $\kappa = e^{i\frac{\pi}{3}}$ ou $\kappa = e^{-i\frac{\pi}{3}}$. Portanto, $h_{\mathbf{A}}^3 = I$.

2.1.10. Se $c \neq 0$, então $f'(z) = c^{-2} \det \mathbf{A} (z - z_0)^{-2} \neq 0, \infty$, para todo $z \neq z_0 = -c^{-1}d, \infty$. Se $c \neq 0$ e $z = \infty$, então $(f \circ J)'(0) = -c^{-2} \det \mathbf{A} \neq 0, \infty$. Se $c = 0$ e $f(\infty) = \infty$, então $(J \circ f \circ J)'(0) = a^{-2} \det \mathbf{A} \neq 0, \infty$. Se $c \neq 0$ e $f(-c^{-1}d) = \infty$, então $(J \circ f)'(-c^{-1}d) = -c^2 \det \mathbf{A} \neq 0, \infty$. Portanto, f é holomorfa.

2.1.11. Lembre-se que $ad - bc \neq 0$ implica que $c = 0$ e $d \neq 0$ ou $c \neq 0$ e $d = 0$ ou $cd \neq 0$. Se $c = 0$ ou $d = 0$, então claramente a equação representa uma reta. Suponhamos que $cd \neq 0$. Como $t = (-cz + a)^{-1}(dz - b)$ e $t = \bar{t}$ temos, depois de alguns cálculos, que

$$\frac{dz - b}{-cz + a} = \frac{\bar{d}\bar{z} - \bar{b}}{-\bar{c}\bar{z} + \bar{a}}$$
$$\Leftrightarrow (c\bar{d} - \bar{c}d)|z|^2 + (a\bar{d} - \bar{b}c)z + (b\bar{c} - \bar{a}d)\bar{z} + a\bar{b} - \bar{a}b = 0,$$

Portanto, a equação representa um círculo se $c\bar{d} \notin \mathbb{R}$ ou uma reta se $c\bar{d} \in \mathbb{R}$.

2.1.12. A equação geral de um círculo ou de uma reta Γ é $|z - z_1| = k|z - z_2|$, onde $k \in \mathbb{R}_+^\times$, pois o centro c está sobre a reta $L : z_1 z_2$ e raio $r^2 = |z_1 - c||z_2 - c|$. Note que $w = f(z)$ implica que $z = (-cw + a)^{-1}(dw - b)$, de modo que

$$\left|(-cw + a)^{-1}(dw - b) - z_1\right| = k \left|(-cw + a)^{-1}(dw - b) - z_2\right|$$

Assim, depois de alguns cálculos, $|w - w_1| = K|w - w_2|$, com $w_j = f(z_j), j = 1, 2$, e onde $K = k|d + cz_1|^{-1}|d + cz_2| \in \mathbb{R}$. Quando $k \neq 1$ é o círculo de Apolônio, com pontos limites ou inversos z_1 e z_2, pois $(c, z; z_1, z_2) = -1$, onde $z \in \Gamma \cap L$.

2.1.13. Lembre-se que z_1 e z_2 são pontos inversos em relação a Γ_1 quando $|z_1 - c||z_2 - c| = r^2$ e $\arg(z_1 - c) = \arg(z_2 - c)$, de modo que $(z_1 - c)(\bar{z}_2 - \bar{c}) = r^2$, pois $\arg(z_2 - c) = -\arg(\bar{z}_2 - \bar{c})$, e use o exercício 12. Uma outra prova. Sejam $z_1, z_2, z_3 \in \Gamma_1$. Então

$$(f(w), f(z_1); f(z_2), f(z_3)) = (w, z_1; z_2, z_3) = \overline{(z, z_1; z_2, z_3)}$$

$$= \overline{(f(z), f(z_1); f(z_2), f(z_3))}.$$

Portanto, $f(w), f(z) \in \mathbb{C}_\infty$ são pontos inversos em relação a Γ_2. Neste contexto, se $z \notin \Gamma_1$, diremos que z é um *ponto à direita* de Γ_1 se $\text{Im}(z, z_1; z_2, z_3) > 0$ e isto determina uma *orientação* de Γ_1. Portanto, $f(\Gamma_1) = \Gamma_2$ possui a mesma orientação de Γ_1.

2.1.14. Lembre-se que θ é o menor ângulo entre as retas de z_2 para z e z_1 para z no sentido anti-horário, ou seja, $\theta > 0$ e z_1, z_2, z não colineares. Depois de alguns cálculos, $(z - z_2)^{-1}(z - z_1) = C^{-1}(A + iB)$, com $A = x^2 + y^2 - (x_1 + x_2)x - (y_1 + y_2)y + x_1x_2 + y_1y_2$ e $B = (y_2 - y_1)x + (x_1 - x_2)y + x_2y_1 - x_1y_2$, de modo que $B = \tan\theta A$ representa um círculo.

2.1.15. Já vimos que z_1 e z_2 são inversos em L se, e somente se, $|z - z_1| = |z - z_2|$, para todo $z \in L$, se, e somente se, $2\,\text{Re}((\overline{z}_2 - \overline{z}_1)z) = |z_2|^2 - |z_1|^2$. Como $\text{Re}(z) \in L$, podemos supor que esta é nossa reta, de modo que

$$\frac{\overline{z}_0}{\overline{z}_2 - \overline{z}_1} = \frac{z_0}{z_2 - z_1} = \frac{-r}{|z_1|^2 - |z_2|^2} = \frac{\overline{z}_0 z_2 + z_0 \overline{z}_1 - r}{0}.$$

Portanto, $\overline{z}_0 z_2 + z_0 \overline{z}_1 = r$.

2.1.16. (a) Como $z_1, z_2 \in \Gamma$, $f(z_1) = 0$ e $f(z_2) = \infty$ temos que $f(\Gamma)$ é uma reta que passa pela origem.

(b) Se $z \in \Gamma_\alpha$, então $|f(z)| = r$, pois

$$\left|\alpha\frac{z - z_1}{z - z_2}\right| = |\alpha|\frac{|z - z_1|}{|z - z_2|} = |\alpha|\frac{|\alpha|^{-1}r|z - z_2|}{|z - z_2|} = r.$$

Portanto, $f(\Gamma_\alpha) = S$. Observe que z_1 e z_2 são pontos inversos em relação a Γ_α.

(c) Seja z_0 o centro de Γ. Então z_0 está sobre à reta L_1 que passa pelo bissetor do segmento $L_{z_1 z_2}$, pois $|z_0 - z_1| = |z_0 - z_2|$. Como o centro de Γ_α é a origem da semirreta $z_1 z_2$ e $z_1, z_2 \in \Gamma$ temos que Γ e Γ_α são ortogonais.

2.1.17. (a) Dado $z = z_0 + re^{i\theta} \in \Gamma$, existe um $g(z) = r^{-1}(z - z_0)$ tal que $g(\Gamma) = S^1$. Por outro lado, $h(z) = -i(z - 1)^{-1}(z + 1)$ é tal que $h(S^1) = \mathbb{R}_\infty$. Portanto, $f = h \circ g$ ou $f(z) = i(z - z_0 + r)^{-1}(z - z_0 - r)$ é tal que $f(\Gamma) = \mathbb{R}_\infty$, pois $f(z_0 + r) = 0$, $f(z_0 - r) = \infty$ e $f(z_0 - ir) = 1$. Assim, $f(z_0) = -i$, $f(\infty) = i$ e $f(z_2) = \overline{f(z_1)}$, quando $z_1 \neq z_0$. Em particular, $f(D_r(z_0)) = \mathcal{H}$.

282

(b) Uma prova direta, suponhamos que z_1 e z_2 sejam pontos inversos em relação a Γ. Então, pelo item (c) do exercício 16, Γ é ortogonal ao círculo Γ_1. Reciprocamente, qualquer ponto sobre Γ_1 inverte pontos sobre Γ, pois $f_1(z) = |z - z_1||z - z_2| = r^2$.

(c) Consideremos a transformação de Möbius f tal que $w_1 = f(z_1)$ e $w_2 = f(z_2)$, confira exercício 6. Então $\Gamma = f(\Gamma_1)$. Uma outra prova, como $|z_1 - z_0||z_2 - z_0| = r^2 = |z - z_0|^2$, para todo $z \in \Gamma$, temos que $|z - z_0|^{-1}|z_1 - z_0| = |z_2 - z_0|^{-1}|z - z_0|$ e $\measuredangle(z_1 z_0 z) = \measuredangle(z z_0 z_2)$ (triângulos semelhantes), de modo que existe uma constante $k = |z - z_2|^{-1}|z - z_1| = |z - z_0|^{-1}|z_1 - z_0| = |z_2 - z_0|^{-1}|z - z_0|$, um modo mais analítico, pondo $z = z_0 + re^{i\theta}$ e $z_1 = z_0 + Re^{i\phi}$, obtemos $z_2 = z_0 + R^{-1}r^2 e^{i\phi}$, de modo que $|z - z_1| = r^{-1}R|z - z_2|$. Reciprocamente, se $k > 0$ e $k \neq 1$, então a equação $|z - z_1| = k|z - z_2|$ é um círculo Γ de centro $z_0 = (1 - k^2)^{-1}(z_1 - k^2 z_2)$ e raio $r = (1 - k^2)^{-1}k|z_1 - z_2|$, com $|z_0 - z_1| = r^2|z_0 - z_2|$.

2.1.18. Sejam $x_1, x_2, x_3 \in \mathbb{R}$ tais que $f(x_1) = 0, f(x_2) = \infty$ e $f(x_3) = 1$, de modo que
$$(w, 0; \infty, 1) = (z, x_1; x_2, x_3) \Leftrightarrow w = \frac{z - x_1}{z - x_2} \frac{x_3 - x_2}{x_3 - x_1}.$$
Assim, $a = x_3 - x_2, b = -x_1(x_3 - x_2), c = x_3 - x_1$ e $d = -x_2(x_3 - x_1)$ são reais. Portanto, f pode ser representada por $\mathbf{A} \in \mathsf{GL}_2(\mathbb{R})$. A recíproca é clara.

2.1.19. Como $\partial \mathcal{H} = \mathbb{R}_\infty$ temos, pelo exercício 18, que f pode ser representada por $\mathbf{A} \in \mathsf{GL}_2(\mathbb{R})$. Dado $z \in \mathcal{H}$ e pondo $w = f(z)$, obtemos
$$w - \overline{w} = \frac{ad - bc}{|cz + d|^2}(z - \overline{z}) \Rightarrow \mathsf{Im}(w) = \frac{ad - bc}{|cz + d|^2} \mathsf{Im}(z) > 0 \Leftrightarrow ad - bc > 0.$$
Portanto, $f(\mathcal{H}) = \mathcal{H}$ e $f(\partial \mathcal{H}) = \partial \mathcal{H}$. Basta observar que $f : \mathbb{C}_\infty \to \mathbb{C}_\infty$ definida como $g(z) = e^{i\theta}z$ serve. Em geral, $h = g \circ f$.

2.1.20. Observe que $f(z) = \alpha z$, com $|\alpha| = 1$, satisfaz as condições. Em geral, seja $z_0 \in \mathcal{D}$, com $0 < |z_0| < 1$. Enão existe uma transformação de Möbius f tal que $f(z_0) = 0$, como $\overline{z}_0^{-1}$ é o inverso de z_0 em relaçãa ao círculo temos que $f(\overline{z}_0^{-1}) = \infty$ e $f(1) \in \partial \mathcal{D}$, digamos $f(1) = -1$, de modo que
$$(w, 0; \infty, -1) = (z, z_0; (\overline{z}_0)^{-1}, 1) \Leftrightarrow w = k(1 - \overline{z}_0 z)^{-1}(z - z_0),$$
com k escolhido de modo que $|w| = 1$. Sendo $|f(1)| = 1$, devemos ter $|k| = 1$, digamos $k = e^{i\theta}$, onde $\theta \in \mathbb{R}$. Reciprocamente, se $|z| = 1$, então $|f(z)| = 1$, pois $|f(z)| = (|z||z^{-1} - \overline{z}_0|)^{-1}|z - z_0| = 1$ e $z^{-1} = \overline{z}$.

2.1.21. Como $|f(z)| = 1$, para todo $z \in \partial \mathcal{D}$, temos que $|f(0)| = 1$ e $|f(\infty)| = 1$, de modo que $|d^{-1}b| = 1 = |c^{-1}a|$ ou $|a^{-1}b| = |c^{-1}d|$. Assim,

$$f(z) = \frac{az+b}{cz+d} = \frac{a}{c} \cdot \frac{z+a^{-1}b}{z+c^{-1}d} = k\frac{z-z_0}{z-z_1},$$

$k = c^{-1}a, z_0 = -a^{-1}b$ e $z_1 = -c^{-1}d$. Logo, $k = e^{i\theta}$ e $|z_0| = |z_1|$. Por outro lado, sendo $|f(1)| = 1$, devemos ter $|1 - z_0| = |1 - z_1|$ implica que $\operatorname{Re} z_0 = \operatorname{Re} z_1$, de modo que $z_1 = z_0$ ou $z_1 = \overline{z}_0$, pois $|z_0| = |z_1|$. Se $z_1 = z_0$, então $ad - bc = 0$, o que é impossível. Portanto, $z_1 = \overline{z}_0$ e $f(z) = e^{i\theta}(z - \overline{z}_0)^{-1}(z - z_0)$, onde $\theta \in \mathbb{R}$ e $\operatorname{Im}(z_0) > 0$. Uma outra prova. Seja $z_0 \in \mathcal{H}$. Enão existe uma transformação de Möbius f tal que $f(z_0) = 0$; como $\overline{z}_0$ é o inverso de z_0 em relação ao "círculo" (eixo dos x) temos que $f(\overline{z}_0) = \infty$ e $f(0) \in \partial \mathcal{D}$, digamos $f(0) = -1$, de modo que

$$(w, 0; \infty, -1) = (z, z_0; \overline{z}_0, 0) \Leftrightarrow -w = \frac{z-z_0}{z-\overline{z}_0} \cdot \frac{-\overline{z}_0}{-z_0} \Leftrightarrow w = k\frac{z-z_0}{z-\overline{z}_0},$$

onde $k = -z_0^{-1}\overline{z}_0 \in \mathbb{C}$, com $|k| = 1$. Em particular, quando $z_0 = i$ temos a transformação de Cayley. Reciprocamente, prove que esta transformação de Möbius tem as propriedades desejadas.

2.1.22. Seja $f(z) = (cz+d)^{-1}(az+b)$ tal que $f(\infty) \neq \infty$. Então $c \neq 0$. Assim, pela prova do exercício 10,

$$\Gamma_f = \{z \in \mathbb{C} : |z + c^{-1}d| = |c|^{-1}\sqrt{|\det \mathbf{A}|}\}.$$

Observe que $f'(z) = |f'(z)|e^{i\arg(f'(z))}$ implica que $|f'(z)| = c_1$ são círculos, enquanto $\arg(f'(z)) = c_2$ são semirretas com origem em $-c^{-1}d$. Note que $f'(z) = e^{i\theta}(z_0 - \overline{z}_0)(z - \overline{z}_0)^{-2}$, de modo que Γ_f é um círculo com centro $\overline{z}_0$ e raio $\sqrt{|z_0 - \overline{z}_0|}$. Em particular, avalie em $z_0 = i$.

2.1.23. Confira a prova do exercício 2 da seção 2.2.

2.1.24. Como f é holomorfa em $\mathcal{D}$ temos a expansão de Taylor $f(z) = \sum_{n=1}^{\infty} \frac{1}{n!}f^{(n)}(0)z^n$, com $|z| < 1$ e $f^{(n)}$ a n-ésima derivada. Assim, $g(z) = z^{-1}f(z)$ é holomorfa em $\mathcal{D}$, com $g(0) = f'(0)$. Logo, pelo Princípio do Módulo Máximo em $\overline{D}_{1-\varepsilon}(0)$, com $0 < \varepsilon < 1$, obtemos $|g(z)| \leq (1-\varepsilon)^{-1}$, para todo z em $D_{1-\varepsilon}(0)$. Portanto, passando o limite, $\varepsilon \to 0$, teremos $|g(z)| \leq 1$ ou $|f(z)| \leq |z|$, para todo $z \in \mathcal{D}$, e $|f'(0)| \leq 1$. Observe que o máximo de $|f(z)|$ pode ser atingido em algum

$z_0 \neq 0$ se, e somente se, $|g(z_0)| = 1$. Como o máximo é atingido em $|z| = 1$ temos que $|g(z)| = 1$, para todo $z \in \mathcal{D}$. Portanto, g é constante, de modo que $g(z) = e^{i\theta}$ e $f(z) = e^{i\theta}z$.

2.1.25. Suponhamos que f seja uma isometria representada por $\mathbf{A}$ e consideremos $R : \mathbb{C}_\infty \to \mathbb{C}_\infty$ definida como $R(z) = -|z|^{-2}z$. Então, pelo lema 2.1.9, z e $R(z)$ são pontos antípotas e $R(z)$ é o único ponto tal que $d_\infty(R(z), z) = 2$, de modo que $f(R(z)) = -(\overline{f(z)})^{-1}$, ou seja, $f \circ R = R \circ f$. Como

$$(R \circ f \circ R)(z) = \frac{-\overline{d}z + \overline{c}}{\overline{b}z - \overline{a}} = h_{\mathbf{B}}(z)$$

temos, pelo exercício 2, que $\mathbf{B} = \pm\mathbf{A}$, pois $\det \mathbf{A} = 1$. Note que o sinal $+$ não pode ocorrer. Portanto, $a = \overline{d}$ e $b = -\overline{c}$ ou $\mathbf{AA}^* = \mathbf{I}$. Finalmente, $f(0) = 0$ se, e somente se, $c = 0$ e $a\overline{a} = 1$, de modo que $f(z) = a^2 z$, com $|a| = 1$, ou seja, f é uma rotação R_θ, com $a = e^{2\theta i}$. Neste caso, os pontos fixos de f são 0 e ∞ (polo sul e norte). Se $f(0) \neq 0$, então os pontos fixos de f satisfazem $p(z) = cz^2 - (a - \overline{a})z + \overline{c} = 0$. Como $\overline{z}^2 p(-\overline{z}^{-1}) = \overline{p(z)}$ temos que $\alpha \neq 0$ é uma raiz de $p(z)$ se, e somente se, $-\overline{\alpha}^{-1}$ é uma raiz de $p(z)$. Portanto, os pontos fixos de f: $(2c)^{-1}(a - \overline{a} \pm \sqrt{(a + \overline{a})^2 - 4})$, são pontos antípotas. Observe, pelo teorema 2.1.8, que f é elíptica.

2.1.26. (a) Já vimos, pelo exercício 25, que w e $R(w) = -\overline{w}^{-1}$ são pontos antípotas. Por outro lado, depois de alguns cálculos, obtemos

$$d_\infty(R(w), R(z)) = \frac{2|R(w) - R(z)|}{\sqrt{|R(w)|^2 + 1}\sqrt{|R(z)|^2 + 1}} = d_\infty(w, z)$$

Como $R \circ f = f \circ R$ temos que $d_\infty(f(w), f(z)) = d_\infty(w, z)$.

(b) Dado $z_0 \in \mathbb{C}_\infty$, sempre existe uma transformação de Möbius f tal que $f(z_0) = 0$. Em particular, existe uma rotação $f(z) = (cz + \overline{a})^{-1}(az - \overline{c})$, com $a = (\sqrt{1 + |z_0|^2})^{-1}$ e $\overline{c} = az_0$.

(c) Seja $g(0) = z_0$. Então, pelo item (b), existe uma rotação f tal que $f(z_0) = 0$. Pondo $h = f \circ g$, é fácil verificar que h preserva distância cordal e $h(0) = 0$. Assim, pelo Lema de Schwarz, $h(z) = kz$, com $|k| = 1$. Portanto, $g = f^{-1} \circ h$ é uma rotação. (d) Confira a prova do exercício 25.

2.2.1. Se $L(t_0) = \mathbf{0}$, então $\mathbf{x} + t_0(\mathbf{y} - \mathbf{x}) = \mathbf{0}$, de modo que $\|(1 - t_0)\mathbf{x}\|^2 = \|t_0\mathbf{y}\|^2$, ou seja, $(1 - t_0)^2 = t_0^2$ implica que $t_0 = 2^{-1}$. Considere $\gamma(t) = \|L(t)\|^{-1}L(t)$.

2.2.2. Suponhamos que $R : S^n \to S^n$ seja uma rotação em torno de um eixo em torno da origem. Então a função $\tilde{R} : \mathbb{R}^{n+1} \to \mathbb{R}^{n+1}$ definida como $\tilde{R}(\mathbf{x}) = tR(t^{-1}\mathbf{x})$. com $t = \|\mathbf{x}\|$, e $\tilde{R}(\mathbf{0}) = \mathbf{0}$, de modo que o resultado segue do lema 2.2.1. Reciprocamente, suponhamos que $R : \mathbb{R}^{n+1} \to \mathbb{R}^{n+1}$ seja uma rotação em torno de um eixo em torno da origem. Então $R(\mathbf{0}) = \mathbf{0}$ e $\|R(\mathbf{x})\| = \|\mathbf{x}\|$, para todo $\mathbf{x} \in \mathbb{R}^{n+1}$. Em particular, $\|R(\mathbf{x})\| = \|\mathbf{x}\|$, para todo $\mathbf{x} \in S^n$. Portanto, $R|_{S^n}$ é uma rotação de S^n em torno de um eixo em torno da origem.

2.2.3. Calcule $\|\mathbf{x}\|^2\|\mathbf{y} - \mathbf{x}^*\|^2$.

2.2.4. Pondo $R(\mathbf{z}) = \mathbf{z}^*$ temos, depois de alguns cálculos, que

$$\|R(\mathbf{x}) - R(\mathbf{y})\| = \frac{1}{\|\mathbf{x}\|\|\mathbf{y}\|}\|\mathbf{x} - \mathbf{y}\| \Rightarrow d_\infty(R(\mathbf{x}), R(\mathbf{y})) = d_\infty(\mathbf{x}, \mathbf{y}),$$

ou seja, R é uma isometria.

2.2.5. Como cada reflexão em $P_r(\mathbf{a})$ é uma isometria temos, pelo lema 2.2.1, que é suficiente considerar $f \in O_n(\mathbb{R})$. Pondo $\mathbf{a}_1 = f(\mathbf{e}_1) - \mathbf{e}_1$ e R_1 a reflexão em $P_0(\mathbf{a}_1)$. Se $\mathbf{a}_1 = \mathbf{0}$, então $R_1 = I$. Se $\mathbf{a}_1 \neq \mathbf{0}$, então, depois de alguns cálculos, $R_1(f(\mathbf{e}_1)) = \mathbf{e}_1$. Assim, em qualquer caso, $R_1(f(\mathbf{e}_1)) = \mathbf{e}_1$. Neste caso, existe uma $f_1 = R_1 \circ f \in O_n(\mathbb{R})$ tal que $f_1(\mathbf{0}) = \mathbf{0}$ e $f_1(\mathbf{e}_1) = \mathbf{e}_1$. Em geral, suponhamos que exista uma $f_k \in O_n(\mathbb{R})$ tal que $f_k(\mathbf{0}) = \mathbf{0}$ e $f_k(\mathbf{e}_i) = \mathbf{e}_i$, para $i = 1, \ldots, k$. Pondo $\mathbf{a}_{k+1} = f_k(\mathbf{e}_{k+1}) - \mathbf{e}_{k+1}$ e R_{k+1} a reflexão em $P_0(\mathbf{a}_{k+1})$. Então, como acima, existe uma $f_{k+1} = R_{k+1} \circ f_k \in O_n(\mathbb{R})$ tal que $f_{k+1}(\mathbf{0}) = \mathbf{0}$ e $f_{k+1}(\mathbf{e}_{k+1}) = \mathbf{e}_{k+1}$. Como $\langle \mathbf{e}_j, \mathbf{a}_{k+1} \rangle = \langle f_k(\mathbf{e}_j), f_k(\mathbf{e}_{k+1}) \rangle = \langle \mathbf{e}_j, \mathbf{e}_{k+1} \rangle = 0$ temos que $f_{k+1}(\mathbf{e}_j) = \mathbf{e}_j$, para $j = 1, \ldots, k$, de modo que existe uma $f_{k+1} = R_{k+1} \circ f_k \in O_n(\mathbb{R})$ tal que $f_{k+11}(\mathbf{0}) = \mathbf{0}$ e $f_{k+1}(\mathbf{e}_i) = \mathbf{e}_i$, para $i = 1, \ldots, k+1$. Portanto, existem reflexões R_i em $P_0(\mathbf{a}_i)$ tais que $f = R_1 \circ \cdots \circ R_n$, ou seja, qualquer $f \in O_n(\mathbb{R})$ é a composição de no máximo n reflexões em hiperplanos.

2.2.6. Pondo $\mathbf{a} = \mathbf{e}_1$ e $\mathbf{b} = \mathbf{e}_2$. Consideremos reflexões R_1, R_2 e R_3 em $P_0(\mathbf{b}), P_0(\mathbf{a})$ e $P_{2^{-1}}(\mathbf{a})$; $R_1(x,y) = (x, -y), R_2(x,y) = (-x, y)$ e $R_3(x,y) = (-x+1, y)$. Portanto, $f = R_3 \circ R_2 \circ R_1$.

2.2.7. Como $(R_1 \circ R_2)(\mathbf{x}) = \mathbf{x} - 2\langle \mathbf{x}, \mathbf{a} \rangle \mathbf{a}^* - 2\langle \mathbf{x}, \mathbf{b} \rangle \mathbf{b}^* + 4\langle \mathbf{x}, \mathbf{b} \rangle \langle \mathbf{a}, \mathbf{b}^* \rangle \mathbf{a}^*$ e $(R_1 \circ R_2)(\mathbf{x}) = \mathbf{x} - 2\langle \mathbf{x}, \mathbf{a} \rangle \mathbf{a}^* - 2\langle \mathbf{x}, \mathbf{b} \rangle \mathbf{b}^* + 4\langle \mathbf{x}, \mathbf{a} \rangle \langle \mathbf{a}^*, \mathbf{b} \rangle \mathbf{b}^*$ temos que $R_1 \circ R_2 = R_2 \circ R_1$ se, e somente se, $\langle \mathbf{a}, \mathbf{b} \rangle = 0$.

2.2.8. (a) Basta lembrar que $4\langle T(\mathbf{x}), T(\mathbf{y})\rangle = \|T(\mathbf{x}) + T(\mathbf{y})\|^2 - \|T(\mathbf{x}) - T(\mathbf{y})\|^2$.

(b) Suponhamos, por absurdo, que existam i, j tais que $|k_i| \neq |k_j|$ e $k_i \neq 0$. Então

$$\arccos \frac{\langle T(\mathbf{x}_i + \mathbf{x}_j), T(\mathbf{x}_i)\rangle}{\|T(\mathbf{x}_i + \mathbf{x}_j)\| \|T(\mathbf{x}_i)\|} = \arccos \frac{1}{\|\mathbf{x}_i\|^2 + (k_i^{-1} k_j)^2 \|\mathbf{x}_j\|^2}$$

$$\neq \arccos \frac{1}{\|\mathbf{x}_i\|^2 + \|\mathbf{x}_j\|^2} = \arccos \frac{\langle \mathbf{x}_i + \mathbf{x}_j, \mathbf{x}_i\rangle}{\|\mathbf{x}_i + \mathbf{x}_j\| \|\mathbf{x}_i\|},$$

pois $\|\mathbf{x}_i\| \neq 0$, o que é uma contradição. A recíproca é direta. Observe que se $n = 2, \mathbf{x}_1 = \mathbf{e}_1, \mathbf{x}_2 = (1,1), k_1 = 1$ e $k_2 = -1$, então T não preserva ângulo, pois $T(\mathbf{e}_2) = (-2, -1)$, continue! Assim, ortogonalidade é uma condição necessária.

(c) $k^{-1}T \in O_n(\mathbb{R})$, para algum $k \in \mathbb{R}_+^\times$. Reciprocamente, se T preserva ângulo, então aplique o lema 2.2.1 a $S(\mathbf{x}) = T(\mathbf{x}) - T(\mathbf{0})$.

2.2.9. Sejam $\mathbf{A} = (a_{ij})$ a representação matricial de T na base canônica e $r = \max\{|a_{ij}| : i, j = 1, \ldots, n\}$. Então

$$\|T(\mathbf{x})\|^2 = \left\|\left(\sum_{j=1}^n a_{1j} x_j, \ldots, \sum_{j=1}^n a_{nj} x_j\right)\right\|^2 = \sum_{i=1}^n \left(\sum_{j=1}^n a_{ij} x_j\right)^2 \leq \sum_{i=1}^n r \|\mathbf{x}\|^2$$

e o resultado segue, com $k = \sqrt{nr}$.

2.2.10. Confira a prova do teorema 2.2.9.

2.2.11. Note que $h(\mathbf{x}) = (\mathbf{x} - \mathbf{x}_2)^* - (\mathbf{x}_1 - \mathbf{x}_2)^*$ é tal que $h(\mathbf{x}_1) = \mathbf{0}$ e $h(\mathbf{x}_2) = \infty$. Assim, pelo teorema 2.2.9, $h(\mathbf{x}) = g(\mathbf{x})$, onde $g \in O_n(\mathbb{R})$. Portanto, $f = g \circ h$ possui as propriedades desejadas.

2.2.12. Sejam σ_1 e σ_2 reflexões em relação a $S_r(\mathbf{a})$ e a $S_s(\mathbf{b})$. Então $f^{-1} \circ \sigma_1 \circ f = \sigma^* = g^{-1} \circ \sigma_2 \circ g$ é a reflexão em $S_1(\mathbf{0})$, com $f(\mathbf{x}) = r\mathbf{x} + \mathbf{a}$ e $g(\mathbf{x}) = s\mathbf{x} + \mathbf{b}$. Portanto, $\sigma_2 = (f \circ g^{-1})^{-1} \circ \sigma_1 \circ (f \circ g^{-1})$.

2.2.13. Basta notar, por exemplo, que $d_\infty(z_1, z_2) = (P_1, P_2)$, confira a equação (1.1.4).

2.2.14. Confira a equação (2.2.5).

2.2.15. Considere a função $d : \mathbb{R}^n \to \mathbb{R}$ definida como $d(\mathbf{x}) = a\|\mathbf{x}\|^2 - 2\langle \mathbf{x}, \mathbf{a}\rangle + a_{n+1}$. Então $d^{-1}(0) = \Sigma$ e confira a prova do teorema 2.2.8.

2.2.16. Basta notar que

$$[\mathbf{x},\mathbf{y}]^2 = \|\mathbf{x}\|^2 \left(\|\mathbf{x}^*\|^2 - 2\langle \mathbf{x}^*, \mathbf{y}\rangle + \|\mathbf{y}\|^2 \right)$$
$$= \|\mathbf{x}-\mathbf{y}\|^2 + \left(\|\mathbf{x}\|^2-1\right)\left(\|\mathbf{y}\|^2-1\right),$$

de modo que $[\mathbf{x},\mathbf{y}] = [\mathbf{y},\mathbf{x}]$.

2.2.17. Confira o exemplo 2.2.17.

2.2.18. Note, pelo exemplo 2.2.7, que $\sigma(\mathbf{x}) = \pi(\mathbf{x})$ e $\mathbf{x} = \sigma(\pi(\mathbf{x}))$, para todo $\mathbf{x} \in \mathbb{R}^n$. Neste caso, bastar determinar $\Sigma_r = \pi(P_r(\mathbf{e}_{n+1}))$. Sendo $x_{n+1} = r$ a equação de $P_r(\mathbf{e}_{n+1})$, Σ_r está sobre $\mathbb{R}^n \times \{r\}$. Mais explicitamente, $\Sigma_r = \{(\mathbf{x},r) \in \mathbb{R}^{n+1} : \|\mathbf{x}\|^2 = 1-r^2\}$, com $|r| < 1$.

3.1.1. Dados $a,b \in K$ e $x \in X$, obtemos

$$a*(b*x) = a*(\sigma(b)x) = \sigma(a)(\sigma(b)x) = (\sigma(a)\sigma(b))x = \sigma(ab)x = (ab)*x$$

e $e*x = \sigma(e)x = ex = x$. Portanto, $*$ é uma ação de K sobre X.

3.1.2. Dado $c \in a\,\mathsf{Est}(x)$, obtemos $c = ab$, com $bx = x$. Assim, $cx = (ab)x = ax = y$, de modo que $c \in G_0$ e $a\,\mathsf{Est}(x) \subseteq G_0$. Por outro lado, dado $a_0 \in G_0$, temos que $a_0 x = y$ implica que $(a^{-1}a_0)x = x$, de modo que $a_0 = a(a^{-1}a_0) \in a\,\mathsf{Est}(x)$, ou seja, $G_0 \subseteq a\,\mathsf{Est}(x)$. Portanto, $a\,\mathsf{Est}(x) = G_0$.

3.1.3. É fácil verificar que $*$ é uma ação de G sobre X. Assim, para cada $a \in G$, a função $\pi_a : X \to X$ definida como $\pi_a(xK) = axK$ é claramente bijetora. Em particular, se $xK, yK \in X$ e $a = yx^{-1}$ implicam que $\pi_a(xK) = axK = yK$, de modo que $\mathsf{Orb}(xK) = X$. Finalmente, $\mathsf{Est}(xK) = xKx^{-1}$, pois $a \in \mathsf{Est}(xK)$ se, e somente se, $axK = xK$ se, e somente se, $a \in xKx^{-1}$. Portanto, $\ker \pi_a = \bigcap_{x \in G} xKx^{-1}$.

3.1.4. É fácil verificar que $*$ é uma ação de G sobre X, $\mathsf{Orb}(\mathbf{x}) = X$ e $\mathsf{Est}(\mathbf{0}) = O_2(\mathbf{R})$.

3.1.5. É fácil verificar que $*$ é uma ação de G sobre X, $\mathsf{Orb}(\mathbf{x}) = S_r(\mathbf{0})$, e $\mathsf{Est}(\mathbf{x}) = \{\mathbf{I}\}$, quando $\mathbf{x} \neq \mathbf{0}$. Enquanto, $\mathsf{Est}(\mathbf{0}) = G$.

3.1.6. $\mathbf{A} \in \ker h$ se, e somente se, $h_\mathbf{A}(z) = z$, para todo $z \in \mathbb{C}_\infty$ se, somente se, $a = d \neq 0$ e $b = c = 0$, de modo que $K = \{\lambda \mathbf{I} : \lambda \in \mathbb{C}^\times\}$. Portanto, pelo teorema 3.1.1, o resultado segue.

3.1.7. É claro que $d(\mathbf{AB}) = d(\mathbf{A})d(\mathbf{B})$, de modo que d é um homomorfismo de grupos. Dado $z \in \mathbb{C}^\times$, existe um $\mathbf{A} = z\mathbf{E}_{11} + \mathbf{E}_{22} \in G$ tal que $d(\mathbf{A}) = z$, ou seja, d é sobrejetora. É fácil verificar que $K = \mathsf{SL}_2(\mathbb{C})$ e $\mathsf{GL}_2(\mathbb{C})/K \simeq \mathbb{C}^\times$. Observe que qualquer $\mathbf{A} \in \mathsf{GL}_2(\mathbb{C})$ pode ser escrita sob a forma $\mathbf{A} = \lambda \mathbf{B}$, onde $\lambda^2 = \det \mathbf{A}$ e $\mathbf{B} \in \mathsf{SL}_2(\mathbb{C})$, de modo que $h : \mathsf{SL}_2(\mathbb{C}) \to \mathsf{GM}_2(\mathbb{C})$ é um homomorfismo de grupos sobrejetor, com $\ker h = \{-\mathbf{I}, \mathbf{I}\}$. Portanto, o grupo $\mathsf{PGL}_2(\mathbb{C})$ coincide com *grupo linear projetivo especial* $\mathsf{PSL}_2(\mathbb{C}) \simeq \mathsf{GM}_2(\mathbb{C})$ o grupo de Möbius normalizado.

3.1.8. Imite os exercícios 6 e 7.

3.2.1. Dado U um aberto em G, temos que

$$\pi_1^{-1}(U) = \{(a,b) \in G \times H : \pi_1(a,b) \in U\} = U \times H$$

é aberto em $G \times H$. Portanto, π_1 é contínua. Seja $U \times V$ um aberto elementar em K. Então

$$\pi_1(U \times V) = \{\pi_1(a,b) : (a,b) \in U \times V\} = U$$

é aberto em G. Mas, qualquer aberto em K é uma união $W = \cup U_k$ de abertos elementares de K. Portanto, $\pi_1(W) = \cup \pi_1(U_k)$ é aberto em K e π_1 é aberta. Note que $\pi_1^{-1}(U) \cup \pi_2^{-1}(V)$ são os abertos elementares de K.

3.2.2. Basta notar que $f_i = \pi_i \circ f$, para $i = 1, 2$.

3.2.3. Basta observar que a função $f : G \times G \to G \times G$, $f(a,b) = (a, b^{-1})$, é contínua e $\mu_1 = \mu \circ f$.

3.2.4. É fácil verificar que $l_b \circ l_{b^{-1}} = l_{b^{-1}} \circ l_b = I$, de modo que l_b é bijetora. Para cada vizinhança W de ba e G um grupo topológico, existe uma vizinhança U de a tal que $bU = \{ba : a \in U\} \subseteq W$, de modo que l_b é contínua. De modo análogo, $l_{b^{-1}}$ é contínua. Note que $\iota_b = l_{b^{-1}} \circ r_b$. Finalmente, dados $a, b \in G$, existe um $l_{ba^{-1}}$ tal que $l_{ba^{-1}}(a) = b$. Portanto, $\{x\} = l_x(e)$ é fechado, pois $G - \{e\}$ é aberto.

3.2.5. Basta notar que $l_a(U) = aU$ e $XU = \bigcup_{a \in X} aU$.

3.2.6. $(a \Rightarrow b)$ Sejam K um fechado em G e $(x_0, y_0) \in G \times G - \delta(K)$. Então $x_0 \neq y_0$ ou $x_0 = y_0$ e $x_0 \notin K$. Se $x_0 \neq y_0$, então existem abertos V, W em G tais que $x_0 \in V, y_0 \in W$ e $V \cap W = \emptyset$. Assim, existe um aberto $V \times W$ em $G \times G$ tal que $(x_0, y_0) \in V \times W$ e $V \times W \cap \delta(K) = \emptyset$. Se $x_0 = y_0$ e $x_0 \notin K$, então existe um aberto U em G tal que $x_0 \in U$ e $U \cap K = \emptyset$. Logo, existe um aberto $U \times U$ em $G \times G$ tal que $(x_0, y_0) \in U \times U$ e $(U \times U) \cap \delta(K) = \emptyset$. Portanto, $\delta(K)$ é fechado.

$(b \Rightarrow c)$ Seja $h : H \to G \times G$ definida como $h(x) = (f(x), g(x))$. Então, pelo exercício 2, h é contínua. Assim, pondo $\Delta = \operatorname{Im} \delta$, temos que $K = h^{-1}(\Delta)$ é fechado.

$(c \Rightarrow a)$ Tomando $\pi_1, \pi_2 : G \times G \to G$ temos, pelo exercício 1 que elas são contínuas, de modo que K é fechado em $G \times G$. Dados $x, y \in G$, com $x \neq y$, existe um aberto U em $G \times G$ tal que $(x, y) \in U$ e $U \cap K = \emptyset$. Assim, podemos escolher abertos V, W em G tais que $x \in V, y \in W$, de modo que $V \times W \subseteq U$ e $(V \times W) \cap K = \emptyset$. Logo, $V \cap W = \emptyset$. Portanto, G é Hausdorff.

3.2.7. (a) Observe que $\mu(x, y) = xy$ e $\tau(x) = x^{-1}$ são contínuas em $x = y = e$ implicam que existe uma vizinhança N de e tal que $NN \subseteq U$ e U^{-1} é uma vizinhança de e.

(b) Como $(e, e) \in \mu^{-1}(U)$ temos que existem abertos U_i em G tais que $e \in U_i$, com $i = 1, 2$. Pondo $W = U_1 \cap U_2$ e $V = W \cap W^{-1}$, obtemos $V = W \cap W^{-1} = V^{-1}$ e dados $a, b \in V$, $(a, b) \in U_1 \times U_2 \subseteq \mu^{-1}(U)$, de modo que $ab \in U$, ou seja, $VV = VV^{-1} \subseteq U$.

(c) Dados $a, b \in G$, com $a \neq b$, temos que $b^{-1}a \neq e$. Assim, $G - \{b^{-1}a\}$ é uma vizinhança de e, de modo que existe uma vizinhança simétrica V de e tal que $b^{-1}a \notin VV$. Logo, aV e bV são vizinhanças de a e b tais que $aV \cap bV = \emptyset$. Caso contrário, existem $c, d \in V$ tais que $ac = bd$ implica que $b^{-1}a = dc^{-1} \in VV$, o que é impossível. Finalmente, dado $x \in G$, com $x \neq e$, existe uma vizinhança N de e tal que $x^{-1} \notin N$, de modo que $e \notin xN$. Portanto, $x \notin \overline{\{e\}}$ e $\{e\}$ é fechado.

3.2.8. Como $\|\mathbf{A}\|^2 = \sum_{j=1}^{n} \|\mathbf{A}\mathbf{E}_j\|^2 = n$, para todo $\mathbf{A} \in U_n(\mathbb{C})$, temos que $U_n(\mathbb{C})$ é limitado. Por outro lado, a função $\phi : \mathbb{C}^{n^2} \to \mathbb{C}^{n^2}$ definida como $\phi(\mathbf{A}) = \mathbf{A}^*\mathbf{A}$ é claramente contínua. Portanto, $U_n(\mathbb{C}) = \phi^{-1}(\mathbf{I})$ é fechado, pois $\mathbb{C}^{n^2}$ é Hausdorff.

3.2.9. Suponhamos que f seja contínua em $e \in G$ e W um aberto em H tal que $y = f(x) \in W$, para todo $x \in G$. Então $y^{-1}W$ é uma vizinhança de e_H, pois $e_H = y^{-1}y$, de modo que $f^{-1}(y^{-1}W)$ é uma vizinhança de e, pois $f(e) = e_H$.

Mas, $f(x^{-1}W) = f(x)^{-1}f(W) \subseteq y^{-1}W$ implica que $x^{-1}W \subseteq f^{-1}(y^{-1}W)$. Por outro lado, dado $z \in f^{-1}(y^{-1}W)$, existe um $w \in W$ tal que $f(z) = y^{-1}w$. Assim, $f(xz) = f(x)f(z) = w$, de modo que $xz \in f^{-1}(W)$, ou seja, $z \in x^{-1}f^{-1}(W)$. Portanto, f é contínua em x.

3.2.10. Observe que $\mu_1(a,b) = ab^{-1}$ contínua implica que $\mu_1(H \times H) = HH^{-1} = H$, de modo que $\mu_1(\overline{H} \times \overline{H}) = \mu_1(\overline{H \times H}) \subseteq \overline{\mu_1(H \times H)} = \overline{H}$. Portanto, $\overline{H}$ é um subgrupo de G. Finalmente, para cada $x \in G$, xH é um aberto, de modo que $H = G - \bigcup_{x \in G - \{e\}} xH$ é fechado.

3.2.11. Observe, pelo teorema 3.2.1, que π é contínua. Sejam U aberto em G e $V = \pi(U)$. Então $x \in \pi^{-1}(V)$ se, e somente se, $\pi(x) \in V$ se, e somente se, $Hx = Hy$, para algum $y \in U$, se, e somente se, $x = ay$, para algum $a \in H$, de modo que $\pi^{-1}(V) = HU = \bigcup_{a \in H} aU$ é aberto em G/H.

3.2.12. Seja $K \subseteq \cup V_k$ uma cobertura de abertos em K. Então $V_k = U_k \cap K$, para algum U_k aberto em G. Como os U_k junto com $U = G - K$ formam uma cobertura aberta de G temos que $G = U_{k_1} \cup U_{k_n} \cup U$, de modo que $K \subseteq U_{k_1} \cup U_{k_n}$, pois $K \cap U = \emptyset$. Portanto, K é compacto. Seja $\pi(G) = G/K \subseteq \cup V_k$ uma cobertura de abertos em G/K. Então olhe $G \subseteq \pi^{-1}(\cup V_k)$.

3.2.13. Basta notar, para cada $x \in G$, que $\overline{H} = l_x(\overline{H}) = x\overline{H} = \overline{xH}$.

3.2.14. Note que a função $f : X \times H \to G \times H$ definida como $f(x,h) = (\rho(x), h)$ é claramente contínua, de modo que $\phi = \mu \circ f$ é contínua. Por outro lado, a função $\psi : G \to X \times H$ definida como $\psi(a) = (\eta(a), (\rho(\eta(a)))^{-1}a)$ está bem definida e é contínua, pois dado $a \in G$ e $\eta \circ \rho = I_X$ implica que $(\eta \circ \rho \circ \eta)(a) = \eta(a)$, de modo que $(\rho \circ \eta)(a) \in aH$ ou $a^{-1}(\rho \circ \eta)(a) \in H$. É fácil verificar que $\psi = \phi^{-1}$. Finalmente, $\eta^{-1} \circ \eta = \pi : G \to G/H$ implica que s é um homeomorfismo.

3.3.1. *(a)* Se $x \in A$, então $d(x,x) = 0$, de modo que $\rho(x,A) = 0$. Tomando $X = \mathbb{R}$ e $A = \mathbb{Q}$, temos que $\rho(x,A) = 0$, para todo $x \in X$. De fato, dado $r \in \mathbb{R}_+^\times$, obtemos $A \cap (x, x+r) \neq \emptyset$, pois A é denso em X. Assim, $\rho(x,A) < r$ e fazendo $r \to 0$ o resultado segue.

(b) Basta ver que $|f(y) - f(x)| \leq \rho(x,y)$, para todos $x,y \in X$. De fato, para cada $a \in A$, tem-se $d(a,x) \leq d(a,y) + d(x,y)$, de modo que

$$\begin{aligned}\rho(x,A) &= \inf_{a \in A} d(a,x) \leq \inf_{a \in A}(d(a,y) + d(x,y)) \\ &= \inf_{a \in A} d(a,y) + d(x,y) = \rho(y,A) + d(x,y).\end{aligned}$$

Da mesma forma, $\rho(y, A) \leq \rho(x, A) + d(x, y)$.

(c) Basta observar que se $x \notin A$, então $A - \{x\} = A$.

(d) Lembre-se que $\overline{A} = A \cup A'$ e use (c).

(e) Por definição, $\rho(x, A) \leq d(a, y)$, para todo $y \in A$, e dado $r \in \mathbb{R}_+^\times$ tal que $\rho(x, A) < r$, então existe um $y \in A$ tal que $d(x, y) < r$, de modo que $d(x_0, x) \geq d(x, y) - d(x_0, y)$.

3.3.2. Pelo item (c) do exercício 1, $0 < d = \rho(x_0, F)$. Para cada $n \in \mathbb{N}$, ponha $F_n = \{x \in F : d(x_0, x) \leq d + n^{-1}\}$, de modo que os $F_n \neq \emptyset$ são fechados em X e $F_n \supseteq F_{n+1}$. Assim, pelo corolário 3.3.11, existe um $m \in \bigcap_{n \in \mathbb{N}} F_n$ tal que $d(x, m) = d$. A conclusão segue do fato de F_1 ser fechado. Observe que a função $f : X \to \mathbb{R}$ definida como $f(x) = \rho(x, F)$ é contínua, de modo que $f(m) \leq f(x)$, para todo $x \in X$.

3.3.3. Dado $y \in K$, existem abertos U_y e V_y em X tais que $x_0 \in U_x, y \in V_y$ e $U_x \cap V_y = \emptyset$. Como $K \subseteq \bigcup_{y \in K} V_y$ temos que existe um $\{y_1, \ldots, y_n\} \subseteq K$ tal que $K \subseteq \bigcup_{i=1}^n V_{y_i}$. Pondo $U = \bigcup_{i=1}^n U_{y_i}$ e $V = \bigcup_{i=1}^n V_{y_i}$, obtemos o resultado.

3.3.4. Como $d(x, y) \leq d(x, x_0) + d(y, x_0)$ e $d(y, x_0) \leq d(y, x) + d(x, x_0)$ temos que $-d(x, x_0) \leq f_x(y) \leq d(x, x_0)$, ou seja, $|f_x(y)| \leq r = d(x, x_0)$, para todo $y \in X$. Dados $y, z \in X$, de modo análogo, prova que $|f_x(z) - f_x(y)| \leq 2d(y, z)$. Finalmente, prove que $|\psi(x_2) - \psi(x_1)| \leq d(x_1, x_2)$.

3.3.5. *(a)* Suponhamos, por absurdo, que $U \cap A = \{x_1, \ldots, x_n\}$. Então $0 < r_i = d(x, x_i)$. Pondo $0 < r < \min\{r_1, \ldots, r_n\} > 0$, obtemos $D_r(x) \subseteq U$ e $D_r(x) \cap A = \emptyset$, o que é uma contradição.

(b) Como $X = \bigcup_{x \in X} \{x\}$ temos que esta cobertura de abertos em X não possui subcobertura finita. Portanto, X compacto e discreto implica que X é finito. A recíproca é claro.

3.3.6. Suponhamos que X seja discreto e $(x_n)_{n \in \mathbb{N}}$ qualquer sequência em X convergindo para $x \in X$. Então existe um $r > 0$ tal que $D_r(x) = \{x\}$. Como $x_n \to x$ temos que existe um $n_0 \in \mathbb{N}$ tal que $x_n \in D_r(x)$, para todo $n \in \mathbb{N}$, com $n > n_0$. Portanto, X é eventualmente constante. Reciprocamente, suponhamos, por absurdo, que X não seja discreto. Então existe um $x \in X$ tal que $\{x\}$ não é um fechado em X. Assim, $D_{n^{-1}}(x) \neq \{x\}$, para todo $n \in \mathbb{N}$. Logo, podemos escolher

$x_n \in D_{n-1}(x)$ tal que $x_n \to x$, mas não é eventualmente constante, o que é uma contradição.

3.3.7. Suponhamos, por absurdo, que $G - H$ não seja aberto em G. Então existem $a \in G - H$ e $a_n \in D_{n-1}(a) \cap H$, para todo $n \in \mathbb{N}$. Como $a_n \to a$ em G temos que $b_n = a_n a_{n+1}^{-1} \to e_G$ em H, o que é uma contradição, pois $(b_n)_{n \in \mathbb{N}}$ não é eventualmente constante.

3.3.8. Dados $x \in X - K$ e $y \in K$, existem abertos U_y e V_y contendo x e y, respectivamente, tais que $U_y \cap Y_y = \emptyset$. Como $K \subseteq \bigcup_{y \in K} V_y$ temos que existe um $\{y_1, \ldots, y_n\}$ em K tal que $K \subseteq \bigcup_{i=1}^n V_{y_i}$. Pondo $U = \bigcap_{i=1}^n U_{y_i}$ é um aberto em X contendo x tal que $U \cap K = \emptyset$. Portanto, $U \subseteq X - K$, de modo que K é fechado.

3.3.9. Se $G = \{0\}$, então basta tomar $\alpha = 0$. Se $G \neq \{0\}$, então $F = G \cap (0, \infty) \neq \emptyset$, pois $-x, x \in G$, com $x \neq 0$, implicam que $x > 0$ ou $-x > 0$. Seja $\alpha = \inf(F)$. Então $\alpha = 0$ ou $\alpha > 0$. Se $\alpha = 0$ e (a, b) é qualquer intervalo em $\mathbb{R}$, com $a > 0$, então, pela definição de α, existe um $g \in F \subset G$ tal que $0 < g < 0 + (b-a) = b-a$. Assim, pelo Princípio de Arquimedes, $S = \{n \in \mathbb{N} : ng \geq b\}$ é não vazio, de modo que S contém um menor elemento, digamos $n_0 \in S$. Logo, $(n_0 - 1)g < b \leq n_0 g$ e $(n_0 - 1)g \in (a, b)$, onde $(n_0 - 1)g \in G$. Portanto, G é denso. Se $\alpha > 0$, então $\alpha \in G$ e $\alpha \mathbb{Z} \subseteq G$. Caso contrário, existiriam, pela definição de α, $g, h \in F$ tais que $\alpha < g < h < \alpha + 2^{-1}\alpha$, de modo que $h - g < 2^{-1}\alpha$, onde $h - g \in F$, o que é impossível. Dado $x \in G$, existe, pelo Princípio de Arquimedes, um $n \in \mathbb{N}$ tal que $x \in [n\alpha, (n+1)\alpha)$, ou seja, $x - n\alpha \in G \cap [0, \alpha) = \{0\}$. Portanto, $G = \alpha \mathbb{Z}$. Finalmente, $H = \mathbb{Z} \oplus \beta \mathbb{Z}$ é subgrupo de $(\mathbb{R}, +)$, com $H \neq \alpha \mathbb{Z}$, para todo $\alpha \in \mathbb{R}_+^\times$, caso contrário, existem $m, n \in \mathbb{Z}$ tais que $1 = \alpha m$ e $\beta = \alpha n$, de modo que $\beta = m^{-1} n \in \mathbb{Q}$.

3.3.10. Suponhamos que $G \neq \{\mathbf{0}\}$ seja um reticulado. Então

$$H = \{x \in \mathbb{R} : (x, y) \in G, \text{ para algum } y \in \mathbb{R}\} \quad \text{e} \quad K = \{y \in \mathbb{R} : (0, y) \in G\}$$

são subgrupos discretos de $(\mathbb{R}, +)$ (prove isto!). Assim, pelo exercício 9, existem menores positivos $x_1, y_2 \in \mathbb{R}$ tais que $H = x_1 \mathbb{Z}$ e $K = y_2 \mathbb{Z}$, de modo que existe um $y_1 \in \mathbb{R}$ tal que $\mathbf{u}_1 = (x_1, y_1)$ e $\mathbf{u}_2 = (0, y_2)$. É claro que $\mathbf{u}_1 \mathbb{Z} \oplus \mathbf{u}_2 \mathbb{Z} \subseteq G$. Por outro lado, dado $\mathbf{u} = (x, y) \in G$, onde $x \in H$, de modo que existe um $k \in \mathbb{Z}$ tal que $x = k x_1$. Assim, $\mathbf{u} - k\mathbf{u}_1 \in G$ implica que $y - k y_1 \in K$. Logo, existe um $m \in \mathbb{Z}$ tal que $y = ky_1 + my_2$. Portanto, $\mathbf{u} = k\mathbf{u}_1 + m\mathbf{u}_2 \in \mathbf{u}_1\mathbb{Z} \oplus \mathbf{u}_2\mathbb{Z}$, ou seja, $G \subseteq \mathbf{u}_1\mathbb{Z} \oplus \mathbf{u}_2\mathbb{Z}$. Reciprocamente, como existe uma bijeção $\mathbb{Z}$-linear de $\mathbf{u}_1\mathbb{Z} \oplus \mathbf{u}_2\mathbb{Z}$ sobre $\mathbb{Z} \times \mathbb{Z}$, podemos supor que $\mathbf{u}_i = \mathbf{e}_i$. Assim, $G \cap D_1(\mathbf{0}) = \{\mathbf{0}\}$. Portanto, G é um reticulado. Note que a função $* : G \times \mathbb{R}^2 \to \mathbb{R}^2$ definida como $*(\mathbf{u}, \mathbf{x}) = \mathbf{x} + \mathbf{u}$ é uma ação fiel e contínua, de modo que a função $T_\mathbf{u} : \mathbb{R}^2 \to \mathbb{R}^2$ definida como $T_\mathbf{u}(\mathbf{x}) = \mathbf{x} + \mathbf{u}$ é contínua. Portanto, a função $T : G \to \mathsf{Iso}(\mathbb{R}^2)$ definida como $T(\mathbf{u}) = T_\mathbf{u}$ é um homomorfismo de grupos contínuo. Finalmente, $\mathcal{F} = \{r_1\mathbf{u}_1 + r_2\mathbf{u}_2 : r_1, r_2 \in [0,1)\}$ é um conjunto fundamental para G, pois dado $\mathbf{x} \in \mathbb{R}^2$, digamos $\mathbf{x} = b_1\mathbf{u}_1 + b_2\mathbf{u}_2$. Como $r_i = [b_i] = b_i - \lfloor b_i \rfloor \in [0,1)$ temos que $\mathbf{x} = \mathbf{u} + \mathbf{r} \in G + \mathcal{F}$. Por outro lado, se $\mathbf{x} = \mathbf{v} + \mathbf{s} \in G + \mathcal{F}$, então $\mathbf{u} + \mathbf{r} = \mathbf{v} + \mathbf{s}$ se, e somente se, $\mathbf{u} = \mathbf{v}$ e $\mathbf{r} = \mathbf{s}$, uma vez que $0 \leq |\mathbf{r} - \mathbf{s}| < 1$ e $\mathbf{v} - \mathbf{u} \in G$. Neste caso, a função $\phi : \mathbb{R}^2 \to S^1 \times S^1$ definida como $\phi(\mathbf{x}) = (e^{2i\pi b_1}, e^{2i\pi b_2})$ é tal que $\ker \phi = G$. Portanto, $\mathbb{R}^2/G$ é homeomorfo ao toro $\mathbb{T} = S^1 \times S^1$ ou seja, identificamos os pontos $\mathbf{u}, \mathbf{v} \in \mathbb{R}^2$ tais que $\mathbf{v} - \mathbf{u} \in G$.

3.3.11. G é discreto, pois $\|\mathbf{A} - \mathbf{I}\| \geq 1$. (a) A função $* : G \times \mathcal{H} \to \mathcal{H}$ definida como $*(\mathbf{A}, z) = h_\mathbf{A}(z) = (cz + d)^{-1}(az + b)$ é uma ação contínua, pois $\mathsf{Im}(h_\mathbf{A}(z)) = |cz + d|^{-2}\mathsf{Im}(z)$, de modo que a função $h_\mathbf{A} : \mathcal{H} \to \mathcal{H}$ definida como $h_\mathbf{A}(z) = (cz + d)^{-1}(az + b)$ é um homeomorfismo. Portanto, a função $\phi : G \to \mathsf{Iso}(\mathcal{H})$ definida como $\phi(\mathbf{A}) = h_\mathbf{A}$ é um homomorfismo de grupos contínuo e $G/\{\pm \mathbf{I}\} = \mathsf{PSL}_2(\mathbb{Z}) \simeq \mathsf{GM}_2(\mathbb{Z})$ o grupo de Möbius normalizado. (b) Para $w, z \in \mathcal{H}$, $w \in \mathsf{Orb}(z)$ se, e somente se, existir um $\mathbf{A} \in G$ tal que $w = h_\mathbf{A}(z)$, de modo que

$$\mathsf{Im}(w) = |cz + d|^{-2}\mathsf{Im}(z) \quad \text{e} \quad \mathsf{Im}(w) > \mathsf{Im}(z) \Leftrightarrow |cz + d| < 1.$$

Como $|cz+d|^2 = (cx+d)^2 + c^2y^2$ temos que $c^2y^2 < 1$ e $|c| < y^{-1}$ implica que existe apenas um número finito de c. Para um dado c a equação $(cx+d)^2 + c^2y^2 < 1$ afirma que existe apenas um número finito de d. Portanto, $\{(c,d) \in \mathbb{Z}^2 : |cz+d| < 1\}$ é finito. (c) Por conveniência, chamamos $\mathsf{Im}(z) = y > 0$ a altura de $z = x + iy$. Pelo item (b), existem apenas um número finito de pares (c,d) tais que a altura $\mathsf{Im}(h_\mathbf{A}(z)) > \mathsf{Im}(z)$. Em particular, existe apenas um número finito de pontos $w \in \mathsf{Orb}(z)$ tais que $\mathsf{Im}(w) > \mathsf{Im}(z)$. (d) Pelo item (c), existe um $z_0 = x_0 + iy_0$ em $\mathsf{Orb}(z)$ tal que a altura y_0 seja máximo, ou seja, $|cz_0 + d| \geq 1$, de modo que sempre existem infinitos $z_n = z_0 + n = T^n(z_0)$ em $\mathsf{Orb}(z)$, onde $T(z) = z + 1$ e $n \in \mathbb{Z}$. Para cada $(c,d) \in \mathbb{Z}^2$, com $\mathsf{mdc}(c,d) = 1$, podemos sempre encontrar $a, b \in \mathbb{Z}$ tais que $ad - bc = 1$, de modo que $|cz_0 + d| \geq 1$ se, e somente se, $|z_0 + c^{-1}d| \geq |c^{-1}|$, ou seja, $z_0 \in F_k = \{z \in \mathcal{H} : |z - k| \geq 1\}$, para todo $k \in \mathbb{Z}$. Mas, isto significa que, para cada $z \in \mathcal{H}$, existe um $z_0 \in \text{Orb}(z)$ tal que $z_0 \in F_k$, de modo que podemos escolher z_0, com $|\text{Re}(z_0)| \leq 2^{-1}$. Portanto,

$$\mathcal{F} = \{z \in \mathcal{H} : |\text{Re}(z)| \leq 2^{-1} \text{ e } |z| \geq 1\}$$

é um conjunto fundamental fechado para G. Afirmamos que

$$\mathcal{F} = \mathcal{F}_1 = \{z \in \mathcal{H} : |\text{Re}(z)| \leq 2^{-1} e |cz + d| \geq 1\},$$

para todo $(c, d) \in \mathbb{Z}^2 - \{(0,0)\}$. De fato, se $c = \pm 1$ e $d = 0$, então $\mathcal{F}_1 \subseteq \mathcal{F}$. Por outro lado, dado $z \in \mathcal{F}$, obtemos

$$|cz + d|^2 = c^2|z|^2 + 2cd\,\text{Re}(z) + d^2 \geq c^2 - cd + d^2 \geq 1,$$

para todo $(c, d) \in \mathbb{Z}^2 - \{(0,0)\}$. Suponhamos que $w, z \in \mathcal{F}$ e $w \in \text{Orb}(z)$. Então existe um $\mathbf{A} \in G$ tal que $w = h_\mathbf{A}(z) = (cz + d)^{-1}(az + b)$ e $\text{Im}(w) = \text{Im}(z)$, de modo que

$$1 = |cz + d|^2 = c^2|z|^2 + 2cd\,\text{Re}(z) + d^2 \geq c^2 - cd + d^2 \geq 1.$$

Assim, se $c = 0$ e $d = \pm 1$, então $h_\mathbf{A} = T$, com $T(z) = z + 1$ (identifica os lados verticais). Se $c = \pm 1$ e $d = 0$, então $h_\mathbf{A} = S$, com $S(z) = -z^{-1}$ (identifica os arcos). Finalmente, $\mathcal{H}/G \simeq \mathcal{F}$. Note que os únicos pontos fixos de elementos de G em $\mathcal{F}$ são i, ω e ω^2, com $\omega^3 = 1$, explicitamente, de $S, T \circ S$ e $S \circ T$. Pode ser provado que $\text{PSL}_2(\mathbb{Z})$ é gerado por S, T e a relação $S^2 = I = (S \circ T)^3$.

3.3.12. (a) A função $\phi : \mathbb{R}^n \to D_1(\mathbf{0})$ definida como $\phi(\mathbf{x}) = (1 + \|\mathbf{x}\|)^{-1}\mathbf{x}$ é claramente contínua e possui inversa a função $\psi : D_1(\mathbf{0}) \to \mathbb{R}^n$ definida como $\psi(\mathbf{x}) = (1 - \|\mathbf{x}\|)^{-1}\mathbf{x}$.

(c) Note que $M_n(\mathbb{R})$ é homeomorfo a $\mathbb{R}^{n^2}$.

4.1.1. Se L for a reta que passa por i e $z \in S^1 - \{i\}$, então $\pi(z) = L \cap \mathbb{R}$. Como π possui inversa

$$\pi^{-1}(t) = \frac{2t}{1 + t^2} + i\frac{t^2 - 1}{1 + t^2}$$

temos que π é bijetora e $\lim_{t \to \pm\infty} \pi^{-1}(t) = i$. Retas euclidianas são obtidas removendo um ponto de S^1, de modo que acrescentando um ponto ∞ a uma reta obtemos um círculo em $\mathbb{C}_\infty$. Portanto, retas e círculos estão unificados em $\mathcal{H}$. Note que $\mathbb{C}_\infty - S^1 = \mathcal{D} \cup D_1(\infty)$.

4.1.2. É claro que $\rho(z,w) \geq 0$. Dados $z, w \in \mathcal{H}$. Se $z = w$ e $\gamma : [a,b] \to \mathcal{H}$ for a curva constante, $\gamma(t) = z$, então $\gamma'(t) = 0$ e $\rho(z,w) = 0$. Reciprocamente, suponhamos, por absurdo, que $z \neq w$ e $\rho(z,w) = 0$. Então podemos escolher uma vizinhança V em $\mathcal{H}$ tal que $z \in V, w \notin V$ e qualquer ponto em V pode ser ligado a z dentro de V. Por outro lado, como $\rho(z,w) = 0$ temos, pondo $D_s(z) \subseteq V$, que dado $\varepsilon > 0$, com $0 < \varepsilon < s$, existe uma curva diferenciável $\alpha : [a,b] \to \mathcal{H}$ tal que $\alpha(a) = z, \alpha(b) = w$ e $\|\alpha\| < \varepsilon$. Sendo $\alpha([a,b])$ conexo e $w \notin D_s(z)$ temos que existe um $t_0 \in [a,b]$ tal que $\alpha(t_0) \in S_s(z)$, de modo que $\|\alpha\| \geq s > \varepsilon$, o que é uma contradição. Se $\gamma : [a,b] \to \mathcal{H}$ for uma curva tal que $\gamma(a) = w$ e $\gamma(b) = z$ e $f : [a,b] \to [a,b]$ definida como $f(t) = a + b - t$. Então $\tau = \gamma \circ f \in L[z,w]$. Assim, pela Regra da Cadeia e mudança de variáveis, obtemos $\|\tau\| = \|\gamma\|$ e $\rho(z,w) = \rho(w,z)$. Finalmente, dados $u, z, w \in \mathcal{H}$, obtemos

$$\{\|\gamma\| : \gamma \in L[w,u]\} \cup \{\|\gamma\| : \gamma \in L[u,z]\} \subseteq \{\|\gamma\| : \gamma \in L[w,z]\}.$$

Assim, por definição, $\rho(z,w) \leq \rho(z,u) + \rho(u,w)$.

4.1.3. $\mathbb{I} = \{z \in \mathcal{H} : \text{Re}(z) = 0\}$ é uma reta que passa por i e é paralela a L. Outra é dada pelo círculo euclidiano que passa por i e $x \in (0,4)$.

4.1.4. Se $q = \infty$, então $r = \{z \in \mathbb{C} : \text{Re}(z - p) = 0\} \cup \{\infty\}$ é uma reta ortogonal ao eixo dos x que passa por p e q. Assim, $L = \mathcal{H} \cap r$ é uma reta em $\mathcal{H}$. Se $q \neq \infty$, então o resultado segue da proposição 4.1.1.

4.1.5. $h(z) = (z+3)^{-1}(z-1)$.

4.1.6. Como $L = \{z \in \mathcal{H} : \text{Re}(z) = a\}$ é tanto euclidiano quanto hiperbólica, e reflexões $(R(z) = -2\bar{z} + 2a)$ em L deixam Γ invariante, temos que o centro hiperbólico pertence a L, de modo que $L \cap \Gamma = \{a + (b-r)i, a + (b+r)i\}$ implica que

$$s = \frac{1}{2}\rho(a + (b+r)i, a + (b-r)i) = \frac{1}{2}\log\left(\frac{b+r}{b-r}\right).$$

Assim, $(b-r)^{-1}(b+r) = e^{2s}$ se, e somente se, $b\tanh s = r$. Por outro lado, o centro hiperbólico $a + si$ satisfaz

$$\rho(a + si, a + (b+r)i) = \rho(a + si, a + (b-r)i) \Leftrightarrow \log\left(\frac{b+r}{s}\right) = \log\left(\frac{s}{b-r}\right)$$

de modo que $s^2 = b^2 - r^2$ e o centro hiperbólico é $a + \sqrt{b^2 - r^2}i$.

4.1.7. Note que $L_0 = \{z \in \mathcal{H} : |z| = |z_0|\}$ é a única reta em $\mathcal{H}$ que passa por z_0 e é normal a $\mathbb{I} = \{z \in \mathcal{H} : \text{Re}(z) = 0\}$. Assim, pelo teorema 4.1.4, existe um $h \in \text{Aut}(\mathcal{H})$ tal que $h(L) = \mathbb{I}$, continue.

4.1.8. Seja $\mathbb{I} = \{z \in \mathcal{H} : \text{Re}(z) = 0\}$ e $L_t = ti \subset \mathbb{I}$, com $t \geq 1$. Então basta encontrar $f \in \text{Aut}(\mathcal{H})$ tal que $f(L) = \mathbb{I}, f(L_{z_1}) = L_t$ e $f(z_1) = i$. Pondo $x_1 < x_2$ os extremos de L, existe um $f(z) = (z - x_1)^{-1}(z - x_1)$ tal que $f(L) = \mathbb{I}$, de modo que $f(z_1) = ki$, com $k > 0$. Assim, existe um $M_{k^{-1}}(z) = k^{-1}z$ tal que $g(z_1) = (M_{k^{-1}} \circ f)(z_1) = i$. Se $g(L_{z_1}) = L_t$, acabou. Caso contrário, existe um $h = S \circ g$, com $S(z) = -z^{-1}$, tal que $h(L_{z_1}) = L_t$.

4.1.9. Suponhamos que $p < q$ e $y = ti$. Então, pela equação (4.1.7), $\rho(z_1, y) = |\log p - \log t|$ e $f(t) = \log p - \log t$ é tal que $f'(t) = -t^{-1} < 0$, de modo que $f(t)$ é estritamente decrescente. Assim, a equação $f(t) = c$, para todo $c \in \mathbb{R}$, possui no máximo uma solução. Logo, para cada $c > 0$, existem $y = ie^{\log p - c}$ e $y = ie^{\log p + c}$ tais que $\rho(z_1, y) = c$, com z_1 entre elas. De modo análogo, com $\rho(y, z_2) = d$. Portanto, existe somente uma solução para as equações $\rho(z_1, y) = c$ e $\rho(y, z_2) = d$.

4.1.10. Suponhamos que $\rho(w_1, w_2) = \rho(z_1, z_2)$. Então existem $f, g \in \text{Iso}(\mathcal{H})$ tais que $f(w_1) = i, f(w_2) = ie^{\rho(w_1, w_2)}$ e $g(z_1) = i, g(z_2) = ie^{\rho(z_1, z_2)}$, de modo que $h = f^{-1} \circ g$ é tal que $h(z_1) = w_1$ e $h(z_2) = w_2$.

4.1.11. Observe que $h(z) = (cz + d)^{-1}(az + b)$ implica que $b = c = 0$ e $ad = 1$, de modo que $h(z) = a^2 z$ e $h(1) \neq -1$.

4.1.12. Seja L_r a reta contida no círculo euclidiano $\Gamma_r = \{z \in \mathbb{C} : |z| = r\}$. Então Γ_r é ortogonal a L_0 e $L_r \cap L_1 = \{z_0\}$ se $1 < R < x$. Pondo $z_0 = re^{i\theta}$, com $0 < \theta < 2^{-1}\pi$. Para determinar θ vamos considerar o triângulo de vértices em $0, 2^{-1}(1 + x)$ e z_0. Assim, pela Lei dos Cossenos em $\mathbb{C} = \mathbb{R}^2$,

$$(x - 1)^2 = 4r^2 + (x + 1)^2 - 2r(x + 1)\cos\theta,$$

de modo que
$$\cos\theta = r^{-1}(x + 1)^{-1}(r + x)$$

e
$$\text{sen}\,\theta = r^{-1}(x + 1)^{-1}(\sqrt{(r^2 - 1)(x^2 - r^2)}).$$

Seja $\gamma_r : [0, 2^{-1}\pi] \to \mathcal{H}$ definida como $\gamma(t) = re^{it}$. Então

$$\|\gamma_r\| = \frac{1}{2} \log\left(\frac{(r+1)(x+r)}{(r-1)(x-r)}\right) = f(r).$$

Como Γ_r é ortogonal a L_0 temos, pela proposição 4.1.11, que $\rho(z_0, ri) = \rho(z_0, L_0)$, a qual é mínima em $r = \sqrt{x}$. Portanto, $\rho(L_0, L_1) = \log(\sqrt{x}+1) - \log(\sqrt{x}-1)$. Em particular, se L_0 e L_1 forem ultraparalelas, então $\rho(L_0, L_1) > 0$ e existe uma única reta L ortogonal a ambas.

4.1.13. Pela prova da proposição 4.1.12, a equação é: $x^2 + (y - 2\cosh e^2)^2 = 2\operatorname{senh}^2 e^2$ e use o exercício 8.

4.1.14. Note, pela equação (4.1.2), que

$$z_0 = \frac{|z_2|^2 - |z_1|^2}{2(x_2 - x_1)} \quad \text{e} \quad r = |z_0 - z_1| = |z_0 - z_2|$$

é o centro e o raio de um semicírculo euclidiano Γ em $\mathcal{H}$. Assim, existe um $h = M_{r^{-1}} \circ T_{-z_0} \in \text{Aut}(\mathcal{H})$ tal que $h(\Gamma) = S^1$. Logo, não há perda de generalidade, em supor que $z_2 = \overline{z}_1$. Como $R_0(z) = -\overline{z}$ é um elemento de $\text{Iso}(\mathcal{H})$ temos que $L = \{z \in \mathcal{H} : \text{Re}(z) = 0\}$, pois i é o ponto médio de $L_{z_1 z_2}$. Reciprocamente, se $u \in \mathcal{H}$ é tal que $\rho(u, z_1) = \rho(u, z_2)$ e pondo $\Gamma = \{z \in \mathcal{H} : \rho(z, z_1) = \rho(u, z_1)\}$, Então $\Gamma_1 = R_0(\Gamma)$ é tal que $\Gamma_1 \cap \Gamma \subset i\mathbb{R}_+$, de modo que $\text{Re}(u) = 0$. Em geral, $L = \{z \in \mathcal{H} : \rho(z, z_1) = \rho(z, z_2)\}$ é o bissetor ortogonal do segmento $L_{z_1 z_2}$. Assim, pelo teorema 4.1.7,

$$\frac{|z-z_1|}{4yy_1} = \frac{|z-z_2|}{4yy_2} \Leftrightarrow y_2|z-z_1| = y_1|z-z_2|.$$

Pondo $z_0 = 2^{-1}(z_1 + z_2)$, obtemos $\rho(z_1, z_2) = 2\rho(z_0, z_1) \leq \rho(z, z_1)$, para todo z em L. Como ρ é contínua temos que a função $\psi : \mathcal{H} \to \mathbb{R}$ definida como $\psi(z) = \rho(z, z_2) - \rho(z, z_1)$ é contínua, de modo que $L = \psi^{-1}(0)$ e ψ não muda de sinal em um dos semiespaços de $\mathcal{H} - L$, pois se $\psi(w_1) > 0$ e $\psi(w_2) < 0$, então existe uma $\gamma : [0, 1] \to \mathcal{H} - L$ tal que $\gamma(0) = w_1$ e $\gamma(1) = w_2$. Pondo $\beta = \psi \circ \gamma$, temos, pelo Teorema do Valor Intermediírio, que $\psi(\gamma(t_0)) = 0$, para algum $t_0 \in (0, 1)$, o que é impossível. Portanto, $\psi(z_1) > 0$ e $z_1 \in \mathcal{H}_1 = \{z \in \mathcal{H} : \psi(z) > 0\}$; $z_2 \in \mathcal{H}_2 = \{z \in \mathcal{H} : \psi(z) < 0\}$. Por outro lado, se K é um compacto, então $\psi|_K$ é contínua, de modo que ψ atinge seu mínimo em um ponto $w_0 \in K$ e $\psi(w_0) \leq \psi(z)$, para todo $z \in K$, continue.

4.1.15. Note que $\rho(w,u) \leq \rho(u,v) + \rho(w,v)$ implica que

$$\rho(z,w) - \rho(u,v) \leq \rho(z,u) + \rho(w,u) - \rho(u,v) \leq \rho(z,u) + \rho(w,v)$$

e $\rho(w,v) \leq \rho(z,w) + \rho(z,v)$ implica que

$$\rho(z,w) - \rho(u,v) \geq \rho(z,w) - (\rho(z,u) + \rho(z,v)) \geq -(\rho(z,u) + \rho(w,v)).$$

Finalmente, primeiro lembre que $\lim_{n\to\infty} z_n = z$ em $\mathcal{H}$ significa que dado $s > 0$, existe um $n_0 \in \mathbb{N}$ tal que $z_n \in \{w \in \mathcal{H} : \rho(w,z) < s\}$, para todo $n \in \mathbb{N}$, com $n > n_0$. Mas, isto é equivalente a $\rho(z_n, z) \in (-s, s)$, para todo $n \in \mathbb{N}$, com $n > n_0$. Portanto, $\lim_{n\to\infty} z_n = z$ em $\mathcal{H}$ se, e somente se, $\lim_{n\to\infty} \rho(z_n, z) = 0$ em $\mathbb{R}$.

4.1.16. Se $\overline{X} \cap \overline{Y} \neq \emptyset$, digamos $p \in \overline{X}$ e $p \in \overline{Y}$, de modo que existem sequências $(x_n)_{n\in\mathbb{N}}$ em X e $(y_n)_{n\in\mathbb{N}}$ em Y tais que $\lim_{n\to\infty} x_n = p$ e $\lim_{n\to\infty} y_n = p$. Assim, pela continuidade de ρ, obtemos $\lim_{n\to\infty} \rho(x_n, y_n) = \rho(p,p) = 0$. Como $\rho(X,Y) \leq \rho(x_n, y_n)$, para todo $n \in \mathbb{N}$, temos que $\rho(X,Y) = 0$. Reciprocamente, se $\rho(X,Y) = 0$, então existem sequências $(x_n)_{n\in\mathbb{N}}$ em X e $(y_n)_{n\in\mathbb{N}}$ em Y tais que $\lim_{n\to\infty} \rho(x_n, y_n) = 0$. Por outro lado, como X é compacto temos que existe uma subsequência $(x_{n_k})_{k\in\mathbb{N}}$ de $(x_n)_{n\in\mathbb{N}}$ tal que $\lim_{k\to\infty} x_{n_k} = p$ em X, de modo que $\lim_{k\to\infty} \rho(x_{n_k}, y_{n_k}) = 0$ implica que $\lim_{k\to\infty} y_{n_k} = p$. Portanto, $p \in \overline{X} \cap \overline{Y}$.

4.2.1. Basta notar que $\|\mathbf{x}_u \times \mathbf{x}_v\|^2 = \|\mathbf{x}_u\|^2 \|\mathbf{x}_v\|^2 - \langle \mathbf{x}_u, \mathbf{x}_v \rangle^2$.

4.2.2. Basta calcular. Por exemplo, $\frac{\partial}{\partial x}\sqrt{E} = 0$ e $\frac{\partial}{\partial y}\sqrt{E} = -\frac{1}{y^2}$, continue.

4.2.3. Basta notar que $|z - e^{i\theta}| = 1 - |z|$ e $\|\gamma_r\| = (1-r)^{-1} 2\pi r$.

4.2.4. Dado $f \in \text{Aut}(\mathcal{D})$ e pondo $w = f(z)$, obtemos, depois de alguns cálculos,

$$w_2 - w_1 = \frac{z_2 - z_1}{(\overline{b}z_2 + \overline{a})(\overline{b}z_1 + \overline{a})} \quad \text{e} \quad 1 - \overline{w_1}w_2 = \frac{1 - \overline{z_1}z_2}{(\overline{b}z_2 + \overline{a})(b\overline{z}_1 + a)}.$$

Assim, dividindo membro a membro, teremos

$$|(w_2 - w_1)(1 - \overline{w_1}w_2)^{-1}| = |(z_2 - z_1)(1 - \overline{z_1}z_2)^{-1}| = \delta(z_1, z_2).$$

Portanto, $\delta(z_1, z_2) < 1$ e $\lim_{z_2 \to z_1} \delta(z_1, z_2) = (1 - |w|^2)^{-1}|dw| = (1 - |z|^2)^{-1}|dz|$.

4.2.5. Pelo o teorema 4.2.13, podemos supor que $z = r \in (0,1)$. Assim,

$$\|\gamma\| = \int_a^b \frac{2|r'(t) + ir\theta'(t)|}{1 - |r(t)|^2} dt \geq \int_a^b \frac{2|r'(t)|}{1 - |r(t)|^2} dt.$$

299

Como $|r'(t) + ir\theta'(t)| = \sqrt{r'(t) + ir\theta'(t)}$ temos que a igualdade ocorre se, e somente se, $\theta'(t) = 0$. Portanto, a curva radial de 0 a z é uma geodésica.

4.2.6.
$$\rho(i, x+i) = \log\left(\frac{\sqrt{4+x^2}+x}{\sqrt{4+x^2}-x}\right) \quad \text{e} \quad \rho(-x+i, x+i) = \log\left(\frac{\sqrt{1+x^2}+x}{\sqrt{1+x^2}-x}\right)$$
implicam que a equação
$$\log\left(\frac{\sqrt{4+x^2}+x}{\sqrt{4+x^2}-x}\right) = \log\left(\frac{\sqrt{1+x^2}+x}{\sqrt{1+x^2}-x}\right)$$
claramente não possui solução.

4.2.7. Se $\Gamma = \{z \in \mathcal{H} : \text{Re}(z) = r\}$, então existe um $R(z) = R_0(z) + 2r = -\bar{z} + 2r$. Se $\Gamma = \{z \in \mathcal{H} : |z-z_0| = r\}$, então existe um $R(z) = z_0 + (\bar{z}-z_0)^{-1}r^2$.

4.2.8. Note que $|z| < 1 \Leftrightarrow |R(z)| > 1$.

4.2.9. Como
$$\eta_0(z) = \frac{2x + (x^2+y^2-1)i}{x^2+(y+1)^2} = \frac{2x}{x^2+(y+1)^2} + \frac{x^2+y^2-1}{x^2+(y+1)^2}i$$
temos que $\text{Re}(z) > 0 \Leftrightarrow \text{Re}(\eta_0(z)) > 0$.

4.2.10. Note que $T : \mathcal{D} \to D_r(z_0)$ definida como $T(z) = z + z_0$ é um difeomorfismo. Assim, não há perda de generalidade, em supor que $D_r(z_0) = \mathcal{D}$. Logo, existe um $f(z) = (1-\bar{a}z)^{-1}(z-a)$ tal que $f(a) = 0$, $f(\mathcal{D}) = \mathcal{D}$ e $f(S^1) = S^1$, pois $|f(e^{i\theta})| = 1$. De modo análogo, existe um g tal que $g(b) = 0, g(\mathcal{D}) = \mathcal{D}$ e $g(S^1) = S^1$. Pondo $h = g^{-1} \circ f$ o resultado segue.

4.2.11. Observe que se $\sigma_0(z) = \bar{z}$, então $(z_1, z_2; z_3, z_4) = \overline{(z_1, z_2; z_3, z_4)}$.

4.2.12. Já sabemos que existe um $g \in \text{Iso}(\mathcal{D})$ tal que $g(L) = \mathbb{R}_\infty$. Assim, podemos supor, sem perda de generalidade, que $L \cap M = \{0\}$. Logo, $z_1 = 1, z_2 = -1, w_1 = e^{i\theta}, w_2 = -e^{i\theta}$ e
$$(1, e^{i\theta}; -1, -e^{i\theta}) = -\frac{e^{i\theta}+2-e^{i\theta}}{2e^{i\theta}} = -\frac{\text{sen}^2\theta}{(1-\cos\theta)^2} = -\text{cotg}^2\left(\frac{\theta}{2}\right).$$

13. Se $f \in \mathsf{Aut}(\mathcal{D})$, então $f(z) = e^{i\theta}(1 - \overline{z}_0 z)^{-1}(z - z_0)$, onde $e^{i\theta} \in S^1$ e $z_0 \in \mathcal{D}$, de modo que $f'(z) = e^{i\theta}(1 - \overline{z}_0 z)^{-2}(1 - |z_0|^2)$. Assim,

$$1 - |f(z)|^2 = \frac{(1 - |z_0|^2)(1 - |z|^2)}{|1 - \overline{z}_0 z|^2} = (1 - |z|^2)|f'(z)|.$$

14. Sejam $g \in \mathsf{Aut}(\mathcal{D})$ e $\mathbf{A}$ sua representação matricial. Então $\mathsf{tr}(\mathbf{A}) = 2\,\mathsf{Re}(a)$ é real. Assim, pelo teorema 2.2.15, g não pode ser loxodrômica. Portanto, use h_0 e o caso de $\mathsf{Aut}(\mathcal{H})$.

4.2.15. Não há perda de generalidade, em supor que L é o eixo imaginário: $L = \{z \in \mathcal{H} : \mathsf{Re}(z) = 0\}$. Assim, pela proposição 4.1.10, existe um único $z_0 \in L$ tal que $\rho(p, L) = \rho(p, z_0)$. Portanto, Γ é a única reta que passa por 0 e p.

4.2.16. Se $p = a + ib \in \mathcal{H}$, então o semicírculo passando por p intercepta L em $i|p| = i\sqrt{a^2 + b^2} = qi$. Assim,

$$r = \rho(p, L) = 2\,\mathsf{arctgh}\left|\frac{iq - a - ib}{iq - a + ib}\right|.$$

Logo, depois de alguns cálculos, $a^2 = b^2\,\mathsf{senh}^2(r/2)$ que representa duas retas que passam pela origem. Note que elas não são ortogonais ao eixo dos x, a menos que $r = 0$.

4.2.17. Já sabemos que existe um $g \in \mathsf{Aut}(\mathcal{H})$ tal que $g(x_1) = 0, g(y_1) = 1$, $g(x_2) = \infty$ e $g(y_2) = x > 1$, de modo que $(y_1, y_2; x_1, x_2) = (1, x, 0, \infty) = 1 - x$. Por outro lado, pelo exercício 12 da seção 4.1,

$$\mathsf{tanh}^2\left(\frac{1}{2}\rho(L, M)\right) = \mathsf{tanh}^2\left(\frac{1}{2}\log\left(\frac{\sqrt{x}+1}{\sqrt{x}-1}\right)\right) = \frac{1}{x}$$

e o resultado segue.

4.2.18. Já sabemos que podemos supor que $L = i\mathbb{R}_+$ e $M = \{z \in \mathcal{H} : |z - a| = r\}$, com $a > r > 0$. Assim, a única reta ortogonal a L é $\Gamma = \{z \in \mathcal{H} : |z| = s\}$. Logo, pelo lema 4.2.3, Γ é ortogonal a M se, e somente se, $a^2 = r^2 + s^2$. Como $a > r$ temos que $s = \sqrt{a^2 - r^2}$ é único.

4.2.19. (a) Podemos supor que L e M são diâmetros euclidianos em $\mathcal{D}$, digamos $L : e^{i\alpha}$ e $M : e^{i\beta}$. Portanto, pela equação (1.1.7), $(L, M) = |\mathsf{Re}(e^{i(\beta - \alpha)})| = \cos\theta$.

(b) Podemos supor que $L = i\mathbb{R}_+$ e $M = \{z \in \mathcal{H} : \text{Re}(z) = x\}$. Assim, pela equação (1.1.7), $(L, M) = 1$.

(c) Podemos supor, pelo exercício 18, que $L = \{z \in \mathcal{H} : |z| = r\}$ e $M = \{z \in \mathcal{H} : |z| = s\}$. Então, pela equação (1.1.7), $2rs(L, M) = r^2 + s^2$.

4.2.20. Use o teorema 4.1.5 e calcule $\det(\cosh \rho(z_i, z_j))$.

4.2.21. Cálculo direto.

4.2.22. Dado $w \in \eta_0(\Gamma)$, existe um único $z \in \Gamma$ tal que $w = \eta_0(z) \in \mathcal{D}$. Como $z = \eta_0^{-1}(w) = (i-w)^{-1}(iw-1)$ temos que $s = \rho(z, z_0) = \rho(\eta_0^{-1}(w), \eta_0^{-1}(w_0))$ em $\mathcal{H}$. Assim, depois de alguns cálculos,

$$\tanh \frac{1}{2}s = \frac{|\eta_0^{-1}(w) - \eta_0^{-1}(w_0)|}{|\eta_0^{-1}(w) - \overline{\eta_0^{-1}(w_0)}|} = \frac{|w - w_0|}{|1 - \overline{w}_0 w|} = \tanh \frac{1}{2}\rho(w, w_0).$$

Portanto, $\eta_0(\Gamma) = \{w \in \mathcal{D} : \rho(w, w_0) = s\}$, pois tanh é estritamente crescente.

4.2.23. Pelo exercício 22, obtemos $D_r(z_0) = \{z \in \mathcal{D} : \rho(z, z_0) < s\}$. Note que $|1 - \overline{z}_n z|^2 = |z - z_n|^2 + (1 - |z|^2)(1 - |z_n|^2)$. Então $z \in D_n$ se, e somente se, $\rho(z, z_n) < s$ se, e somente se, $|1 - \overline{z}_n z|^2 (1 - r_n^2) < (1 - |z|^2)(1 - |z_n|^2)$ ou

(*) $$\frac{|1 - \overline{z}_n z|^2}{1 - |z|^2} < \frac{1 - |z_n|^2}{1 - r_n^2}.$$

Assim, se existir um $n_0 \in \mathbb{N}$ tal que (*) seja verdadeira, para todo $n \in \mathbb{N}$, com $n \geq n_0$, então $\lim_{n \to \infty} D_n = D_\infty$, ou seja, $z \in \overline{D}_\infty$. Reciprocamente, se $z \in D_\infty$, então

$$\lim_{n \to \infty} \frac{|1 - \overline{z}_n z|^2}{|z - z_n|^2} < m \quad \text{e} \quad \lim_{n \to \infty} \frac{1 - |z_n|^2}{1 - r_n^2} = m.$$

Logo, existe um $n_0 \in \mathbb{N}$ tal que (*) é verdadeira, para todo $n \in \mathbb{N}$, com $n \geq n_0$, ou seja, $z \in D_n$. É muito importante notar que: como $\lim_{n \to \infty} \eta_0^{-1}(z_n) = 1$ temos, pelo exercício 22, que $\lim_{n \to \infty} \eta_0^{-1}(D_n) = \eta_0^{-1}(D_\infty)$ é um horodisco em $\mathcal{H}$ centrado em $1 \in \mathbb{R}$.

4.2.24. Suponhamos que f seja parabólico, com $f(x) = x$. Então existe um $g(z) = -(z-x)^{-1}$ em $\text{Aut}(\mathcal{H})$ tal que $g(x) = \infty$ e $h(z) = (g \circ f \circ g^{-1})(z) = z+b$, onde $b \in \mathbb{R}^\times$, de modo que $f(\Gamma_x) = \Gamma_x$. Reciprocamente, suponhamos que

$f(\Gamma_x) = \Gamma_x$. Então, como antes, $f(z) = az + b$. Como retas verticais são levadas por f em retas verticais temos que $a = 1$.

4.2.25. Se $w = u + iv = g(z)$ e $z = x + iy$, então $u = -(x^2 + y^2)^{-1}x$ e $v = (x^2 + y^2)^{-1}y$ ou $x = -(v^{-1}u)y$ e $y = (u^2 + v^2)^{-1}v$. Assim, $y = m$ se, e somente se, $u^2 + v^2 = m^{-1}v$ se, e somente se, $u^2 + (v - (2m)^{-1})^2 = (2m)^{-2}$.

4.2.26. Já sabemos que existe um $f \in \mathsf{Aut}(\mathcal{H})$ tal que sua imagem $f(\Gamma) = \{z \in \mathcal{H} : \mathsf{Im}(z) = b > 0\} = L_b$ seja uma reta horizontal com altura euclidiana b de $\mathbb{R}_\infty$. Assim, podemos supor, sem perda de generalidade, que $w = ib, z = 1 + ib \in L_b$. Se $\gamma : [0, 1] \to \mathcal{H}$ é definida como $\gamma(t) = t + ib$, então $\mathsf{Im}(\gamma(t)) = b, \gamma'(t) = 1$ e

$$\|\gamma\| = \int_0^1 \frac{1}{b}dt = \frac{1}{b} \quad \text{e} \quad \cosh d = 1 + \frac{|z-w|}{2b^2} = 1 + \frac{1}{2b^2},$$

com $d = \rho(z, w)$. Como $\cosh d = 1 + 2\,\mathsf{senh}^2 \frac{d}{2}$ temos que $\|\gamma\| = 2\,\mathsf{senh}\frac{d}{2}$. Lembre-se que $\lim_{d\to\infty} e^{d/2} = \infty$ e $\lim_{d\to\infty} e^{-d/2} = 0$, de modo que $\|\gamma\| \leq e^{d/2}$. Portanto, $\|\gamma\|$ é exponencialmente mais distante ao longo de Γ do que ao longo da geodésica.

4.2.27. Basta notar que $\eta_0(m) = (1 + m^2)^{-1}(2m + (m^2 - 1)i) \in S^1$ e $\eta_0(\Gamma_m)$ é um círculo euclidiano em $\overline{\mathcal{D}}$ tangente a S^1 em $\eta_0(m)$.

4.2.28. Sejam Γ_m e Γ_n horociclos em $\mathcal{H}$. Então existe um $T(z) = z + n - m$ tal que $T(m) = n$, de modo que $T(\Gamma_m) = \Gamma_n$.

4.2.29. Veja o exercício 24.

4.2.30. Como $ds^2 = y^{-1}(dx^2 + dy^2)$ temos que $ds^2|_{\Gamma_1} = dx^2 + dy^2$. Seja Γ qualquer horociclo em $\mathcal{H}$. Então, pelo exercício 28, existe um $f \in \mathsf{Aut}(\mathcal{H})$ tal que $f(\Gamma) = \Gamma_1$. Assim, dados $z, w \in \Gamma$, definimos $d(z, w) = |f(w) - f(z)|$, de modo que ela não depende de f, pois se $g(\Gamma) = \Gamma_1$ e $d(z, w) = |g(w) - g(z)|$, então $(g^{-1} \circ f)(\Gamma_1) = \Gamma_1$, de modo que $|f(w) - f(z)| = |g((g^{-1}f(w))) - g((g^{-1}f(z)))| = |f(w) - f(z)|$.

4.2.31. Podemos supor, sem perda de generalidade, que o segmento $L_{z_1 z_2} = [-x, x]$, com $0 < x < 1$. Assim, $\Sigma = L_{\bar{i}i} \subset \mathbb{I}$. Sejam Γ_1 um círculo com centro $-x$ e raio s; $R_0(z) = -\bar{z}$. Então $\Gamma_2 = R_0(\Gamma_1)$ é um círculo com centro x e raio s.

Se $\Gamma_1 \cap \Gamma_2 \neq \emptyset$, então os pontos de interseções estão sobre $\mathbb{I}$. Reciprocamente, se $z = pi \in \Sigma$ e $h \in \text{Aut}(\mathcal{D})$, então $r = |h(z)|$ e

$$r = \frac{|z+x|}{|1+x\bar{z}|} = \frac{|z-x|}{|1-x\bar{z}|} \Rightarrow \rho(-x,z) = \log\left(\frac{1+r}{1-r}\right) = \rho(x,z).$$

Portanto, $\Sigma = \{z \in \mathcal{D} : \rho(z, z_1) = \rho(z, z_2)\}$. Se $z_0 = 2^{-1}(z_1 + z_2)$, então z_0 é o pé da perpendicular baixada de z_1 a Σ, de modo que $\rho(z_1, z_2) = 2\rho(z_0, z_1) \leq 2\rho(z, z_1)$, para todo $z \in \Sigma$. Como ρ é contínua temos que a função $\psi : \mathcal{D} \to \mathbb{R}$ definida como $\psi(z) = \rho(z, z_2) - \rho(z, z_1)$ é contínua, de modo que $\Sigma = \psi^{-1}(0)$ e ψ não muda de sinal em um dos semiespaços de $\mathcal{D}-\Sigma$, pois se $\psi(w_1) > 0$ e $\psi(w_2) < 0$, então existe uma $\gamma : [0, 1] \to \mathcal{D} - \Sigma$ tal que $\gamma(0) = w_1$ e $\gamma(1) = w_2$. Pondo $\beta = \psi \circ \gamma$, temos, pelo Teorema do Valor Intermediírio, que $\psi(\gamma(t_0)) = 0$, para algum $t_0 \in (0, 1)$, o que é impossível. Portanto, $\psi(z_1) > 0$ e $z_1 \in R_1 = \{z \in \mathcal{D} : \psi(z) > 0\}$; $z_2 \in R_2 = \{z \in \mathcal{D} : \psi(z) < 0\}$.

4.2.32. Confira o teorema 4.2.17. Um prova direta, não há perda de generalidade, em supor que $z_0 = 0$. Assim, pela geometria euclidiana, existe uma única reta radial M ortogonal a L em $z_1 = R(z_0) \in \mathcal{D}$ (faça um esboço!), de modo que $\rho(z_1, z_0) < \rho(z, z_0)$, para todo $z \in L$ e $z \notin S_s(0)$, com $s = |z_1 - z_0|$.

4.2.33. Como $c_f = -c^{-1}d \in \mathbb{R}$ temos que Γ_f é ortogonal a $\mathbb{R}_\infty$.

4.2.34. Confira os itens (2) e (3) do teorema 4.2.13.

4.2.35. Confira a prova do teorema 4.2.13.

4.2.36. Direto da definição.

4.2.37. Confira a prova da proposição 4.2.16 e o exemplo 4.2.15.

4.2.38. Análogo ao exercício 35.

4.2.39. Sejam $X = \{z \in \mathcal{H} : \text{Re}(z) \leq 0\}$ e $Y = \{z \in \mathcal{H} : \text{Re}(z) \geq 0\}$. Então, pelo exemplo 4.2.15, X e Y são convexos e $\mathbb{I} = X \cap Y$. Por outro lado, dado $b \in \mathbb{R}$, com $b > 0$, $X_b = \{z \in \mathcal{H} : \text{Re}(z) < b\}$ e $Y_b = \{z \in \mathcal{H} : \text{Re}(z) > -b\}$ são abertos convexos. Como $X = \bigcap_{b>0} X_b$ e $Y = \bigcap_{b>0} Y_b$ temos que $\mathbb{I} = \bigcap_{b>0}(X_b \cap Y_b)$.

4.2.40. Lembre-se que

$$(z, w; \overline{z}, \overline{w}) = \frac{z - w}{z - \overline{z}} \frac{\overline{w} - \overline{z}}{\overline{w} - w} \quad \text{e} \quad \cosh \rho(z, w) = 1 + \frac{|w - z|^2}{2 \operatorname{Im}(z) \operatorname{Im}(w)}$$

e manipulações.

4.2.41. Já sabemos que existe um $g \in \operatorname{Aut}(\mathcal{H})$ tal que $g(\Gamma) = i\mathbb{R}_+$. Use o exercício 40 ou como $\operatorname{senh}^2 2^{-1} \rho(z, w) = (4 \operatorname{Im}(z) \operatorname{Im}(w))^{-1} |w - z|^2$ temos que $R_0(z) = -\overline{z}$ é um elemento em $\operatorname{Aut}(\mathcal{H})$. Assim, $R = g^{-1} \circ R_0 \circ g$ é um elemento em $\operatorname{Aut}(\mathcal{H})$ tal que $R(\Gamma) = \Gamma$ e $R^2 = I$.

4.2.42. Faça $\gamma = \frac{\pi}{2}$.

4.2.43. Como $\cos$ é decrescente em $[0, \pi]$ e $\alpha + \beta + \gamma < \pi$ temos que $\cos(\beta + \gamma) \geq \cos(\pi - \alpha) = -\cos \alpha$. Agora use a Lei dos Cossenos.

4.2.44. Pela equação (4.2.10), obtemos

$$\left(\frac{\operatorname{sen} \gamma}{\operatorname{senh} c}\right)^2 = \frac{1 - \cos^2 \gamma}{\operatorname{senh}^2 c} = \frac{(\operatorname{senh} a \operatorname{senh} b)^2 - (\cosh a \cosh b - \cosh c)^2}{\operatorname{senh}^2 a \operatorname{senh}^2 b \operatorname{senh}^2 c}.$$

Assim, a Lei será válida se, e somente se, ela for simétrica em a, b e c, de modo que $(\operatorname{senh} a \operatorname{senh} b)^2 - (\cosh a \cosh b - \cosh c)^2$ é também simétrica. Portanto, o resultado segue.

4.2.45. Note que $\operatorname{sen}^2 \gamma = 1 - \cos^2 \gamma$ e

$$\cos \gamma = \frac{\cosh a \cosh b - \cosh c}{\sqrt{\cosh^2 a - 1} \sqrt{\cosh^2 b - 1}}.$$

Agora, use bastante manipulações.

4.2.46. Use a Lei dos senos e a proposição 4.2.19.

4.2.47. Use o exercício 45.

4.2.48. Seja C_0 o círculo euclidiano de centro $c_0 = s e^{\frac{2pii}{n}}$, com $s > 1$ (pois ele pertence a semirreta em 0), contendo a geodésica que passa por p_0 e p_1. Então, pelo lema 4.2.3, $r_0 = \sqrt{s^2 - 1}$ é seu raio. Assim, $r \in C_0$ se, e somente se,

$|r - c_0|^2 = s^2 - 1$, de modo que $r^2 + 1 = 2rc_0$. Como $\alpha(r) = \sphericalangle(C_0, C_{n-1})$ temos, pelo exercício 17 da seção 1.1 e depois de alguns cálculos, que

$$\cos\alpha(r) = 1 - \frac{2(1+r^2)^2 \operatorname{sen}^2(n^{-1}\pi)}{(1+r^2)^2 - 4\cos^2(n^{-1}\pi)}.$$

Note que $R_m(z) = e^{\frac{2m\pi i}{n}} z$ é tal que $R_m(p_k) = p_{k+m}$, de modo que $R_m(R) = R$.

5.1.1. Pondo $x = \|\mathbf{A}\|^2, y = \langle \mathbf{A}, \mathbf{B} \rangle$ e $\mathbf{C} = y\mathbf{A} - x\mathbf{B}$, obtemos $\|\mathbf{C}\|^2 \geq 0$, de modo que simplificando temos o item (b). Como

$$\|\mathbf{A} + \mathbf{B}\|^2 = \|\mathbf{A}\|^2 + 2\langle \mathbf{A}, \mathbf{B} \rangle + \|\mathbf{B}\|^2$$

temos a desigualdade triangular.

(c) Se $\mathbf{AB} = p\mathbf{E}_{11} + q\mathbf{E}_{12} + r\mathbf{E}_{21} + s\mathbf{E}_{22}$, então, pela desigualdade de Cauchy-Schwarz,

$$|p|^2 = |ae + bf|^2 \leq (a^2 + b^2)(e^2 + f^2).$$

De modo análogo, com as outras entradas.

(d) Basta notar que

$$\|\mathbf{A}\|^2 - 2\det\mathbf{A} \geq \|\mathbf{A}\|^2 - 2(|ad| + |bc|) = (|a| - |d|)^2 + (|b| - |c|)^2.$$

5.1.2. Basta observar que

$$\|\mathbf{A}_n - \mathbf{A}\|^2 = |a_n - a|^2 + |b_n - b|^2 + |c_n - c|^2 + |d_n - d|^2$$

e usar a noção usual de limites.

5.1.3. Segue da relação:

$$|f(z) - f(w)| = |z - w|\sqrt{|f'(w)||f'(z)|}.$$

5.1.4. Seja $(\mathbf{A}_n)_{n \in \mathbb{N}}$ uma sequência de elementos distintos em G tal que $\lim_{n \to \infty} \mathbf{A}_n = \mathbf{A}$, onde $\mathbf{A} \in \mathsf{SL}_2(\mathbb{R})$. Então $\lim_{n \to \infty} \mathbf{A}_n^{-1} = \mathbf{A}^{-1}$. Pondo $\mathbf{B}_n = \mathbf{A}_n^{-1}\mathbf{A}_{n+1}$, obtemos $\lim_{n \to \infty} \mathbf{B}_n = \mathbf{I}$, de modo que existe um $n_0 \in \mathbb{N}$ tal que $\mathbf{B}_n \neq \mathbf{I}$, para todo $n \in \mathbb{N}$, com $n > n_0$. Caso contrário, $\mathbf{A}_{n+1} = \mathbf{A}_n$, para $n > n_0$, o que contradiz a escolhas dos $\mathbf{A}_n$. Assim, existe uma uma subsequência

$(\mathbf{B}_{n_k})_{k\in\mathbb{N}}$ de elementos distintos em G tal que $\lim_{k\to\infty}\mathbf{B}_{n_k}=\mathbf{I}$, de modo que G é não discreto. Reciprocamente, confira o teorema 5.1.2.

5.1.5. $(a \Rightarrow b)$ Suponhamos, por absurdo, que G possua um ponto de acumulação $h \in \mathsf{SL}_2(\mathbb{R})$. Então existe uma sequência de pontos distintos $(g_n)_{n\in\mathbb{N}}$ em G tal que $\lim_{n\to\infty} g_n = h$. Portanto, $\lim_{n\to\infty} g_n^{-1} g_{n+1} = I$, de modo que I é um ponto de acumulação em G, o que é uma contradição.

$(b \Rightarrow c)$ Análogo.

$(c \Rightarrow a)$ Suponhamos que $\mathbf{I}$ seja um ponto isolado de G. Então existe uma vizinhança U em G de I tal que $U \cap G = \{I\}$. Assim, se $g \in G$, então $gU \cap G = \{g\}$. Portanto, não existe ponto de acumulação em G.

5.1.6. A função q é claramente contínua equipado com a métrica induzida por $\mathbb{R}^4$, de modo que
$$q^{-1}(K) = \{\mathbf{A} \in \mathsf{SL}_2(\mathbb{R}) : h_\mathbf{A}(z_0) \in K\}$$
é fechado. Por outro lado, como K é limitado temos que existe um $\delta_1 > 0$ tal que $|(cz_0+d)^{-1}(az_0+b)| < \delta_1$. Sendo K compacto em $\mathcal{H}$, existe um $\delta_2 > 0$ tal que $\mathsf{Im}\, h_\mathbf{A}(z_0) \geq \delta_2$ ou $(cz_0+d)^{-2}|\mathsf{Im}(z_0) \geq \delta_2$, de modo que $|az_0+b| < \delta_1\sqrt{\delta_2^{-1}\,\mathsf{Im}(z_0)}$, continue!

5.1.7. Dado $x \in \mathbb{R}$, existe uma sequência de números distintos $(d_n^{-1}b_n)_{n\in\mathbb{N}}$ em $\mathbb{Q}$ tal que $\lim_{n\to\infty} d_n^{-1} b_n = x$. Podemos supor, sem perda de generalidade, que $\mathrm{mdc}(b_n, d_n) = 1$, de modo que existem $a_n, c_n \in \mathbb{Z}$ tais que $a_n d_n - b_n c_n = 1$. Pondo $f_n(z) = (c_n z + d_n)^{-1}(a_n z + b_n)$ em G, obtemos $\lim_{n\to\infty} f_n(0) = x$, de modo que $\mathbb{R} \subseteq \mathcal{L}(G)$. Como $T(z) = z+1$ é um elemento de G tal que $\lim_{n\to\infty} T^n(0) = \infty$ temos que $\mathbb{R}_\infty \subseteq \mathcal{L}(G)$. Por outro lado, G é discreto, pois $\|\mathbf{A}-\mathbf{I}\| \geq 1$, implica que $\mathcal{L}(G) = \mathbb{R}_\infty$.

5.1.8. Basta mostrar que a função $\psi : \mathsf{SL}_2(\mathbb{Z}) \to \mathsf{SL}_2(\mathbb{Z}_n)$ definida como $\psi(\mathbf{A}) = \overline{\mathbf{A}}$ a classe é um homomorfismo de grupos.

5.2.1. Note que $|f(w)-f(z)| = |a||w-z|$ implica que $|a|=1$, pois f é uma isometria, de modo que ψ está bem definida. Se $g(z) = \alpha z + \beta$, então $(g \circ f)(z) = a\alpha z + b\alpha + \beta$. Assim, $\psi(I) = 1$ e $\psi(g \circ f) = a\alpha = \alpha_g a_e$ e ψ é um homomorfismo de grupos. Dado $a \in S^1$, existe um $f(z) = az+b$ em $\mathsf{Iso}(\mathbb{C})$ tal que $\psi(f) = a$ e ψ é sobrejetor.

Observe que $\ker \psi = \{f \in \mathsf{Iso}(\mathbb{C}) : \psi(f) = 1\} = \{T_b(z) : b \in \mathbb{C}\}$, ou seja, $\ker \psi = \mathcal{T}(\mathbb{C})$. Basta considerar a restrição $\psi|_G$.

5.2.2. Note que $\psi : G \to (\mathbb{C}, +)$ definida como $\psi(T) = T(0)$ é claramente um isomorfismo. Como $\psi(H)$ é um subgrupo discreto em $(\mathbb{C}, +)$, para todo subgrupo discreto H em G, temos, pelo exemplo 5.1.3, que $\psi(H)$ é um reticulado.

5.2.3. Pelo lema 2.2.1, qualquer $f \in \mathsf{Iso}(\mathbb{C})$ pode ser escrita sob a forma $f = R \circ T$, onde $R \in G$ e $T \in \mathcal{T}(\mathbb{C})$, de modo que $\phi : \mathsf{Iso}(\mathbb{C}) \to G, \phi(T \circ R) = R$ é um homomorfismo de grupos, com $\ker \phi = \mathcal{T}(\mathbb{C})$.

5.2.4. Como $\mathsf{Orb}(x)$ é fechada em X, para todo $x \in X$, temos que $\mathsf{Orb}(x)$ é compacto, pois X é de Hausdorff. Por outro lado, $\mathsf{Orb}(x)$ discreta e compacta implica que $\mathsf{Orb}(x)$ é finita, para todo $x \in X$. Finalmente, $\mathsf{Est}(x) = \{I\}$ implica que $G \simeq \mathsf{Orb}(x)$ e G é finito.

5.2.5. Dados $z, w \in \mathbb{C}$ tais que $w \notin \mathsf{Orb}(z)$, de modo que $0 < 4r = \inf\{|u - w| : u \in \mathsf{Orb}(z)\}$, pois existe somente uma quantidade finita de pontos em $\mathsf{Orb}(z)$ dentro de qualquer conjunto compacto K em $\mathbb{C}$. Pondo $U_1 = D_r(z)$ e $U_2 = D_r(w)$, é fácil verificar que $g(U_1) \cap U_2 = \emptyset$, para todo $g \in G$. Finalmente, tome $U = D_{1/2}(z)$, para todo $z \in \mathbb{C}$, obtemos $g(U) \cap U = \emptyset$, para todo $g \in G - \{I\}$.

5.2.6. Suponhamos que o par (u_1, u_2) seja reduzido e $\tau = u_1^{-1} u_2 = x + iy$. Então

$$(x \pm 1)^2 + y^2 = |\tau \pm 1|^2 \geq |\tau|^2 = x^2 + y^2 \geq 1.$$

Note, também, que isso implica que $\pm 2x + 1 \geq 0$. Portanto, $\tau \in \mathcal{F}$. Reciprocamente, suponhamos que $\tau \in \mathcal{F}$ e $u = mu_1 + nu_2 \neq 0$. Se $n = 0$, então $u_1^{-1} u \in \mathbb{R}$ e $|u| \geq |u_1|$. Para $n \neq 0$, obtemos

$$\Delta = \left|\frac{u}{u_1}\right|^2 - \left|\frac{u_2}{u_1}\right|^2 = |m + n\tau|^2 - |\tau|^2 = (m + nx)^2 - x^2 + (n^2 - 1)y^2.$$

Se $n \neq \pm 1$, então $n^2 - 1 \geq 3$, de modo que $y^2 = |\tau|^2 - x^2 \geq 1 - 4^{-1} = 4^{-1} 3$ implica que $\Delta \geq -4^{-1} + 4^{-1} 9 = 2 > 0$. Se $n = \pm 1$, então $\Delta = (m \pm x)^2 - y^2 \geq 0$. Portanto, em qualquer caso, se $u_1^{-1} u \notin \mathbb{R}$, então $|u| \geq |u_2|$ e o par (u_1, u_2) é reduzido.

5.2.7. Note que $f = R_0 \circ g$, com $R_0(z) = \overline{z}$ e $g(z) = z+1$, ou seja, f é um reflexão de deslizamento. Como $(f \circ T)(z) = R_0(z) - 1 + i$ e $(T \circ f)(z) = R_0(z) + 1 + i$ temos que G é não abeliano em $\mathsf{Iso}(\mathbb{C})$. Observe que $f^2 = g^2$ e $g \circ T = T \circ g$ implicam que $G = \{R_0 g^m T^n : m, n \in \mathbb{Z}\} = R_0 \langle g, T \rangle$. O resultado segue do exposto no texto. Por exemplo, $\mathsf{Orb}(0) = \mathbb{Z}[i]$ e $\mathcal{F} = \{s - it : s, t \in [0, 1)\}$ é um conjunto fundamental.

5.2.8. Dados $z \in \mathcal{H}$ e V um aberto em $\mathbb{R}$ tal que $\psi(z) \in V$. Assim, existe um $r > 0$ tal que $D_{2r}(\psi(z)) \subseteq V$. Devemos provar que existe um $U = D_r(z)$ em $\mathcal{H}$ tal que $\psi(U) \subseteq D_{2r}(\psi(z)) \subseteq V$. De fato, dados $w \in U$ e $g(z) \in O = \mathsf{Orb}(z)$, obtemos

$$\rho(w, g(z)) \leq \rho(w, z) + \rho(z, g(z)) \quad \text{e} \quad \rho(z, g(z)) \leq \rho(w, z) + \rho(w, g(z))$$

Logo, tomando o ínfimo sobre $g(z) \in O$, teremos

$$\rho(w, O) \leq \rho(w, z) + \rho(z, O) \quad \text{e} \quad \rho(z, O) \leq \rho(w, z) + \rho(w, O),$$

de modo que $\rho(z, O) - r < \rho(w, O) < \rho(z, O) + r$ implica que $|\psi(w) - \psi(z)| < 2r$, ou seja, $\psi(w) \in V$. Caso contrário,

$$\rho(z, g(z)) \leq \rho(z, v) + \rho(v, g(z)) = \rho(z, v) + \rho(g(u), g(z)) = \rho(z, v) + \rho(u, z)$$

implica que $0 < \rho(z, g(z)) < r$, pois $g(z) \neq z$, o que é impossível.

5.2.9. Dado $u \notin \Delta$. Então $0 < 2r = d_\infty(u, K) = \inf\{d_\infty(u, z) : z \in K\}$ existe. Seja $g(z) = (cz+d)^{-1}(az+b)$ em $\mathsf{Iso}(\Delta)$, com $ad-bc = 1$, representada por $\pm \mathbf{A}$. Então $g^{-1}(w) = (-cw + a)^{-1}(dw - b)$. Como $g^{-1}(0) = -a^{-1}b$ e $g^{-1}(\infty) = -c^{-1}d$ temos que

$$\begin{cases} 4r^2 \leq d_\infty\left(z, g^{-1}(0)\right)^2 = \dfrac{4|az+b|^2}{\left(1+|z|^2\right)\left(|a|^2+|b|^2\right)}, \\ 4r^2 \leq d_\infty\left(z, g^{-1}(\infty)\right)^2 = \dfrac{4|cz+b|^2}{\left(1+|z|^2\right)\left(|c|^2+|b|^2\right)}. \end{cases}$$

Assim, $(1 + |z|^2)\|g\|^2 r^2 \leq |az+b|^2 + |cz+d|^2$. Finalmente, como

$$\frac{d_\infty(g(z), g(w))^2}{d_\infty(z, w)^2} \leq \frac{1+|z|^2}{|az+b|^2 + |cz+d|^2} \cdot \frac{1+|w|^2}{|aw+b|^2 + |cw+d|^2}$$

temos o resultado.

5.3.1. Note que $z^2 + \alpha z + \beta = 0$ se, e somente se, $(z + 2^{-1}\alpha)^2 = -4^{-1}(4\beta - \alpha^2)$. Assim, se $u \in \mathbb{C} - \mathbb{R}$ é uma raiz, então $\bar{u}$ também o é, com $u \neq \bar{u}$, de modo que $\alpha = u + \bar{u} = 2\,\text{Re}(u)$, $|u|^2 = \beta$ e $\text{Im}(u)^2 = \beta - \text{Re}(u)^2 = \beta - 4^{-1}\alpha^2 > 0$. Portanto, as raízes de $p(z)$ estão em $\mathbb{C} - \mathbb{R}$ se, e somente se, $\alpha, \beta \in \mathbb{R}$ e $\alpha^2 < 4\beta$. $0, u$ e $\bar{u}$ formam um triângulo equilátero se, e somente se, $|u|^2 = |\bar{u}|^2 = |u - \bar{u}|^2$ se e somente se, $\text{Re}(u)^2 + \text{Im}(u)^2 = 4\,\text{Im}(u)^2$ se, e somente se, $\alpha^2 = 3\beta$.

5.3.2. Seja $f(z) = (cz + d)^{-1}(az + b)$ em $\text{Aut}(\mathcal{H})$ parabólica tal que $f(0) = 0$. Então $b = 0$ e $ad = 1$. Por outro lado, $S(z) = -z^{-1}$ é tal que $S(0) = \infty$, de modo que $T_{-c}(z) = (S \circ f \circ S)(z) = z - c$. Portanto, $f = t_c$.

5.3.3. Como $\psi : G \to \mathbb{R}$ definida como $\psi(T_\beta) = \beta$ é bijetora temos que G é não contével. Portanto, G é não fuchsiano.

5.3.4. Basta notar que age efetivamente sobre $\mathcal{H}$ se, e somente se, $\text{Est}(x) = \{I\}$, para todo $x \in \mathcal{H}$, e que qualquer elemento elíptico possui um ponto fixo em $\mathcal{H}$.

5.3.5. Pela transitividade de $\text{Aut}\,H$, podemos supor que $F_f \cap F_g = \{\infty\}$, de modo que $f(z) = \alpha z$, com $\alpha > 0$ e $\alpha \neq 1$, e $g(z) = az + b$, com $a > 0$ e $b \neq 0$. Assim, se $\alpha > 1$ e pondo $h_n(z) = g^{-n} \circ f \circ g^n)(z) = az + \alpha^{-n}b$, obtemoa uma sequência convergente de elementos distintos em $G = \langle f, g \rangle$. Portanto, G é não discreto.

5.3.6. É claro que $I \in C_G(f)$. Dados $g, h \in C_G(f)$, obtemos

$$(g \circ h) \circ f = g \circ (h \circ f) = g \circ (f \circ h) = (g \circ f) \circ h = f \circ (g \circ h),$$

de modo que $g \circ h \in C_G(f)$. (a) Se $g \in C_G(f)$, então $g(\infty) = \infty$, de modo que $g(z) = az + b$ e $g \circ f = f \circ g$ implica que $a = 1$. Portanto, $C_G(f) = \{T_\beta : \beta \in \mathbb{R}\}$. (b) $C_G(f) = \{M_\mu : \mu \in \mathbb{R}_+^\times\}$. (c) $C_G(f) = \{R_\theta : 0 \leq \theta < 2\pi\}$.

5.3.7. Confira o lema 5.3.4 e/ou o item (4) da proposição 5.3.6.

5.3.8. Idem ao exercício 7.

5.3.9. Pela prova do item (4) da proposição 5.3.6, $\text{tr}(T \circ g \circ T^{-1} \circ g^{-1}) = 2 + c^2 > 2$, pois $|c| \geq 1$, pelo lema 5.1.15.

5.3.10. É claro que $f \circ g = g \circ f$, de modo que G é abeliano e $h = \pm f^n$, para todo $n \in \mathbb{Z}$. Assim, os possíveis geradores de G estão em $\{\pm f, \pm f^{-1}\}$. Logo, se

$h \in \{\pm f, \pm f^{-1}\}$, então $h^n(z) = z \pm n \notin \{I, g\}$, para todo $n \in \mathbb{Z} - \{0\}$. Portanto, G é não cíclico.

5.3.11. Basta notar que a função $\psi : G \to hGh^{-1}$ definida como $\psi(g) = hgh^{-1}$ é um isomorfismo de grupos.

5.3.12. Suponhamos, por absurdo, que $\mathcal{N}_G(H)$ não seja fuchsiano. Então existe uma sequência $(f_n)_{n \in \mathbb{N}}$ de elementos distintos em $\mathcal{N}_G(H)$ tal que $\lim_{n \to \infty} f_n = I$, de modo que $\lim_{n \to \infty} f_n \circ g \circ f_n^{-1} = g$, para todo $g \in H - \{I\}$. Como $f_n \circ g \circ f_n^{-1} \in H$ e H é discreto temos que existe um $n_0 \in \mathbb{N}$ tal que $f_n \circ g \circ f_n^{-1} = g$, para todo $n \in \mathbb{N}$, com $n \geq n_0$, de modo que $F_{f_n \circ g \circ f_n^{-1}} = F_g$, para todo $n \in \mathbb{N}$, com $n \geq n_0$. Por outro lado, como H é não abeliano temos que existe um $h \in H$ tal que $F_h \neq F_g$. Assim, da mesma forma, $F_{f_n \circ h \circ f_n^{-1}} = F_h$, para todo $n \in \mathbb{N}$, com $n \geq n_0$. Portanto, $F_g = F_h$, o que é uma contradição.

5.3.13. Suponhamos que G seja um subgrupo discreto não trivial de $(\mathbb{R}, +)$. Então, pelo exemplo 5.1.3, $G = \alpha \mathbb{Z}$, onde $\alpha \in \mathbb{R}$, com $\alpha > 0$. Assim, a função $\psi : G \to \mathbb{Z}$ definida como $\psi(n\alpha) = n$ é claramente um isomorfismo de grupos, de modo que G é cíclico e infinito. Como S^1 é compacto e G é discreto temos que G é finito. Por outro lado, pela proposição 4.2.8, $S^1 \simeq \mathbb{R}/\mathbb{Z}$ implica que G é cíclico. Uma outra prova, suponhamos que G seja um subgrupo discreto não trivial de $S^1 = \{e^{i\theta} : \theta \in \mathbb{R},$ com $0 \leq \theta \leq 2\pi\}$. Então $G = \{e^{i\theta} : \theta \in S \subset \mathbb{R}\}$. Como G é discreto temos que $0 < \theta_0 = \inf S$ existe. Afirmação. $n_0 \theta_0 = 2\pi$, para algum $n_0 \in \mathbb{Z}$. Caso contrário, existiria, pelo Princípio de Arquimedes, um $k \in \mathbb{N}$ tal que $k\theta_0 < 2\pi < (k+1)k\theta_0$, de modo que $0 < 2\pi - k\theta_0 < \theta_0$ e $e^{i(2\pi - k\theta_0)} = e^{-ik\theta_0} \in G$, o que contradiz a escolha de θ_0. Portanto, G é cíclico e finito.

6.1.1. Basta notar que se $z = x + yi$, então $(x \pm 1)^2 + y^2 = |z \pm 1|^2 \geq |z|^2$.

6.1.2. Dado $x \in \mathcal{F}$, obtemos $g\mathcal{F} \cap \mathrm{Orb}(x) = \{g(x)\}$, para todo $g \in G$. Assim, $\mathrm{Orb}(x)$ é discreto e $\mathrm{Est}(x) = \{I\}$. Portanto, pelo teorema 5.1.7, G é discreto.

6.1.3. É claro que G é um grupo discreto em $\mathrm{Iso}(S^n)$. Seja Π qualquer plano em $\mathbb{R}^3$ contendo a origem. Então $\Gamma = S^2 \cap \Pi$ é um grande círculo em S^2, de modo que $\alpha(\Pi) = \Pi$ e permuta os dois hemisfério limitados por Π. Portanto, $S^2 = S^2_- \cup \alpha(S^2_-)$. O mesmo vale para $n > 2$.

6.1.4. Dado $x \in g\overline{\mathcal{F}} \cap \overline{\mathcal{F}}$, para todo $g \in G - \{I\}$, obtemos $x \in \overline{\mathcal{F}}$ e $x \in g\overline{\mathcal{F}}$, de modo que existe um $r \in \mathbb{R}_+^\times$ tal que $D_r(x) \cap \mathcal{F} \neq \emptyset$ e $D_r(x) \cap g\mathcal{F} \neq \emptyset$. Como $g\mathcal{F} \cap \mathcal{F} = \emptyset$ temos que $D_r(x) \cap \mathcal{F} \neq \emptyset$ e $D_r(x) \cap (X - \mathcal{F}) \neq \emptyset$. Portanto, $x \in \partial \mathcal{F}$.

6.1.5. Como $\mathcal{F}$ é uma região fundamental para G e $x \in X$ temos que existem $f \in G$ e $y \in \overline{\mathcal{F}}$ tal que $f(x) = y$. Pondo $h = f \circ g \circ f^{-1}$, obtemos $h(y) = y$. Assim, pelo exercício 4, $y \in \partial \mathcal{F}$.

6.1.6. Basta notar que qualquer elemento elípico possui um ponto fixo em $\mathcal{H}$ e use o exercício 5.

6.1.7. Primeiro lembre que se z pertence a um lado em $\overline{\mathcal{F}}$, então existe um $g_z \in G$ tal que $\rho(z, z_0) = \rho(z, g_{z_0}(z)) = \rho(g_z^{-1}(z), z_0)$. Suponhamos, por absurdo, que um vértice $v \in \mathcal{H}$ não seja isolado em $\overline{\mathcal{F}}$. Então existe uma sequência $(v_n)_{n \in \mathbb{N}}$ de vértices distintos em $\overline{\mathcal{F}}$ tal que $\lim_{n \to \infty} v_n = v$, de modo que podemos escolher $g_n \in G$ tal que $\rho(v_n, z_0) = \rho(g_n(v_n), z_0)$. Assim,

$$\rho(v, g_n(v_n)) \leq \rho(v, v_n) + \rho(v_n, g_n(v_n)) \leq \rho(v, v_n) + 2\rho(v_n, z_0)$$
$$\leq 3\rho(v, v_n) + 2\rho(v, z_0).$$

Logo, dado $r \in \mathbb{R}_+^2$, existe um $n_0 \in \mathbb{N}$ tal que $\rho(v, g_n(v_n)) < 2\rho(v, z_0) + r$, para todo $n \in \mathbb{N}$, com $n \geq n_0$, ou seja, $g_n(v_n)) \in K$, para algum compacto K em $\mathcal{H}$. Portanto, passando a uma subsequência, se necessário, podemos supor que $\lim_{n \to \infty} g_n(v_n) = u \in \mathcal{H}$, o que contradiz o fato de $\mathcal{F}$ ser localmente finita.

6.1.8. É claro que g é hiperbólico ou parabólico. Se g for hiperbólico, então g é conjugado a $h(z) = \alpha z$, com $0 < \alpha < 1$ ou $\alpha > 1$. Substituindo g por g^{-1}, se necessário, podemos supor que $0 < \alpha < 1$. Por outro lado, as arestas s_{ij} e s_{ik} são geodésicas em $\mathcal{F}$ e $s_{ij} \cap s_{ik} = \{\infty\}$, temos que os extremos de s_{ij} e s_{ik} estão sobre as retas $\text{Re}(z) = x_j$ e $\text{Re}(z) = x_k$, com $x_j < x_k$. Pondo

$$L_m = \{z \in \mathcal{H} : \text{Im}(z) \geq m \text{ e } x_j \leq \text{Re}(z) \leq x_k\}.$$

Então $L_m \subseteq \mathcal{F}$, para m suficientemente grande. Como $\mathcal{H}$ é localmente compacta temos, para quaisquer $r \in \mathbb{R}_+^\times$ e $z_0 = ki \in \mathcal{H}$, com $k > 0$, que $\overline{D}_r(z_0)$ é um compacto. Assim, $\emptyset \neq D_r(z_0) \cap g^n L_m \subseteq D_r(z_0) \cap g^n \mathcal{F}$, para todo $n \in \mathbb{Z} - \{0\}$, o que contradiz o item (3) do corolário 6.1.12.

6.1.9. Basta observar, pela prova lema 6.1.21, que podemos escolher um $r > 1$ tal que $K \subseteq \{z \in \mathcal{H} : r^{-1} < \text{Im}(z) < r\}$ e o resultado segue.

6.1.10. Note, pelo teorema 4.2.13, que f é a composição de uma inversão em Γ_f seguida por uma reflexão em uma reta L que passa por z_0. Assim, basta verificar quando z é invertido em Γ_1. Por outro lado, pela proposição 4.2.12, Γ é ortogonal a Γ_f. Logo, pela transitividade de $\text{Aut}(\mathcal{D})$, podemos supor que $\Gamma_f = S^1$ e $z_0 \in \mathbb{R}$, de modo que $|z| = 1$ e $(z - z_0)(\overline{z} - z_0) = r^2$, com $z_0^2 = r^2 + 1$. Neste caso, $|z|^2 - 2z_0 \text{Re}(z) + 1 = 0$. Como $f(z) = \overline{z}^{-1}$,

$$d^2 = |z|^2 - 2z_0 \text{Re}(z)\overline{z} + r^2 + 1 \quad \text{e} \quad \delta^2 = \frac{|z|^2 - 2z_0 \text{Re}(z) + 1}{|z|^2} + r^2,$$

temos que
$$d^2 - \delta^2 = \frac{(|z|^2 - 1)(|z|^2 - 2z_0 \text{Re}(z) + 1)}{|z|^2}$$

Portanto, se $z \in \Gamma_f$ ou $z \in \Gamma$, então $d^2 - \delta^2 = 0$ ou $\delta = d$.

6.1.11. É claro que G é um grupo fuchsiano. Como $S^n(z) = 2^n z \neq z$, para todo $n \in \mathbb{Z} - \{0\}$, pois $0 \notin \mathcal{H}$, temos que podemos escolher $z_0 = i$, de modo que $z_n = S^n(i) = 2^n i \in \text{Orb}(i)$. Assim, pela equação (4.1.2) ou por substituição direta em $L_n : \alpha(x^2+y^2)+2\beta x+\gamma = 0$, onde $\alpha, \beta, \gamma \in \mathbb{R}$ e $\beta^2 > \alpha\gamma$, obtemos $L_{iz_n} \subset L_n$. Neste caso, $\alpha + \gamma = 0$ e $\alpha 2^{2n} + \gamma = 0$ implicam que $\alpha = \gamma = 0$ e $\beta > 0$ qualquer. Logo, $L_n = i\mathbb{R}_+$. Segue, da equação (6.1.3), que $\Sigma_n(i) = \{z \in \mathcal{H} : |z|^2 = 2^n\}$ é o bissetor ortogonal de L_{iz_n}. Neste caso, $\mathcal{H}_n(i) = \{z \in \mathcal{H} : |z|^2 < 2^n\}$, se $n > 0$, ou $\mathcal{H}_n(i) = \{z \in \mathcal{H} : |z|^2 > 2^n\}$, se $n < 0$. Finalmente, como $\mathcal{H}_n(i) \subset \mathcal{H}_{n+1}(i)$, se $n > 0$, ou $\mathcal{H}_{n-1}(i) \subset \mathcal{H}_n(i)$, se $n < 0$, temos que

$$D_G(i) = \bigcap_{n \in \mathbb{Z}-\{0\}} \mathcal{H}_n(i) = \mathcal{H}_1(i) \cap \mathcal{H}_{-1}(i) = \{z \in \mathcal{H} : 2^{-1} < |z|^2 < 2\}.$$

Portanto, $\mathcal{F}_G = D_G(i)$ é uma região fundamental para G. Sim, é claro que $\mathcal{F}_x$ é aberto em $\mathcal{H}$ e $\mathcal{F}_x \cap S^n \mathcal{F}_x = \emptyset$, para todo $n \in \mathbb{Z}-\{0\}$. Além disso, $\overline{\mathcal{F}}_x \cap \text{Orb}(z) \neq \emptyset$, para todo $z \in \mathcal{H}$.

6.1.12. Note que f é hiperbólico e $f^{-1}(z) = (-z + 2)^{-1}(z - 1)$. Assim, pelo teorema 4.2.14, $\Gamma_f \cap \Gamma_{f^{-1}} = \emptyset$, de modo que $\Gamma_{f^n} \subseteq \Gamma_{f^{n-1}}$ e $\Gamma_{f^{-n}} \subseteq \Gamma_{f^{-n+1}}$, para todo $n \in \mathbb{N} - \{1\}$. Portanto, $\mathcal{F}_G = E_{f^{-1}} \cap E_f$, faça um esboço.

6.2.1. Depois de alguns cálculos, $p = 2(1+\lambda^2)^{-1}$ e $q = \pm(1+\lambda^2)^{-1}(\lambda^2+2\lambda+3)$. Dado $\mathbf{B} \in \mathsf{PSL}_2(\mathbb{C})$ não parabílica. Então, pelo teorema 2.1.6, $|\operatorname{tr}(\mathbf{B})| > 2$ ou $\operatorname{tr}(\mathbf{B}) < 2$. Se $|\operatorname{tr}(\mathbf{B})| > 2$, então $\mathbf{B}$ é conjugada a $\operatorname{diag}(\lambda, \lambda^{-1})$, onde $\lambda \in \mathbb{C} - \{-1, 0, 1\}$. Assim, $\mathbf{B} = \mathbf{A}\mathbf{P}^{-1}$. Se $|\operatorname{tr}(\mathbf{B})| < 2$, então $\mathbf{B}$ é conjugada a $\operatorname{diag}(\lambda, \lambda^{-1})$, onde $\lambda = e^{i\theta}$ e $\theta \in \mathbb{R}$. Assim, $\mathbf{B} = \mathbf{A}\mathbf{P}^{-1}$. Portanto, em qualquer caso, $\mathbf{B}$ é o produto de dois elementos parabólicos.

6.2.2. Como $R_0(z) = -\overline{z}$ é uma isometria em G tal que $R_0(i\mathbb{R}_+) = i\mathbb{R}_+$ temos que $R_0 T R_0^{-1} \in G$, para todo $T \in G$. Assim,

$$\rho(R_0(z), z_0) = \rho(z, z_0) \le \rho(z, (R_0 T R_0^{-1})(z_0)) = \rho(R_0(z), T(z_0)),$$

de modo que $R_0(z) \in \mathcal{F}$, para todo $z \in \mathcal{F}$.

6.2.3. É claro que $\overline{\mathcal{F}} \subseteq \bigcap_{g \in G-\{I\}} g\overline{\mathcal{H}}_g(z_0)$. Por outro lado, para cada $z \in \mathcal{H}$, temos que $z \in g\overline{\mathcal{H}}_g(z_0)$, para todo $g \in G - \{I\}$. Assim, por convexidade, o segmento geodésico $L_{z_0 z} \subseteq \overline{\mathcal{H}}_g(z_0)$, para todo $g \in G$, de modo que $L_{z_0 z} \subseteq \mathcal{F}$. Portanto, $z \in \overline{\mathcal{F}}$.

6.2.4. Dado $g \in G$. Se $\Sigma_g(z_0) \cap \mathcal{F}_H = \emptyset$, então $\mathcal{F}_H \subseteq \mathcal{H}_g(z_0)$, pois $\mathcal{H}_g(z_0)$ é conexo e contém z_0. Se $\Sigma_g(z_0) \cap \mathcal{F}_H \ne \emptyset$, então existe um z no interior de $\mathcal{F}_H - \mathcal{F}$, de modo que $z \in g\overline{\mathcal{F}}_H$, para algum $g \in G - \{I\}$. Assim, existe um $w \in g\mathcal{F} \cap (\mathcal{F}_H - \mathcal{F})$, com $z \ne w$, o que contradiz o fato de que $\mathcal{F}_H$ intercepta cada órbita em no máximo um ponto. Portanto, $\mathcal{F} = \mathcal{F}_H$.

6.2.5. Segue do teorema 5.2.7.

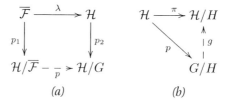

(a)   (b)

6. Sejam $\lambda : \overline{\mathcal{F}} \to \mathcal{H}$ a inclusão, $p_1 : \overline{\mathcal{F}} \to \mathcal{H}/\overline{\mathcal{F}}$ e $p_2 : \mathcal{H} \to \mathcal{H}/G$ as projeções. Então, pelo diagrama (a), definimos $p(p_1(z)) = p_2(z)$. Dados $z, w \in \overline{\mathcal{F}}$, existe um único $g \in G$ tal que $w = g(z)$. Neste caso, se $p_1(z) = p_1(w)$, então

$$p_2(z) = \operatorname{Orb}(z) = \operatorname{Orb}(g(z)) = \operatorname{Orb}(w) = p_2(w),$$

ou seja, p está bem definida. Da mesma forma prova que p é bijetora. Dado V um subconjunto em $\mathcal{H}/G$. Então $p_1^{-1}(p^{-1}(V)) = \overline{\mathcal{F}} \cap p_2^{-1}(V)$. Assim, se V for aberto em $\mathcal{H}/G$, então $p_2^{-1}(V)$ é aberto em $\mathcal{H}$, pois p_2^{-1} é contínua, de modo que $\overline{\mathcal{F}} \cap p_2^{-1}(V)$ é aberto em $\overline{\mathcal{F}}$ e $p_1^{-1}(p^{-1}(V))$ é aberto em $\overline{\mathcal{F}}$. Logo, $p^{-1}(V)$ é aberto em $\mathcal{H}/\overline{\mathcal{F}}$, via topologia quociente, de modo que p é contínua. Resta provar que p é aberta, ou seja, dado um aberto U em $\overline{\mathcal{F}}$, o conjunto $V = \bigcup_{g \in G} gU$ é aberto em $\mathcal{H}$. De fato, dado $w \in V$, existe um $r \in \mathbb{R}_+^{\times}$ tal que $S = \{g \in G : g^{-1}(w) \in \overline{\mathcal{F}}\}$ é finito e $D_r(w) \cap g\overline{\mathcal{F}} = \emptyset$, para todo $g \in G - S$, pois $\mathcal{F}$ é localmente finita. Como $D_r(w) \subseteq \bigcup_{g \in G} g\overline{\mathcal{F}}$ temos que $D_r(w) \subseteq \bigcup_{g \in S} g\overline{\mathcal{F}}$. Por outro lado, S é finito e r suficientemente pequeno implicam que $D_r(g^{-1}(w)) \cap \overline{\mathcal{F}} \subseteq U$, para todo $g \in S$. Neste caso,

$$D_r(w) = (\bigcup_{g \in S} g\overline{\mathcal{F}}) \cap D_r(w) = \bigcup_{g \in S} g(D_r(g^{-1}(w)) \cap \overline{\mathcal{F}}) \subseteq \bigcup_{g \in S} gU \subseteq V.$$

Portanto, V é aberto e p é aberta.

6.2.7. Suponhamos que $\mathcal{H}/G$ seja compacto. Então, dado $z \in \overline{\mathcal{F}} \cap \mathcal{H}$, existe um disco $D_r(z)$ em $\mathcal{H}$. Pondo $U_z = p_2(D_r(z))$ implica que U_z é aberto em $\mathcal{H}/G$, pois p_2 é aberta, de modo que $\{U_z : z \in \overline{\mathcal{F}} \cap \mathcal{H}\}$ é uma cobertura de abertos em $\mathcal{H}/G$. Assim, existe um $k \in \mathbb{N}$ tal que $\mathcal{H}/G \subseteq \bigcup_{j=1}^{k} U_{z_j}$. Logo, $\mathcal{F} \subseteq \bigcup_{j=1}^{k} D_{z_j}$. Como $\bigcup_{j=1}^{k} \overline{D}_{z_j}$ é compacto em $\mathcal{H}$ temos que $\mathcal{F}$ é limitado (relativamente compacto) em $\mathcal{H}$. A recíproca segue da proposição 3.3.14 e do exercício 6.

6.2.8. Veja o exercício 7 e as observações sobre regiões fundamentais após o teorema 5.3.12.

6.2.9. Dado $z \in \mathcal{F}$,

$$\rho(z) = \inf\{\rho(z, g(z)) : g \in G - \{I\} \text{ não é elíptico}\} > 0,$$

pois $\text{Orb}(z)$ é discreto. Assim, $\rho(z)$ é contínua em z, pois $\rho(z, g(z))$ é contínua, para todo $g \in G$. Neste caso, $r = \inf\{\rho(z) : z \in \mathcal{F}\}$ é atingido e $r > 0$, pois $\mathcal{F}$ é compacto. Se $z \in \mathcal{F}$, então existe um $h \in G$ tal que $w = h(z) \in \mathcal{F}$. Logo, se $g_0 \in G - \{I\}$ for não elíptico, então

$$\rho(g_0(z), z) = \rho(h(z), h(g_0(z))) = \rho(w, (hg_0h^{-1})(z))) \geq r,$$

de modo que $\inf\{\rho(g_0(z), z) : z \in \mathcal{H}\} = r > 0$. Suponhamos que G contenha um elemento parabólica $g_1 \in G$. Então, pela transitividade de $\text{Aut}(\mathcal{H})$, existe um $m \in$

Aut($\mathcal{H}$) tal que $G_1 = mGm^{-1}$ e $m(\mathcal{F})$ compacto. Logo, por conjugação podemos supor que $g_1(z)$ ou $g_1^{-1}(z)$ é $g(z) = z + 1$. Portanto, $\lim_{\text{Im}(z)\to\infty} \rho(z, g(z)) = 0$, o que é uma contradição, pois $r > 0$.

6.2.10. Seja $H = \langle G^* \rangle$. Então dado $z \in \mathcal{H}$, existe um único $g \in G$ tal que $z \in g\overline{\mathcal{F}}$, de modo que $gH \in G$ não dependa de g. Assim, a função $p : \mathcal{H} \to G/H$ definida como $p(z) = gH$, com $z \in g\overline{\mathcal{F}}$, está bem definida e sobrejetora, pois $\mathcal{H} = \bigcup_{g \in G} g\overline{\mathcal{F}}$. Logo, $\pi|_{p^{-1}(gH)}$ é constante, confira o diagrama (b) acima, pois como $\mathcal{F}$ é localmente finita temos que dado $z \in \mathcal{H}$, existe um conjunto finito S em G tal que $z \in g\overline{\mathcal{F}}$, para todo $g \in S$, de modo que $V = \bigcup_{g \in S} g\overline{\mathcal{F}}$ é uma vizinhança de z. Logo, $p|_S(z) = gH$. Portanto, p é constante, pois $\mathcal{H}$ é conexo, de modo que $G = H$.

Bibliografia

[1] I. M. B. Agol, P. Storm, K. Whyte, Finiteness of arithmetic hyperbolic reflection groups, *Groups Geometric. Dyn.* 2, no. 4 (2008), 481–498.

[2] L. V. Ahlfors, *Complex Analysis*, McGraw Hill, New York, 1979.

[3] L. V. Ahlfors, *Conformal Invariants*, McGraw-Hill, New York, 1973.

[4] L. V. Ahlfors, *Möbius Transformations in Several Dimensions*, Ordway Profes -sorship Lectures in Mathematics, University of Minnesota, School of Mathematics, Minneapolis, Minn., 1981.

[5] J. W. Anderson, *Hyperbolic Geometry*, Springer-Verlag, London, 1999.

[6] M. D. Baker, A. W. Reid, Arithmetic knots in closed 3-manifolds, *Journal of Knot Theory and its Ramifications*, Vol. 11, No. 6 (2002), 903–920.

[7] A. Beardon, *The Geometry of Discrete Groups*, Graduate Texts in Math. 91, Springer, 1983.

[8] M. P. do Carmo, *Differential Geometry of Curves and Surfaces*, Dover Publications, INC. Mineola, New York, 2016.

[9] J. B. Conway, *Functions of One Complexa Vairiable*, 2nd ed. Springer Verlag, New York, 1978.

[10] J. Elstrodt, *et al.*, *Group Acting on Hyperbolic Space*, Springer-Verlag, Berlin, Heidelberg, 1998.

[11] G. A. Jones, D. Singerman, *Complex Functions. An Algebraic and Geometric Viewpoint*, Cambridge University Press, 1987.

[12] S. O. Juriaans, S. C. de Lima Neto, A. de Andrade e Silva, *Noções Básicas de Geometria Hiperbólica*, 2º Colóquio de Matemática da Região Nordeste: EDUFPI, 2012.

[13] S. Katok, *Fuchsian groups*, University of Chicago Press, 1992.

[14] G. S. Lakeland, Dirichlet-Ford Domains and Arithmetic Reflection Groups, *Pacific J. Math.*, 255(2) (2012), 417-437.

[15] J Lehner, *Discontinuous Groups and Automorphic Functions*, Math. Survey & A M S, Providence 1964.

[16] E. L. Lima, *Elementos de Topologia Geral*, Sociedade Brasileira de Matemática (SBM), Rio de Janeiro, 2009.

[17] J. G. Ratcliffe, *Foundations of Hyperbolic Manifolds*, Springer-Verlag, New York, 1994.

Índice Remissivo

Álgebra, 1
    quadrática, 2
Área
    hiperbólica de, 131
Ângulo
    de rotação, 131
    diedral, 252
    soma dos, 248
    submúltiplo de, 254

Ação
    à esquerda, 58
    fiel, 59
    k-transitivamente, 61
    propriamente descontínua, 81
    trivial, 59
Algoritmo
    de Dirichlet de covolume finito, 263

Bissetor
    de Poincaré, 100

Círculo(s)

ângulo interno, 11
complementar de, 100
de Apolônio, 271
euclidianos, 8
hiperbólico, 101, 129, 187
isométrico de, 39, 124
orientação, 282
orientado, 12
ponto à direita de, 282
potência, 12
principal, 190
Ciclo, 248
Conjunto
    órbita de, 59
    aberto, 14
    casca convexa de, 142
    compacto, 74
    convexo em, 128
    de potência, 63
    denso, 68
    discreto, 77
    dos pontos fixos de, 191

estabilizador de, 59
fundamental para, 60
G-conjunto, 59
invariante, 61
k-transitivo, 61
limitado, 104
limite de, 150
localmente finito, 81
magro, 201
perfeito, 202
quociente, 60

Corpo
de números complexos, 1
de números reais, 1

Curva(s), 19
ângulo entre, 19
comprimento euclidiano de, 94
comprimento hipebólico de, 94
de níveis, 22
geodésica, 70
seção geodésica, 70

Decomposição
de Iwasawa, 146

Derivada
de uma função, 16
direcional, 16

Diferencial, 16

Disco
aberto, 13
de Klein, 138
de Poincaré, 111
fechado, 13
fronteira de, 13

Distância
de um ponto a uma reta, 100

esférica, 43

Domínio
de Dirichlet, 84, 224
de Dirichlet-Ford, 258
de Ford, 237
duplo de Dirichlet, 257

Esfera
carta de, 5
de Riemann, 3
equador de, 3
isométrica de, 54
meridiano, 4
paralelo, 4
parametrização de, 5, 41
polo norte de, 3
sistema de coordenadas de, 5
vetor coeficiente de, 46

Espaço, 63
arco geodésico sobre, 68
de cobertura, 168
geodesicamente completo, 71
geodesicamente conexo, 69
geodesicamente convexo, 69
homogêneo, 67
localmente compacto, 79
projetivo real, 62
quociente, 83
segmento geodésico sobre, 69
tesselação de, 217
topológico, 63

Extensão
de Poincaré, 54

Fórmula
de Gauus-Bonnet, 132

de recorrência, 35
Função
    bi-holomorfa, 41
    bilinear, 24
    conforme, 20
    contínua em, 15
    de recobrimento, 168
    diferencial de, 16
    diferenciável complexa em, 16
    diferenciável real em, 15
    holomorfa, 17
    inversão, 15
    Jacobiano de, 16
    maior inteiro, 61
    prápria, 79
    preserva distância localmente, 70
    preserva orientação, 19
    quociente, 63
    rotação, 15

Geodésica, 70, 108
    reta, 70
Grupo
    abeliano, 58
    age descontinuamente, 151
    age sobre, 59
    apresentação de, 249
    cúspide de, 140, 235
    cocompacto, 176
    conjunto de geradores de, 84
    covolume, 175
    das transformações homogêneas, 165
    das translações de, 213
    de automorfismo conforme, 97
    de convergência, 147
    de Möbius, 24, 47
    de permutações, 57
    de pontos, 213
    de primeira espécie, 204
    de reflexões, 254
    de segunda espécie, 204
    de translação, 170
    descontínuo, 81
    discreto, 66
    elementar, 200
    fuchsiano, 190
    horociclo, 204
    linear especial, 62
    linear geral, 24
    linear geral projetivo, 62
    linear projetivo especial, 289
    localmente euclidiano, 86
    modular, 167
    ortogonal, 42
    simétrico, 58
    topológico, 64
    unitário, 67
    vetorial, 86
    virtualmente abeliano, 200
Grupo triangular, 255

Hiperesfera, 44
Hiperplano, 45
Homeomorfismo
    local, 168
Homomorfismo
    de grupos, 58
Horociclo, 127, 189

Imagem
    esférica de, 5

Inversão, 45
  polo de, 45
Isometria, 42

Lei
  dos cossenos, 11
  dos cossenos esféricos, 44
  dos cossenos hipebólicos I, 135
  dos cossenos hipebólicos II, 142
  dos senos hipebólicos, 142
Lema
  de Schwarz, 39
  de Shimizu, 163

Métrica
  cordal, 6
  esférica, 6
  euclidiana, 94
  hiperbólica, 92, 94, 95
  riemanniana, 106
Matriz
  autovalores de, 30
  autovetores de, 30
  discriminante, 11
  jacobiana, 16
  polinômio característico de, 30
Medida
  de Haar, 175
  hiperbólica, 131
Movimento rígido, 42
Mudança
  de coordenadas, 172
  de parâmetros, 94

Número(s)
  conjugado de, 2
  imaginário puro, 1
  real, 1
Norma, 2

Permutação, 57
Plano
  hiperbólico, 87
  tangente, 71, 105
Polígono
  de Dirichlet, 219
  hiperbólico, 130
  lado de, 130
  vértice de, 130
  vértice ordinário, 227
Ponto(s)
  antípotas, 36
  fixo atrator, 198
  fixo repulsor, 198
  ideal, 88
  inversos, 51
  isolado de, 77
  latitude, 4
  limite de, 149
  longitude, 4
  no infinito, 3
  ordinário de, 150
  simétricos, 28
Princípio
  da boa ordenação, 192
  da simetria, 38, 52
  de Arquimedes, 148
Produto
  cruzado, 11
  escalar, 2
  inverso de, 7, 50
Projeção

estereográfica, 5, 41
ortogonal, 45
seção cruzada de, 60
Propriedade
    da interseção finita, 74

Razão cruzada, 27
    absoluta, 49
Reflexão, 28, 45
    de deslizamento, 122
    fundamental de, 45
Região
    aresta de, 222
    ciclo acidental, 248
    ciclo elíptico, 248
    de descontinuidade, 151
    Emparelhamento de lado, 223
    emparelhamento de lado, 221
    fundamental, 83, 217
    fundamental exata, 246
    lado de, 221
    vértice de, 222
Reta(s)
    complexa, 34
    elemento de, 106
    hiperbólica, 88, 118
    inclinação de, 34
    paralelas, 89
    radical, 12
    ultraparalelas, 89
Reticulado, 86
    determinante de, 175
    impróprio, 166
    próprio, 166
Rotação, 26
    hiperbólica, 187

sobre um eixo, 36
Semiespaço
    aberto, 100
    fechado, 100
Similaridade, 43
Superfície
    atlas de, 172
    carta de, 172
    orbifold, 180
    riemanniana, 165
Teorema
    da órbita-estabilizador, 59
    de Pitágoras, 134
Topologia, 63
    discreta, 63
    métrica, 65
    produto, 63
    quociente, 63
    relativa, 63
    usual, 63
Transformação
    conforme, 43
    conjugada, 32
    de Cayley, 111
    de conjugação, 29
    de dilatação, 25
    de emparelhamento, 84, 223
    de Möbius, 25, 46
    de Möbius normalizada, 32
    de recobrimento, 168
    elíptica, 33
    fator de similaridade, 276
    forma normal, 37, 155
    fracionária linear, 25

hiperbólica, 33
hiperciclo de, 188
homotética, 26
isométrica esférica, 39
loxodrômica, 33
multiplicador de, 156
ortogonal, 36
parabólica, 33
periódica, 38
traço de, 32
Translação, 25
   horizontal, 188, 211

vertical, 187, 210
Triângulo
   esférico, 44
   hiperbólico, 131

Vetor(es)
   coeficiente de, 7
   normal, 7
   tangente, 7
Vizinhança, 13, 63
   distinguida, 82
   simétrica, 67